3rd Edition

신호와 시스템

Matlab®을 활용한 예제 수록

| 백준기 | 조남익 | 김호찬 | 공저

Signals & Systems

INFINITYBOOKS
인 피 니 티 북 스

백 준 기

[학력] 1984년 서울대학교 공과대학 제어계측공학과 공학사
1987년 Northwestern University Electrical Engineering and Computer Science 공학석사
1990년 Northwestern University Electrical Engineering and Computer Science 공학박사

[경력] 1990년~1993년 삼성전자 반도체부문 선임연구원
1993년~1997년 삼성전자 기술고문
1993년~1999년 중앙대학교 전자공학과 조교수, 부교수
1999년~현재 중앙대학교 첨단영상대학원 부교수, 교수
2001년~2003년 The University of Tennessee, Knoxville, 교환교수
2005년~2007년 중앙대학교 첨단영상대학원, 원장
2005년~현재 서울미래형콘텐츠컨버전스클러스터 사업단장

조 남 익

[학력] 1986년 서울대학교 공과대학 제어계측공학과 공학사
1988년 서울대학교 공과대학 제어계측공학과 공학석사
1992년 서울대학교 공과대학 제어계측공학과 공학박사

[경력] 1991년~1994년 서울대학교 제어계측신기술연구센터 연구원
1994년~1998년 서울시립대학교 전자전기공학부 조교수
1997년~1998년 캘리포니아 주립대학 연구교수
1999년~2001년 서울대학교 전기공학부 조교수
2001년~2006년 서울대학교 전기공학부 부교수
2006년~2007년 캘리포니아 주립대학 연구교수
2006년~현재 서울대학교 전기공학부 교수

김 호 찬

[학력] 1987년 서울대학교 공과대학 제어계측공학과 공학사
1989년 서울대학교 공과대학 제어계측공학과 공학석사
1994년 서울대학교 공과대학 제어계측공학과 공학박사

[경력] 1995년~1997년 제주대학교 전기전자공학부 전임강사
1997년~2001년 제주대학교 전기전자공학부 조교수
1999년~2000년 펜실베니아 주립대학 연구교수
2001년~2006년 제주대학교 전기전자공학부 부교수
2006년~현재 제주대학교 전기전자공학부 교수

머 리 말 (2008년 3판)

산업기술의 발달과 그에 따른 자본의 집중 현상은 인류의 역사에 있어서 가히 충격적인 변화를 가져왔다. 현재 그와 견줄 만한 변화로서 정보의 처리, 교환, 저장 등 정보통신 기술의 비약적인 발전을 들 수 있고, 앞으로 그 추세는 컴퓨터나 반도체 기술의 발전과 더불어 더욱 가속될 전망이다.

일반적인 의미에서 볼 때 언어, 문자, 영상 등과 같은 정보를 포함하고 있는 모든 매체(media)는 신호(signal)라 정의하고, 신호를 저장, 변환, 해석, 전송 등과 같이 처리(processing)하는 수단 혹은 과정을 시스템(system)이라 한다. 따라서 신호와 시스템의 이론은 공학적인 의미에서 아날로그/디지털 통신, 유/무선 통신, 광통신, 신호처리, 영상처리, 자동제어 등과 같은 학문의 기본적인 표현 방식으로 이해되고 있다.

이 책은 전기공학, 전자공학, 통신공학, 제어계측공학 혹은 이들과 유사한 전공의 대학교 2~3학년 수준에서 미분방정식, 복소변수론, 확률론, 선형대수학 등의 기본적인 공업수학 내용과 간단한 컴퓨터 프로그램 및 수치해석의 지식을 갖고 있는 학생들을 대상으로, 한 학기 동안 공부할 수 있도록 구성되었다.

신호와 시스템 이론이 갖는 중요성과 넓은 응용 분야로 인해서 전 세계적으로 헤아릴 수 없을 만큼 많은 종류의 교재가 출판되어 있고, 국내에서도 관련 분야를 다루는 교재가 최소한 10종 이상 출판되었다. 이와 같은 환경에서 저자들은 신호처리의 개념을 이해하기 위한 기본적인 사실들을 쉽게 설명하기 위해서 노력하였고, 우리 실정에 맞도록 이미 공업수학이나 관련 분야에서 학습했던 내용은 최대한 중복을 피하고 기본 개념만을 복습하도록 하여 단기간에 신호와 시스템을 이해할 수 있도록 하는데 주안점을 두고 집필하였다.

본서는 신호와 시스템 이론의 백과사전과 같이 모든 내용을 포함하기보다는 개념을 이해하고, 상위 학문인 디지털신호처리, 자동제어, 영상처리 등으로 학문의 관심을 연결하는데 주안점을 두고 있다.

본서에서는 연속시간(continuous-time) 신호와 이산시간(discrete-time) 신호를 별개로 생각하지 않고, 항상 동전의 양면과 같이 상호 관계를 유지하면서 이해할 수 있도록 내용을 구성하였다. 또한 마지막 두 장에서 z-변환과 이산푸리에변환(discrete Fourier transform)을 소개하여 자연스럽게 디지털신호처리 과목으로의 연결이 가능하도록 배려하였다.

1장에서는 신호와 시스템의 다양한 정의를 통해서 이후로 사용될 용어 및 배경지식을 정리하였다.

2장에서는 연속시간 주기신호의 주파수 성분을 분석하는 푸리에급수(Fourier series)를 소개하여 신호가 갖는 주파수 특성을 유한한 개수의 계수를 사용하여 표현하고 재구성하는 기본적인 이론을 소개하였다.

3장에서는 일반적인 연속시간 신호의 주파수 해석을 위한 도구로서 푸리에변환(Fourier transform)을 소개하였는데, 이의 유도를 위해서 2장에서 학습한 푸리에급수를 확장하는 방법을 사용하였다.

4장에서는 푸리에변환이 특정한 성질을 만족하는 신호에만 제한적으로 사용될 수 있다는 한계를 넘기 위한 라플라스변환(Laplace transform)을 소개하였고, 이것이 존재할 수 있는 조건을 함께 제시하였다.

5장에서는 이전까지 다루었던 연속시간신호와 대응되는 이산시간신호의 푸리에 표현을 소개하였고, 6장에서는 연속시간신호를 이산시간신호로 변환하는 샘플링의 이론과 응용을 정리하였다.

7장에서는 이산시간푸리에변환의 제약을 극복하기 위한 z-변환을 소개하였고, 이것이 수렴할 수 있는 영역의 정의 및 설정 방법을 함께 제시하였다.

8장에서는 현재 디지털컴퓨터로 구현할 수 있는 유일한 주파수 해석 도구인 이산푸리에변환(discrete Fourier transform)을 소개하여, 상위 단계인 디지털신호처리 분야에서 디지털필터를 설계하거나 해석할 수 있는 기술을 이해하는 기반을 제공하였다.

마지막으로 부록에서는 Matlab 사용 방법을 소개함과 동시에 모든 장의 주요 단계마다 Matlab 소스코드를 제공하여 사용자가 스스로 시뮬레이션을 통해서 내용을 이해할 수 있도록 하였다. 즉 본서의 집필방향이 기본적인 개념과 이해에 도움이 되도록 흥미를 유발하고, 학습의 방향을 제시하는 쪽으로 잡혀 있음을 밝혀둔다.

이 책의 초판에서부터 개정판을 거쳐서 3판에 이르기까지 변함없이 출판을 지원해 주신 채희만 사장과 안성일 팀장이 없었다면 이 책은 세상에 나올 수 없었을 것이다. 지금까지 이 책을 통해서 신호와 시스템을 학습하고, 필요할 때마다 문제점을 지적해 주신 이름 없는 사용자들에게 깊은 감사를 드린다.

2007년 12월

백준기 · 조남익 · 김호찬

머 리 말 (2003년 2판)

산업기술의 발달과 그에 따른 자본의 집중 현상은 인류의 역사에 있어서 가히 충격적인 변화를 가져왔다. 현재 그와 견줄 만한 변화로서 정보의 처리, 교환, 저장 등 정보통신 기술의 비약적인 발전을 들 수 있고, 앞으로 그 추세는 컴퓨터나 반도체 기술의 발전과 더불어 더욱 가속될 전망이다.

일반적인 의미에서 볼 때 언어, 문자, 영상 등과 같은 정보를 포함하고 있는 모든 매체 (media)는 신호의 형태로 간주하여 저장, 변환, 해석, 전송 등의 처리가 가능하게 된다. 또한 이와 같은 매체를 처리하는 수단을 시스템이라 할 수 있다. 따라서 신호와 시스템의 이론은 공학적인 의미에서 아날로그/디지털 통신, 유/무선 통신, 광통신, 신호처리, 영상처리, 자동제어 등과 같은 학문의 기본적인 표현 방식으로 이해되고 있다.

이 책은 대학교 2~3학년 수준에서 미분방정식, 복소변수론, 확률론, 선형대수학 등의 기본적인 공업수학 내용과 간단한 컴퓨터 프로그램의 지식을 갖고 있는 학생들을 대상으로, 한 학기 동안 공부할 수 있도록 구성되었다. 보다 구체적으로는 신호처리의 개념을 이해하기 위한 기본적인 사실들을 쉽게 설명하기 위해서 노력하였고, 우리 실정에 맞도록 이미 공업수학이나 관련 분야에서 학습했던 내용은 가능한 중복을 피하고 기본 개념만을 복습하도록 하여 단기간에 신호와 시스템을 이해할 수 있도록 하는 데 주안점을 두고 집필되었다.

그러나 중요한 개념에 대해서는 예제 및 연습문제를 통해서 학생 스스로 반복적인 학습이 가능하도록 한 점이 초판과는 다른 점이라고 할 수 있다. 또한 다른 대부분의 신호와 시스템 교재에서는 다루지 않는 이산푸리에변환을 마지막 장에서 소개함으로써 고급 디지털 신호처리 및 디지털 시스템 분야로 발전하기 위한 자연스러운 개념의 연결을 시도하였다. 결론적으로 이 책의 집필방향은 신호와 시스템에 관련된 모든 내용을 한 권의 책에 압축하기보다는, 기본적인 개념과 이해에 도움이 되도록 흥미를 유발하고 학습의 방향을 제시하는 쪽으로 잡혀 있음을 밝혀둔다.

이 책의 초판이 발간될 때, 저자들의 부족함과 허술함에 고개를 들 수 없었지만 완벽한 개정판을 준비하겠다는 약속으로 스스로를 위로했던 기억이 생생한데, 개정판을 내면서 더욱 부족하게 느껴지는 점들은 독자들의 따가운 충고와 제언을 통해서만 개선할 수 있다고 믿는다.

2003년 6월

백준기 · 조남익

머리말(1997년 초판)

산업기술의 발달과 그에 따른 자본의 집중 현상은 인류의 역사에 있어서 가히 충격적인 변화를 가져왔다. 현재 그와 견줄 만한 변화로서 정보의 처리, 교환, 저장 등 정보통신 기술의 비약적인 발전을 들 수 있고, 앞으로 그 추세는 컴퓨터나 반도체 기술의 발전과 더불어 더욱 가속될 전망이다.

일반적인 의미에서 볼 때 언어, 문자, 영상 등과 같은 의미를 지니고 있는 모든 매체를 신호의 형태로 간주하여 처리할 수 있고, 이와 같이 처리하는 수단을 시스템이라 할 수 있다. 따라서 신호와 시스템 이론은 공학적인 의미에서 아날로그/디지털 통신, 유/무선 통신, 광통신, 신호처리, 영상처리, 자동제어 등의 학문의 기본적인 요소가 된다.

이 책은 대학교 2~3학년 수준에서 미분방정식, 복소변수론, 확률론, 선형대수학 등의 기본적인 공업수학 내용과 간단한 컴퓨터 프로그램의 지식을 갖고 있는 학생들을 대상으로, 한 학기 동안 공부할 수 있도록 구성되었다. 보다 구체적으로는 신호처리의 개념을 잡기 위한 기본적인 사실들을 쉽게 설명하기 위해서 노력하였고, 우리 실정에 맞도록 이미 공업수학이나 관련 분야에서 공부한 내용은 가능한 중복을 피하고 기본 개념만을 복습하도록 하여 책의 분량을 줄이도록 하였다. 결론적으로 이 책의 집필방향은 신호와 시스템에 관련된 모든 내용을 한 권의 책에 압축하기보다는, 기본적인 개념과 이해에 도움이 되도록 흥미를 유발하고 학습의 방향을 제시하는 쪽으로 잡혀 있음을 밝혀둔다.

아무리 취지가 좋다 하더라도, 실제 책을 쓴 저자들의 능력과, 이 책의 내용을 스스로 되돌아 보면 그 부족함과 허술함에 부끄러워 고개를 들 수가 없다. 그러나 우리들의 노력이 대학에서 필요한 기본 과목들을 우리와 다른 여건에서 만들어진 수입 교재에만 의존할 수 없다는 이유 하나만으로도 헛된 것이 아니라고 스스로를 위로해 본다. 독자들의 충고와 제언을 통해서 보다 완벽한 개정판이 나오기를 기대한다.

1997년 10월

백준기 · 조남익

Matlab 예제 리스트

제 1 장

제 2 장

제 3 장

제 4 장

참고하세요!

본문에 사용된 Signal Source와 Matlab Program Source는 **http://ipis.cau.ac.kr**에서 책표지를 클릭하거나 **http://165.194.88.78/zbxe/Books/3905**를 주소창에 직접 입력하면 자료를 다운받을 수 있습니다.

제 5 장

제 6 장

제 7 장

제 8 장

차 례

제 1 장 신호와 시스템

제 2 장 푸리에 급수

제 3 장 푸리에 변환

제 4 장 라플라스 변환

제 5 장 이산시간 신호와 시스템의 푸리에 표현

제 6 장 샘플링

제 7 장 z-변환

제 8 장 이산 푸리에 변환

CHAPTER 01

신호와 시스템

01 신호와 시스템

C·H·A·P·T·E·R

1.1 서론

일반적으로 '신호(signal)'는 어떠한 형태로든 고유의 정보를 가지고 의사소통이나 상태제어를 위한 매체 역할을 하는 것 전부를 의미한다. 그러나 이처럼 넓은 의미의 신호는 그 형태가 매우 다양하기 때문에 이를 학문적 혹은 기술적으로 보다 깊이 이해하고 연구하기 위해서는 더욱 정확한 분류가 선행되어야 한다.

예를 들어 두 사람이 어떤 대화를 주고 받고 있다면, 그 대화의 의미는 언어적인 신호라 할 수 있고, 귀로 전달되는 공기의 진동은 음성신호라 할 수 있다. 이 예에서 볼 수 있듯이, 같은 신호라도 보는 관점내지는 그를 처리하는 수단에 따라 서로 다르게 정의되고, 또 다른 방법으로 연구되어야 한다는 사실을 짐작할 수 있다.

앞서 정리한 바와 같이 신호는 그 자체가 어떤 정보를 갖고 있다는 점에서 중요하지만, 만약 그 신호를 적절하게 처리하는 장치가 없어서는 그 의미를 상실하게 된다. 예를 들어 아무리 좋은 경치가 있어도 그 영상 신호를 눈을 통해 받아들여 처리하고 인지하는 인간의 시각체계가 없다면 아무 의미가 없는 것과 마찬가지이다. 이와 같이 신호의 형태나 속성을 변화시켜 보다 적합한 용도로 사용할 수 있게 처리하는 장치를 '시스템(system)'이라 정의할 수 있다.

이 장에서는 일반적으로 신호를 '시간에 따라 변하는 값들', 즉 시간의 함수로 가정하고, 1.2절에서 시간축의 연속성 여부에 따라 신호를 연속시간 신호(continuous- time signal)와 이산시간 신호(discrete-time signal)로 분류한다. 1.3절에서는 신호를 처리하는 가장 간단하고 기본적인 방법으로서, 신호가 정의되는 시간축을 변환하는 시변수(time variable) 변환에 대해 알아보고, 1.4절에서는 신호의 주기성(periodicity)의 정의와 표현 방법을 정리한다. 이 책에서 자주 사용될 기본적인 신호들을 1.5절과 1.6절에서 차례대로 소개하기로 한다.

한편, 앞서 신호는 시간의 함수로 표현하기로 했다면, 그를 처리하는 시스템은 어떤 형태로 표현이 가능한지에 대한 의문이 생길 것이다. 결론부터 말하자면 시스템도 신호와 같은 방법으로 표현이 가능한데, 1.7절에서 그 이유를 설명하고, 동시에 연속시간 시스템과 이산시간 시스템을 정의한다. 시스템이 갖는 기본 성질을 1.8절에 소개하고, 우리가 앞으로 다룰 대표적인 선형시불변 시스템에 대해서 1.9절에서 논의하기로 한다. 마지막으로 1.10절에서 시스템을 표현하는 여러 가지 방법들 중 가장 기본적이고 정규적인 구조를 갖는 미분방정식과 차분방정식에 의한 방법을 차례대로 연속시간 신호와 이산시간 신호에 대해서 적용해보기로 한다.

1.2 연속시간 신호와 이산시간 신호

우리가 실험실에서 아주 쉽게 접할 수 있는 신호발생기(signal generator)에서 출력되는 정현파와 1997년 5월 넷째 주의 일별 종합주가지수가 차례대로 〈그림 1.1〉과 〈그림 1.2〉에 보여진다. 두 그림에서 가로축은 시간의 변화 혹은 진행된 정도를 의미하고, 세로축은 각각의 시간에 해당되는 정보량의 크고 작음을 나타낸다. 여기에서 가로축을 독립변수(independent variable) 혹은 시변수(time variable)라 하는데, 가로축의 성질에 따라 신호를 다음과 같이 연속시간 신호와 이산시간 신호로 정의한다.

| 정의 1.1 | 연속시간 신호와 이산시간 신호

신호를 시간의 함수로 나타냈을 때, 시간축 혹은 가로축이 연속적으로 정의되는 신호를 연속시간 신호라 하고, 시간축이 불연속적으로 정의되는 신호를 이산시간 신호라 한다.

〈그림 1.1〉의 정현파의 경우 시간축이 단절 없이 연속적으로 정의되어 있기 때문에 연속시간 신호라 할 수 있고, 반대로 〈그림 1.2〉의 일별종합주가지수는 이산시간 신호라 할 수 있다. 이 책에서는 연속시간 신호를 수학적으로 표현할 때 $x(t)$를 사용하고, 이산시간 신호의 경우는 $x[n]$을 사용한다. 이 때 t는 연속적인 시간축상의 위치를,

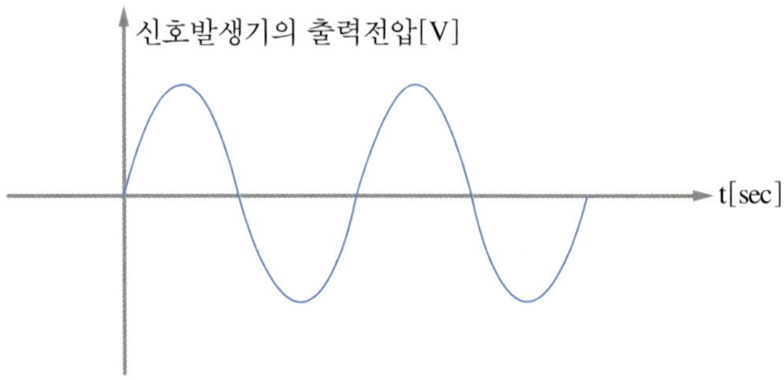

|그림 1.1| 신호발생기에서 출력되는 정현파-연속시간 신호의 예

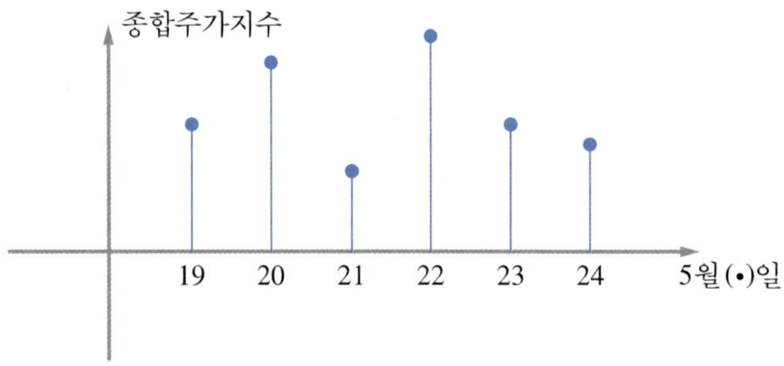

|그림 1.2| 1997년 5월 넷째주의 일별 종합주가지수-이산시간 신호의 예

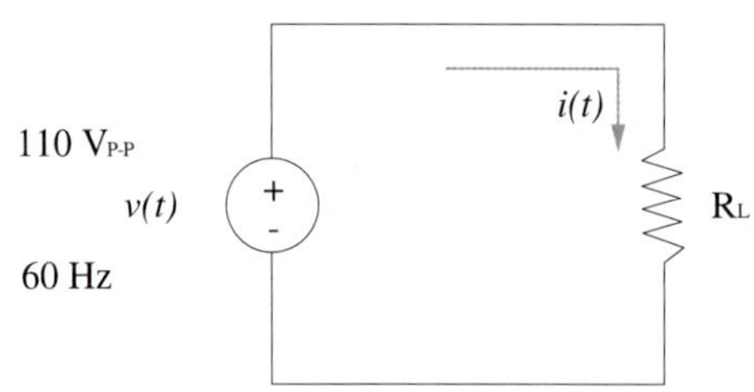

|그림 1.3| 110 V_{P-P}, 60Hz의 교류전원으로 부하 R_L을 갖는 전기제품을 동작시키는 과정

n은 불연속적 혹은 이산적인 시간축상의 위치를 의미한다. 또한 두 경우 모두 x는 해당되는 시간 t 혹은 n에서 정보의 크기를 의미하고 있다.

신호가 갖고 있는 정보는 일반적으로 물리적인 현상을 설명하고 있다. 예를 들어

〈그림 1.1〉의 가로축상에서 정현파의 한 주기를 나타내는 시간을 1/60초라 하고, 세로축이 나타내는 신호의 값을 $\pm 110\sqrt{2}$ 볼트(V)의 진폭을 갖는 전압이라 가정하면, 이 신호는 우리가 사용하고 있는 110V 교류전원을 의미하게 된다. 이 교류전원을 사용하여 부하 R_L을 갖는 전기제품을 동작시키는 과정을 〈그림 1.3〉과 같이 나타낼 수 있다.

이 때 특정 시간 t에서의 순간전력(instantaneous power)은,

$$p(t) = v(t)\,i(t) = \frac{1}{R_L}\,v^2(t) \tag{1.1}$$

와 같이 표현할 수 있고, 구간 $t_1 \le t \le t_2$에서 사용되는 총에너지(total energy)는 순간전력을 해당 구간에서 적분한 값,

$$e_{\text{total}}(t) = \int_{t_1}^{t_2} p(t)dt = \int_{t_1}^{t_2} \frac{1}{R_L}\,v^2(t)dt \tag{1.2}$$

이 되며, 이 구간에서의 평균소모전력(average dissipated power)은 총에너지를 구간의 간격으로 나눈 값,

$$P_{\text{average}}(t_1, t_2) = \frac{1}{t_2 - t_1}\int_{t_1}^{t_2} p(t)dt = \frac{1}{t_2 - t_1}\int_{t_1}^{t_2} \frac{1}{R_L}\,v^2(t)dt \tag{1.3}$$

이 된다. 다른 경우에 있어서도 에너지의 정의는 앞의 예에서 사용된 그것과 유사한 형태로 사용되기 때문에, 임의의 신호에 대한 일반적인 정의를 다음과 같이 하기로 한다.

| 정의 1.2 | 연속시간 신호 $x(t)$의 구간 $t_1 \le t \le t_2$에서의 에너지와 평균전력

$$E = \int_{t_1}^{t_2} |x(t)|^2 dt \tag{1.4}$$

$$P = \frac{1}{t_2 - t_1}\int_{t_1}^{t_2} |x(t)|^2 dt \tag{1.5}$$

| 정의 1.3 | 이산시간 신호 $x[n]$의 구간 $n_1 \le n \le n_2$에서의 에너지와 평균전력

$$E = \sum_{n=n_1}^{n_2} |x[n]|^2 \tag{1.6}$$

$$P = \frac{1}{n_2 - n_1 + 1} \sum_{n=n_1}^{n_2} |x[n]|^2 \tag{1.7}$$

앞서 정의한 에너지와 평균전력은 시작과 종료시점이 각각 $-\infty$에서 ∞까지 일 때 E_∞와 P_∞로 표시하고, 이 두 값은 나중에 신호의 성격을 분류하는 데에 있어서 중요하게 사용된다.

1.3 시변수 변환

신호와 시스템에 관련된 모든 분야는 어떤 신호를 다른 형태의 신호로 변환시키는 과정을 의미한다. 예를 들면 미약한 소리를 앰프를 사용하여 증폭해서 큰 소리로 변환하는 과정을 생각할 때, 처음의 미약한 소리는 입력신호, 앰프는 시스템, 증폭된 소리는 출력 혹은 변환된 신호라 할 수 있다. 이것을 도식화한 것이 〈그림 1.4〉에 보여진다.

또 다른 예로는 비디오카세트레코더를 사용하여 1초에 30장씩으로 구성되는 동영상을 시청할 때, 고속 탐색 기능을 작동시키면 1초에 60장 혹은 120장씩의 단위영상을 제공하여 단시간 내에 원하는 장면을 찾을 수 있게 된다. 이 때 고속 탐색 기능은 시스템의 동작에 해당되고, 2배 혹은 4배로 빠르게 진행되는 동영상은 시간축의 변수, 즉 시변수(time variable)가 2배 혹은 4배로 변환된 출력 신호를 의미한다. 이것을 도식화한 것이 〈그림 1.5〉에 보여진다.

두 가지 예에서 살펴 본 바와 같이 신호의 다양한 종류의 변환들 가운데에서 시변수의 변환은 매우 기본적이고 중요한 변환이기 때문에, 자주 사용되는 것들을 다음과 같이 정리해보기로 한다.

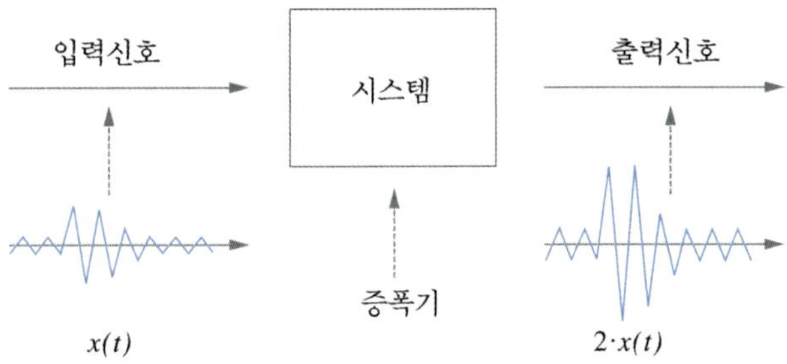

그림 1.4 증폭기와 그의 입출력 신호들을 각각 시스템과 그의 입출력 신호로 비교한 예

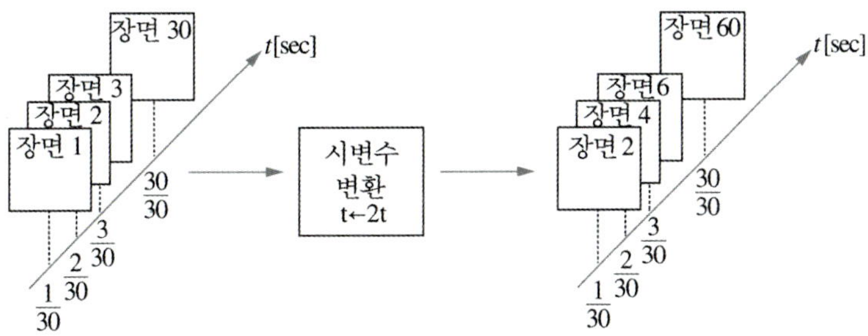

그림 1.5 비디오카세트레코더의 고속탐색 기능을 시변수 변환에 비교한 예

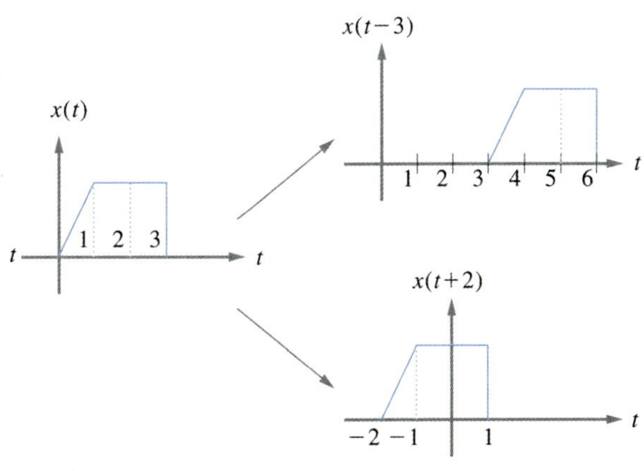

그림 1.6 시간이동의 예

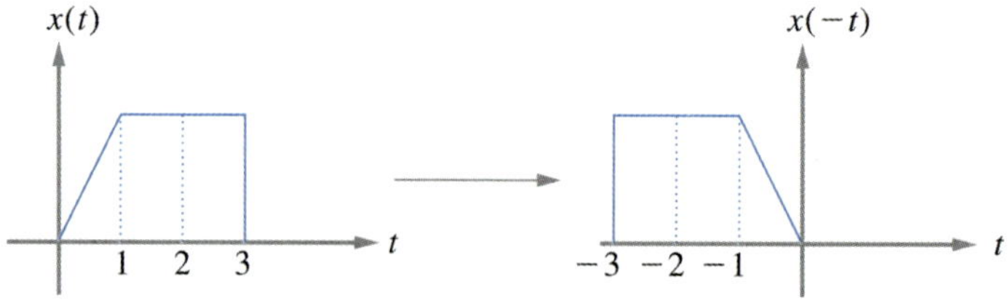

| 그림 1.7 | 시간반전의 예

| 정의 1.4 | 연속시간 신호 $x(t)$가 있을 때, 자주 사용되는 시변수 변환들은 다음과 같이 정의된다.

(1) 시간이동 : $x(t-t_0)$

(2) 시간반전 : $x(-t)$

(3) 시간압축 및 확장 : $x(at)$

시간이동은 'time shift'를 의미하고, t_0가 양일 때는 원 신호가 오른쪽으로, 반대로 음일 때는 왼쪽으로 이동함을 의미한다. 시간반전은 'time reversal'을 의미하고, 원신호가 $t=0$인 세로축을 중심으로 거울대칭되는 변환이다. 시간이동과 반전은 이산시간 신호에서도 동일하게 적용되고, 그 표현은 차례대로 $x[n-n_0]$와 $x[-n]$이 된다. 연속시간 신호에서 시간의 이동 및 반전의 예가 〈그림 1.6〉과 〈그림 1.7〉에 차례대로 보인다.

시간의 압축 및 확장은 'time scaling'을 의미하는데, 시변수 t의 앞에 곱해진 상수 a의 절대값이 1보다 크면 압축(compression)을, 반대로 1보다 작으면 확장(expansion) 변환이 된다. 이산시간 신호의 시간압축과 확장은 시간이동이나 반전과는 달리 연속시간 신호와 항상 동일하게 이루어지지 않음에 유의하여야 하고, 이것에 관한 정확한 논의는 다음으로 미루기로 한다. 연속시간 신호의 시간압축 및 확장의 예가 〈그림 1.8〉에 보여진다. 시간반전과 관련된 내용으로서 우신호(even signal)와 기신호(odd signal)가 있는데, 이들의 정의는 다음과 같다.

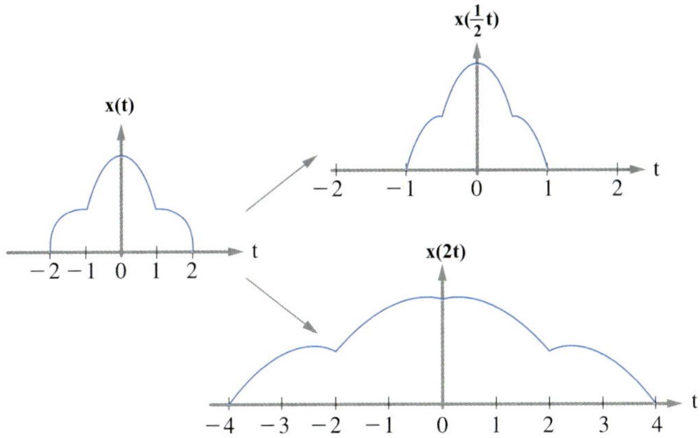

그림 1.8 시간압축 및 확장의 예

정의 1.5 **우신호와 기신호**: 신호 $x(t)$와 그의 시간반전된 신호가 동일할 경우, 즉

$$x(-t) = x(t) \tag{1.8}$$

를 만족할 때, $x(t)$를 우신호라 한다. 반대로 시간반전된 신호가 원신호와 부호가 반대일 때, 즉

$$x(-t) = -x(t) \tag{1.9}$$

를 만족하는 신호를 기신호라 한다.

우신호와 기신호의 정의는 이산시간 신호에 대해서도 동일하게 적용된다. 기신호의 경우 식 (1.9)의 정의에 의하면 $x(0) = -x(0)$가 되어야 하므로 $x(0) = 0$가 항상 만족되어야 한다. 우신호와 기신호의 예가 〈그림 1.9〉에 보여진다.

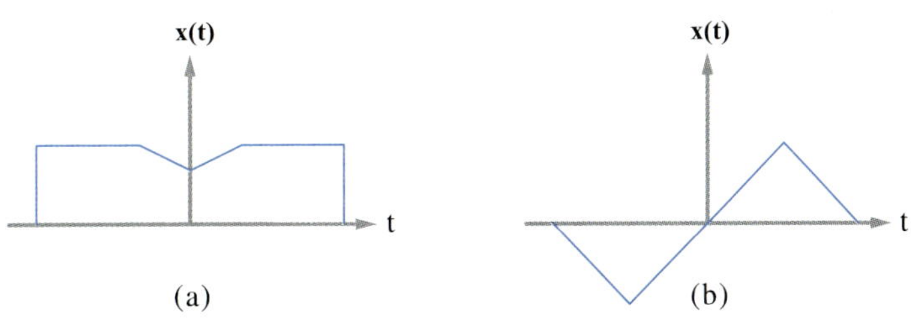

그림 1.9 (a) 우신호와 (b) 기신호의 예

우신호와 기신호의 정의는 어떤 신호가 이들 중 하나에 속하는가를 따져보는 데에도 중요하지만, 그보다는 임의의 신호를 우신호 성분과 기신호 성분으로 분해하는 데에 더 많이 사용된다.

즉, 임의의 신호 $x(t)$에 대해서 새로운 연산자 $Ev[\cdot]$와 $Od[\cdot]$를 다음과 같이 정의하면,

$$Ev[x(t)] = \frac{1}{2}\{x(t) + x(-t)\}, \quad Od[x(t)] = \frac{1}{2}\{x(t) - x(-t)\} \qquad (1.10)$$

이들은 차례로 우신호와 기신호의 성질을 각각 만족시킨다.

또한 $x(t) = Ev[x(t)] + Od[x(t)]$, 즉 어떤 신호도 우신호 성분과 기신호 성분의 합으로 표현될 수 있음을 알 수 있다.

다음의 예제를 통하여 Matlab에서 신호의 시변수 변환을 도시하는 방법을 알아보자. 예제 1.1에서는 연속시간 신호 $x(t)$의 시간이동, 시간반전 및 시간확장에 관하여 살펴보고 예제 1.2에서는 Matlab을 이용하여 우신호와 기신호의 생성과정을 설명하기로 한다. 예제에서 사용되는 Matlab 함수 'plot'은 주어진 데이터를 그림으로 나타내주는 함수이고 'xlabel'과 'ylabel'은 라벨을 나타낼 때 사용된다. Matlab의 기본적인 사용 방법은 부록을 참조하기 바란다.

예제 1.1 신호의 시간이동, 시간반전, 시간압축 및 확장

구간 $0 \le t \le 4$에서 신호 $x(t) = \sin \pi t$가 주어졌을 때 시간이동 신호 $x(t-2)$, 시간반전 신호 $x(-t)$, 시간압축 신호 $x(2t)$를 Matlab을 사용하여 나타내도록 한다.

Matlab 프로그램 1.1

```
t = 0:0.01:4;  % time interval [0,4]
x = sin(pi*t); % original signal
plot(t,x); xlabel('t'); ylabel(' x(t)');
grid on;

t1 = 2:0.01:4;
x1 = sin(pi*(t1-2));
```

```
x1 = [zeros(1,length(t)-length(t1)), x1]; % x1(t) = x(t-2)
figure
plot(t,x1); xlabel('t'); ylabel(' x(t-2)');
grid on;

t2 = -fliplr(t); % time reversal
x2 = sin(pi*(t2)); % x2(t) = x(-t)
figure
plot(t2,x2); xlabel('t'); ylabel(' x(-t)');
grid on;

t3 = 0:0.01:2;
x3 = sin(pi*2*t3);
x3 = [x3 zeros(1,length(t)-length(t3))]; % x3(t) = x(2t)
figure
plot(t,x3); xlabel('t'); ylabel(' x(2t)');
grid on;
```

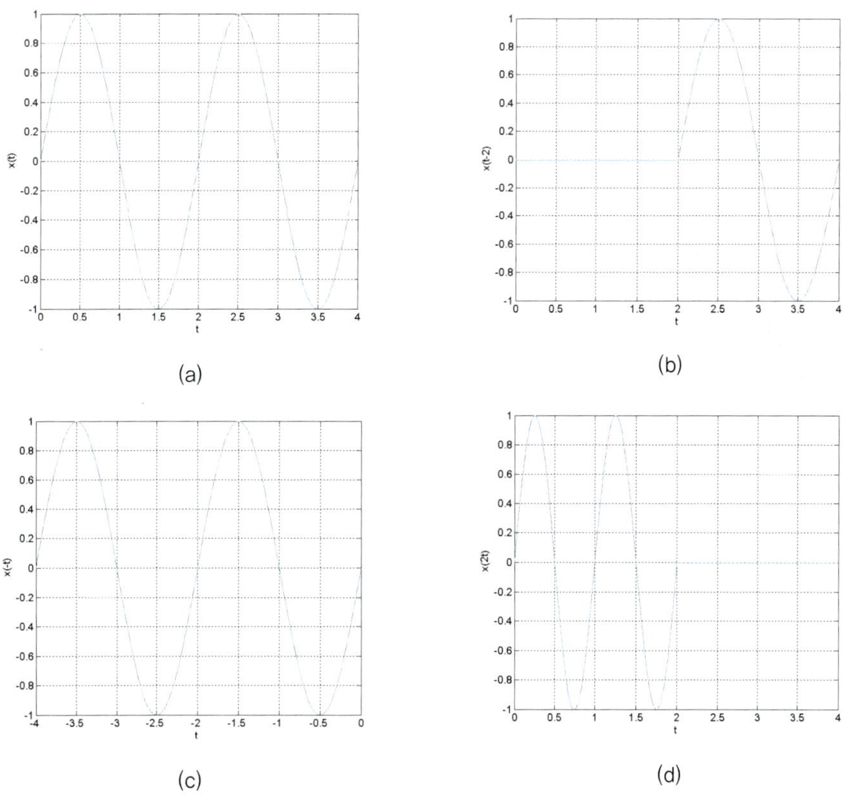

그림 1.10 신호의 시변수 변환 (a) 원신호, (b) 시간이동 신호, (c) 시간반전 신호, (d) 시간압축 신호

예제 1.2 우신호 성분과 기신호 성분

구간 $0 \le t \le 2$에서 신호 $x(t) = u(t)$가 주어졌을 때 신호를 우신호 성분 $Ev[x(t)]$, 기신호 성분 $Od[x(t)]$을 Matlab을 사용하여 나타내도록 한다.

Matlab 프로그램 1.2

```
t=-2:0.01:2;   % time interval [-2,2]

t0 = 0:0.01:2;
x = [zeros(1,length(t)-length(t0)), ones(1,length(t0))]; % x(t) = u(t)

t1 = -2:0.01:-0.01;; % time reversal
x1 = [ones(1,length(t1)) zeros(1,length(t)-length(t1))]; % x1(t) = u(-t)

x2 = (x + x1)/2; % even function x2(t) = (u(t)+u(-t))/2
plot(t,x2); xlabel('t'); ylabel(' Ev[x(t)]');
axis([-2 2 -0.6 0.6]);
grid on;

x3 = (x - x1)/2; % odd function x3(t) = (u(t)-u(-t))/2
figure
plot(t,x3); xlabel('t'); ylabel(' Od[x(t)]');
axis([-2 2 -0.6 0.6]);
grid on;
```

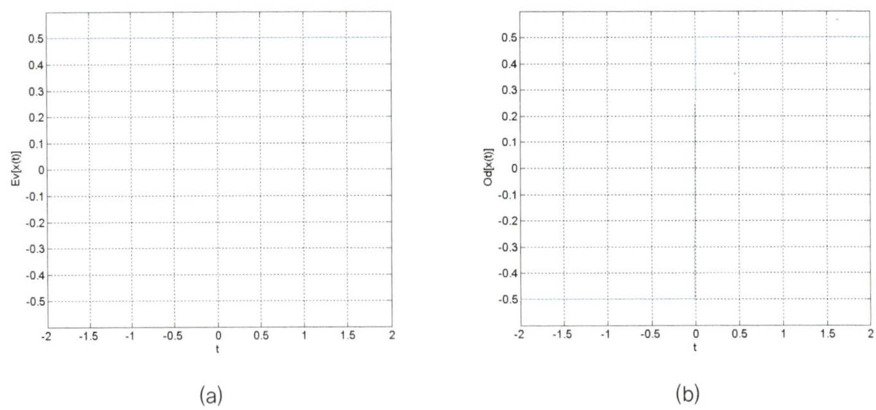

그림 1.11 신호의 우신호와 기신호 성분 분해 (a) 우신호 성분, (b) 기신호 성분

1.4 주기 신호

다양한 신호들을 그 성격에 따라 분류함에 있어서 매우 중요한 기준들 중 하나가 주기성(periodicity) 여부라 할 수 있다. 주기성이라는 것은 일정한 시간 간격으로 신호의 형태가 동일하게 되풀이되는 것을 의미한다. 모든 신호는 주기(periodic) 신호와 비주기(aperiodic) 신호로 나뉘어지는데 주기신호는 다음과 같이 정의된다.

▎정의 1.6 ▎ 주기신호: 연속시간 주기신호 $x(t)$는 특정한 양의 값 T에 대해서 다음과 같은 성질을 만족시킨다.

$$x(t+T)=x(t) \tag{1.11}$$

이 때 T를 '주기'라 하고, 주기신호가 아닌 모든 신호들은 비주기신호로 정의된다. 연속시간의 경우와 마찬가지로 이산시간 주기신호는,

$$x[n+N]=x[n] \tag{1.12}$$

와 같이 정의되고, 이 때 N은 이산시간 주기를 나타낸다.

연속시간 및 이산시간 주기신호들의 예가 〈그림 1.12〉에 보여진다.

우리는 서론에서 신호를 어떤 정보를 지니고 있는 매체라고 정의한 바 있다. 이같은 맥락에서 보면 주기성은 신호가 갖는 일부분의 정보를 가지고 다른 일부, 또는 전부를 예측할 수 있는 조건이 된다. 또 하나의 주기성이 사용되는 중요한 사례로서 신호의 주파수 성분 해석을 들 수 있는데, 이와 관련된 자세한 사항은 2장 이후에서 다루기로 한다.

〈그림 1.12(a)〉에 보여진 신호에서 $T=4$이외에도 $T=8, 12, 16$ 등 4의 배수는 모두 주기가 됨을 알 수 있다. 이와 같은 이유로 보다 명확한 표현을 위해서, 무수히 많은 주기들 중에서 가장 작은 양의 값을 기본주기(fundamental period)라 한다.

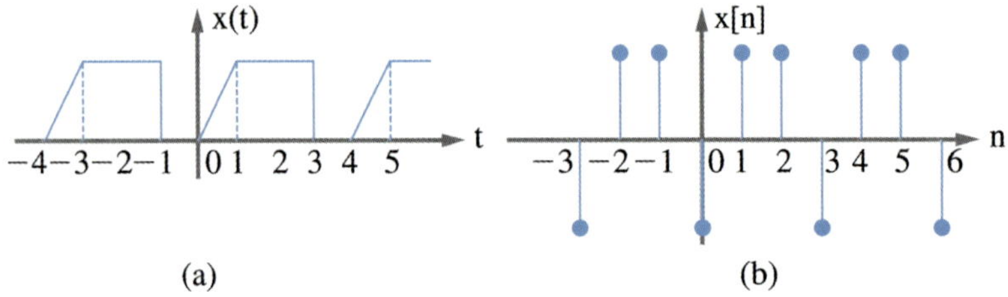

그림 1.12 (a) 주기 $T=4$인 연속시간 주기 신호와 (b) 주기 $N=3$인 이산시간 주기 신호의 예

1.5 지수 신호와 정현파 신호

일반적으로 연속시간에서 정의되는 지수 신호(exponential signal)는

$$x(t) = Ce^{at} \tag{1.13}$$

와 같은 형태로 표현되고, 이산시간 지수 신호는

$$x[n] = Cz^n, \quad z = re^{jw_0} \tag{1.14}$$

으로 표현된다. 이들은 다시 C, a, z들이 각각 실수와 복소수인 경우에 따라 몇 가지 종류로 나뉜다.

1.5.1 실수지수 신호

연속시간 신호의 경우 식 (1.13)에서 C와 a가 모두 실수인 경우 $x(t)$를 실수지수 신호(real exponential signal)라 하고, a가 갖는 값에 따라 세 가지 다른 형태를 갖게 되는데, 이것이 〈그림 1.13〉에 보여진다.

이산시간 신호의 경우 C가 실수이고 $w_0=0$이면, 식 (1.14)는

$$x[n] = C\,r^n \tag{1.15}$$

으로 표현된다. 이와 같은 신호를 이산시간 실수지수 신호라 하며, 연속시간 신호와 달

리 r이 갖는 값에 따라 네 가지의 서로 다른 형태를 갖게 되는데, 이것들이 〈그림 1.14〉에 보여진다.

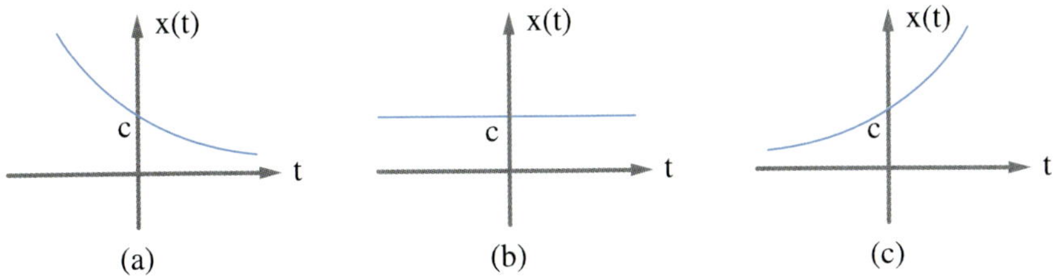

그림 1.13 서로 다른 a 값에 대한 실수지수 신호 $x(t) = Ce^{at}$; (a) $a<0$, (b) $a=0$, (c) $a>0$

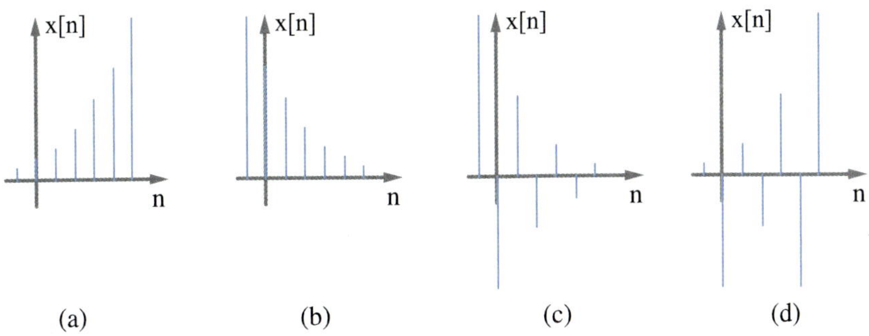

그림 1.14 서로 다른 r에 대한 이산시간 실수지수 신호 $x[n] = Cr^n$; (a) $r>1$, (b) $0<r<1$, (c) $-1<r<0$, (d) $r<-1$

1.5.2 주기복소지수 신호

이번에는 식 (1.13)에서 C는 실수이고, a가 순허수(pure imaginary), 즉 $a = jw_0$, $j=\sqrt{-1}$일 때,

$$x(t) = Ce^{jw_0 t} \tag{1.16}$$

로 표현되는 주기복소지수 신호(periodic complex exponential signal)가 되는데 이 신

호는 앞으로 신호 및 시스템의 주파수 성분 해석에서 매우 중요하게 사용되는 성질인 주기성을 갖는다. 이를 좀 더 구체적으로 살펴보기 위해서 복소지수의 성질인 $e^{j2\pi}=1$을 식 (1.16)에 곱하면

$$x(t) = Ce^{jw_0 t}e^{j2\pi} = Ce^{jw_0\left(t+\frac{2\pi}{w_0}\right)} \tag{1.17}$$

가 성립하기 때문에 식 (1.16)의 $x(t)$는 $T=\frac{2\pi}{w_0}$의 주기를 갖는 주기함수임을 알 수 있다. 또한 주기 w_0의 값이 증가함에 따라서 주기 T는 감소하고, 이는 다시 말해서 신호가 진동하는 속도가 증가함을 의미한다.

식 (1.17)에 주어진 주기복소지수 신호에서 지수부는 오일러의 공식에 의해서

$$e^{jw_0 t} = \cos w_0 t + j\sin w_0 t \tag{1.18}$$

와 같이 실수부와 허수부로 분리할 수 있다. 이 때 실수부를 나타내는 정현파(cosine wave)는 주기 $T=\frac{2\pi}{w_0}$를 갖는 주기함수이고, 허수부를 나타내는 여현파(sine wave)는 정현파의 위상이 $\frac{\pi}{2}$만큼 이동된 것이기 때문에 역시 같은 주기를 갖는 주기함수이다. 또한 식 (1.18)과는 반대로 복소지수함수들을 사용해서 정현파나 여현파를 다음과 같이 만들 수 있다.

$$\cos(w_0 t) = \frac{1}{2}e^{jw_0 t} + \frac{1}{2}e^{-jw_0 t} = Re\{e^{jw_0 t}\} \tag{1.19}$$

$$\sin(w_0 t) = \frac{1}{2j}e^{jw_0 t} - \frac{1}{2j}e^{-jw_0 t} = Im\{e^{jw_0 t}\} \tag{1.20}$$

우리가 익히 알고 있듯이 대표적인 주기함수가 정현파와 여현파이고, 이를 좀더 일반화시킨 것이 정현파와 여현파가 각각 실수부와 허수부를 이루고 있는 주기복소지수함수이다. 주기복소지수함수는 총에너지가 무한대이면서 평균전력은 유한한 값을 갖는 대표적인 신호이다.

이산시간 주기복소지수 신호는 식 (1.14)에서 C가 실수이고 $z=e^{jw_0}$일 때

$$x[n] = Ce^{jw_0 n} \tag{1.21}$$

과 같이 표현된다.

식 (1.17)에서 살펴본 바와 같이 연속시간 주기복소지수 신호는 시간 t에 대해서 $T=\frac{2\pi}{w_0}$의 주기를 갖는 주기 신호이고, 이와 같은 주기성은 0이 아닌 모든 w_0에 대해서 성립된다. 만약 $w_0=0$인 경우에도 $T=\infty$의 주기를 갖는다고 생각하면 이 신호의 주기성은 0을 포함한 모든 w_0값에 대해서 성립하는 것으로 생각할 수 있다.

이산시간 주기복소지수 신호에서도 연속시간의 경우와 같은 주기성을 찾아볼 수 있지만 완전히 같지는 않은데, 그 이유는 다음과 같다. 식 (1.21)에 주어진 신호가 주기 N을 갖는 주기 신호라 가정하면

$$e^{jw_0(n+N)} = e^{jw_0 n}e^{jw_0 N} = e^{jw_0 n} \tag{1.22}$$

이 성립해야 하기 때문에 $e^{jw_0 N}=1$이 되어야 하고, 이를 만족시키기 위해서는 $w_0 N$이 2π의 정수배, 즉

$$w_0 N = 2\pi m \text{ 혹은 } \frac{w_0}{2\pi} = \frac{m}{N} \tag{1.23}$$

이 만족되어야 한다. 결론적으로 이산시간 주기복소지수 신호는 특정한 w_0, 즉 $\frac{w_0}{2\pi}$가 유리수일 때만 주기성을 갖고, 그 이외의 경우에는 주기성을 갖지 않는 것이 특징이다.

연속시간 및 이산시간 주기복소지수 신호가 각각 시간 t와 n에 대해서 갖는 주기성을 살펴보았는데, 이산시간의 경우는 시간 n에 대해서 뿐만 아니라 w_0에 대해서도 주기성을 갖는 것이 큰 특징이다. 다시 말해서 연속시간의 경우에는 w_0가 무한히 증가할수록 진동의 속도도 함께 무한히 증가하는 양상을 보이는 데 반해서, 이산시간의 경우에는 w_0가 어느 정도까지 증가하는 동안에는 진동의 속도가 따라서 증가하다가, w_0가 그 이상으로 계속 증가하면 도리어 진동의 속도가 줄어드는 현상이 반복된다. 이를 확인하기 위해서 식 (1.21)의 w_0를 $w_0+2\pi$로 바꾸어 넣으면

$$e^{j(w_0+2\pi)n} = e^{jw_0 n}e^{j2\pi n} = e^{jw_0 n} \tag{1.24}$$

이 성립하여 이산시간 주기복소신호의 주파수가 w_0와 $w_0+2\pi$일 때 서로 같은 신호가 됨을 알 수 있고, 이것은 일반적으로 w_0에 2π의 정수배가 더해지는 모든 경우에 성립한다.

1.5.3 일반적인 복소지수 신호

이번에는 지수함수의 가장 일반화된 형태로 식 (1.13)에서

$$C = |C|e^{j\theta},\ \ a = \sigma + jw_0 \tag{1.25}$$

라 가정하면, $x(t)$는

$$\begin{aligned} x(t) &= |C|e^{j\theta}e^{(\sigma+jw_0)t} = |C|e^{\sigma t}e^{j(w_0t+\theta)} \\ &= |C|e^{\sigma t}\cos(w_0t+\theta) + j|C|e^{\sigma t}\sin(w_0t+\theta) \end{aligned} \tag{1.26}$$

와 같이 표현되는데, 서로 다른 σ에 대해서 이 신호의 실수부를 도시한 것이 〈그림 1.15〉에 보여진다. 일반화된 이산시간 복소지수 신호는 식 (1.14)에서

$$C = |C|e^{j\theta},\ \ z = re^{jw_0} \tag{1.27}$$

라 가정하면

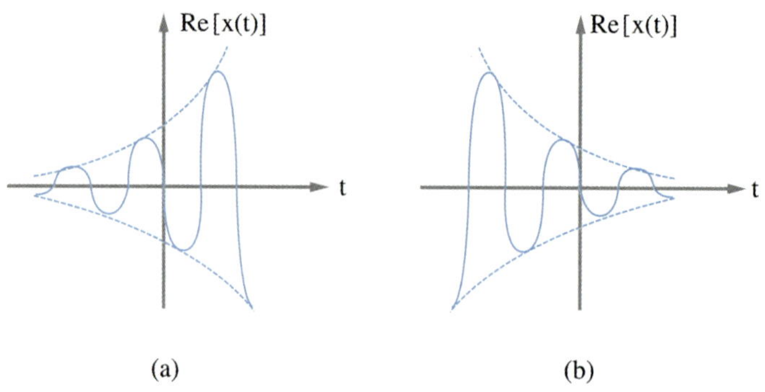

그림 1.15 (a) $\sigma > 0$일 때와 (b) $\sigma < 0$일 때 $Re[x(t)]$의 파형

$$x[n] = |C||r|^n\cos(w_0 n + \theta) + j|C||r|^n\sin(w_0 n + \theta) \quad (1.28)$$

와 같이 표현되고, $|r|$의 값이 1보다 큰 경우와 아닌 경우에 대한 실수부가 〈그림 1.16〉에 보여진다.

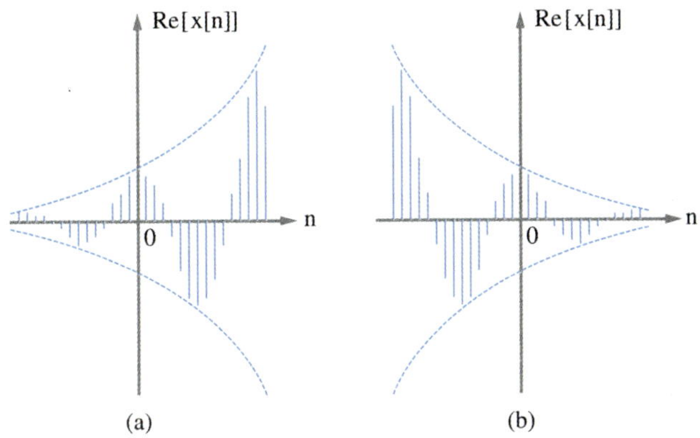

그림 1.16 (a) $|r|>1$인 경우와 (b) $|r|<1$인 경우 일반화된 이산시간 복소지수 신호의 실수부

예제 1.3 복소지수 신호의 실수부와 허수부

구간 $-2 \le t \le 2$에서 복소지수 신호 $x(t)=e^{at}$, $a=-0.5+j2\pi$가 주어졌을 때 신호를 실수부 성분 $Re[x(t)]$, 허수부 성분 $Im[x(t)]$을 Matlab을 사용하여 나타내도록 한다.

Matlab 프로그램 1.3

```
t=-2:0.01:2;  % time interval [-2,2]
alpha = -0.5 + j*2*pi;

x = exp(alpha*t);

x1 = real(x); % x1(t) = Re[x(t)]
plot(t,x1); xlabel('t'); ylabel(' Re[x(t)]');
grid on;

x2 = imag(x); % x2(t) = Im[x(t)]
figure
plot(t,x2); xlabel('t'); ylabel(' Im[x(t)]');
grid on;
```

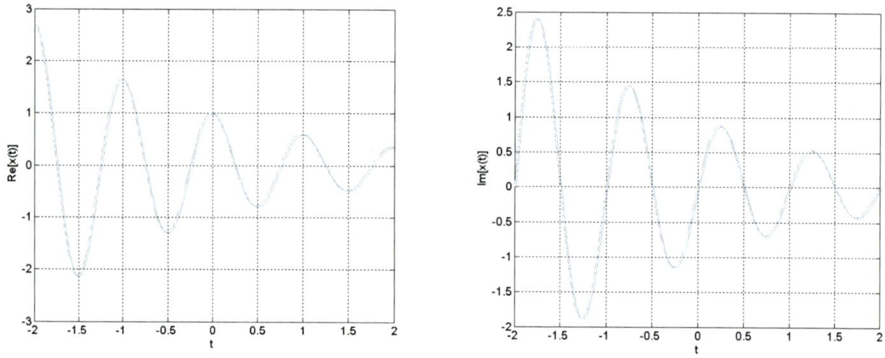

(a) (b)

그림 1.17 복소지수 신호의 실수부와 허수부 (a) 실수부, (b) 허수부

1.6 자주 사용되는 특수 신호

우리가 다루고 있는 신호들은 일반적으로 예측이 가능한 부분과 그렇지 못한 부분으로 나눌 수 있다. 예를 들어 하루 동안에 변화하는 온도를 신호로 생각할 때, 일반적으로 새벽에 가장 낮다가 정오가 조금 지나면 최고치를 기록하고, 그를 정점으로 다시 떨어지는 형태가 되는데 이와 같은 현상은 다른 날에도 비슷하게 전개될 것이다. 그러나 매시간의 온도는 비가 온다든지, 바람이 분다든지 하는 그때마다의 기상 현상에 따라 매일 조금씩 다르게 나타나는 것도 사실이다. 이와 같이 날마다 비슷하게 되풀이되는 부분은 신호의 주기성과 관계가 되는 예측할 수 있는 부분이 되고, 매시간 다르게 나타나는 온도의 차이는 예측이 불가능한 부분으로서 새로운 정보를 의미하게 된다.

앞의 두 절에서 신호의 주기성과 관련된 부분을 설명하였는데, 주기신호 이외에도 예측이 가능한 특수한 형태의 신호들이 많이 사용된다. 이들은 신호의 해석, 시스템의 특성 규명 등 여러 가지 분야에서 주기신호들과 함께 널리 사용되고 있다.

1.6.1 이산시간 단위임펄스 신호와 단위스텝 신호

지금까지 여러 가지 형태의 신호를 설명할 때, 연속시간 신호를 먼저 소개한 후, 그와 비교하는 형태로 이산시간 신호를 제시하였다. 그러나 단위임펄스(unit impulse)와 단위스텝(unit step) 신호의 경우에는 이산시간 영역에서의 정의가 상대적으로 간단하기 때문에 이산시간의 경우를 먼저 정의하기로 한다.

| 정의 1.7 | 이산시간 단위임펄스 신호는

$$\delta[n] = \begin{cases} 1, & n = 0 \\ 0, & n \neq 0 \end{cases} \tag{1.29}$$

와 같이 정의되고 〈그림 1.18〉에 보여진다.

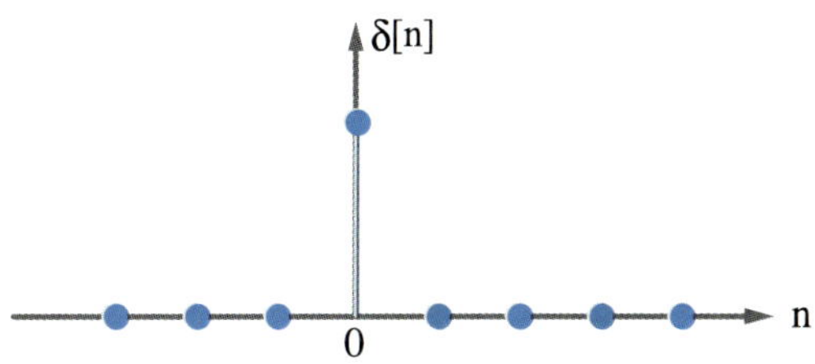

| 그림 1.18 | 이산시간 단위임펄스 신호

| 정의 1.8 | 이산시간 단위스텝 신호는

$$u[n] = \begin{cases} 1, & n \geq 0 \\ 0, & n < 0 \end{cases} \tag{1.30}$$

와 같이 정의되고 〈그림 1.19〉에 보여진다. 이산시간 단위임펄스와 스텝 신호는 상호간 밀접한 관계를 갖는다. 다시 말해서 이산시간 단위임펄스는 이산시간 축상의 한 샘플만큼 떨어진 두 스텝간의 차분으로 표시된다. 즉,

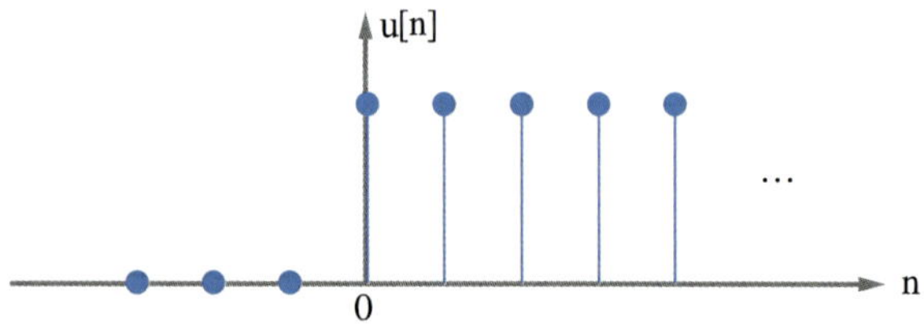

그림 1.19 이산시간 단위스텝 신호

$$\delta[n] = u[n] - u[n-1] \tag{1.31}$$

이 되고, 반대로 단위스텝 신호는

$$u[n] = \sum_{k=0}^{\infty} \delta[n-k] \tag{1.32}$$

와 같이 시간이동된 임펄스의 누적합으로 표현할 수 있다. 식 (1.31)과 식 (1.32)에 주어진 임펄스와 스텝 신호간의 관계는 나중에 시스템의 특성을 규명하는 데에 긴요하게 사용된다.

1.6.2 연속시간 단위임펄스 신호와 단위스텝 신호

연속시간 단위스텝 신호는 다음과 같이 정의된다.

정의 1.9 연속시간 단위스텝 신호는

$$u(t) = \begin{cases} 1, & t \geq 0 \\ 0, & t < 0 \end{cases} \tag{1.33}$$

와 같이 정의되고 〈그림 1.20〉에 보여진다.

이산시간 신호는 그 속성상 각각의 샘플들이 불연속적으로 존재하기 때문에 단위스텝이나 임펄스를 정의하는 데에 문제가 없었으나, 연속시간 단위스텝 신호의 정의를 보면 $t=0$에서 불연속점이 있다는 것에 유의해야 한다. 왜냐하면 이산시간 신호의 경우 임펄스 신호는 스텝 신호의 1차 차분(first order difference)으로 정의된 것과 마찬가지로, 연속시간 신호의 경우 임펄스 신호를 스텝 신호의 1차 미분(first order differentiation)으로 정의해야 하는데 $t=0$에서의 불연속점 때문에 이같은 정의를 직접 사용할 수 없기 때문이다.

반면, 이산시간의 경우 스텝 신호가 임펄스 신호의 누적으로 표현되는 것과 대응하여, 연속시간 신호의 경우,

$$u(t) = \int_{-\infty}^{t} \delta(\tau)\, d\tau \tag{1.34}$$

와 같이 스텝 신호를 임펄스 신호의 적분으로 나타내는 데에는 수학적으로 문제가 없다.

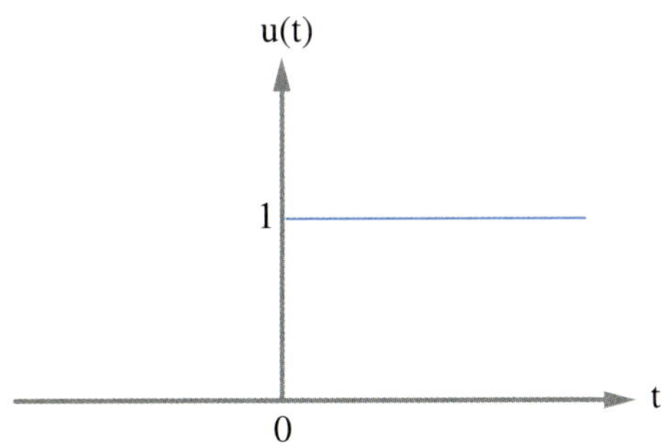

그림 1.20 연속시간 단위스텝 신호

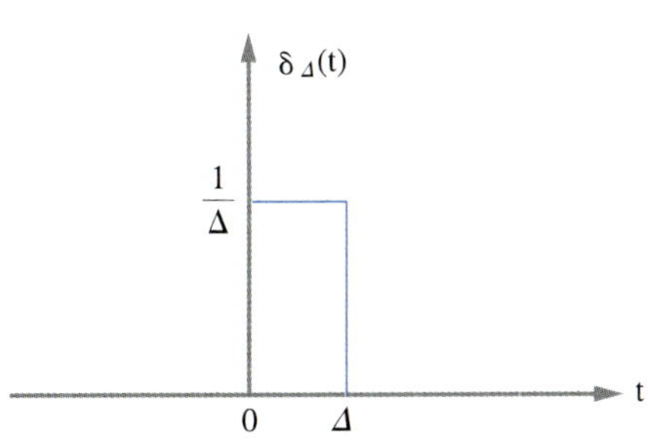

그림 1.21 유한한 구간을 갖는 근사화된 연속시간 임펄스 신호

그러면, 연속시간 임펄스 신호를 근사적으로 정의하기 위해서 다음과 같은 신호를 정의한다.

$$\delta_{\Delta}(t) = \begin{cases} \dfrac{1}{\Delta}, & 0 < t < \Delta \\ 0, & \text{elsewhere} \end{cases} \tag{1.35}$$

이 신호는 유한한 구간 Δ 사이에서 단위 면적을 갖는 것이 특징이고, 그 형태가 〈그림 1.21〉에 보여진다.

| 정의 1.10 | 연속시간 단위임펄스 신호는

$$\delta(t) = \lim_{\Delta \to 0} \delta_{\Delta}(t) \tag{1.36}$$

와 같이 정의되고 〈그림 1.22〉와 같이 도시할 수 있다.

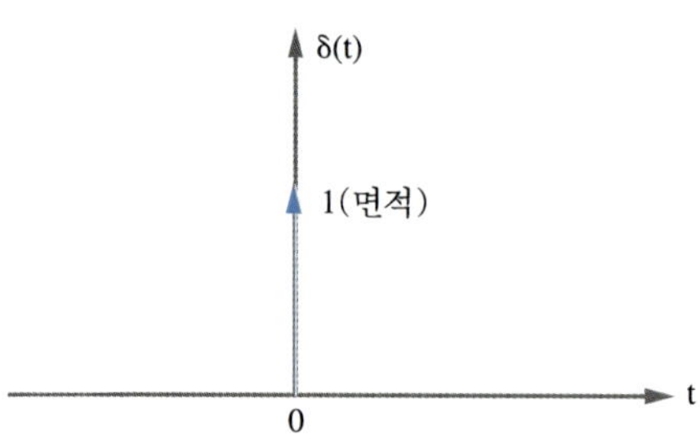

| 그림 1.22 | 연속시간 단위임펄스 신호

식 (1.35)와 식 (1.36)에 의하면, 연속시간 단위임펄스 신호의 펄스 구간의 길이는 0이고 펄스의 면적은 1이 된다. 따라서 펄스의 높이는 무한대가 되어야 하지만, 통상적으로 이를 도시할 때는 임펄스의 끝에 그 면적을 표시하기 때문에, 〈그림 1.22〉에서 세로축에 표시된 1은 펄스의 높이가 아닌 면적을 의미한다는 점을 유의하여야 한다.

예제 1.4 이산시간 단위임펄스 신호와 단위스텝 신호

다음 구간에서 다음과 같은 이산시간 신호를 Matlab을 사용하여 나타내도록 한다.

(a) $x[n]=3\delta[n+4]+\delta[n+1]-2\delta[n-1]+\delta[n-3],\quad -5\le n\le 5$

(b) $x[n]=n(u[n]-u[n-6])+3(u[n-6]-\delta[n-10]),\quad 0\le n\le 10$

Matlab 프로그램 1.4

```
n=[-5:5];
x = zeros(1,length(n));
x = 3*[n==-4] + [n==-1] - 2*[n==1] + [n==3];
stem(n,x);
axis([-5,5,-3,4]);
xlabel ('n');
ylabel('x(n)');
grid on;

n=[0:10];
x = zeros(1,length(n));
x = n.*([n>=0] - [n>=6]) + 3*([n>=6] - [n>=10]);
figure;
stem(n,x);
axis([0,10,-1,6]);
xlabel ('n');
ylabel('x(n)');
grid on;
```

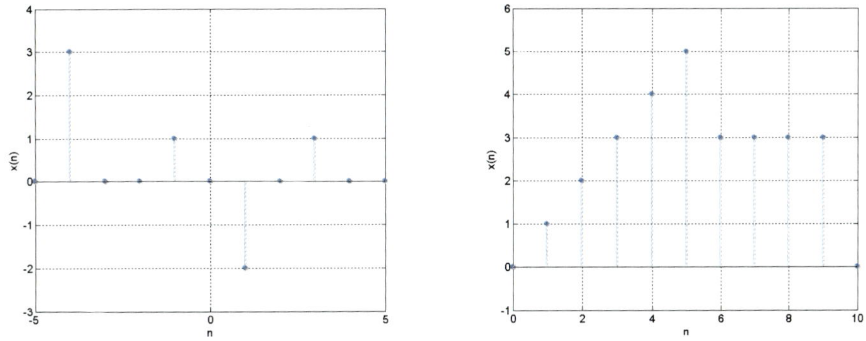

(a) (b)

그림 1.23 예제 1.4의 그림

1.7 직교 기저함수를 사용한 신호의 표현

어떤 신호를 해석한다고 하는 것은 간단하게는 그 신호가 증가(혹은 감소)하고 있는지, 그 증가(감소)율은 얼마나 큰가를 알아보는 것에서부터 주기성을 갖는지, 그렇다면 그 주기가 얼마인지 하는 등 매우 다양하게 이루어진다. 이와 같은 해석을 보다 용이하고 체계적으로 수행하기 위해서 신호를 여러 개의 단순하고 규칙적인 형태의 신호들로 재구성하는 방법이 있다. 예를 들어서 2차원 평면상의 벡터 $x=[x_1, x_2]^T$는 서로 직교하는(orthogonal) 두 개의 벡터 $e_1=[1,0]^T$와 $e_2=[0,1]^T$를 사용해서 $x=x_1e_1+x_2e_2$와 같이 표현할 수 있다. 이 때 벡터 e_1에 곱해진 계수 x_1과 e_2에 곱해진 계수 x_2는 차례대로 벡터 x의 가로 및 세로 방향의 성분을 나타내고, 이들은 벡터의 내적(inner product)을 사용해서

$$x_1 = x^T e_1, \quad x_2 = x^T e_2 \tag{1.37}$$

와 같이 구할 수 있다. 이 때 식 $x= x_1e_1 + x_2 e_2$는 두 개의 직교하는 벡터들을 합성해서 원하는 벡터를 만들었기 때문에 합성식(synthesis equation)이라 하고, 식 (1.37)은 직교하는 벡터들의 크기를 결정하고 있기 때문에 해석식(analysis equation)이라 한다. 이 때 해석에 사용되는 두 개의 벡터가 서로 공통된 성분이 없어야 중복된 해석을 피할 수 있고, 이는

$$e_1^T e_2 = 0 \tag{1.38}$$

으로 표현되기 때문에 기하학적인 의미에서 서로 직교한다고 말할 수 있다.

위에서 설명한 내용을 신호의 표현으로 확장하기 위해서 연속시간 신호의 집합 ϕ_i, $i=0, \pm1, \pm2, \cdots$,을 생각해보기로 한다. 이 신호들이

$$\int_a^b \phi_k(t)\phi_l^*(t)dt = E\ \delta[k-l] = \begin{cases} E, & k=l \\ 0, & k\neq l \end{cases} \tag{1.39}$$

와 같은 성질을 만족하면 구간 (a, b)에서 서로 직교한다고 정의한다. 식 (1.39)의 좌변의 적분은 두 연속신호의 내적을 의미하고 $\delta[k-l]$는 이산시간 단위임펄스 혹은

크로네커 델타(Kronecker delta) 함수라 한다. 서로 다른 두 신호의 내적이 0이 된다는 것은 두 신호가 서로 공통된 성분을 갖지 않는다는 것을 의미한다. 또한 E는 같은 신호의 절대값의 제곱을 적분한 결과이므로 식 (1.4)의 정의에 따르면 해당 신호의 에너지라 할 수 있다. 특히 $E=1$인 경우 두 신호가 서로 직교정규화(orthonormal) 되었다고 한다.

예제 1.5 사인 신호의 직교성

구간 $-\pi < t < \pi$에서 신호 $\phi_m(t)=\sin mt,\ \ m=1, 2, 3, \cdots$가 서로 직교하는지 알아보기 위해서 식 (1.39)에 주어진 적분을 수행하면 다음과 같다.

$$\begin{aligned}\int_{-\pi}^{\pi}(\sin mt)(\sin nt)\,dt &= \frac{1}{2}\int_{-\pi}^{\pi}\cos(m-n)t\,dt \\ &- \frac{1}{2}\int_{-\pi}^{\pi}\cos(m+n)t\,dt = \pi\delta[m-n]\end{aligned} \tag{1.40}$$

위의 적분 결과를 통해서 $\{\phi_i(t)\}$가 서로 직교함을 알 수 있다.

앞서 간단한 벡터의 사례에서 살펴본 바와 마찬가지로 직교신호들의 집합은 신호를 급수의 형태로 표현해서 그 해석을 용이하게 할 수 있는 장점이 있다. 만약 신호 $\phi_i(t)$가 구간 (a, b)에서 직교정규화된 집합의 원소라고 하면, 같은 구간에서 유한한 에너지를 갖는 임의의 신호 $x(t)$는

$$x(t) = \sum_{i=-\infty}^{\infty} c_i\phi_i(t) \tag{1.41}$$

와 같이 수렴하는 급수로 표현이 가능하다. 이 때 $\phi_i(t)$를 직교기저(orthogonal basis) 신호라 하고, 각 기저신호에 곱해진 계수 c_i는 다음과 같이 결정된다.

$$c_k = \int_a^b x(t)\phi_k^*(t)dt,\ k = 0, \pm 1, \pm 2, \cdots \tag{1.42}$$

식 (1.41)은 합성식이 되고, 식 (1.42)는 해석식이 된다. 식 (1.41)이 성립하기 위해서는 우변은 무한급수가 수렴한다는 조건이 만족되어야 한다. 실제로 직교기저신호 집합을 사용하여 신호를 표현할 때 무한급수를 사용하는 것이 불가능하기 때문에 일반적으로 M개의 기저신호만을 사용하게 되는데, 이 경우 완전한 신호의 합성이 불가능하게 된다. 불완전한 합성으로 얻어진 추정치와 원 신호의 차이를 합성오차라 하고,

$$e_M(t) = x(t) - \sum_{i=1}^{M} c_i\phi_i(t) \tag{1.43}$$

와 같이 정의된다. 오차 신호의 에너지는

$$E_M = \int_a^b |e_M(t)|^2 dt = \int_a^b \left| x(t) - \sum_{i=1}^{M} c_i\phi_i(t) \right|^2 dt \tag{1.44}$$

가 된다. 참고로 식 (1.42)에 의해서 결정된 계수 c_j는 합성오차 식 (1.44)를 최소화시킨다(문제 1.9 참조).

이 절에서 논의한 직교기저함수를 사용한 신호의 표현은 다음 장에서 학습하게 될 푸리에급수를 비롯한 모든 신호와 시스템의 해석의 근간이 되는 이론이다. 나아가서, 음성이나 영상신호를 유한한 개수의 직교기저함수를 사용한 급수로 표현한 후, 해당 계수들을 양자화(quatization)시켜서 데이터량을 줄이는 방식이 신호를 압축하는 근본적인 개념으로 사용된다.

1.8 연속시간 시스템과 이산시간 시스템

우리는 1.7절까지 연속시간 신호와 이산시간 신호의 정의와 자주 사용되는 신호들의 특성들을 살펴보았다. 신호를 해석하고 처리해야 하는 가장 큰 이유는 신호가 어떤 형태로든 정보를 가지고 있기 때문이다. 따라서 그 안에 담긴 정보를 활용하기 위해서는 어떤 신호를 보다 바람직한 형태의 다른 신호로 변환할 필요가 있게 되는데, 이와

같이 일을 수행하는 과정(process), 장치(device), 혹은 방법(method)들을 통틀어 시스템(system)이라 정의한다. 참고로 시스템이 실제 수행하는 작업의 예를 열거해보면, 정보의 추출을 위해 신호의 형태를 바꾸는 일에서 시작해서, 미약한 신호를 증폭하는 일, 잡음이 인가된 신호에서 잡음을 제거하는 일, 효율적인 전송을 위해 신호를 변조 혹은 압축하는 일 등을 들 수 있다.

이 절에서는 연속시간 및 이산시간 시스템을 정의하고, 다음 절에서는 다양한 종류의 시스템들을 특성별로 분류해보기로 한다.

1.8.1 시스템의 정의

앞서 시스템은 입력신호를 변환하여 출력시키는 과정 혹은 장치라고 정의한 바에 따르면, 시스템이 어떤 성질을 가졌는가는 그 시스템의 입출력 신호의 관계로 결정된다. 우리가 지금까지 다루어 온 연속시간 및 이산시간 신호를 처리한 시스템을 다음과 같이 정리할 수 있다.

| 정의 1.11 | 연속시간 시스템: 연속시간 신호를 입력으로 받아, 처리 혹은 변환한 결과를 연속시간 신호로 출력하는 시스템

| 정의 1.12 | 이산시간 시스템: 이산시간 신호를 입력으로 받아, 처리 혹은 변환한 결과를 이산시간 신호로 출력하는 시스템

연속시간 및 이산시간 시스템의 정의가 〈그림 1.24〉에 도시되어 있다.

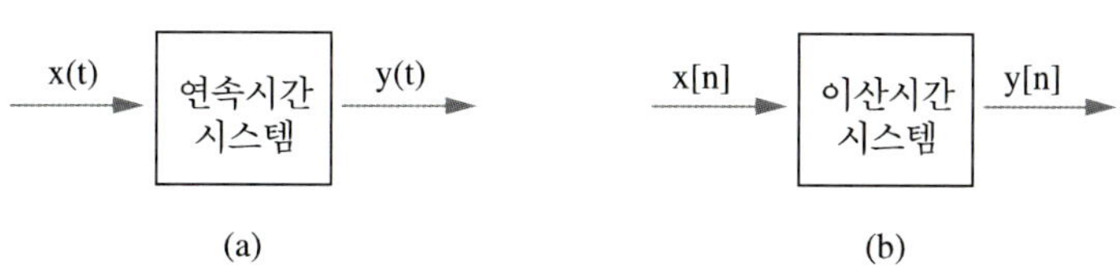

| 그림 1.24 | (a) 연속시간, (b) 이산시간 시스템

1.8.2 간단한 시스템의 사례들

연속시간 시스템의 한 예로 〈그림 1.25〉에 주어진 연산증폭기(operational amplifier) 회로의 간단한 동작은 다음과 같다. 이상적인 연산증폭기를 사용한다고 가정하면, 두 입력 단자 사이의 전압차가 거의 없기 때문에 $v_1(t) = v_2(t) = 0$이 되고, 연산증폭기의 입력저항이 무한대에 가깝기 때문에 v_1단자를 통해서 앰프로 유입되는 전류는 거의 없다. 따라서 저항 R_1과 R_2에 흐르는 전류는 서로 같고, 다음의 등식이 성립된다.

$$\frac{x(t) - v_1(t)}{R_1} = \frac{v_1(t) - y(t)}{R_2} \tag{1.45}$$

$v_1(t) = 0$인 성질을 이용해서 입출력 전압의 관계를 정리해보면

$$y(t) = -\frac{R_2}{R_1}x(t) = -10x(t) \tag{1.46}$$

가 되어, 이 증폭기는 입력전압의 진폭을 10배로 증폭시키고, 위상을 반전시켜서 출력하는 연속시간 시스템이라 할 수 있다. 또한 이 시스템의 입출력의 관계가 〈그림 1.26〉에 도시되어 있다.

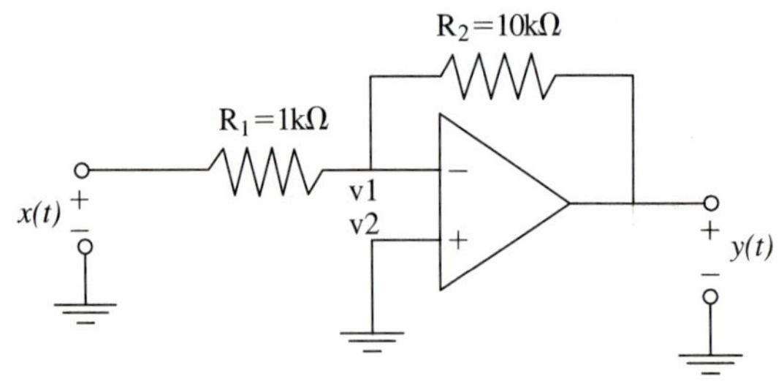

그림 1.25 연산증폭기 회로

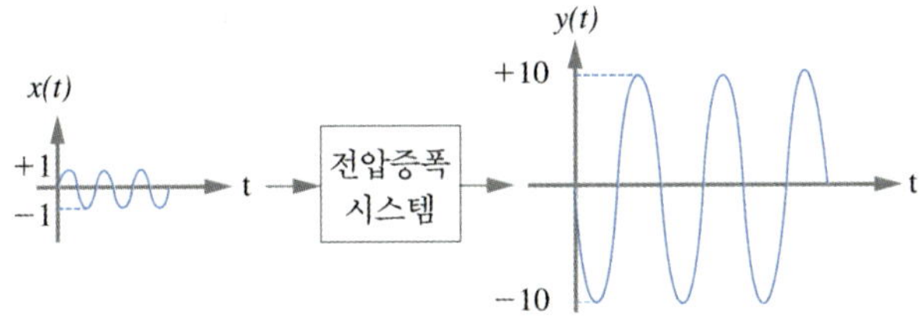

| 그림 1.26 | 연산증폭기 시스템의 입출력 관계

이번에는 이산시간 시스템의 예로 어떤 은행에 매월 1%의 이자가 지급되는 정기예금을 들었을 때, 입금액을 $x[n]$이라 하고, n번째 달의 잔액을 $y[n]$이라 하면

$$y[n] = 1.01^n x[n] \tag{1.47}$$

의 관계가 성립하고, 이것은 1개월을 샘플 간격으로 하는 이산시간 시스템의 예라 할 수 있다.

1.9 시스템의 기본적 성질

1.9.1 시스템의 기억능력

앞서 시스템의 특성은 입출력 신호들의 관계에 의해서 결정된다고 정의한 바 있다. 다시 말해서 어떤 시스템의 출력신호를 결정하는 데에 입력신호가 어떻게 사용되는가에 따라 시스템의 성질이 결정된다. 1.7절에서 예로 든 연속시간 시스템의 입출력 관계를 다시 적어보면

$$y(t) = -10\,x(t)$$

가 되는데 이 관계가 말하고 있는 것은 특정한 시간 t에서의 출력은, 같은 시점에서의 입력 신호에 -10이 곱해져서 결정된다는 것이다. 이와는 다르게 저항과 캐패시터로 구성된 회로에서 캐패시터에 유입되는 전류를 입력 $x(t)$라 하고, 캐패시터에 충전된 전압을 출력 $y(t)$라 하면

$$y(t) = \frac{1}{C}\int_{-\infty}^{t} x(\tau)d\tau \qquad (1.48)$$

와 같은 관계를 얻을 수 있다. 이 시스템에서 알 수 있는 것은 특정한 시간 t에서의 출력을 결정하기 위해서는 같은 시점의 입력 뿐 아니라 $-\infty < \tau < t$ 구간 내의 모든 입력 신호가 사용된다는 것이다.

식 (1.46)의 예와 같이 특정한 시간 t에서의 출력은, 같은 시점에서의 입력신호에 의해서만 결정되는 시스템을 무기억 시스템(memoryless system)이라 하고, 반대로 식 (1.48)의 예와 같이 특정한 시간 t에서의 출력은, 같은 시점에서의 입력과 과거 다른 시점에서의 입력 혹은 출력을 하나 이상 필요로 하는 시스템을 기억 시스템(memory system)이라고 정의한다. 이와 같은 정의를 이산시간 시스템에도 동일하게 적용하면, 1.8절에서 사용한 이산시간 시스템의 예는 특정시간 n에서의 출력을 결정하기 위해서 같은 시점의 입력만이 사용된 무기억 시스템이고, 다른 예로서는 입출력 신호의 관계가

$$y[n] = 0.9y[n-1] + 0.1x[n] \qquad (1.49)$$

와 같은 시스템은 기억 시스템이 된다.

1.9.2 시스템의 가역성(Invertibility)

입력신호를 변환시키는 시스템의 역할이 항상 바람직한 것만은 아니다. 다시 말해서 음성신호가 전화선을 통해서 전송되었을 때, 소리가 일그러졌다면 전화선을 통과하는 일련의 과정은 바람직하지 못한 시스템의 역할이라고 할 수 있다. 이 때 전화시스템의 특성과 정반대의 역할을 하는 시스템이 있다면, 일그러진 소리를 다시 복원하는 것이 가능할 것이라는 예상을 할 수 있다. 그렇다면 어떤 시스템이건 항상 그 반대작용을 하는 역시스템(inverse system)을 가지는지, 만약 그렇다면 어떻게 구할 수 있는지에 대해서 살펴보기로 한다.

어떤 시스템에서 입력과 출력이 일대일 대응이 된다면 그 시스템은 가역적(invertible), 혹은 역시스템을 갖는다. 이 때 역시스템을 구하는 방법은 시스템에 따라서 다르고, 일반적으로 매우 어려운 문제이기 때문에 여기서 일반화된 해법은 제시하

지 않고 몇 가지 예만 들기로 한다. 식 (1.46)에 주어진 시스템은 입출력이 일대일 대응이므로 역시스템이 존재하고, 역시스템은 입력을 $y(t)$, 출력을 $z(t)$라 할 때

$$z(t) = -\frac{1}{10}y(t) \tag{1.50}$$

와 같은 관계를 만족시켜야 한다.

이산시간의 경우 예를 들어 단위임펄스 신호를 입력으로 하고, 단위스텝 신호를 출력으로 하는 시스템을 가정하면, 이 시스템의 입출력 관계는 식 (1.32)과 같이 주어지고, 이 신호의 역시스템은 식 (1.31)에 주어진다. 위에서 다룬 연속시간 및 이산시간 역시스템의 예가 차례로 〈그림 1.27〉과 〈그림 1.28〉에 보여진다.

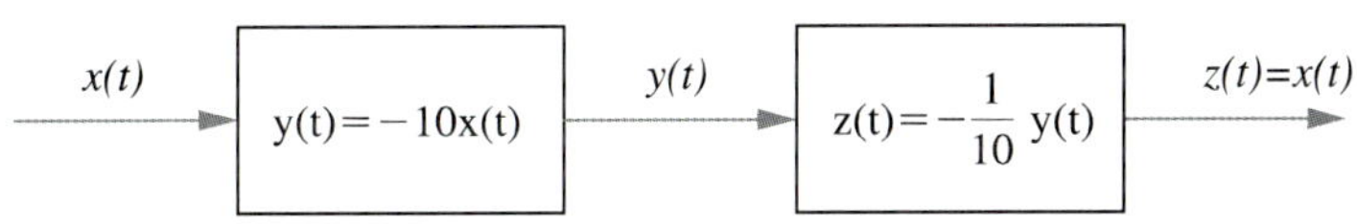

그림 1.27 연속시간 시스템과 역시스템의 예

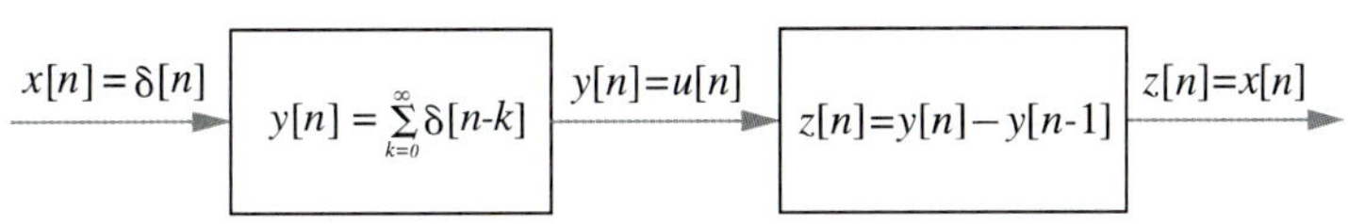

그림 1.28 이산시간 시스템과 역시스템의 예

1.9.3 시스템의 인과성

어떤 시스템의 출력이 현재의 입력, 과거의 입력, 그리고 과거의 출력에 의해서만 결정되는 시스템을 인과시스템(causal system)이라 하고, 그렇지 않은 시스템들을 비인과시스템(noncausal system)이라 한다.

비인과시스템의 특징은 미래에 들어올 입력을 알아야 현재의 출력을 결정할 수 있기 때문에, 구현상으로는 비현실적인 시스템이라 할 수 있다. 그러나 실제로는 기준시간 전체를 뒤로 미루어 놓고, 미래시점을 현재로 가정하여 비인과시스템을 동작시

키면, 일정시간 지연된 결과를 얻을 수 있기 때문에 영상처리 분야 등에서, 일정한 지연을 감수하며 비인과시스템을 사용하는 경우도 많이 찾아볼 수 있다.

1.9.4 시스템의 안정성

시스템의 여러 가지 특성들 중 매우 중요한 것 하나가 안정성(stability)이라 할 수 있다. 어떤 시스템에 유한한 크기의 입력을 인가했을 때, 출력이 무한한 값으로 발산하지 않는다면 그 시스템을 안정한 시스템(stable system)이라 한다. 반대로 유한한 크기의 입력을 인가했을 때, 출력이 발산하는 시스템을 불안정한 시스템(unstable system)이라 한다. 시스템의 안정성에 관한 정의도 연속시간과 이산시간의 경우에 동일하게 적용되는데, 각각의 예를 한 가지씩만 들어보기로 한다.

〈그림 1.29〉에 보여진 시스템에서 구슬에 인가되는 힘 $x(t)$를 입력이라 하고, 시간에 따라 변하는 구슬의 높이 $y(t)$를 출력이라 하면, $x(t)=\delta(t-t_0)$의 입력에 대한 출력이 〈그림 1.30〉에 보여진다. 구슬의 높이를 나타내는 출력 $y(t)$는 중력과 마찰력에 의해서 시간이 갈수록 진폭이 감소하고, 궁극적으로는 구슬의 최저점을 의미하는 0으로 수렴한다. 따라서 〈그림 1.29〉에 보여진 시스템은 연속시간 안정시스템이라 할 수 있다.

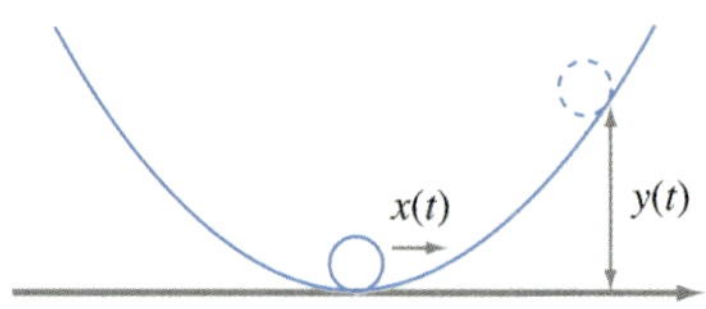

| 그림 1.29 | 구슬에 인가되는 힘을 입력으로 하고, 구슬의 높이를 출력으로 하는 안정된 시스템의 한 예

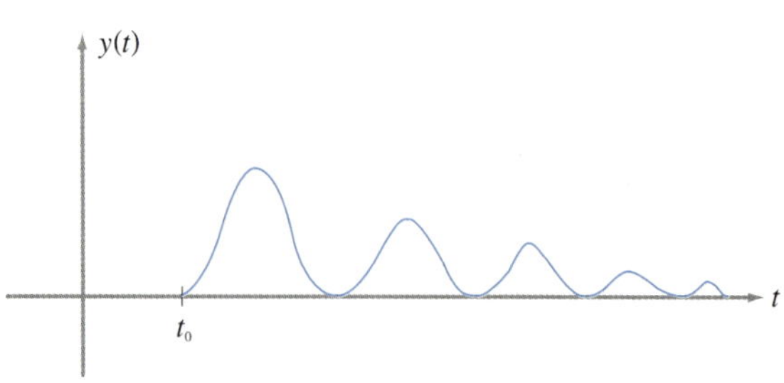

| 그림 1.30 | 〈그림 1.29〉에 보여진 시스템에서, $t=t_0$에서 단위 임펄스를 입력으로 가했을 때 출력신호의 파형

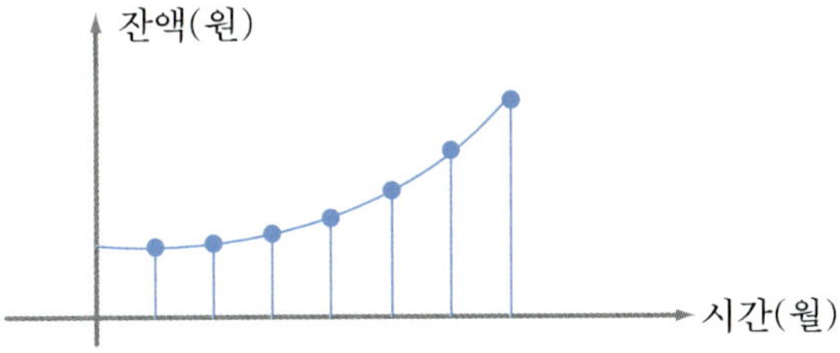

| 그림 1.31 | 매월 1% 이자를 받는 정기예금의 잔액

이번에는 이산시간 불안정시스템의 예로 식 (1.39)에 주어진 시스템에서, 입력을 처음 예금한 금액으로 하고, 출력을 이자가 더해진 잔액이라 한다. 〈그림 1.31〉에서 보는 바와 같이, 일정한 금액으로 시작된 정기예금의 잔액은 시간이 지날수록 증가하여 결국 발산함을 알 수 있고, 이 시스템은 따라서 이산시간 불안정시스템이라 할 수 있다.

1.9.5 선형시스템

어떤 시스템에 입력 $x_1(t)$를 인가했을 때의 출력이 $y_1(t)$이고, 입력 $x_2(t)$를 인가했을 때의 출력이 $y_2(t)$라 하자. 이 시스템에 두 입력이 합해진 $x_1(t)+x_2(t)$를 인가했을 때, 출력도 $y_1(t)+y_2(t)$가 된다면 이 시스템은 선형시스템(linear system)이라 한다. 또한 이와 같은 선형성은 보다 일반화된 중첩의 성질(superposition property)로 확장될 수 있다.

| 정의 1.13 | 중첩의 원리: 연속시간 및 이산시간 선형시스템은 다음과 같은 중첩의 원리를 만족시킨다.

$$ax_1(t) + bx_2(t) \rightarrow ay_1(t) + by_2(t) \tag{1.51}$$

$$ax_1[n] + bx_2[n] \rightarrow ay_1[n] + by_2[n] \tag{1.52}$$

우리가 많이 사용하는 시스템 해석 방법들 중의 하나로서 시스템이 특정한 주파수 성분을 얼마나 많이 통과시키는가를 알아내는 주파수 성분 분석이 있다. 이렇게 하면, 시스템에 입력되는 신호는 일반적으로 다수의 주파수 성분을 포함하고 있기 때문에,

만약 시스템이 중첩의 원리를 만족시키는 선형시스템일 경우 각 주파수 성분에 대한 출력을 따로 계산한 후, 그들을 모두 합쳐서 출력신호를 얻을 수 있는 장점이 있다.

1.9.6 시불변시스템

시스템의 선형성과 함께 매우 중요한 성질 하나가 시불변성(time invariance)이다. 예를 들어 입력전압을 2배로 증폭시키는 증폭기가 있다면, 이 증폭기는 언제 사용하여도 같은 동작을 한다는 보장이 있어야 할 것이다. 이와 같이 동작하는 시점에 관계 없이, 같은 입력에 대해서 항상 같은 출력을 제공하는 시스템을 시불변시스템이라 하고, 연속시간 및 이산시간의 경우 입출력의 관계는 차례대로

$$x(t - t_0) \rightarrow y(t - t_0) \tag{1.53}$$

$$x[n - n_0] \rightarrow y[n - n_0] \tag{1.54}$$

와 같이 나타낼 수 있다.

1.10 선형시불변 시스템

1.9절에서 정리했던 시스템의 여러 가지 특성들 중 선형성과 시불변성을 동시에 갖는 시스템을 선형시불변(linear time invariant) 시스템이라 한다. 우리가 선형시불변 시스템을 중요하게 생각하는 이유는 다음의 두 가지로 요약할 수 있다.

첫째, 실세계에 존재하는 많은 시스템들이 부분 혹은 전체적으로 선형시불변성을 갖기 때문에 이러한 시스템의 수학적 모델로서 선형시불변 시스템이 적합하다.

둘째, 선형시불변 시스템은 그의 해석에 있어서 매우 편리한 도구들을 가지고 있다. 예컨대 2장 이후에서 소개될 푸리에 해석이 바로 그것인데, 이를 사용하면 선형시불변 시스템의 출력, 시스템의 주파수 특성들을 극히 간단한 방법으로 얻을 수 있기 때문이다. 이와 같은 이유로 실제 선형불변성을 갖는 시스템은 물론이거니와, 그렇지 않은 시스템까지도 근사적으로 선형시불변 모델을 적용하는 경우가 많다.

1.10.1 단위임펄스를 사용한 이산시간 신호의 표현

임의의 신호가 어떤 시스템에 입력되었을 때, 해당되는 출력을 구하는 방법에 대해서 생각해보기로 하자. 이 때 가장 먼저 필요한 것은 시스템의 성질을 알아야 한다는 것이고, 이것은 다시 말해서 시스템의 입출력 관계가 설정되어 있어야 한다는 의미이기도 한다. 일반적으로 시스템의 이와 같은 성질을 정의하는 것은 그리 간단하지 않지만, 시스템이 선형성을 갖는 경우에는 이 과정을 수학적으로 명확하게 정의할 수 있는 장점이 있다.

우리는 우선 이산시간 신호를 단위임펄스를 사용하여 표현한 후, 이것을 사용하여 이산시간 선형시불변 시스템의 특성을 파악하고자 한다. 연속시간의 경우는 이산시간 신호에서 샘플들의 간격을 0에 접근시켜서 연속시간 신호를 근사화시키는 방법을 사용하기로 한다.

이산시간 신호에서 중첩의 원리를 다시 정리해 보면, 둘 혹은 그 이상의 입력이 선형시스템에 인가될 때, 각각의 독립적인 입력에 해당되는 출력들을 합한 것이 전체의 출력이 된다. 다시 말해서, 입력 $x[n]$을

$$\begin{aligned} x[n] &= \cdots + x[-1]\,\delta[n+1] + x[0]\,\delta[n] \\ &\quad + x[1]\,\delta[n-1] + x[2]\,\delta[n-2] + \cdots \\ &= \sum_{k=-\infty}^{\infty} x[k]\,\delta[n-k] \end{aligned} \tag{1.55}$$

와 같이 i번째 샘플의 값 $x[i]$에 i만큼 시간이동된 단위임펄스 $\delta[n-i]$를 곱해서 누적한 것으로 표현할 수 있는데, 이 과정이 〈그림 1.32〉에 보여진다.

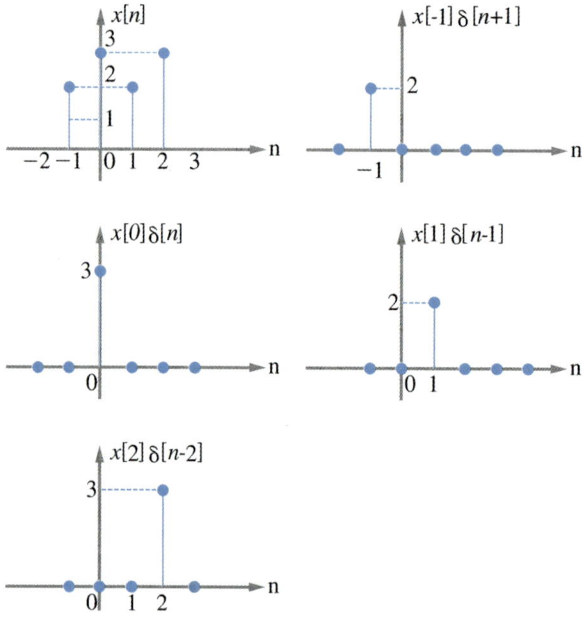

그림 1.32 시간이동된 임펄스를 사용한 이산시간 신호의 표현

1.10.2 이산시간 단위임펄스응답과 선형시불변 시스템의 중첩합

만약 i만큼 시간이동된 단위임펄스 $\delta[n-i]$가 선형시스템에 입력되었을 때의 출력을 $h_i[n]$이라 가정하면 출력은 중첩의 원리에 의해서

$$\begin{aligned} y[n] &= \cdots + x[-1]h_{-1}[n] + x[0]h_0[n] + x[1]h_1[n] + x[2]h_2[n] + \cdots \\ &= \sum_{k=-\infty}^{\infty} x[k]h_k[n] \end{aligned} \tag{1.56}$$

와 같이 결정되고, 이 과정의 예가 〈그림 1.33〉에 보여진다.

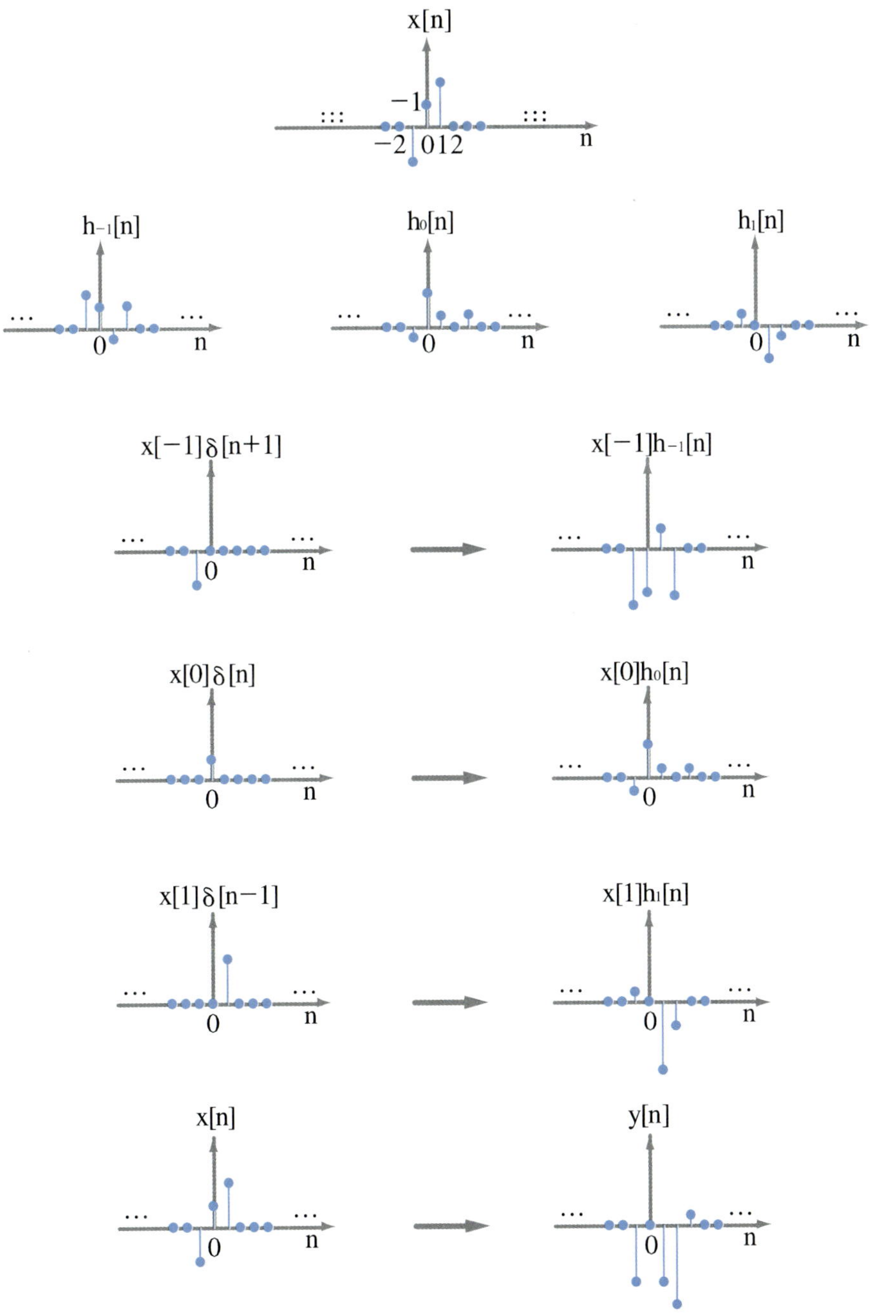

그림 1.33 임펄스 응답의 한 예와 이들을 누적해서 출력신호를 결정하는 과정

또한 선형시스템이 시불변성을 갖는다고 가정하면, i만큼 이동된 단위임펄스 $\delta[n-i]$에 대한 임펄스응답은 $\delta[n]$에 대한 임펄스응답 $h_0[n]=h[n]$이 i만큼 이동된 $h[n-i]$이 되고, 이 경우 출력은

$$y[n]=\sum_{k=-\infty}^{\infty}x[k]h[n-k] \tag{1.57}$$

와 같은 중첩합(convolution sum)으로 나타낼 수 있고,

$$y[n]=x[n]*h[n] \tag{1.58}$$

로 간단하게 표현하기도 한다. 중첩합은 두 이산시간 신호에 대한 연산자(operator)의 의미로 해석할 수도 있는데, 식 (1.57)에서 볼 때, 한 신호와($x[k]$에 해당), 다른 한 신호를 시간반전시키고($h[-k]$에 해당), n만큼 시간이동시킨 신호 ($h[-(k-n)]=h[n-k]$에 해당)를 곱해서 k에 대한 전구간 합을 구한 것이 된다. 중첩합이 수행되는 과정을 도식화한 것이 〈그림 1.34〉에 보여진다.

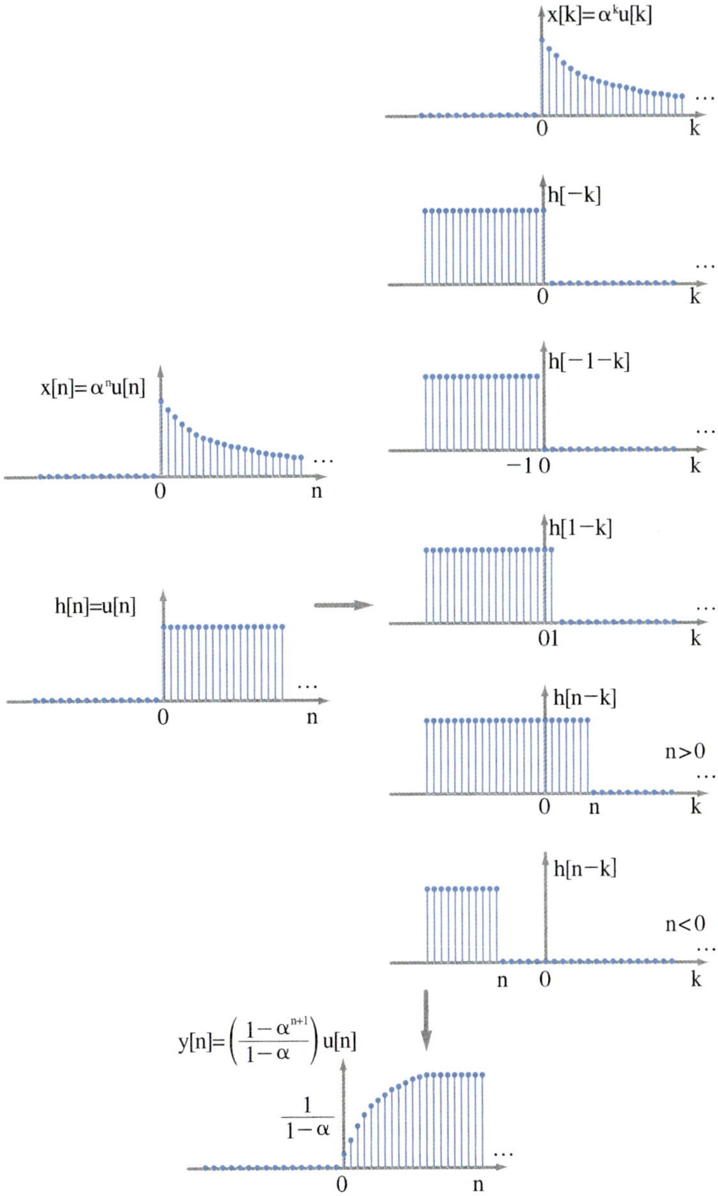

그림 1.34 중첩합 계산과정의 한 예

1.10.3 단위임펄스를 사용한 연속시간 신호의 표현

연속시간 신호에서 중첩의 원리를 다시 정리해 보면, 둘 혹은 그 이상의 입력이 선형 시스템에 인가될 때, 각각의 독립적인 입력에 해당되는 출력들을 합한 것이 전체의 출력이 된다. 다시 말해서, 입력 $x(t)$가

$$x(t) = a_1 x_1(t) + a_2 x_2(t) + \cdots = \sum_k a_k x_k \tag{1.59}$$

와 같이 다수의 신호들의 합으로 표현되고, 각각의 입력 $x_i(t)$에 대한 출력이 $y_i(t)$라 할 때, 전체 출력은

$$y(t) = a_1 y_1(t) + a_2 y_2(t) + \cdots = \sum_k a_k y_k \tag{1.60}$$

와 같이 결정된다. 식 (1.59)와 (1.60)에 주어진 일반화된 중첩의 원리를 적용하여 시스템의 입출력 관계를 정의하기 위해서는 우선 임의의 입력신호를 같은 성질을 갖는 신호들의 합으로 표현할 필요가 있다. 예를 들면 〈그림 1.21〉에 보여진 Δ의 간격으로 되풀이되는 막대신호 $\delta_\Delta(t)$를 사용하여 일반적인 입력신호를 근사적으로 표현하면,

$$\hat{x}(t) = \sum_{k=-\infty}^{\infty} x(k\Delta)\,\delta_\Delta(t-k\Delta)\,\Delta \tag{1.61}$$

와 같이 되고, 이 과정이 〈그림 1.35〉에 보여진다.

식 (1.61)의 근사적으로 표현된 신호는 Δ가 충분히 0에 가까워지면 원신호 $x(t)$와 같아지게 되고, 이 때 막대신호 $\delta_\Delta(t)$는 연속시간 단위임펄스 $\delta(t)$가 되기 때문에 다음의 등식이 성립한다.

$$x(t) = \lim_{\Delta\to 0} \sum_{k=-\infty}^{\infty} x(k\Delta)\,\delta_\Delta(t-k\Delta)\Delta = \int_{-\infty}^{\infty} x(\tau)\,\delta(t-\tau)\,d\tau \tag{1.62}$$

여기에서 Δ의 간격을 갖는 k 번째 항들에 대한 누적합은 Δ가 충분히 0에 가까워질 때, $k\Delta\to\tau$, $\Delta\to d\tau$로 근사화되는 성질에 따라서, τ에 대한 적분으로 수렴한 것이다.

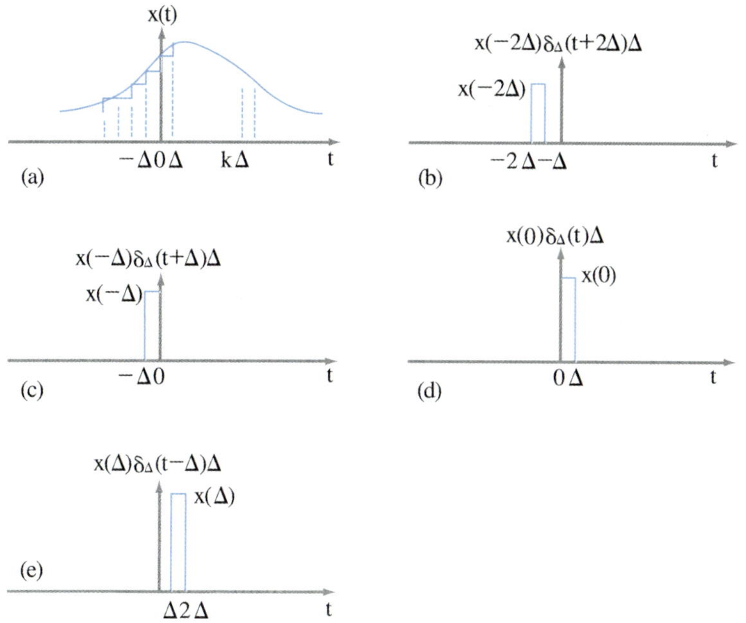

그림 1.35 막대신호를 사용하여 근사적으로 표현된 신호

한편, 식 (1.62)의 가장 우변의 단위임펄스는 $\tau = t$ 에서만 1의 값을 갖기 때문에

$$\int_{-\infty}^{\infty} x(\tau)\delta(t-\tau)d\tau = \int_{-\infty}^{\infty} x(t)\delta(t-\tau)d\tau = x(t)\int_{-\infty}^{\infty}\delta(t-\tau)d\tau = x(t) \quad (1.63)$$

와 같이 임의의 신호 $x(t)$는 시간 τ에 존재하는 단위임펄스와 그 시점에서의 신호값 $x(\tau)$의 곱을 모든 시간에 대해서 적분한 형태로 표현이 가능하다.

1.10.4 연속시간 단위임펄스응답과 중첩적분

어떤 선형시스템에 〈그림 1.21〉에 보여진 막대신호가 $k\Delta$만큼 이동된 신호, 즉 $\delta_\Delta(t-k\Delta)$가 입력되었을 때, 해당 출력을 $\widehat{h}_{k\Delta}(t)$라 하면, 식 (1.61)과 같이 막대신호의 합으로 근사화된 입력신호에 대한 출력은

$$\widehat{y}(t) = \sum_{-\infty}^{\infty} x(k\Delta)\,\widehat{h}_{k\Delta}(t)\Delta \quad (1.64)$$

가 되고 이 과정이 〈그림 1.36〉에 도식적으로 설명되어 있다.

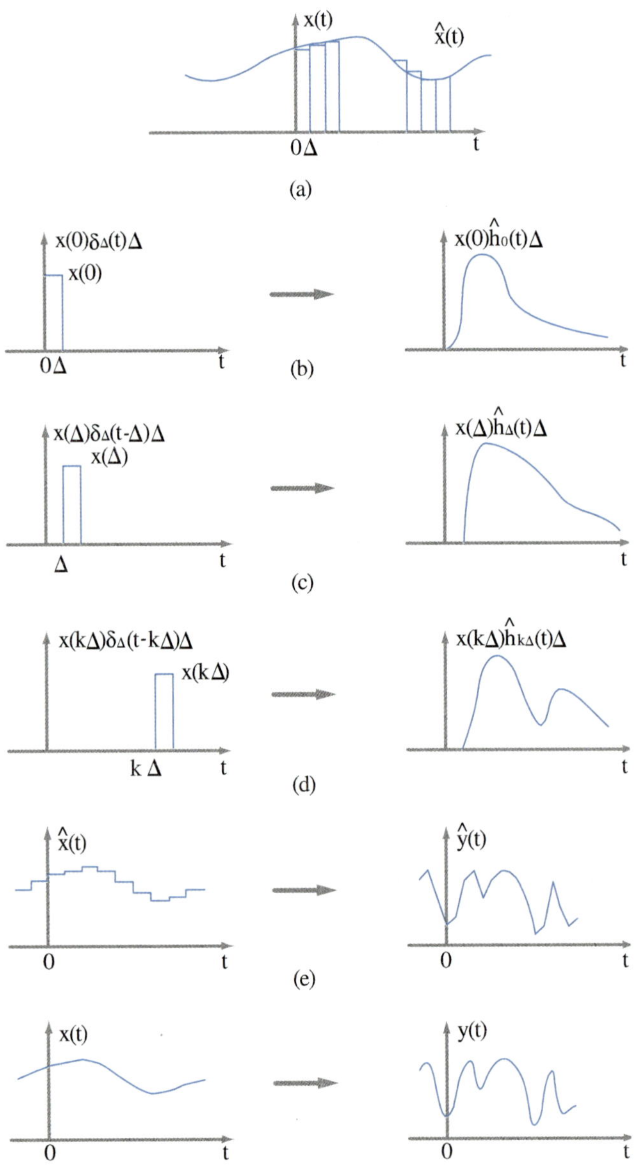

그림 1.36 막대신호들의 합으로 근사화된 입력에 대한 선형시스템의 출력

식 (1.64)에 주어진 근사화된 선형시스템의 출력은, Δ가 충분히 0에 가까워질 때

$$y(t) = \lim_{\Delta \to 0} \sum_{k=-\infty}^{\infty} x(k\Delta)\, \widehat{h}_{k\Delta}(t)\Delta = \int_{-\infty}^{\infty} x(\tau) h_{\tau}(t) d\tau \qquad (1.65)$$

에 접근함을 알 수 있다. 여기에서 식 (1.62)의 경우와 마찬가지로 Δ의 간격을 갖는 k 번째 항들에 대한 누적합은 Δ가 충분히 0에 가까워질 때, $k\Delta \to \tau$, $\Delta \to d\tau$로 근사화되는 성질에 따라서, τ에 대한 적분으로 수렴한 것이다. 특히

$$h_{\tau}(t) = \lim_{\Delta \to 0} \widehat{h}_{k\Delta}(t) \qquad (1.66)$$

는 τ만큼 이동된 단위임펄스 $\delta(t-\tau)$가 선형시스템에 입력되었을 때의 해당 출력을 나타내기 때문에 임펄스응답이라 한다.

또한 선형시스템이 시불변성을 갖는다고 가정하면, τ만큼 이동된 단위임펄스 $\delta(t-\tau)$에 대한 임펄스응답은 $\delta(t)$에 대한 임펄스응답 $h_0(t) = h(t)$가 τ만큼 이동된 $h(t-\tau)$가 되고, 이 경우 출력은

$$y(t) = \int_{-\infty}^{\infty} x(\tau) h(t-\tau) d\tau \qquad (1.67)$$

와 같은 중첩적분(convolution integral)으로 나타낼 수 있고,

$$y(t) = x(t) * h(t) \qquad (1.68)$$

로 간단하게 표현하기도 한다. 중첩적분은 두 신호에 대한 연산자(operator)의 의미로 해석할 수도 있는데, 식 (1.67)에서 볼 때, 한 신호와($x(\tau)$에 해당) 다른 한 신호를 시간반전시키고($h(-\tau)$에 해당), t만큼 시간이동시킨 신호($h(-(\tau-t)) = h(t-\tau)$에 해당)를 곱해서 τ에 대한 전구간 적분을 수행한 것이 된다. 예를 들어, 입력신호와 임펄스응답이 각각 다음과 같이 주어졌을 때,

$$x(t) = e^{-at}u(t), \quad a > 0$$
$$h(t) = u(t)$$

중첩적분의 과정을 도식화한 것이 〈그림 1.37〉에 보여진다.

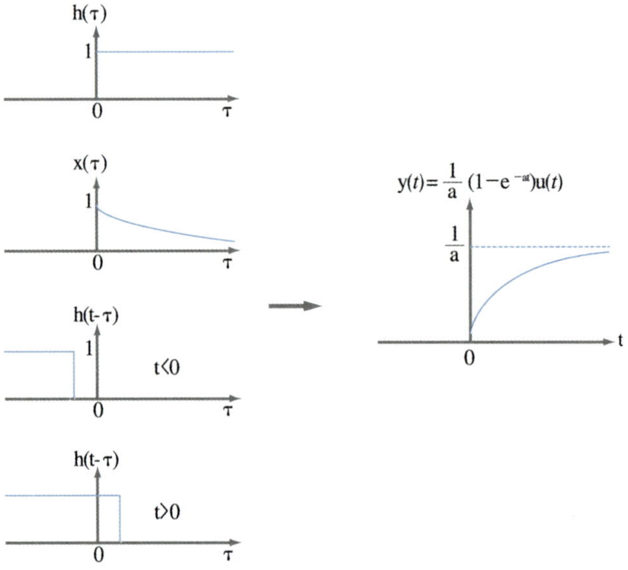

| 그림 1.37 | 중첩적분 계산과정의 한 예

1.10.5 선형시불변 시스템의 성질

앞서 말한 바와 같이 선형시불변 시스템은 신호와 시스템의 해석에서 매우 중요한 위치를 차지하기 때문에 자주 사용되는 성질들을 정리할 필요가 있다. 이 책에서는 연속시간과 이산시간 선형시불변 시스템의 자주 이용되는 성질을 함께 나열하고, 필요한 증명을 첨부하기로 한다. 우선 연속시간 및 이산시간 선형시불변 시스템의 출력은 입력신호와 시스템의 단위임펄스응답의 중첩적분 및 중첩합으로 다음과 같이 결정됨을 이미 유도한 바 있다.

| 정의 1.14 | 연속시간 및 이산시간 선형시불변 시스템의 중첩적분 및 중첩합

$$y(t) = \int_{-\infty}^{\infty} x(\tau)h(t-\tau)d\tau = x(t) * h(t) \tag{1.69}$$

$$y[n] = \sum_{k=-\infty}^{\infty} x[k]h[n-k] = x[n] * h[n] \tag{1.70}$$

가. 교환성

선형시불변 시스템의 출력은 입력신호와 임펄스응답신호의 역할을 바꾸어도 동일하게 결정된다. 연속시간시스템의 경우 식 (1.69)에서 $t-\tau=s$로 적분변수를 변환하면

$$y(t)=x(t)*h(t)=\int_{-\infty}^{\infty}x(t-s)h(s)ds=h(t)*x(t) \tag{1.71}$$

와 같이 되어서 교환법칙이 성립하고, 이산시간의 경우도 마찬가지로 식 (1.70)에서 $r=n-k$로 적분변수 변환을 하면

$$y[n]=x[n]*h[n]=\sum_{r=-\infty}^{\infty}x[n-r]h[r]=h[n]*x[n] \tag{1.72}$$

의 교환법칙이 성립한다.

나. 분배성

선형시불변 시스템의 출력을 결정하는 중첩적분과 중첩합을 두 신호에 대한 일종의 연산(operation)이라고 생각할 때, 교환법칙이 성립함을 증명한 바 있다. 같은 방법으로 이 연산에 대해서 다음과 같은 분배법칙이 성립한다.

$$x(t)*\{h_1(t)+h_2(t)\}=x(t)*h_1(t)+x(t)*h_2(t) \tag{1.73}$$

$$x[n]*\{h_1[n]+h_2[n]\}=x[n]*h_1[n]+x[n]*h_2[n] \tag{1.74}$$

식 (1.73)과 식 (1.74)에 차례로 보여진 연속시간 중첩적분 및 이산시간 중첩합에 대한 분배법칙의 증명은 정의에 의해서 자명한 것이기 때문에 여기서는 생략하기로 한다.

다. 결합성

연속시간 중첩적분과 이산시간 중첩합에 대한 결합법칙이 다음과 같이 성립한다.

$$x(t)*\{h_1(t)*h_2(t)\}=\{x(t)*h_1(t)\}*h_2(t) \tag{1.75}$$

$$x[n]*\{h_1[n]*h_2[n]\}=\{x[n]*h_1[n]\}*h_2[n] \tag{1.76}$$

식 (1.75)와 (1.76)의 증명역시 자명한 것이므로 생략하기로 하고, 지금까지 정리한 교환성, 분배성, 그리고 결합성을 도식화한 것이 〈그림 1.38〉에 보여진다.

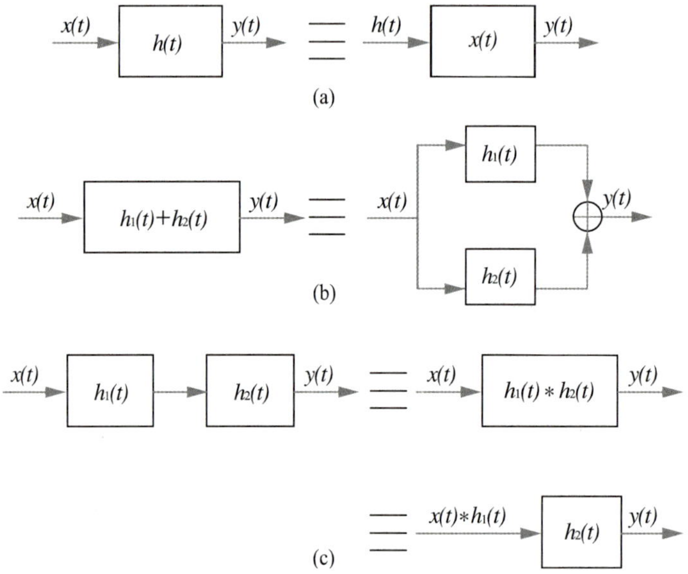

그림 1.38 연속시간 선형시불변 시스템의 (a) 교환성, (b) 분배성, (c) 결합성

라. 인과성

$h[n]$으로 표현되는 임펄스응답을 갖는 선형시불변 시스템에 $x[n]$으로 표현되는 입력이 인가되는 경우를 고려해보기로 하자. 이 때 출력은 현재와 과거의 입력에 의해서만 결정되어야 하고, 미래의 입력을 예측해서 결정될 수 없는 것이 현실적이라 할 수 있다. 다시 말해서 출력 $y[n]$은 $k>n$인 $x[k]$와는 무관해야 하는데, 이것은 식 (1.70)의 중첩합의 정의에서 보면 $x[k]$에 곱해지는 계수가 n보다 큰 k에 대해서

$$h[n-k]=0 \tag{1.77}$$

을 만족해야 함을 의미한다. 이 식은 $n-k=r$의 변환을 사용하면, $r<0$일 때

$$h[r]=0 \tag{1.78}$$

을 만족하는 인과성과 같은 의미임을 알 수 있다.

연속시간 선형시불변 시스템의 인과성도 이산시간의 경우와 마찬가지로, $t<0$일 때

$$h(t) = 0 \tag{1.79}$$

을 만족해야 한다.

마. 안정성

우리는 1.9.4절에서 일반적인 시스템의 안정성에 대해서 논의한 바 있다. 그러나 선형시불변 시스템의 경우에는 보다 구체적이고 명확한 안정성에 대한 정의가 가능하다.

> **| 정의 1.15 |** **한정입출력(bounded input-bounded output) 안정시스템**: 어떤 시스템에 한정된 입력을 가했을 때, 한정된 출력이 나오는 시스템을 한정입출력 안정시스템이라 한다.

다시 말해서, 연속시간 선형시불변 시스템의 경우 인가되는 입력이 모든 t에 대해서

$$|x(t)| < B < \infty \tag{1.80}$$

를 만족할 때, 출력이 역시 모든 t에 대해서

$$|y(t)| < B' < \infty \tag{1.81}$$

를 만족하는 것을 의미한다. 어떤 선형시불변 시스템이 한정입출력 안정성을 갖는가의 여부는 해당 단위임펄스응답 $h(t)$의 성질에 좌우된다. 그 성질을 유도하기 위해서 출력의 절대값을 표현하면

$$|y(t)| = \left| \int_{-\infty}^{\infty} h(\tau)x(t-\tau)\,d\tau \right| \tag{1.82}$$

와 같이 되는데, 삼각부등식(triangular inequality)과 식 (1.80)의 조건을 차례로 사용하면,

$$|y(t)| \le \int_{-\infty}^{\infty} |h(\tau)||x(t-\tau)|\,d\tau \le B\int_{-\infty}^{\infty} |h(\tau)|\,d\tau \tag{1.83}$$

의 관계를 얻을 수 있다. 이 때 단위임펄스응답이

$$\int_{-\infty}^{\infty}|h(\tau)|d\tau < \infty \tag{1.84}$$

과 같이 정의되는 절대적분가능(absolutely integrable) 성질을 만족시키면, 출력은 식 (1.81)를 만족시켜서 이 시스템은 한정입출력안정성을 가짐을 알 수 있다.

같은 방법으로 이산시간 선형시불변 시스템의 한정입출력 안정성은 인가되는 입력이 모든 n에 대해서

$$|x[n]| < B < \infty \tag{1.85}$$

을 만족할 때, 출력이 역시 모든 n에 대해서

$$|y[n]| < B' < \infty \tag{1.86}$$

를 만족하는 것을 의미한다. 중첩합의 정의에 따라 출력의 절대값을 표현하면

$$|y[n]| = \left|\sum_{k=-\infty}^{\infty} h[k]x[n-k]\right| \tag{1.87}$$

와 같이 되는데, 삼각부등식(triangular inequality)과 식 (1.85)의 조건을 차례로 사용하면,

$$|y[n]| \leq \sum_{k=-\infty}^{\infty}|h[k]||x[n-k]|d\tau \leq B\sum_{k=-\infty}^{\infty}|h[k]| \tag{1.88}$$

의 관계를 얻을 수 있다. 이 때 단위임펄스응답이

$$\sum_{k=-\infty}^{\infty}|h[k]| < \infty \tag{1.89}$$

과 같이 정의되는 절대합가능(absolutely summable) 성질을 만족시키면, 출력은 식 (1.86)를 만족시켜서 이 시스템은 한정입출력안정성을 가짐을 알 수 있다.

예제 1.6 이산시간 단위임펄스 응답과 시스템의 중첩합

입력신호가 단위스텝신호 $x[n]=u[n]$로 주어지고 단위임펄스 응답이 $h[n]=(0.8)^n u[n]$로 주어지는 경우에 Matlab의 'conv' 함수를 사용하여 시스템의 출력 $y[n]$을 나타내도록 한다.

Matlab 프로그램 1.5

```
n=[0:30];
x = ones(1,length(n)); % step input
h = (0.8).^n; % impulse response
y = conv(x,h); % convolution sum
stem(n,h);
axis([0,30,-0.2,1.2]);
xlabel ('n');
ylabel('h(n)');
grid on;

figure;
stem(n,y(1:length(n)));
axis([0,30,-0.2,5.2]);
xlabel ('n');
ylabel('y(n)');
grid on;
```

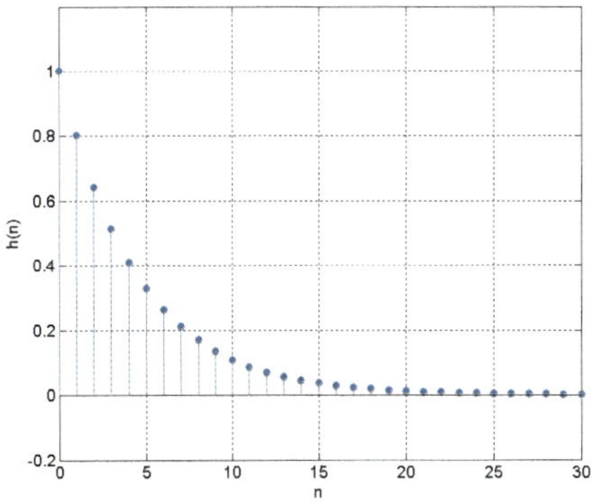

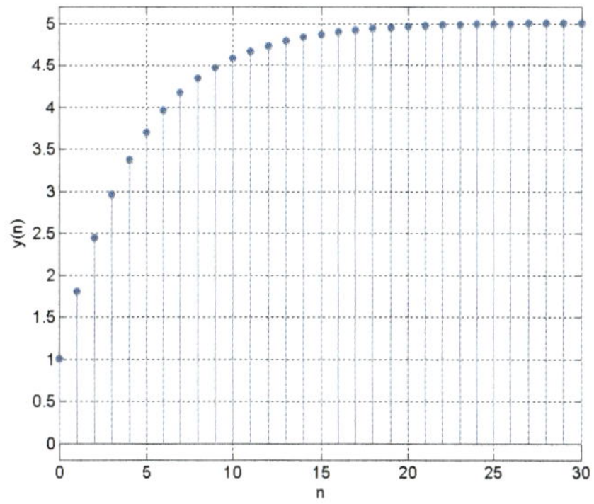

그림 1.39 예제 1.6의 그림 (a) 단위임펄스 응답, (b) 시스템의 중첩합

1.11 미분방정식과 차분방정식에 의한 시스템의 표현

다양한 종류의 시스템들 중에서 입력과 출력이 상수계수의 미분방정식(differential equation)이나 차분방정식(difference equation)으로 표현되는 종류는 신호와 시스템의 해석에 있어서 매우 중요한 위치를 차지한다. 그 이유로는 첫째, 실세계에 존재하는 많은 시스템들이 본질적으로 혹은 근사적으로 이와 같은 성질을 만족한다. 예를 들어 저항과 캐패시터가 직렬로 연결되어 있는 회로에 인가되는 전압은 캐패시터의 전압과 그의 미분값에 의해서 다음과 같이 결정된다.

$$v_i(t) = Ri(t) + v_C(t) = RC\frac{dv_C}{dt} + v_C(t) \tag{1.90}$$

여기서 미분방정식의 입력 $v_i(t)$는 시스템의 입력전압에 해당되고, 미분방정식의 해(solution) $v_C(t)$는 캐패시터의 전압, 즉 시스템의 출력에 해당된다. 따라서 시스템을 해석하고 그의 출력을 결정하는 과정이 미분방정식의 해를 구하는 과정으로 대신된다고 할 수 있다.

미분방정식이나 차분방정식으로 표현되는 시스템이 중요한 또 다른 이유는 이 방정식들의 해를 구하는 방법이 매우 발달되어 있기 때문에, 다루기가 편리하다는 점을 들 수 있다. 우선 상수계수를 갖는 미분 및 차분방정식의 해를 구하는 방법이 이미 널리 알려져 있는 데다가, 이 책의 나중에 소개된 연속시간 라플라스 변환이나 이산시간 Z 변환을 사용하면 더욱 간단하게 이 방정식들의 해를 구할 수 있기 때문이다.

1.11.1 미분방정식을 이용한 연속시간 선형시불변 시스템의 표현

식 (1.90)에 보여진 미분방정식은 미분항의 최고차수가 1차이기 때문에, 1차 미분방정식이라 할 수 있다. 일반적으로 입력 $x(t)$와 출력 $y(t)$를 갖는 1차 미분방정식은

$$a_1\frac{dy(t)}{dt} + a_0 y(t) = b_1\frac{dx(t)}{dt} + b_2 x(t) \tag{1.91}$$

와 같이 표현되고, 이를 확장한 N차 미분방정식은, $N \geq M$일 때

$$\sum_{k=0}^{N} a_k \frac{d^k y(t)}{dt} = \sum_{l=0}^{M} b_l \frac{d^l x(t)}{dt} \tag{1.92}$$

가 된다. 이미 수학분야에서 정립된 미분방정식의 해를 구하는 방법에 대해서 간단히 살펴보면 다음과 같다. 우선 구하고자 하는 시스템의 출력을

$$y(t) = y_p(t) + y_h(t) \tag{1.93}$$

와 같이 분해했을 때, $y_p(t)$를 특이해(particular solution)라 하고, 이 해는 미분방정식 (1.92)를 만족시킨다. 또한 $y_h(t)$를 동종해(homogeneous solution)라 하고, 이 해는

$$\sum_{k=0}^{N} a_k \frac{d^k y(t)}{dt} = 0 \tag{1.94}$$

를 만족시킨다. 동종해는 자연해(natural solution)라고도 불리는데, 그 이유는 식 (1.94)에서 보듯이 아무 입력이 없을 때, 시스템 스스로 만들어내는 출력 성분이기 때문이다. 또한 시스템의 전체 출력에서 동종해의 성분을 제거하고 남는 부분이 특이해가 되는데, 이것은 특정 입력성분에 의한 출력이라 할 수 있다.

미분방정식으로부터 특이해와 동종해를 구해서 이들을 결합하면, 구하고자 하는 출력에 어떤 상수가 곱해진 성분이 얻어지는데, 이 때의 상수는 미분방정식의 초기조건에 의해서 결정된다. 인과성을 갖는 선형시불변 시스템을 표현한 미분방정식에 필요한 초기조건으로 초기정지조건(condition of initial rest)이 많이 사용되는데, 이것은 0이 아닌 입력이 인가되기 전까지는 출력이 0인 상태를 유지함을 의미하고, $t \leq t_0$일 때 $x(t) = 0$인 입력에 대해서,

$$y(t) = 0, \quad \text{for} \quad t \leq t_0 \tag{1.95}$$

와 같이 표현할 수 있다.

예제 1.7 1차 미분방정식으로 표현된 선형시불변 시스템

다음과 같은 미분방정식으로 표현되는 시스템을 생각해보기로 하자.

$$\frac{dy(t)}{dt} + ay(t) = bx(t), \tag{1.96}$$

여기에서 a와 b는 임의의 상수를 나타낸다. 미분방정식 (1.96)의 일반해는 (1.93)과 같이 특이해와 동종해의 합으로 구해지는데, 우선 동종해를 구하기 위해서는 방정식

$$\frac{dy(t)}{dt} + ay(t) = 0 \tag{1.97}$$

을 만족시켜야 한다. 이 해는 이미 알려진 대로

$$y_h(t) = C\exp(-at) \tag{1.98}$$

의 형태를 갖게 된다. 다음으로 특이해는 부분 적분을 사용해서

$$y_p(t) = \int_{t_0}^{t} \exp[-a(t-\tau)]\,bx(\tau)d\tau,\quad t \geq t_0 \tag{1.99}$$

와 같이 구해진다. 따라서 일반해는 식 (1.98)과 식 (1.99)를 결합하여

$$y(t) = C\exp(-at) + \int_{t_0}^{t} \exp[-a(t-\tau)]\,bx(\tau)d\tau,\quad t \geq t_0 \tag{1.100}$$

가 된다. 이 때 상수 C를 결정하기 위해서 초기치 $y(t_0) = y_0$를 사용한다. 즉 일반해 (1.100)으로부터

$$y_0 = C\exp(-at_0) \tag{1.101}$$

를 얻을 수 있고, $t \geq t_0$일 때,

$$y(t) = y_0\exp[-a(t-t_0)] + \int_{t_0}^{t} \exp[-a(t-\tau)]\,bx(\tau)d\tau \tag{1.102}$$

가 된다. 반대로 $t < t_0$일 때, $x(t) = 0$이라 가정하면 동종해인

$$y(t) = y_0 \exp[-a(t-t_0)] \tag{1.103}$$

만 남게 되고, 모든 t에 대해서 식 (1.102)와 (1.103)을 결합해서 표시하면

$$y(t) = y_0 \exp[-a(t-t_0)] + \left\{ \int_{t_0}^{t} \exp[-a(t-\tau)]\, bx(\tau) d\tau \right\} u(t-t_0) \tag{1.104}$$

가 얻어진다. ■

1.11.2 미분방정식으로 표현된 시스템의 구현

유한한 차수의 미분방정식으로 표현할 수 있는 시스템은 덧셈기, 스칼라곱셈기, 그리고 적분기 등과 같은 비교적 간단한 소자들을 사용해서 구현할 수 있다. 덧셈기가 〈그림 1.40〉에 보여지는데, 차분기는 덧셈기의 입력되는 신호의 부호만 변환함으로써 구현이 가능하다.

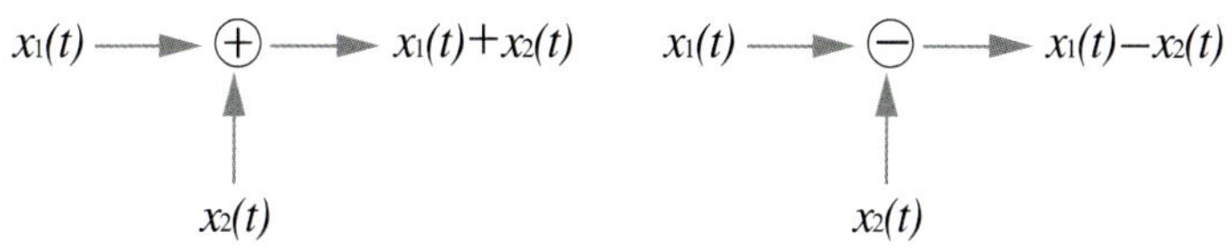

그림 1.40 덧셈기와 차분기

스칼라곱셈기와 적분기가 차례로 〈그림 1.41〉과 〈그림 1.42〉에 보여진다.

그림 1.41 스칼라곱셈기

그림 1.42 적분기

예제 1.8 2차 미분방정식으로 표현된 시스템의 구현

다음과 같은 2차 미분방정식

$$\frac{d^2y(t)}{dt^2} + a_1\frac{dy(t)}{dt} + a_0 y(t) = b_0 x(t) \quad (1.105)$$

으로 표현되는 시스템을 덧셈기, 곱셈기, 적분기를 사용해서 구현한 결과가 〈그림 1.43〉에 보여진다. 〈그림 1.43〉의 첫 번째 적분기의 출력을 $v(t)$라 하면, 이 적분기의 입력은

$$\frac{dv(t)}{dt} = -a_1 v(t) - a_0 y(t) + b_0 x(t) \quad (1.106)$$

가 된다. 또한 첫 번째 적분기의 출력 $v(t)$가 두 번째 적분기의 입력이 되므로

$$\frac{dy(t)}{dt} = v(t) \quad (1.107)$$

를 만족한다. 식 (1.107)의 양변을 미분한 후 식 (1.106)의 결과를 이용하면, 〈그림 1.43〉이 미분방정식 (1.105)를 구현한 것을 확인할 수 있다. ■

보다 일반적인 시스템을 구현하기 위해서 식 (1.92)의 N차 미분방정식을 정규적 형태(canonical form)로 변환할 필요가 있다. 하나의 미분방정식을 여러 가지 서로 다른 정규적 형태로 표현할 수 있는데, 그 중의 하나를 구현하기 위한 방법이 다음과 같다. D를 미분연산자라 가정할 때($M=N$), 식 (1.92)는 다음과 같이 표현할 수 있다.

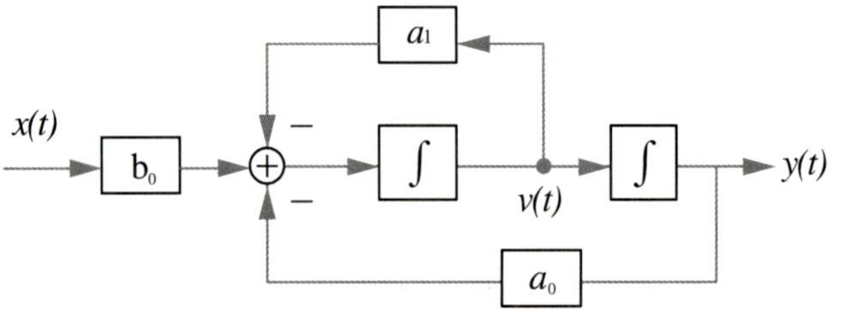

그림 1.43 식 (1.105)로 표현된 시스템의 구현 결과

$$D^N(y-b_Nx)+D^{N-1}(a_{N-1}y-b_{N-1}x)+\cdots$$
$$+D(a_1y-b_1x)+a_0y-b_0x=0 \tag{1.108}$$

윗 식의 양변에 D^{-N}을 곱하고 다시 정리하면

$$y=b_Nx+D^{-1}(b_{N-1}x-a_{N-1}y)+\cdots+D^{-N}(b_0x-a_0y) \tag{1.109}$$

를 얻을 수 있다. 식 (1.109)를 구현한 시스템이 〈그림 1.44〉에 보여진다.

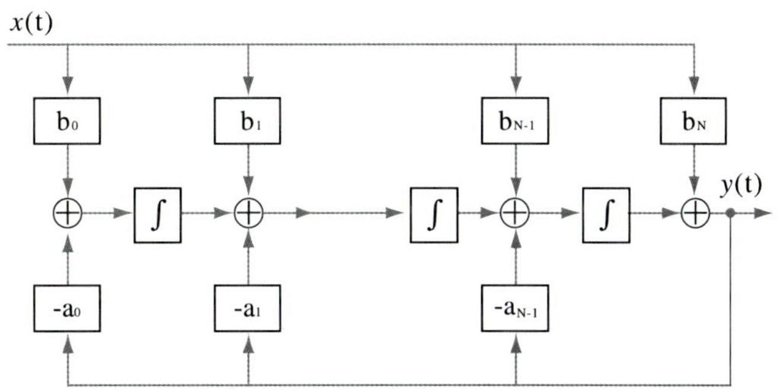

| 그림 1.44 | 식 (1.109)의 미분방정식을 구현한 시스템의 예

다른 방식의 정규적형태는 N차의 미분방정식을 아래와 같은 두 개의 미분 방정식으로 분리함으로써 얻을 수 있다.

$$\left(D^N+\sum_{j=0}^{N-1}a_jD^j\right)v(t)=x(t) \tag{1.110}$$

$$y(t)=\left(\sum_{i=0}^{N}b_iD^i\right)v(t) \tag{1.111}$$

식 (1.110)과 (1.111)을 사용해서 구현한 시스템이 〈그림 1.45〉에 보여진다.

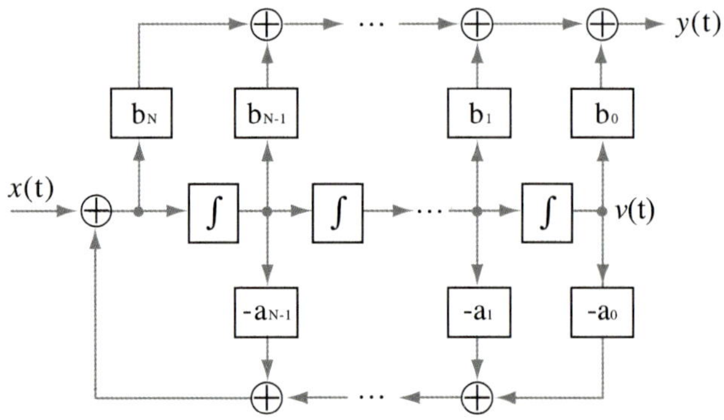

그림 1.45 식 (1.110)과 (1.111)을 사용해서 구현한 시스템

1.11.3 미분방정식을 이용한 임펄스응답의 계산

미분방정식을 사용해서 어떤 시스템을 표현할 수 있다면, 해당 임펄스응답을 손쉽게 구할 수 있는 장점이 있다. 3장과 4장에서 신호의 변환을 이용해서 보다 손쉬운 임펄스응답의 계산 방법을 소개하겠지만, 여기에서는 다음의 예제를 통해서 미분방정식으로부터 임펄스응답을 계산하는 방법과 Matlab을 통하여 나타내는 방법을 알아보기로 한다.

예제 1.9 미분방정식으로부터 임펄스응답의 계산

다음과 같은 미분방정식이 주어졌다고 생각하자.

$$2y'(t) + 4y(t) = 3x(t) \tag{1.112}$$

임펄스응답을 구하기 위해서 $x(t) = \delta(t)$로 놓고 주어진 미분방정식의 해를 구하면 임펄스응답 $y(t) = h(t)$을 얻을 수 있다. 이 과정을 식으로 표현하면

$$2h'(t) + 4h(t) = 3\delta(t) \tag{1.113}$$

가 되고, 이 미분방정식의 동종해는

$$h(t) = C\exp(-2t)u(t) \tag{1.114}$$

와 같이 얻어진다. 임펄스응답 $h(t)$는 임펄스신호 $\delta(t)$ 성분을 포함하고 있지 않기 때문에 특이해는 0이라고 가정하면, 식 (1.114)를 식 (1.113)에 대입해서

$$2\frac{d}{dt}\{C\exp(-2t)u(t)\} + 4C\exp(-2t)u(t) = 3\delta(t) \tag{1.115}$$

를 얻을 수 있다. 이 식을 간단히 하면

$$2C\exp(-2t)\delta(t) = 3\delta(t) \tag{1.116}$$

가 되고, 다시 여기에 단위임펄스 신호의 샘플링특성을 적용하면 $2C = 3$이 되기 때문에 $C = 1.5$를 얻을 수 있다. 따라서 원하는 임펄스응답은

$$h(t) = 1.5\exp(-2t)u(t) \tag{1.117}$$

가 된다. 다음과 같은 Matlab 프로그램을 실행시켜서 얻은 임펄스 응답이 <그림 1.46>에 보인다.

Matlab 프로그램 1.6

```
t = -6:0.05:6;
h = zeros(1,length(t));
h(121:241) = 1.5*exp(-2*t(121:241));
plot(t,h);
xlabel('t');
ylabel('h(t)');
axis([-6,6,-0.5,1.5]);
grid on;
```

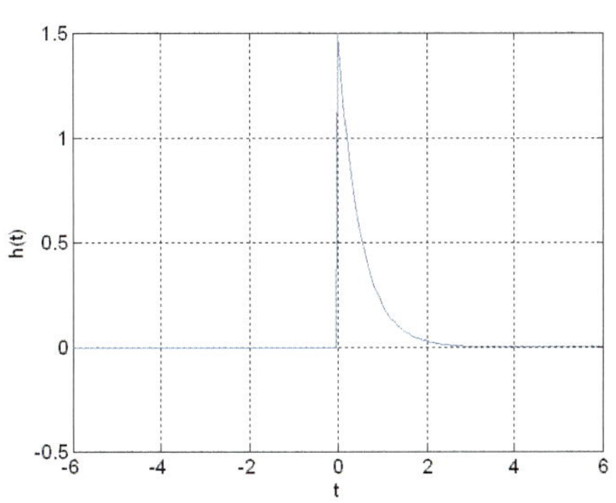

| 그림 1.46 | 임펄스 응답

1.11.4 차분방정식을 이용한 이산시간 선형시불변 시스템의 표현

미분방정식을 사용한 연속시간 선형시불변 시스템에서와 마찬가지로, 이산시간 선형시스템의 입출력 관계를 N차의 차분방정식으로 표현하면, $N \geq M$일 때

$$\sum_{k=0}^{N} a_k y[n-k] = \sum_{l=0}^{M} b_l x[n-l] \tag{1.118}$$

와 같이 표현된다. 차분방정식의 일반해도 미분방정식의 일반해와 마찬가지로

$$y[n] = y_p[n] + y_h[n] \tag{1.119}$$

과 같이 주어지며, 여기에서 특이해 $y_p[n]$는 식 (1.118)을 만족하고, 동종해 $y_h[n]$는 다음과 같은 방정식

$$\sum_{k=0}^{N} a_k y[n-k] = 0 \tag{1.120}$$

의 해가 된다. 이 두 종류의 해를 결합한 성분은 원하는 해에 어떤 상수가 곱해진 성분이기 때문에 이산시간의 초기정지조건을 추가로 적용하여 그 상수 성분을 결정해야 한다.

또한 식 (1.118)에서 a_0를 제외한 모든 a_i, $i=1, \cdots, N$들이 0인 경우 이 식은

$$y[n] = \sum_{l=0}^{M} b_l x[n-l] \tag{1.121}$$

와 같이 표현되고, 이에 해당하는 시스템을 유한임펄스응답(finite impulse response) 시스템이라 한다. 그 이유는 출력 $y[n]$을 결정하기 위해서 유한한 개수인 M개의 지연입력만이 필요하기 때문이다. 반대로 a_0이외의 하나 이상의 a_i, $i=1, \cdots, N$가 0이 아닌 경우 해당 시스템은 무한임펄스응답(infinite impulse response) 시스템이라 한다.

1.12 상태변수를 사용한 시스템의 표현

지금까지 우리는 선형시불변 시스템이 임펄스응답 혹은 미분방정식에 의해서 표현된다는 것을 알게 되었다. 구간 $-\infty < t < \infty$에서 시스템의 출력신호는 입력신호와 임펄스응답의 중첩적분으로 결정되기 때문에, 많은 경우 임펄스응답이 시스템을 표현하는데 가장 손쉬운 방법이라고 알려져 왔다. 반면에 미분방정식을 사용할 경우에는 일련의 초기조건들로부터 출력이 결정된다.

만약 특정한 구간 $t_0 \le t < t_1$에서 출력을 얻고자 한다면, 이 구간에서의 입력뿐 아니라, 과거의($t \le t_0$) 입력과 원하는 구간에서의 출력과의 관계를 설정해줄 수 있는 초기조건들을 필요로 한다. 상태변수(state-variable)를 사용해서 시스템을 표현하게 되면 임펄스응답이나 미분방정식으로는 알 수 없는 시스템의 동작을 이해할 수 있는 장점이 있다. 그 외에도 상태변수를 사용한 방법은 연속시간 시스템이나 이산시간 시스템에 공통적으로 적용할 수 있고, 비선형(nonlinear)이나 시가변(time-varying) 시스템으로 확장이 가능하다. 마지막으로 상태변수를 사용한 방법은 다수의 입력과 출력을 가진 시스템을 표현하는데 적합한 장점이 있다.

1.12.1 상태변수와 상태방정식

어떤 시스템에 있어서 상태변수라 함은 다음과 같이 정의된다.

| 정의 1.16 | 상태변수: 구간 $t \ge t_0$에서 입력을 알고 있을 때 출력을 결정할 수 있는 최소한의 정보를 그 시스템의 상태변수라 정의한다.

인과성 시스템인 경우 시간 t_0에서의 상태와 구간 $t_0 \le t < t_1$에서의 입력을 알면 시간 t_1에서의 출력과 상태를 결정할 수 있다. 보다 구체적으로 상태를 정의하기 위해서 미분방정식 (1.106)으로 표현된 시스템을 구현한 〈그림 1.43〉을 참고해보기로 하자. 미분방정식이 출력 $y(t)$의 2차 미분을 포함하고 있기 때문에 이 시스템을 2차 시스템이라 하고, 〈그림 1.43〉에서 보는 바와 같이 두 개의 적분기를 사용해서 구현이 가능하

다. 적분기는 시스템의 과거 정보를 저장하고 있는 일종의 기억소자(memory element)이기 때문에 시간 t에서 각 적분기의 출력을 시스템의 상태로 정의하기로 한다.

| 정의 1.17 | 일반적으로 N차 시스템을 구현하는데 N개의 적분기가 사용되고, N개의 적분기의 출력들을 상태벡터(state vector)라 하고, 그 정의는 다음과 같다.

$$v(t) = [v_1(t), v_2(t), \cdots, v_N(t)]^T \tag{1.122}$$

$$v_1(t) = y(t),\ v_2(t) = v_1{}'(t),\ \cdots,\ v_N(t) = v_{N-1}{}'(t) \tag{1.123}$$

예제 1.10 2차 미분방정식으로 표현된 시스템의 상태변수 표현

2차 미분방정식 (1.106)으로 표현된 시스템의 상태방정식은 다음과 같은 과정을 통해서 얻어진다. 즉 식 (1.106)에 식 (1.123)을 적용해서 다음의 식을 얻는다.

$$v_2{}'(t) = -a_0 v_1(t) - a_1 v_2(t) + b_0 x(t) \tag{1.124}$$

$v'(t)$를 $v(t)$로 나타내면

$$\begin{bmatrix} v_1{}'(t) \\ v_2{}'(t) \end{bmatrix} = \begin{bmatrix} 0 & 1 \\ -a_0 & -a_1 \end{bmatrix} \begin{bmatrix} v_1(t) \\ v_2(t) \end{bmatrix} + \begin{bmatrix} 0 \\ b_0 \end{bmatrix} x(t) \tag{1.125}$$

가 되고, 출력을 상태벡터 $v(t)$로 나타내면

$$y(t) = [1\ \ 0] \begin{bmatrix} v_1(t) \\ v_2(t) \end{bmatrix} \tag{1.126}$$

를 얻는다. 이때 식 (1.125)를 상태방정식(state equation), 식 (1.126)을 출력방정식(output equation)이라 부른다. 경우에 따라서 두 식을 합해서 상태방정식이라 부르기도 한다. ■

위의 예제에서 설명한 상태방정식의 일반적인 정의는 다음과 같다.

정의 1.18 N차 미분방정식으로 표현된 단일입력, 단일출력 선형시불변 시스템이 다음과 같은 상태방정식과 출력방정식으로 정의된다.

$$v'(t) = Av(t) + bx(t) \tag{1.127}$$

$$y(t) = cv(t) + dx(t) \tag{1.128}$$

여기에서 A는 $N \times N$ 정방행렬, b는 $N \times 1$ 열벡터, c는 $1 \times N$ 행벡터, 그리고 d는 스칼라 값을 나타낸다. 선형시불변 시스템의 경우 상태변수 표현에 사용되는 계수 A, b, c, d는 상수가 되고, 선형시가변 시스템의 경우에는 시간 t의 함수가 된다.

Matlab에서 상태방정식으로 표현된 시스템의 특성을 살펴보기 위해서는 'lsim' 함수를 사용하면 된다. 그리고 상태변수로 표현된 시스템의 주파수 특성을 살펴보는 다양한 함수들이 있어 유용하게 활용할 수 있다.

예제 1.11 RLC 회로로 구성된 시스템의 상태변수 표현

저항, 인덕터, 캐패시터가 직렬로 연결된 회로가 〈그림 1.47〉에 보여진다. 회로에서 $v_1(t)$와 $v_2(t)$를 차례로 캐패시터에 걸린 전압과 인덕터에 흐르는 전류로 정의했기 때문에 다음과 같은 관계를 얻을 수 있다.

$$C\frac{dv_1(t)}{dt} = v_2(t) \tag{1.129}$$

$$L\frac{dv_2(t)}{dt} = x(t) - Rv_2(t) - v_1(t) \tag{1.130}$$

$$y(t) = v_1(t) \tag{1.131}$$

위의 세 식을 행렬-벡터의 형태로 다시 쓰면

$$v'(t) = \begin{bmatrix} 0 & \frac{1}{C} \\ -\frac{1}{L} & -\frac{R}{L} \end{bmatrix} v(t) + \begin{bmatrix} 0 \\ \frac{1}{L} \end{bmatrix} x(t) \tag{1.132}$$

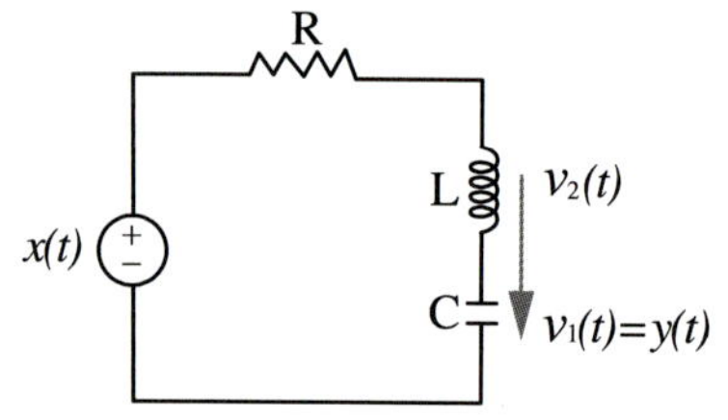

| 그림 1.47 | RLC 회로 (v_1: 캐패시터 양단의 전압, v_2: 인덕터에 흐르는 전류)

$$y(t) = [1 \ \ 0]v(t) \tag{1.133}$$

가 되고, 만일 $C=\frac{1}{2}$, $R=L=1$이라 가정하면

$$v'(t) = \begin{bmatrix} 0 & 2 \\ -1 & -1 \end{bmatrix} v(t) + \begin{bmatrix} 0 \\ 1 \end{bmatrix} x(t) \tag{1.134}$$

$$y(t) = [1 \ \ 0]v(t) \tag{1.135}$$

와 같은 상태변수 표현이 가능하다. $t \geq 0$에서 $x(t)=u(t)$, $v_1(0)=\frac{1}{2}$ 그리고 $v_2(0)=\frac{1}{3}$일 때, 시스템 출력은 다음과 같이 나타난다.

Matlab 프로그램 실행 결과 〈그림 1.48〉과 같이 나타난다.

Matlab 프로그램 1.7

```
a=[0 2;-1 -1];
b=[0;1];
c=[1 0];
d=[0];
v0=[1/2;1/3];
t=0:0.01:10;    % start time:time increment: final time
x= [1*ones(size(t))]';
[y,v]=lsim(a,b,c,d,x,t,v0); % call lsim
plot(t,y); xlabel('t'); ylabel('y(t)');
axis([0,10,0,1.5]);
grid;
```

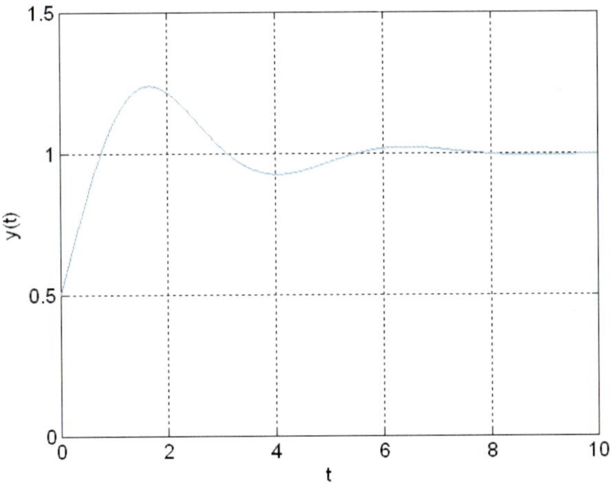

그림 1.48 RLC 회로응답

1.12.2 상태방정식의 해

정의 1.19에 주어진 상태방정식 (1.127)을 풀면 상태벡터 $v(t)$를 구할 수 있고, 이것을 출력방정식 (1.128)에 대입하면 출력 $y(t)$를 구할 수 있다. 초기치 $v(t_0)=v_0$가 주어졌을 때, 방정식 (1.127)의 동종해는

$$v(t) = \exp(At)v_0 \quad (1.136)$$

와 같이 구할 수 있다(문제 27 참조). 여기에서 $\exp(At)$는 $N \times N$의 행렬지수로서

$$\exp(At) = I + At + A^2\frac{t^2}{2!} + A^3\frac{t^3}{3!} + \cdots \quad (1.137)$$

로 나타낼 수 있고, I는 $N \times N$의 단위행렬을 의미한다. 행렬지수가 포함된 미분방정식을 푸는데 다음과 같은 성질을 이용하면 편리하다(문제 24, 25, 26 참조).

$$\exp[A(t_1+t_2)] = \exp(At_1)\exp(At_2) \quad (1.138)$$

$$[\exp(At)]^{-1} = \exp(-At) \quad (1.139)$$

$$\frac{d}{dt}\exp(At) = A\exp(At) \tag{1.140}$$

식 (1.127) 양변의 좌측에 $\exp(-At)$를 곱한 후 재정리하면

$$\exp(-At)\{v'(t) - Av(t)\} = \exp(-At)\,bx(t) \tag{1.141}$$

를 얻는다. 식 (1.140)의 성질을 식 (1.141)에 적용하면

$$\frac{d}{dt}\{\exp(-At)\,v(t)\} = \exp(-At)\,bx(t) \tag{1.142}$$

를 얻는다. 식 (1.142)를 t_0에서 t까지의 구간으로 적분하면

$$\exp(-At)\,v(t) - \exp(-At_0)\,v_0 = \int_{t_0}^{t}\exp(-A\tau)\,bx(\tau)d\tau \tag{1.143}$$

가 되고, 다시 양변의 좌측에 $\exp(At)$를 곱해서 정리하면 최종적으로 상태방정식의 해를 얻을 수 있다.

$$v(t) = \exp[A(t-t_0)]v_0 + \int_{t_0}^{t}\exp[A(t-\tau)]\,bx(\tau)d\tau \tag{1.144}$$

여기에서 $\Phi(t) = \exp(At)$를 상태전이행렬(state transition matrix)이라 한다.

일단 식 (1.144)와 같이 상태방정식의 해 $v(t)$가 구해지고 나면, 이것을 식 (1.128)에 대입해서 다음과 같이 출력을 결정할 수 있다.

$$y(t) = c\Phi(t-t_0)\,v_0 + \int_{t_0}^{t}c\Phi(t-\tau)\,bx(\tau)d\tau + dx(t), \quad t \ge t_0 \tag{1.145}$$

단위임펄스의 성질을 사용해서 식 (1.145)를 다시 정리하면 다음과 같이 출력을 표현할 수 있다.

$$y(t) = c\Phi(t-t_0)\,v_0 + \int_{t_0}^{t}\{c\Phi(t-\tau)b + d\delta(t-\tau)\}x(\tau)d\tau, \quad t \ge t_0 \tag{1.146}$$

| 정의 1.19 | 식 (1.145)에서 우변의 첫째 항은 입력 $x(t)$가 0일 때의 응답으로서 무입력응답(zero-input response)이라 하고, 둘째 항은 초기치 v_0가 0일 때의 응답으로서 무상태응답(zero-state response)이라 한다.

식 (1.145)의 무상태응답을 식 (1.62)에서 정의된 중첩적분과 비교해보면, 시스템의 임펄스 응답이 다음과 같음을 알 수 있다.

$$h(t) = \begin{cases} c\Phi(t)b + d\delta(t), & t \geq t_0 \\ 0, & t < t_0 \end{cases} \tag{1.147}$$

예제 1.12 2차 선형시불변 시스템

2차 미분방정식

$$y''(t) + 3y'(t) + 2y(t) = x(t) \tag{1.148}$$

로 표현되는 시스템의 상태표현은 다음과 같다.

$$v'(t) = \begin{bmatrix} 0 & 1 \\ -2 & -3 \end{bmatrix} v(t) + \begin{bmatrix} 0 \\ 1 \end{bmatrix} x(t) \tag{1.149}$$

$$y(t) = [1 \ \ 0] v(t) \tag{1.150}$$

이 때 초기 상태벡터를 $v_0 = [1 \ \ 0]^T$라 가정하면 식 (1.148)로부터

$$A = \begin{bmatrix} 0 & 1 \\ -2 & -3 \end{bmatrix}, \ b = \begin{bmatrix} 0 \\ 1 \end{bmatrix} \tag{1.151}$$

임을 알 수 있고, A^2, A^3, $\cdots$ 를 차례로 구한 후 식 (1.138)에 의해서 상태전이행렬을

$$\Phi(t) = \begin{bmatrix} 1 - t^2 + t^3 + \cdots & t - 3t^2/2 + 7t^3/6 - \cdots \\ -2t + 3t^2 - 7t^3/3 - \cdots & 1 - 3t + 7t^2/2 - 5t^3/2 + \cdots \end{bmatrix} \tag{1.152}$$

와 같이 얻는다. 이 결과를 사용하여 무입력응답

$$
\begin{aligned}
y(t) &= [1\ 0]\begin{bmatrix} 1-t^2+t^3+\cdots & t-3t^2/2+7t^3/6-\cdots \\ -2t+3t^2-7t^3/3-\cdots & 1-3t+7t^2/2-5t^3/2+\cdots \end{bmatrix}\begin{bmatrix} 1 \\ 0 \end{bmatrix} \\
&= 1-t^2+t^3+\cdots
\end{aligned}
\tag{1.153}
$$

을 얻을 수 있다. 또한 식 (1.146)에 의해서 임펄스응답

$$
\begin{aligned}
y(t) &= [1\ 0]\begin{bmatrix} 1-t^2+t^3+\cdots & t-3t^2/2+7t^3/6-\cdots \\ -2t+3t^2-7t^3/3-\cdots & 1-3t+7t^2/2-5t^3/2+\cdots \end{bmatrix}\begin{bmatrix} 0 \\ 1 \end{bmatrix} \\
&= t-3t^2/2+7t^3/6-\cdots
\end{aligned}
\tag{1.154}
$$

을 얻는다.

다음의 Matlab 프로그램을 실행하면 〈그림 1.49〉와 같이 무입력응답과 임펄스응답을 차례로 얻는다.

Matlab 프로그램 1.8

```
a=[0 1;-2 -3];
b=[0;1];
c=[1 0];
d=[0];
v0=[1;0];
t=0:0.01:10;    % start time:time increment: final time
x= [0*ones(size(t))]';
[y,v]=lsim(a,b,c,d,x,t,v0); % call lsim
plot(t,y); xlabel('t'); ylabel('y(t)');
axis([0,10,0,1.5]);
grid;

%Unit impulse response
sys=ss(a,b,c,d); % call impulse
[y2,v2]=impulse(sys,t); % call impulse
figure
plot(t,y2); xlabel('t'); ylabel('y(t)');
axis([0,10,0,0.3]);
grid;
```

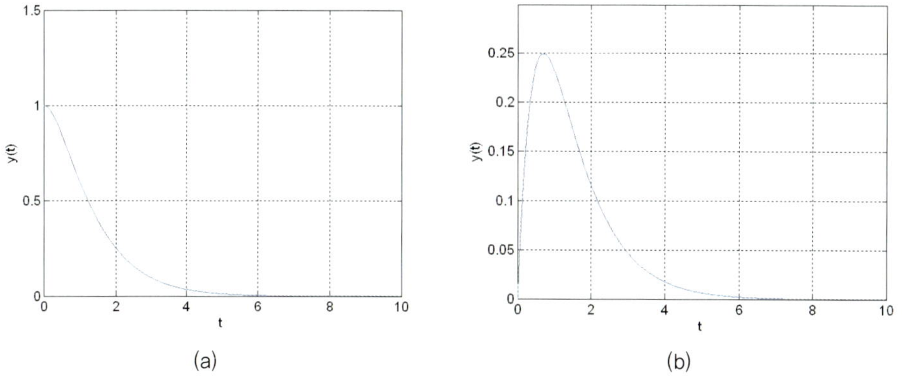

그림 1.49 시스템응답 (a) 무입력응답, (b) 임펄스응답

1.13 요약

이 장에서는 시간축의 연속성 여부에 따라 신호를 연속시간 신호와 이산시간 신호로 분류하고, 다양한 종류의 신호, 신호가 정의되는 시간축을 변환하는 시변수 변환과 신호의 주기성의 정의와 표현 방법을 살펴보았다. 시스템도 신호와 같은 방법으로 연속시간 시스템과 이산시간 시스템으로 정의하고 시스템이 갖는 기본 성질과 앞으로 다룰 대표적인 선형시불변 시스템에 대해서 논의하였다. 마지막으로 미분방정식(또는 차분방정식)에 의한 시스템의 표현 방법과 연속시간 및 이산시간 시스템에 공통적으로 적용할 수 있는 상태변수를 사용한 시스템의 표현방법을 살펴보았다.

연속시간 신호

단위 임펄스 신호 : $\delta(t) = \lim_{\Delta \to 0} \delta_\Delta(t) = \begin{cases} \dfrac{1}{\Delta}, & 0 < t < \Delta \\ 0, & \text{elsewhere} \end{cases}$

단위 계단 신호 : $u(t) = \int_{-\infty}^{t} \delta(\tau)\,d\tau = \begin{cases} 1, & t \geq 0 \\ 0, & t < 0 \end{cases}$

실수지수 신호 : $x(t) = Ce^{at}$, C 와 a 는 실수

복소지수 신호 : $x(t) = Ce^{at}$, $C = |C|e^{j\theta}$, $a = \sigma + jw_0$

사인, 코사인 신호 : $x(t) = |C|e^{\sigma t}\cos(w_0 t + \theta)$

주기 신호 : $x(t+T) = x(t)$, T 는 기본주기

연속시간 신호 : $x(t) = \int_{-\infty}^{\infty} x(\tau)\delta(t-\tau)d\tau$

이산시간 신호

단위 임펄스 신호 : $\delta[n] = \begin{cases} 1, & n = 0 \\ 0, & n \neq 0 \end{cases}$

단위 계단 신호 : $u[n] = \sum_{k=-\infty}^{n} \delta[k] = \begin{cases} 1, & n \geq 0 \\ 0, & n < 0 \end{cases}$

실수지수 신호 : $x[n] = Cr^n$, C와 r는 실수

복소지수 신호 : $x[n] = Cz^n$, $C = |C|e^{j\theta}$, $z = re^{jw_0}$

사인, 코사인 신호 : $x[n] = |C||r|^n\cos(w_0 n + \theta)$

주기 신호 : $x[n+N] = x[n]$, N 는 기본주기

이산시간 신호 : $x[n] = \sum_{k=-\infty}^{\infty} x[k]\delta[n-k]$

연속시간 시스템

선형 시스템 : 시스템의 입력과 출력이 $x_1(t) \rightarrow y_1(t)$와 $x_2(t) \rightarrow y_2(t)$를 만족하면 $ax_1(t) + bx_2(t) \rightarrow ay_1(t) + by_2(t)$이 성립

시불변 시스템 : 시스템의 입력과 출력이 $x_1(t) \rightarrow y_1(t)$를 만족하면 $x_1(t-t_0) \rightarrow y_1(t-t_0)$이 성립

임펄스응답 : 입력이 임펄스 신호($x(t) = \delta(t)$)일 때 시스템 출력($y(t) = h(t)$)

인과 시스템 : 시스템의 출력이 현재의 입력, 과거의 입력, 그리고 과거의 출력에 의해서만 결정되는 시스템

안정 시스템 : 시스템에 유한한 입력을 가했을 때 유한한 출력이 나오는 시스템 또는 인과 시스템에서 무입력 응답이 시간이 지남에 따라 0으로 수렴하는 시스템

선형시불변 시스템 : 선형성과 시불변성을 동시에 만족하는 시스템

중첩적분 : $y(t) = x(t) * h(t) = \int_{-\infty}^{\infty} x(\tau)h(t-\tau)d\tau$

인과성 : $h(t) = 0, \ \forall t < 0$

안정성 : $\int_{-\infty}^{\infty} |h(\tau)| d\tau < \infty$

수학적 모델링 : N차 선형시불변 시스템은 상수계수의 N차 미분방정식이나 1차 상태공간방정식으로 표현 가능

N차 미분방정식 : $\sum_{k=0}^{N} a_k \frac{d^k y(t)}{dt} = \sum_{l=0}^{M} b_l \frac{d^l x(t)}{dt}$의 형태로 표현할 수 있고 시스템의 출력은 $y(t) = y_p(t) + y_h(t)$의 형태로 나타낼 수 있는데, $y_p(t)$는 특이해로서 입력성분의 영향으로 나타나는 값이고 $y_h(t)$는 동종해로서 시스템의 초기조건에 의해 결정되는 값으로 $\sum_{k=0}^{N} a_k \frac{d^k y(t)}{dt} = 0$를 만족시킴

상태공간방정식 : N차 미분방정식으로 표현된 선형시불변 시스템은 1차의 상태공간방정식으로 정의할 수 있는데, N차의 상태벡터 $v(t)$를 사용하면 상태방정식 $v'(t) = Av(t) + bx(t)$와 출력방정식 $y(t) = cv(t) + dx(t)$으로 나타낼 수 있음

이산시간 시스템

선형 시스템 : 시스템의 입력과 출력이 $x_1[n] \rightarrow y_1[n]$와 $x_2[n] \rightarrow y_2[n]$를 만족하면 $ax_1[n] + bx_2[n] \rightarrow ay_1[n] + by_2[n]$이 성립

시불변 시스템 : $x_1[n] \rightarrow y_1[n]$를 만족하면 $x_1[n-n_0] \rightarrow y_1[n-n_0]$이 성립

임펄스 응답 : 입력이 임펄스 신호($x[n] = \delta[n]$)일 때 시스템 출력($y[n] = h[n]$)

인과 시스템 : 시스템의 출력이 현재의 입력, 과거의 입력, 그리고 과거의 출력에 의해서만 결정되는 시스템

안정 시스템 : 시스템에 유한한 입력을 가했을 때 유한한 출력이 나오는 시스템 또는 인과 시스템에서 무입력 응답이 시간이 지남에 따라 0으로 수렴하는 시스템

선형시불변 시스템 : 선형성과 시불변성을 동시에 만족하는 시스템

중첩적분 : $y[n] = x[n] * h[n] = \sum_{k=-\infty}^{\infty} x[k]h[n-k]$

인과성 : $h[n] = 0, \ \forall n < 0$

안정성 : $\sum_{k=-\infty}^{\infty} |h[k]| < \infty$

수학적 모델링 : N차 선형시불변 시스템은 상수계수의 N차 차분방정식이나 1차 상태공간방정식으로 표현 가능

N차 차분방정식 : $\sum_{k=0}^{N} a_k y[n-k] = \sum_{l=0}^{M} b_l x[n-l]$의 형태로 표현할 수 있고 시스템의 출력은 $y[n] = y_p[n] + y_h[n]$의 형태로 나타낼 수 있는데, $y_p[n]$는 특이해로서 입력성분의 영향으로 나타나는 값이고 $y_h[n]$는 동종해로서 시스템의 초기조건에 의해 결정되는 값으로 차분방정식 $\sum_{k=0}^{N} a_k y[n-k] = 0$을 만족시킴

상태공간방정식 : N 차 차분방정식으로 표현된 선형시불변 시스템은 1차의 상태공간방정식으로 정의할 수 있는데, N 차의 상태벡터 $v[n]$를 사용하면 상태방정식 $v[n+1] = Av[n] + bx[n]$와 출력방정식 $y[n] = cv[n] + dx[n]$으로 나타낼 수 있음

연습문제

1. 다음과 같은 신호들에 대해서 P_∞와 E_∞를 각각 구하시오.

(a) $x(t) = e^{-2t}u(t)$ (b) $x(t) = e^{j(2t+\pi/4)}$

(c) $x[n] = \left(\frac{1}{2}\right)^n u[n]$ (d) $x[n] = \cos(\frac{\pi}{4}n)$

2. 다음과 같은 신호가 있을 때

$$x(t) = \begin{cases} t+1, & -1 \le t \le 0 \\ 1, & 0 < t \le 2 \\ 0, & \text{otherwise} \end{cases}$$

$x(-t)$와 $x(3-t)$를 각각 구하고 그리시오.

3. 다음과 같은 신호가 있을 때

$$x(t) = \begin{cases} t+1, & -1 \le t \le 0 \\ 1, & 0 < t \le 2 \\ -t+3, & 2 < t \le 3 \\ 0, & \text{otherwise} \end{cases}$$

$x(3t-6)$을 구하고 그리시오.

4. 다음에 주어진 신호들의 주기성 여부를 판정하시오.

(a) $x_1(t) = \sin 5\pi t$

(b) $x_2(t) = 2e^{j(t+\pi/4)}u(t)$

(c) $x_3[n] = u[n] + u[-n]$

(d) $x_4[n] = \sum_{k=-\infty}^{\infty} \{\delta[n-4k] - \delta[n-1-4k]\}$

5. 다음과 같은 신호의 기본주파수를 구하시오.

$$x[n] = e^{j(2\pi/3)n} + e^{j(3\pi/4)n}$$

6. 다음과 같은 적분을 계산하시오.

(a) $\int_{-2}^{1}(t+t^2)\delta(t-3)\,dt$　　(b) $\int_{-2}^{4}(t+t^2)\delta(t-3)\,dt$

(c) $\int_{0}^{3}e^{(t-2)}\delta(2t-4)\,dt$　　(d) $\int_{-\infty}^{t}\delta(\tau)d\tau$

7. 신호 $\phi_k(t)=\exp[j(2\pi kt)/T]$, $k=0, \pm1, \pm2, \ldots$가 구간 $(0, T)$에서 서로 직교함을 증명하시오.

8. 아래 그림과 같은 세 개의 신호 $\phi_i(t)$, $i=1,2,3$가 서로 직교함을 증명하시오.

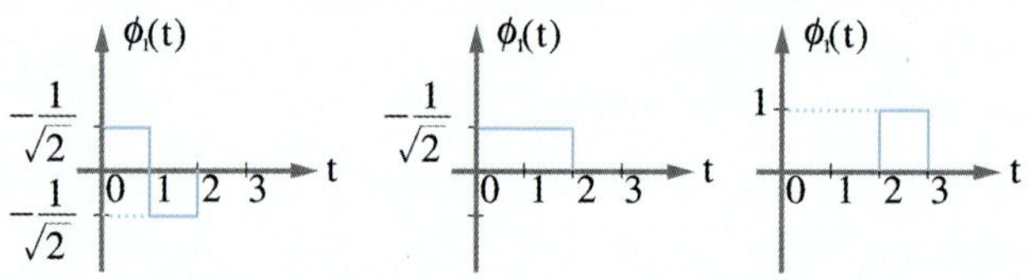

9. 실수신호 $\phi_i(t)$에 대해서 식 (1.42)에 의해서 구한 계수 c_i가 식 (1.44)와 같이 주어진 합성오차를 최소화시킴을 증명하시오.

10. 다음에 주어진 시스템들에 대해서 역시스템이 존재하는가 여부를 판정하고, 만약 존재한다면 해당 역시스템을 구하시오.

(a) $y(t)=2x(t)$

(b) $y(t)=\cos\{x(t)\}$

(c) $y(t)=\int_{-\infty}^{t}x(\tau)d\tau$, 단 $y(-\infty)=0$

(d) $y(t)=x(t+1)$

(e) $y[n]=nx[n]$

(f) $y[n]=x[n]x[n-1]$

(g) $y[n]=x[2n]$

(h) $y[n]=\begin{cases} x[n/2], & n\,\text{even} \\ 0, & n\,\text{odd} \end{cases}$

11. 다음에 주어진 시스템들의 안정성 여부를 판정하시오.

(a) $y(t) = e^{x(t)}$ (b) $y(t) = \int_{-\infty}^{t} x(\tau)d\tau$

12. 다음에 주어진 시스템들의 선형성 여부를 판정하시오.

(a) $y(t) = K\dfrac{dx(t)}{dt}$ (b) $y(t) = \exp[x(t)]$

(c) $y[n] = x[n-2] - 2x[n-8]$ (d) $y[n] = nx[n]$

13. 다음에 주어진 시스템들의 시불변성 여부를 판정하시오.

(a) $y(t) = \cos[x(t)]$ (b) $y(t) = x(t)\cos t$

(c) $y[n] = nx[n]$ (d) $y[n] = x[4n+1]$

14. 입력 $x[n]$과 임펄스응답 $h[n]$이 다음과 같이 주어질 때, 해당 출력 $y[n]$을 구하시오. (단 $0 < a < 1$)

$$x[n] = a^n u[n],$$
$$h[n] = u[n]$$

15. 입력 $x[n]$과 임펄스응답 $h[n]$이 다음과 같이 주어질 때, 해당 출력 $y[n]$을 구하시오. (단 $a > 1$)

$$x[n] = \begin{cases} 1, & 0 \le n \le 4 \\ 0, & \text{otherwise} \end{cases}$$

$$h[n] = \begin{cases} a^n, & 0 \le n \le 6 \\ 0, & \text{otherwise} \end{cases}$$

16. 입력 $x(t)$와 임펄스응답 $h(t)$가 다음과 같이 주어질 때, 해당 출력 $y(t)$를 구하시오. (단 $a > 0$)

$$x(t) = e^{-at}u(t),$$
$$h(t) = u(t)$$

17. 입력 $x(t)$와 임펄스응답 $h(t)$가 다음과 같이 주어질 때, 해당 출력 $y(t)$를 구하시오. (단 $A>0$)

$$x(t) = Ae^{-t},\ 0 < t < \infty$$

$$h(t) = \frac{1}{T},\quad 0 < t < T$$

18. 다음과 같은 1차 상수계수미분방정식

$$\frac{dy(t)}{dt} + 2y(t) = x(t)$$

로 표현된 연속시간 선형시불변 시스템에

$$x(t) = Ke^{3t}u(t),\ K\text{는 실수}$$

와 같은 입력이 인가되었을 때, 출력 $y(t)$를 계산하시오. (단 초기정지조건을 가정할 것)

19. 식 (1.110)과 (1.111)을 결합하면 식 (1.92)와 동등해짐을 증명하시오.

20. 미분방정식 $y''(t) - 4y'(t) + y(t) = 4x'(t) + 2x(t)$를 두 가지 서로 다른 정규적 형태로 구현한 시스템의 블록도를 그리시오.

21. 1차 미분방정식 $2y'(t) + 4y(t) = 3x(t) + x'(t)$로 표시된 시스템의 임펄스응답을 구하시오.

22. 2차 미분방정식 $y''(t) + 4y'(t) + 3y(t) = 2x(t) + x'(t)$로 표시된 시스템의 임펄스응답을 구하시오.

23. 다음과 같은 1차 상수계수차분방정식

$$y[n] - \frac{1}{2}y[n-1] = x[n]$$

으로 표현된 이산시간 선형시불변 시스템에

$x[n] = K\delta[n]$, K는 실수

와 같은 입력이 인가되었을 때, 출력 $y[n]$를 계산하시오. 단 초기정지조건을 가정할 것.

24. 식 (1.138)을 증명하시오.

25. 식 (1.139)를 증명하시오.

26. 식 (1.140)을 증명하시오.

27. 초기치 $v(t_0) = v_0$가 주어졌을 때, 방정식 (1.127)의 동종해가 식 (1.136)과 같이 됨을 증명하시오.

28. 연속시간 선형시불변 시스템이 다음과 같은 상태변수로 표현되었을 때

$$v'(t) = \begin{bmatrix} -1 & 0 & 0 \\ 0 & -4 & 4 \\ 0 & -1 & 0 \end{bmatrix} v(t) + \begin{bmatrix} 1 \\ 1 \\ 1 \end{bmatrix} x(t),$$

$$y(t) = [-1 \quad 2 \quad 0]\, v(t)$$

상태전이행렬과 임펄스응답을 각각 구하시오.

CHAPTER 02
푸리에 급수

02 푸리에 급수

C·H·A·P·T·E·R

2.1 서론

푸리에 급수는 이 교재의 선수과목에 해당하는 공업수학에서 이미 간단하게 소개된 바 있다. 그렇지 않더라도 이에 대한 대략적인 개념은 매우 명확하게 잘 알려져 있다. 간단히 말하면 거의 모든 주기함수는 그 주파수의 정수배가 되는 정현파[1]들을 크기와 위상을 적절히 조절하여 더함으로써 합성될 수 있다는 것이 푸리에 급수의 이론이다. 예를 들어 〈그림 2.1(a), (b), (c)〉에 차례로 보인 주파수 1, 2, 3Hz인 세 개의 코사인파(여현파)를 더하면 〈그림 2.1(d)〉와 같이 주파수 1Hz인 주기함수를 얻는다는 것이고, 반대로 주파수 1Hz인 주기함수는 주파수 1, 2, 3, ...의 사인파들을 합성해서 얻을 수 있다는 것이다.

주기 함수가 여러 사인파들의 합으로 합성될 수 있다는 것은 푸리에가 '푸리에 변환'에 대한 이론을 발표하기 전부터 알려져 있었다. 그러나 푸리에가 이를 비주기 함수의 주파수 영역에서의 해석을 위한 이론으로 확장하고서 주기함수에 관한 주파수 분석도 '푸리에'라는 이름이 붙게 되었다. 위에서 설명한 바와 같이 주기 함수는 사인파들에 크기와 위상을 변화시켜주는 어떤 계수가 곱해진 수열의 합, 즉 급수의 형태로 표현할 수 있기 때문에 이 합을 푸리에 급수라고 부른다. 예를 들어 〈그림 2.1〉에서 그림 (d)는 다음과 같이 표현된다.

1) 사인파(sint), 코사인파(cost), 주기복소지수신호($e^{j\omega_0 t}$)들을 집합적으로 정현파(sinusoidal signal)라 부른다.

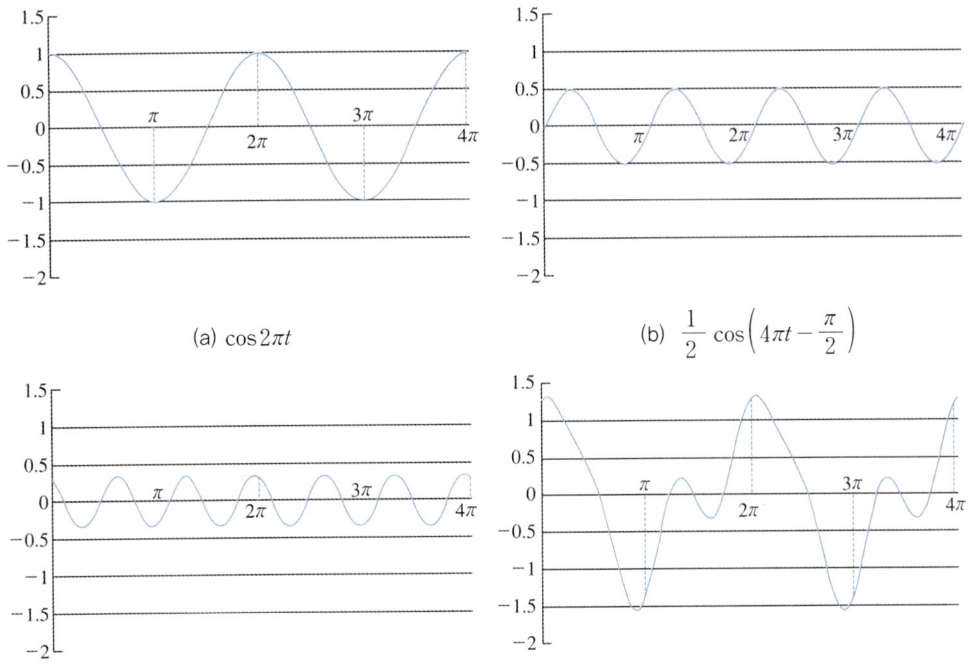

(a) $\cos 2\pi t$ (b) $\frac{1}{2}\cos\left(4\pi t - \frac{\pi}{2}\right)$ (c) $\frac{1}{3}\cos\left(6\pi t + \frac{\pi}{6}\right)$ (d) (a), (b), (c)의 합성

|그림 2.1| 주기신호

$$
\begin{aligned}
x(t) &= \cos 2\pi t + \frac{1}{2}\cos\left(4\pi t - \frac{\pi}{2}\right) + \frac{1}{3}\cos\left(6\pi t + \frac{\pi}{6}\right) \\
&= \sum_{k=1}^{3} a_k \cos(2\pi kt + \varphi_k)
\end{aligned}
\tag{2.1}
$$

위의 예는 단지 세 개의 사인파들이 더해진 경우이지만 많은 경우에 주파수 f인 주기신호는 다음과 같이 직류(DC)성분($k=0$)과 무수히 많은 정현파들이 더해져 합성되는 무한 급수의 형태로 나타난다.

$$
x(t) = \sum_{k=0}^{\infty} a_k \cos(2\pi kft + \varphi_k) \tag{2.2}
$$

여기서 a_k를 보통 푸리에 계수라고 부른다. 어떤 주기함수를 분해해서 각 a_k를 구했을 때 이는 그 주기함수의 주파수에 해당하는 성분의 크기를 나타낸다. 푸리에 급수의 응용 분야는 신호의 주파수 특성 분석뿐만 아니라 시스템에 어떤 주기함수가 입력되었을 때 그 출력을 구하는 데에도 사용될 수 있다. 2.2절에서는 어떤 주기함수가 있을 때 이를 어떻게 푸리에 급수로 표현할 수 있는가를 알아본다. 2.3절에서는 이의 응용에 대하여 학습한다. 2.4절에서는 벡터공간, 함수공간 개념을 이용하여 푸리에 급수 표현의 다른 해석을 알아본다. 그리고 2.5절에서는 푸리에 급수의 성질을 몇 가지 살펴보고 그 응용을 알아본다. 이산시간 신호의 경우에도 주기신호는 푸리에 급수 표현이 가능하지만 이는 결국 이산시간 푸리에 변환과 같기 때문에 이산시간 신호에 대해서는 5장에서 다루기로 한다.

2.2 푸리에 급수

앞 절에서 단순화된 푸리에 급수의 식을 살펴보았지만 이를 일반화시킨 경우에 대하여 자세히 살펴보자. 주기가 T_0, 즉 주파수 $f_0 = \dfrac{1}{T_0}$, 각주파수 $\omega_0 = \dfrac{2\pi}{T_0}$인 신호 $x(t)$는 다음과 같이 표현된다.

$$\begin{aligned} x(t) &= \sum_{k=0}^{\infty} a_k \cos(2\pi k f_0 t + \varphi_k) \\ &= \sum_{k=0}^{\infty} a_k \cos(k\omega_0 t + \varphi_k) \end{aligned} \tag{2.3}$$

그러나 보통 위와 같이 표현하는 것보다는 복소수 표현이 보다 일반적인 방법이다. 즉 위와 같은 표현보다는 $x(t)$가 실함수인 경우에도 이를 다음과 같은 복소함수의 합으로 표현하는 것이 더 간단하고 그 물리적인 의미도 쉽게 파악할 수 있다. 물론 $x(t)$가 원래 복소함수라면 당연히 다음과 같이 표현되어야 한다.

$$x(t) = \sum_{k=-\infty}^{\infty} c_k e^{jk\omega_0 t} \tag{2.4}$$

원신호 $x(t)$가 실함수인 경우 식 (2.3)에서는 푸리에 계수 a_k가 실수이지만 식

(2.4)에서는 c_k는 복소수 범위에 있는 값이 된다. $x(t)$가 실함수인 경우 식 (2.3)과 (2.4)가 결국 같은 표현이라는 것은 쉽게 알 수 있는데, 그 조건은 c_k와 c_{-k}가 서로 켤레 복소수(complex conjugate)이어야 한다는 것이다. 더 자세히 설명하기 위하여 식 (2.4)를 다음과 같이 풀어 써 보자.

$$\begin{aligned} x(t) = \cdots + c_{-2}e^{-j2\omega_0 t} + c_{-1}e^{-j\omega_0 t} + c_0 \\ + c_1 e^{j\omega_0 t} + c_2 e^{j2\omega_0 t} + \cdots \end{aligned} \tag{2.5}$$

여기서 c_k와 c_{-k}가 서로 켤레라면 당연히 $c_k e^{jk\omega_0}$와 $c_{-k}e^{-jk\omega_0}$도 켤레가 된다. 따라서 이 둘의 합은 다음과 같이 된다.

$$c_k e^{jk\omega_0 t} + c_{-k}e^{-jk\omega_0 t} = 2Re\{c_k e^{jk\omega_0 t}\} \tag{2.6}$$

여기서 Re는 괄호 안의 실수부를 나타낸다. c_k는 복소수이므로 이를 $A_k + jB_k$ (A_k, B_k는 실수)라고 하면 다음과 같은 결과를 얻는다.

$$\begin{aligned} 2Re\{c_k e^{jk\omega_0 t}\} &= 2Re\{(A_k + jB_k)(\cos k\omega_0 t + j\sin k\omega_0 t)\} \\ &= 2\{A_k \cos k\omega_0 t - B_k \sin k\omega_0 t\} \\ &= 2\sqrt{A_k^2 + B_k^2}\cos(k\omega_0 t + \varphi_k) \end{aligned} \tag{2.7}$$

따라서 식 (2.3)과 (2.4)는 같은 것의 다른 표현임을 증명하였다. 이후부터는 식 (2.4)를 표준으로 사용하도록 한다. 이를 굳이 실계수와 위상의 형태인 식 (2.3)으로 표현하고자 한다면 위와 같은 과정을 거쳐서 그 의미를 파악하면 된다.

지금까지는 어떤 주기함수 $x(t)$가 식 (2.4)와 같은 정현파들의 합으로 분해된다는 사실을 설명했는데 이제는 구체적으로 어떤 사인파들의 합으로 분해되는가를 알아보자. 예를 들어 〈그림 2.2〉와 같은 구형파가 있을 때 이를 사인파들로 합성하려면 몇 Hz 성분의 사인파에 대해 크기와 위상이 얼마가 되게 한 다음 더해야 원신호가 얻어지는가를 알아보자. 이는 반대로 말하면 〈그림 2.2〉의 각 주파수 성분의 크기와 위상이 얼마가 되는가를 분석해 보자는 것이 된다. 이를 위해서는 당연히 식 (2.4)와 같은 표현에서 c_k를 구하는 문제로 귀결된다.

이 식에서 c_k를 구하는 것은 사인 함수의 직교성을 이용하면 된다. 이를 위하여 식 (2.4)의 양변에 $e^{-jn\omega_0 t}$를 곱하여 한 주기 내에서 적분을 하면 다음과 같다.

$$\int_{-\frac{T_0}{2}}^{\frac{T_0}{2}} x(t)e^{-jn\omega_0 t}dt = \sum_{k=-\infty}^{\infty}\int_{-\frac{T_0}{2}}^{\frac{T_0}{2}} c_k e^{jk\omega_0 t}e^{-jn\omega_0 t}dt \qquad (2.8)$$

위 식의 우변에 대한 적분을 다음과 같이 변형할 수 있다.

$$\int_{-\frac{T_0}{2}}^{\frac{T_0}{2}} c_k e^{jk\omega_0 t}e^{-jn\omega_0 t}dt = \int_{-\frac{T_0}{2}}^{\frac{T_0}{2}} c_k e^{j(k-n)\omega_0 t}dt \qquad (2.9)$$

여기서 $m=0$인 경우 $e^{jm\omega_0 t}$은 1이므로 이것의 한 주기 내에서의 적분은 다음과 같다.

$$\int_{-\frac{T_0}{2}}^{\frac{T_0}{2}} e^{j\cdot 0\cdot \omega_0 t}dt = \int_{-\frac{T_0}{2}}^{\frac{T_0}{2}} dt = T_0 \qquad (2.10)$$

반대로 $m\neq 0$인 경우 $\omega_0=\dfrac{2\pi}{T_0}$이므로, 적분 결과는 다음과 같은 과정을 거쳐서 0이 됨을 알 수 있다.

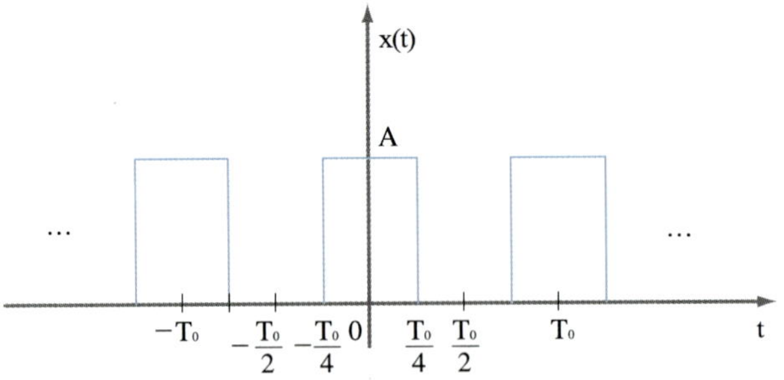

그림 2.2 주기가 T_0인 구형파

$$\int_{-\frac{T_0}{2}}^{\frac{T_0}{2}} e^{jm\omega_0 t} dt = \left. \frac{e^{jm\omega_0 t}}{jm\omega_0} \right|_{-\frac{T_0}{2}}^{\frac{T_0}{2}}$$

$$= \frac{e^{jm \cdot \frac{2\pi}{T_0} \cdot \frac{T_0}{2}} - e^{-jm \cdot \frac{2\pi}{T_0} \cdot \frac{T_0}{2}}}{jm\omega_0} \tag{2.11}$$

$$= \frac{e^{jm\pi} - e^{-jm\pi}}{jm\omega_0} = 0$$

따라서 식 (2.9)의 적분은 다음과 같이 표현된다.

$$\int_{-\frac{T_0}{2}}^{\frac{T_0}{2}} c_k e^{j(k-n)\omega_0 t} dt = \begin{cases} c_n T_0, & k = n \\ 0, & k \neq n \end{cases} \tag{2.12}$$

결국 식 (2.8)의 우변은 $k=n$인 경우에만 어떤 값 $c_n T_0$가 남고, 그 외의 경우에는 모두 0이 되므로 다음의 결과를 얻을 수 있다.

$$\int_{-\frac{T_0}{2}}^{\frac{T_0}{2}} x(t) e^{-jn\omega_0 t} dt = c_n T_0 \tag{2.13}$$

우리의 목표는 어떤 주기함수 $x(t)$가 주어졌을 때 이를 사인파들의 합으로 표현하고자 하는 것이며 이를 위해서는 n번째 주파수를 갖는 사인파들의 계수 c_n을 구하는 것이다. 식 (2.13)을 활용하면 다음과 같이 c_n을 구할 수 있다.

$$c_n = \frac{1}{T_0} \int_{-\frac{T_0}{2}}^{\frac{T_0}{2}} x(t) e^{-jn\omega_0 t} dt \tag{2.14}$$

위 식은 어떤 주기함수를 사인파의 합들로 분해할 때 사용되는 식이므로 이를 '분해식'이라고 부르며 반대로, 식 (2.4)는 '합성식'이라고 부른다.

구체적인 예로 〈그림 2.2〉의 신호를 사인파의 합으로 분해해서 각 주파수 성분이 어느 정도인가 알아보고, 반대로 사인파들을 더하여 과연 〈그림 2.2〉의 구형파가 얻어지는가 확인해 보자. 우선 식 (2.14)로부터 다음과 같은 관계를 얻을 수 있다.

$$
\begin{aligned}
c_n &= \frac{1}{T_0}\int_{-\frac{T_0}{2}}^{\frac{T_0}{2}} x(t)\, e^{-jn\omega_0 t}dt \\
&= \frac{1}{T_0}\int_{-\frac{T_0}{4}}^{\frac{T_0}{4}} A e^{-jn\omega_0 t}dt \\
&= \frac{A}{-jn\omega_0 T_0}\, e^{-jn\omega_0 t}\Big|_{-\frac{T_0}{4}}^{\frac{T_0}{4}} \\
&= \frac{A}{-j2n\pi}\left(e^{-jn\omega_0\frac{T_0}{4}} - e^{jn\omega_0\frac{T_0}{4}}\right) \\
&= \frac{A}{-j2n\pi}\left(e^{-j\frac{n}{2}\pi} - e^{j\frac{n}{2}\pi}\right)
\end{aligned}
\tag{2.15}
$$

이 결과에 $e^{j\theta} = \cos\theta + j\sin\theta$의 성질을 적용하면 c_n은 다음과 같이 결정된다.

$$
\begin{aligned}
c_n &= \frac{A}{-j2n\pi}\cdot\left(-2j\sin\frac{n}{2}\pi\right) \\
&= \frac{A\sin\frac{n}{2}\pi}{n\pi}
\end{aligned}
\tag{2.16}
$$

일반적으로 c_n은 복소수이지만 이 경우는 원 신호가 우신호이기 때문에 실수가 된다. $n=0$ 에서는 분모항과 분자항이 모두 0이므로 직접적으로 구하기가 쉽지 않기 때문에 로피탈(L'hopital's)의 정리를 사용하면

$$
c_0 = \frac{A}{\pi}\frac{\pi}{2}\cos\frac{n}{2}\pi\Big|_{n=0} = \frac{A}{2}
$$

의 관계를 얻을 수 있다. $A=1$이라 하고 n에 대하여 c_n의 크기를 그린 것이 〈그림 2.3〉이다. 이는 $x(t)$가 사인파들로 분해되었을 때 각 사인파의 크기를 나타내므로

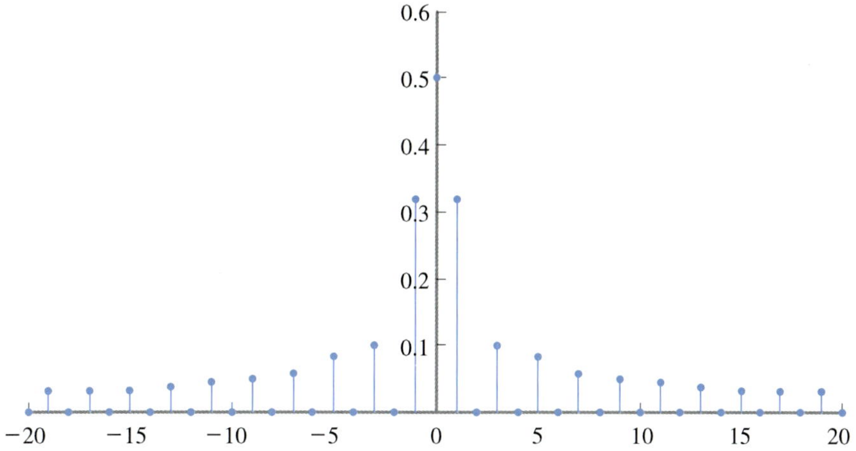

| 그림 2.3 | 구형파의 주파수 스펙트럼

$x(t)$의 주파수 성분이 어떠한가를 나타내는 결과이며 보통 이를 주파수 스펙트럼이라
부른다. 따라서 $A=1$일 때 $x(t)$의 DC 성분은 0.5, 첫째 주파수 성분의 크기는 $\frac{1}{\pi}$, 둘째 주파수 성분의 크기는 0, 셋째는 $\frac{1}{3\pi}$ (위상은 180도) 임을 확인할 수 있다. 식 (2.16)의 결과를 식 (2.3)과 같은 실함수의 형태로 나타내 보자. 우선 (2.16)의 결과로부터 $x(t)$는 다음과 같은 정현파의 합성식으로 나타난다.

$$\begin{aligned} x(t) &= \sum_{n=-\infty}^{\infty} \frac{A \sin \frac{n}{2}\pi}{n\pi} e^{jn\omega_0 t} \\ &= \frac{A}{2} + \sum_{n=1}^{\infty} \left(\frac{A \sin \frac{n}{2}\pi}{n\pi} e^{jn\omega_0 t} + \frac{A \sin \frac{n}{2}\pi}{n\pi} e^{-jn\omega_0 t} \right) \\ &= \frac{A}{2} + \sum_{n=1}^{\infty} \frac{2A \sin \frac{n}{2}\pi}{n\pi} \cos n\omega_0 t \end{aligned} \tag{2.17}$$

실제로 이러한 사인파들을 더하여 원신호가 얻어지는지를 확인해 보기 위하여 식 (2.17)을 3번째 항, 9번째 항, 50번째 항까지 더한 결과를 Matlab을 이용하여 결과를 살펴보고 사인파의 항 수가 많아질수록 점점 더 원신호에 가까워짐을 확인하여 보자.

예제 2.1 푸리에 합성을 통한 주기신호 복원

식 (2.17)에서 $A=1$, $\omega_0=2\pi$인 경우에 대하여 3번째 항, 9번째 항, 50번째 항까지 더한 결과를 Matlab을 사용하여 나타내도록 한다. 그림에서 보는 바와 같이 사인파의 항 수가 많아질수록 물론 점점 더 원신호에 가까워짐을 확인할 수 있다.

Matlab 프로그램 2.1

```
t = -1:0.01:1;
x = zeros(1,length(t));
x = 0.5 + x;
for n = 1:2
  x = x + 2/(n*pi) * sin(0.5*n*pi) * cos(2*n*pi*t);
end
plot(t,x); xlabel('t'); ylabel(' approximation of x(t)');
grid on;

for n = 3:8
  x = x + 2/(n*pi) * sin(0.5*n*pi) * cos(2*n*pi*t);
end
figure
plot(t,x); xlabel('t'); ylabel(' approximation of x(t)');
grid on;
for n = 9:49
  x = x + 2/(n*pi) * sin(0.5*n*pi) * cos(2*n*pi*t);
end
figure
plot(t,x); xlabel('t'); ylabel(' approximation of x(t)');
grid on;
```

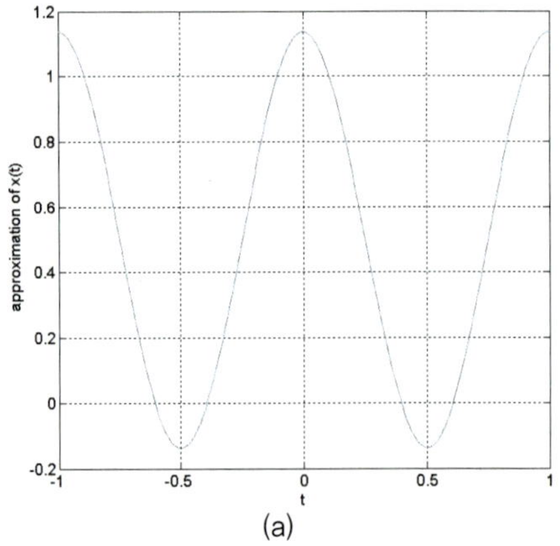

(a)

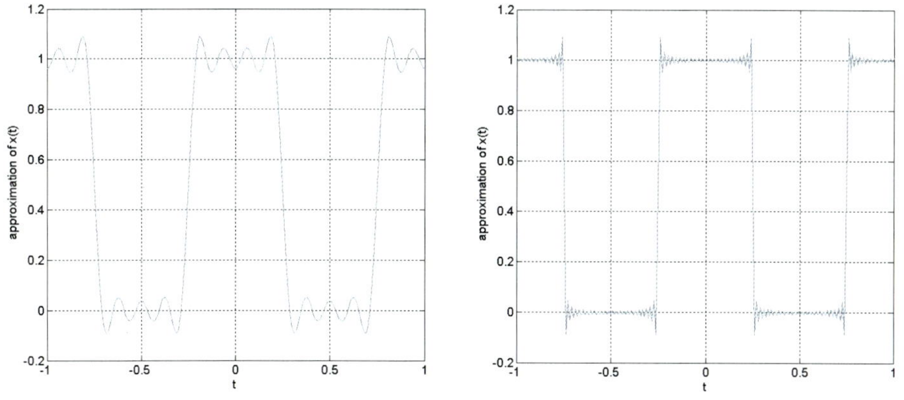

(b) (c)

| 그림 2.4 | 푸리에 합성의 예 (a) 3번째 항, (b) 9번째 항, (c) 50번째 항까지 더하여 합성한 결과

〈그림 2.4〉에서 항수가 매우 많아지더라도 원신호와 똑같아지지는 않고 〈그림 2.4(c)〉에 나타난 것처럼 $x(t)$가 0에서 1로 변하는 곳 또는 그 반대의 곳에서 값이 약간 튀게 된다. 그 이유는 〈그림 2.2〉의 경우 애초에 식 (2.4)의 등식이 성립하지 않기 때문이다. 즉, $x(t)$는 불연속 함수이고 우변의 사인파들의 합은 연속 함수이므로 둘이 결코 같을 수 없다는 것이다. 따라서 불연속 점에서 이러한 현상이 나타난다. 그럼에도 불구하고 연속함수인 경우는 물론 불연속 함수인 경우에도 푸리에 급수를 통하여 그 주파수 성분을 구할 수 있고 근사화된 합성 결과를 얻을 수 있다.

2.3 푸리에 급수의 응용

2.3.1 신호와 시스템의 개념 복습

1장에서 미분방정식의 해를 구하는 방법을 학습한 바 있다. 여기에서는 신호와 시스템의 개념으로 다시 복습을 해 본다. 간단한 예로 〈그림 2.5〉와 같은 RC 필터회로에서 우선 정성적으로 이와 같은 회로가 어떤 역할을 하는가 생각해 보자. 즉, 입력 $v_i(t)$와 출력 $v_o(t)$가 어떠한 관계가 되는가 알아보자. 저항 R은 입력 주파수에 관계없이 그

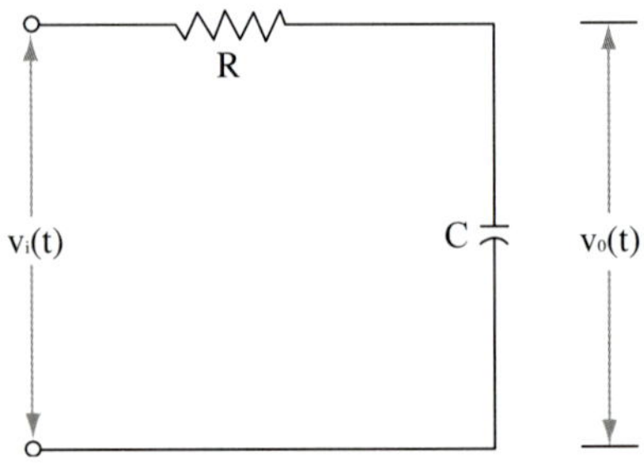

| 그림 2.5 | RC 필터회로

임피던스가 일정하게 R이지만 캐패시턴스의 경우 그 임피던스는 $\frac{1}{j\omega C}$로서 캐피시턴스가 클수록, 주파수가 클수록 그 크기가 작아진다. 따라서 주파수가 커지면 캐패시턴스에 걸리는 전압은 R에 걸리는 전압에 비하여 상대적으로 작아질 것이라는 것을 예상할 수 있다. 극단적으로 입력 주파수가 무한대가 되면 캐패시턴스는 임피던스 0인 닫힌 회로가 되어 여기에 걸리는 전압인 출력 전압은 0이 된다. 반면에 입력이 직류인 경우 캐패시턴스는 열린 회로가 되어 입력 전압 = 출력 전압이 된다. 따라서 〈그림 2.5〉의 회로는 입출력이 이와 같이 설정되었을 때 낮은 주파수 신호는 잘 전달되고 높은 주파수 신호는 크기가 작아지는 저대역 필터(low pass filter)로 작용한다는 것을 알 수 있다. 반대로 출력 전압을 저항에 걸리는 전압으로 한다면 이 회로는 고대역 필터(high pass filter)로 작동한다.

이제 정량적인 분석을 통하여 이를 확인해 보자. 여기서 입력 $v_i(t)$가 주어졌을 때 출력 $v_o(t)$를 구하는 방법은 여러 가지가 있다. 그 중에 가장 기초적인, 공업수학에서 처음에 배우는 미분 방정식으로 우선 풀어 보자. 회로 이론에서 이를 풀기 위한 미분 방정식은 전류를 기준으로 하거나 전하를 기준으로 세울 수 있음을 배웠다.

즉, R에서 흐르는 전류와 C에 흐르는 전류가 같다는 사실로부터 다음 식이 성립한다.

$$\frac{v_i(t) - v_o(t)}{R} = C\frac{dv_o(t)}{dt} \tag{2.18}$$

따라서 위의 식을 정리하면 다음과 같은 미분방정식이 된다.

$$RC\ v_o'(t) + v_o(t) = v_i(t) \tag{2.19}$$

출력 전압의 초기치 $v_o(0) = V_0$라 하고, 입력은 어떤 사인파 $v_i(t) = A\cos\,\omega_0 t$라 하면 출력은 다음과 같이 일반해와 특이해로 나누어 구할 수 있다.

$$v_0(t) = v_h(t) + v_p(t) \tag{2.20}$$

우선 일반해 $v_h(t)$부터 풀어보면, 이는 입력이 없을 때 초기치에 의한 출력을 구하는 것이므로 식 (2.19)에 넣으면 다음과 같은 형태로 된다.

$$\begin{aligned} RC\ v_h'(t) + v_h(t) &= 0 \\ v_h(t) &= c_1 e^{-\frac{1}{RC}t} \end{aligned} \tag{2.21}$$

다음은 특수해를 풀어 보자. 특수해는 초기치는 무시하고 입력에 의한 출력만을 말하는 것인데, 입력이 사인파 형태이고 시스템이 선형시불변 시스템인 것을 알기 때문에 $v_p(t)$가 다음과 같은 형태가 될 것이라는 것을 예측하고 푸는 것이다.

$$v_p(t) = a\cos\omega_0 t + b\sin\omega_0 t \tag{2.22}$$

이를 식 (2.19)에 대입하면

$$RC(-a\,\omega_0\sin\omega_0 t + b\omega_0\cos\omega_0 t) + (a\cos\omega_0 t + b\sin\omega_0 t) = A\cos\omega_0 t \tag{2.23}$$

이를 코사인 항과 사인 항으로 분리하면

$$(a + b\omega_0 RC)\cos\omega_0 t + (b - a\omega_0 RC)\sin\omega_0 t = A\cos\omega_0 t \tag{2.24}$$

이 식이 시간에 관계없이 항상 성립하기 위해서는 코사인 함수의 계수와 사인 함수의 계수가 서로 같아야 한다.

$$\begin{aligned} a + b\omega_0 RC &= A \\ b - a\omega_0 RC &= 0 \end{aligned} \tag{2.25}$$

위 식을 연립하여 풀면 다음과 같이 a와 b를 얻는다.

$$a = \frac{A}{1+\omega_0^2(RC)^2}$$
$$b = \frac{A\omega_0 RC}{1+\omega_0^2(RC)^2} \tag{2.26}$$

이를 다시 식 (2.23)에 넣어서 쓰면 특수해는 다음과 같이 된다.

$$\begin{aligned} v_p(t) &= \frac{A}{1+\omega_0^2(RC)^2}(\cos\omega_0 t + \omega_0 RC\sin\omega_0 t) \\ &= \frac{A}{1+\omega_0^2(RC)^2}\cdot\sqrt{1+\omega_0^2(RC)^2}\cos(\omega_0 t+\varphi) \\ &= \frac{A}{\sqrt{1+\omega_0^2(RC)^2}}\cos(\omega_0 t+\varphi) \\ \varphi &= -\tan^{-1}\omega_0 RC \end{aligned} \tag{2.27}$$

그 결과 완전해는 식 (2.21)과 식 (2.28)으로부터

$$v_0(t) = c_1 e^{-\frac{1}{RC}t} + \frac{A}{\sqrt{1+\omega_0^2R^2C^2}}\cos(\omega_0 t+\varphi) \tag{2.28}$$

로 구할 수 있다. 그리고 $v_o(t)$의 초기조건 $v_o(0) = V_0$ 임을 이용하면 결국 이 시스템에서 출력은 다음과 같다.

$$v_0(t) = \left(V_0 - \frac{A}{1+\omega_0^2(RC)^2}\right)e^{-\frac{1}{RC}t} + \frac{A}{\sqrt{1+\omega_0^2R^2C^2}}\cos(\omega_0 t+\varphi) \tag{2.29}$$

여기서 첫 번째 항은 시간이 감에 따라 0이 되고 캐패시턴스의 초기 전압이 0인 경우에는 나타나지 않는 항이다. 따라서 입력이 인가된 후 충분한 시간이 흐른 뒤의 출력 전압인 정상 상태(steady state)의 해는 둘째 항만이 남은 다음 식이 된다.

$$v_0(t) = \frac{A}{\sqrt{1+\omega_0^2 R^2 C^2}} \cos(\omega_0 t + \varphi)$$
$$\varphi = -\tan^{-1}\omega_0 RC \tag{2.30}$$

여기서 입력과 출력의 관계를 살펴보면, 입력이 〈그림 2.5〉와 같은 RC 회로를 통과하면서, 물론 주파수는 변하지 않았고, 크기와 위상이 바뀐다는 것을 알 수 있다. 그리고 그 크기와 위상이 입력 주파수와 밀접한 관계가 있다.

입력 주파수가 크면 클수록 출력의 크기는 작아지는 것을 알 수 있으므로 회로가 저대역 필터 역할을 함을 알 수 있다. 따라서 우리가 처음에 정성적으로 예측했던 바와 일치한다.

2.3.2 푸리에 급수의 응용

앞에서 미분 방정식을 이용하여 어떤 시스템의 입출력 관계를 알아 보았다. 이제 신호-시스템 측면에서 주파수 전달함수를 이용하여 시스템을 분석해보자. 우선 〈그림 2.5〉의 RC 회로의 전달함수는 다음과 같다.

$$H(j\omega) = \frac{\frac{1}{j\omega C}}{R + \frac{1}{j\omega C}} = \frac{1}{1 + j\omega RC} \tag{2.31}$$

따라서 이의 크기와 위상 응답은 각각 다음과 같고 주파수에 따른 그래프로 나타내면 〈그림 2.6〉과 같다.

$$|H(j\omega)| = \frac{1}{\sqrt{1+\omega^2(RC)^2}} \tag{2.32}$$

$$\angle H(j\omega) = -\tan^{-1}\omega RC \tag{2.33}$$

이로부터 〈그림 2.5〉의 RC 회로는 저대역 통과 필터임을 다시 확인할 수 있다. 그리고 식 (2.32), (2.33)의 주파수 응답으로부터 입력이 사인파 $A\cos\omega_0 t$일 때 그 출력이

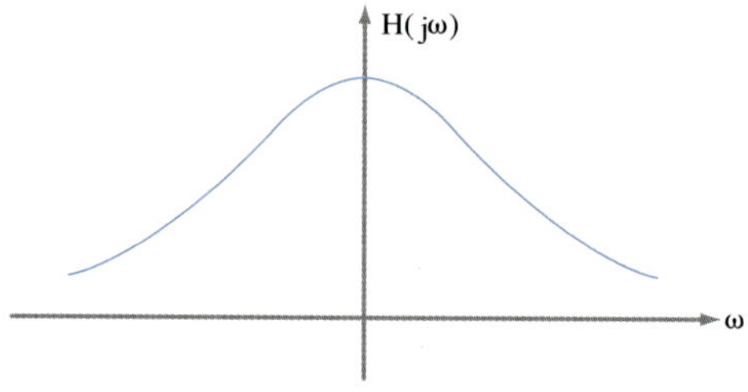

(a) 크기 응답

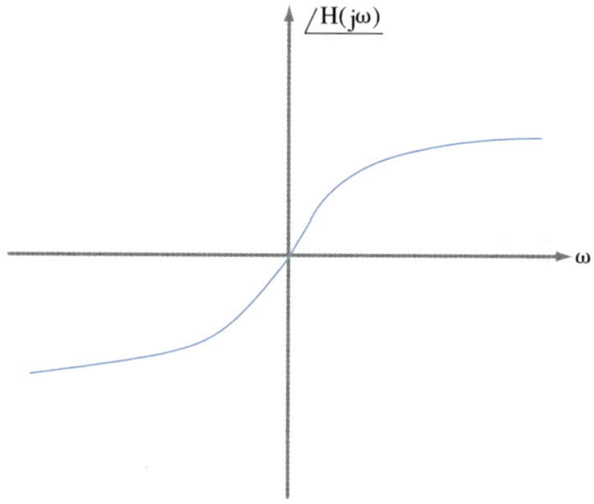

(b) 위상 응답

| 그림 2.6 | RC 회로의 주파수 응답

식 (2.30)과 같음을 쉽게 알 수 있다. 물론 이와 같은 전달함수에 의한 해석은 정상상태의 해만 구할 수 있다. 결국 전달함수로 입력 사인파에 대한 출력을 구하는 것이 미분 방정식을 풀어서 구하는 것보다 간단하고 그 의미도 잘 전달됨을 알 수 있다.

이와 같이 시스템을 주파수 영역에서 해석하면 더 간편한 경우가 많이 있는데 이러한 이유로 입출력 또한 정현파들로 분해하는 푸리에 급수, 푸리에 변환이 신호와 시스템을 이해하고 해석하는데 많은 도움이 된다. 한 예로 〈그림 2.5〉와 같은 필터에 〈그림 2.2〉와 같은 구형파가 들어갔을 때 출력을 어떻게 구할 것인가 생각해 보자.

미분 방정식을 이용하고자 하면 입력을 스텝 함수들의 합과 차로 나타내어 출력을 구하거나 라플라스 변환을 이용하면 될 것이다. 그러나 앞에서 학습한 푸리에 급수를 이용하면 더 간단해진다. 즉, 〈그림 2.2〉와 같은 구형파는 식 (2.17)과 같은 정현파들의 합이 된다. 〈그림 2.5〉의 RC 회로는 선형시불변 시스템이므로 입력이 이러한 정현파들의 합일 때 출력은 각각의 정현파에 대한 RC 회로의 출력의 총합이 된다. 우선 식 (2.17)에서 직류 성분은 그대로 통과된다. 그리고 입력의 n번째 항인 다음 정현파에 대해 다음의 결과를 얻는다.

$$\frac{2A\sin\frac{n}{2}\pi}{n\pi}\cos n\omega_0 t \tag{2.34}$$

식 (2.32), (2.33)에 따라 출력은 다음과 같게 된다.

$$\begin{aligned}&\frac{1}{\sqrt{1+(n\omega_0)^2(RC)^2}}\cdot\frac{2A\sin\frac{n}{2}\pi}{n\pi}\cos(n\omega_0 t+\varphi)\\ &\varphi = -\tan^{-1}(n\omega_0)RC\end{aligned} \tag{2.35}$$

따라서 구형파 입력에 대한 RC 필터회로의 출력은 다음과 같다.

$$v_0(t) = \frac{A}{2}+\sum_{n=1}^{\infty}\frac{1}{\sqrt{1+(n\omega_0)^2(RC)^2}}\cdot\frac{2A\sin\frac{n}{2}\pi}{n\pi}\cos(n\omega_0 t+\varphi) \tag{2.36}$$

결국, 입력의 푸리에 급수를 알고 있으면 출력의 푸리에 급수를 쉽게 알 수 있다.

예제 2.2 푸리에 급수의 응용

〈그림 2.5〉의 RC 필터회로에서 $R=1$, $C=0.1$, $\omega_0=2\pi$인 경우에 다음과 같은 입력이 주어질 때 정상상태의 응답을 Matlab을 사용하여 나타내도록 한다.

$$x(t) = 1+\cos 2\pi t+\cos 10\pi t$$

RC 회로는 선형시불변 시스템이므로 입력이 이러한 사인파들의 합일 때 출력은 각각의 사인파에 대한 RC 회로의 출력의 총합이 되므로 식 (2.36)으로부터 다음과 같은 정상상태의 응답을 얻는다.

$$y_{ss}(t)=1+\frac{1}{\sqrt{1+(0.2\pi)^2}}\cos(2\pi t-0.561)+\frac{1}{\sqrt{1+\pi^2}}\cos(10\pi t-1.2626)$$

직류성분은 크기와 위상이 변동 없이 그대로 나타남을 알 수 있고 주파수가 커질수록 크기가 많이 감소되고 위상도 많이 뒤짐을 알 수 있고 〈그림 2.7〉에서도 확인할 수 있다.

Matlab 프로그램 2.2

```
t = -1:0.01:1;
x = zeros(1,length(t));
x = 1 + cos(2*pi*t) + cos(10*pi*t);
y = 1 + 1/sqrt(1+(0.2*pi)^2) * cos(2*pi*t-0.561) + 1/sqrt(1+(pi)^2) *
    cos(10*pi*t-1.2626);

plot(t,x); xlabel('t'); ylabel(' x(t)');
grid on;

figure
plot(t,y); xlabel('t'); ylabel(' y(t)');
grid on;
```

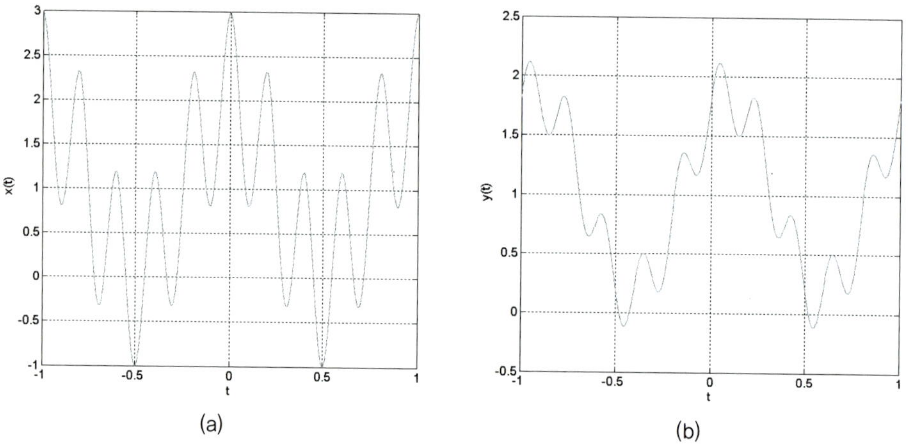

(a) (b)

그림 2.7 RC 필터회로에서 정상상태 출력 (a) 입력신호, (b) 정상상태 출력

2.4 푸리에 급수의 해석

2.4.1 직교벡터들을 이용한 벡터의 분해

앞의 예제를 통하여 푸리에 급수에 대한 개념이 잘 전달되었으리라 기대하지만, 이의 더 확실한 이해와 뒤에서 다룰 이산시간 푸리에 변환에 대한 기초를 위하여 직교함수 개념을 통한 푸리에 급수 전개를 해석해 보자. 이를 위하여 우선 선형대수나 고교수학에서 다루었던 벡터의 분해에 대하여 생각해 보자.

〈그림 2.8〉은 2차원 평면에서 어떤 벡터를 표시하고 있다. 벡터는 잘 아는 바와 같이 방향과 크기를 갖고 있는 것으로서 그림은 기준점을 원점으로 하여 그린 것이다. 일반적으로 2차원 평면에서의 벡터는 직교하는 x축과 y축을 기준으로 이의 원점에 벡터의 시작점을 놓아 x방향으로의 성분, y방향으로의 성분으로 표시한다. 즉, 〈그림 2.8〉의 벡터 $\vec{a}$는 (3,5)로 표시하는 것이 일반적이다.[2] 바꾸어 말하면 (3,5)라는 벡터는 x성분이 3, y성분이 5라는 것이며 잘 아는 바와 같이 이는 두 개의 기본 직교 벡터 $\vec{e_1}=(1,0)^T$와 $\vec{e_2}=(0,1)^T$을 정의하여 $\vec{a}=3\vec{e_1}+5\vec{e_2}$와 같이 표시할 수 있다. 이는 벡터 $\vec{a}$는 $\vec{e_1}$성분과 $\vec{e_2}$성분으로 분해되며 각각의 성분이 3과 5인 벡터라고 할 수 있다. 반대로 $\vec{e_1}$성분 3, $\vec{e_2}$성분 5인 벡터를 더하여 $\vec{a}$를 합성할 수 있음을 뜻한다. 물론 $\vec{e_1}$과 $\vec{e_2}$가 직교하지 않고 단지 서로 독립이기만 해도 $\vec{a}$를 $\vec{e_1}$성분과 $\vec{e_2}$성분으로 나눌 수 있다(평행사변형을 생각하면 된다.) 그러나 일반적인 n차원의 벡터에서 각 기

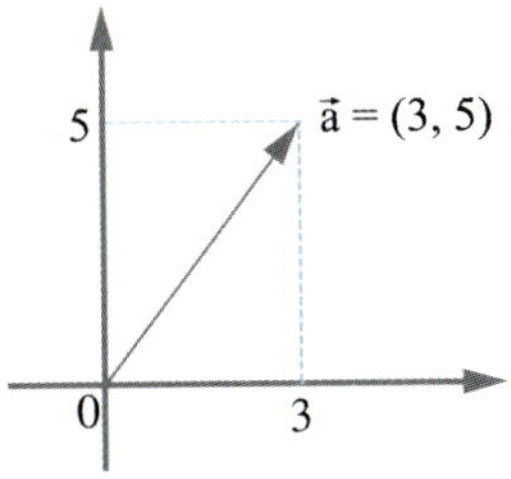

그림 2.8 평면에서의 벡터

2) 1장에서는 벡터를 굵은체로 표기하였는데, 위에 화살표(→)를 사용한 것도 같은 의미로 사용된다.

본 벡터가 서로 직교인 경우 배타적인 의미를 부여할 수 있고 각 성분의 계산도 간편하게 된다.

도형이나 일반 벡터를 다룰 때에는 위에서 본 바와 같이 기본 벡터들을 각 축 방향으로 잡는 것이 일반적이다. 예를 들어 3차원 공간상에서의 기본 벡터는 (1, 0, 0), (0, 1, 0), (0, 0, 1)을 사용하고 2차원 평면에서는 위와 같이 (1, 0), (0, 1)을 사용한다. 여기서는 2차원 평면에서 기본 벡터를 $\overrightarrow{e'}_1 = \frac{1}{\sqrt{2}}(1,1)$ 과 $\overrightarrow{e'}_2 = \frac{1}{\sqrt{2}}(1,-1)$로 잡아보자. 이 두 벡터는 크기를 1로 정규화한 것이고 서로 직교하는 벡터이다. 따라서 위에서의 벡터 $\vec{a}$를 각 기본벡터로 분해하면 $\overrightarrow{e'}_1$성분은 두 벡터의 내적인 $4\sqrt{2}$이고 $\overrightarrow{e'}_2$성분은 $-\sqrt{2}$가 된다. 바꾸어 말하면 벡터 $\vec{a}$는 다음과 같이 합성된다.

$$\vec{a} = 4\sqrt{2}\,\overrightarrow{e_1} - \sqrt{2}\,\overrightarrow{e_2} \tag{2.37}$$

이의 물리적인 의미를 찾자면, 벡터 $\vec{a}$는 어떤 수열(디지털 신호) 에서 두 개를 묶은 벡터이고 이의 DC 성분 (1,1)과 AC 성분 (1, −1)이 각각 $4\sqrt{2}$와 $-\sqrt{2}$라는 것이다. 마찬가지로 어떤 수열 $\{x_n\}$을 4개씩 묶어서 각 블록의 주파수 성분을 찾기 위해서는 4차원 공간에서 서로 직교이면서 주파수 의미를 갖는 4개의 기본 벡터를 정의해야 한다. 4개의 기본 벡터를 $\overrightarrow{e_0}, \overrightarrow{e_1}, \overrightarrow{e_2}, \overrightarrow{e_3}$라 하면 2차원의 경우와 마찬가지로 4차원 공간에서의 임의의 벡터 $\vec{x} = (x_0, x_1, x_2, x_3)^T$를 다음과 같이 표현할 수 있다.

$$\vec{x} = \langle \vec{x}, \overrightarrow{e_0} \rangle \overrightarrow{e_0} + \langle \vec{x}, \overrightarrow{e_1} \rangle \overrightarrow{e_1} + \langle \vec{x}, \overrightarrow{e_2} \rangle \overrightarrow{e_2} + \langle \vec{x}, \overrightarrow{e_3} \rangle \overrightarrow{e_3} \tag{2.38}$$

여기서 $\langle \vec{x}, \vec{y} \rangle = \vec{x}^{\top}\vec{y}$는 $\vec{x}$와 $\vec{y}$의 내적을 나타낸다. 일반적으로 입력 수열을 N개씩 묶어 이를 $N\times 1$의 벡터로 보고 N차원 공간에서 정의된 직교벡터 $\overrightarrow{e_k}$, $k=0, \cdots, N-1$들로 표현하는 식은 다음과 같다.

$$\vec{x} = \sum_{k=0}^{N-1} \langle \vec{x}, \overrightarrow{e_k} \rangle \overrightarrow{e_k} \tag{2.39}$$

N차원 공간에서 정확한 주파수 의미를 갖는 N개의 단위 벡터는 복소평면 상에서 찾아야 하는데, 이에 대한 자세한 설명은 5장의 이산 푸리에 변환에서 설명하기로 한

다($\vec{e_k}$가 k번째 주파수 성분을 나타내는 기본 벡터라고 하면 $\langle \vec{x}, \vec{e_k} \rangle$가 $\vec{x}$의 k번째 주파수 성분이 되며 이를 푸리에 계수라 한다).

2.4.2 직교함수들을 이용한 주기함수의 분해

위에서 다룬 벡터의 기본 직교벡터들로의 분해와 마찬가지로, 주어진 함수를 직교함수들로 분해하고 다시 합성하는 것이 가능하다. 즉, 물리적인 의미가 있는 직교함수들을 찾으면, 주어진 주기함수 $x(t)$와 각 직교함수들의 내적이 $x(t)$의 각 직교함수 성분이 되고 반대로 내적 결과와 직교함수를 곱하여 모두 더함으로써 원함수 $x(t)$를 합성할 수 있다. 우선 $x(t)$의 주기를 T라 하자. 즉, $x(t)=x(t+T)$가 모든 t에 대하여 성립할 때, 구간 $[0, T]$에서 직교하는 함수들의 집합을 $e_k(t), k=-\infty, \cdots, \infty$라 하면 앞의 벡터의 예에서와 같이 함수 $x(t)$를 다음과 같이 표현할 수 있다.

$$x(t) = \sum_{k=-\infty}^{\infty} \langle x(t), e_k(t) \rangle \, e_k(t) \tag{2.40}$$

앞의 벡터의 예에서와 다른 점은 벡터의 경우에 N차원 공간에서 서로 직교하는 벡터들이 최대 N개가 있으나, 연속함수의 경우에는 서로 직교하는 함수가 무한히 많다는 점이다. 따라서 합의 구간이 무한대까지이다. 그리고, 벡터의 경우 두 벡터의 내적은 각 원소의 곱의 합인데, 함수의 경우 두 함수의 내적은 주어진 구간에서 두 함수의 곱의 적분이다. 구체적으로 두 주기함수의 내적은 다음과 같이 정의된다.

$$\langle x(t), y(t) \rangle = \frac{1}{T} \int_0^T x(t) y^*(t) dt \tag{2.41}$$

한 주기 내에서 직교함수의 집합은 여러 가지가 있겠으나, 여기서 $e_k(t)$를 $e^{jk\omega_0 t}$, $\omega_0 = 2\pi/T$로 하자. 즉, 직교함수의 집합을 $\{e^{jk\omega_0 t}, k=-\infty, \cdots, \infty\}$라고 하면 식 (2.40)은 다음과 같이 된다(문제 7 참조).

$$x(t) = \sum_{k=-\infty}^{\infty} \langle x(t), e^{jk\omega_0 t} \rangle \, e^{jk\omega_0 t} \tag{2.42}$$

이를 2.2절의 식 (2.4)와 비교하면, 푸리에 계수 c_k는 결국 함수 $x(t)$를 기본함수 $e^{jk\omega_0 t}$와 내적한 성분을 나타내고 이 성분들을 다시 기본함수와 곱하여 모든 성분들을 합함으로써 원함수를 구할 수 있음을 나타낸다. 즉, 푸리에 계수와 앞으로 학습할 이산 푸리에 변환은 변환할 변수 영역에서 어떤 기본적이고 물리적인 의미를 갖는 직교함수들과 주어진 시간영역에서의 함수의 내적을 의미하는 것이다. 즉, 주어진 기본 직교함수 방향의 성분이 푸리에 계수라 할 수 있다. 정리하면, 식 (2.42)는 $x(t)$를 직교함수들로 분해, 합성하는 식이고, 각 직교함수 성분 $\langle x(t), e^{jk\omega_0 t}\rangle$가 식 (2.4)의 푸리에 계수 c_k에 해당한다. 그리고 이는 주파수 $k\omega_0$의 성분을 나타내며, 식 (2.42)의 정의에 따라 다음과 같이 식 (2.14)와 일치한다.

$$c_k = \langle x(t), e^{jk\omega_0 t}\rangle = \frac{1}{T}\int_0^T x(t)\, e^{-jk\omega_0 t}\, dt \tag{2.43}$$

물론 여기서도, $[0, T]$ 구간뿐만 아니라 한 주기 내에서 각 함수들이 직교하므로 적분 구간은 어느 시간부터이든 한 주기에서 적분하면 된다. 예를 들어 적분구간을 $[-T/2, T/2]$로 해도 결과는 같다.

정리하면 시간을 변수로 하는 함수를 주파수 의미를 갖는 직교함수들로 분해할 수 있고 (식 2.42), 각 기본 직교함수의 성분은 원함수와의 내적으로 구할 수 있다 (식 2.43). 이 성분이 그 직교함수의 주파수에 해당하는 성분이며 이를 푸리에 계수라 한다. 결국 시간영역의 함수를 다른 영역으로 옮기는 변환은 이와 같이 직교함수를 이용하여 해석, 구현할 수 있다.

2.5 푸리에 급수의 성질과 응용

2.5.1 푸리에 급수의 성질

푸리에 급수 표현으로부터 몇 가지 유용한 성질을 유도할 수 있다. 즉, 주어진 신호의 스펙트럼을 구할 때 이 성질들을 이용하여 그 계산을 쉽게 할 수 있고 물리적인 의미도 더 쉽게 파악할 수 있다. 여기서는 몇 가지 주요 성질들을 나열하고 이에 대한 증명은 연습문제로 각자 풀어보기로 한다.

가. 선형성(Linearity)

주기가 T인 함수, $x(t), y(t)$에 대하여, $x(t)$의 푸리에 계수가 a_k이고 $y(t)$의 푸리에 계수를 b_k라 하자. 그리고 이를 다음과 같이 표현하자.

$$x(t) \leftrightarrow a_k \tag{2.44}$$

$$y(t) \leftrightarrow b_k \tag{2.45}$$

즉, $x(t) = \sum_{n=-\infty}^{\infty} a_k e^{jkw_o t}$ 를 위와 같이 표현한다. 그러면 임의의 상수 A, B에 대하여 다음이 성립한다.

$$Ax(t) + By(t) \leftrightarrow Aa_k + Bb_k \tag{2.46}$$

즉, 푸리에 급수는 선형 연산이다.

나. 시간 이동

시간 영역에서 이동은 당연히 주파수 영역에서 위상 변화(그래프의 좌우 이동)로 나타난다.

$$x(t - t_0) \leftrightarrow e^{-jkw_o t_o} a_k \tag{2.47}$$

다. 곱셈의 성질

시간 영역에서 두 주기함수의 곱의 푸리에 계수는 각각의 푸리에 계수의 컨벌루션이 된다.

$$x(t)y(t) \leftrightarrow \sum_{l=-\infty}^{\infty} a_l b_{k-l} \tag{2.48}$$

라. Parseval의 관계

시간 영역에서 신호의 파워가 주파수 영역에서의 파워와 같다. 이는 직교함수(벡터)로 원 함수(벡터)를 분해하면 당연히 나타나는 성질이다. 예를 들어 〈그림 2.8〉에서 $\vec{a}$의 크기의 제곱 $|\vec{a}|^2$은 3^2+5^2(각 성분의 제곱의 합)이다. 즉, 푸리에 계수의 경우 다음 식이 성립한다.

$$\frac{1}{T}\int_0^T |x(t)|^2\,dt = \sum_{k=-\infty}^{\infty} |a_k|^2 \tag{2.49}$$

마. 미분

$$x(t) \leftrightarrow a_k \tag{2.50}$$

$$\frac{dx(t)}{dt} \leftrightarrow jk\omega_o a_k \tag{2.51}$$

2.5.2 푸리에 급수의 응용

위의 성질들을 이용하면 직접 푸리에 계수를 구하는 것보다 간단한 계산으로 계수를 구할 수 있는 경우들이 있다. 예를 들어, 〈그림 2.9〉의 구형파의 푸리에 급수를 구하기 위해서는 직접적인 계산을 이용하는 것보다는 〈그림 2.2〉의 결과를 이용하는 것이 간편하다.

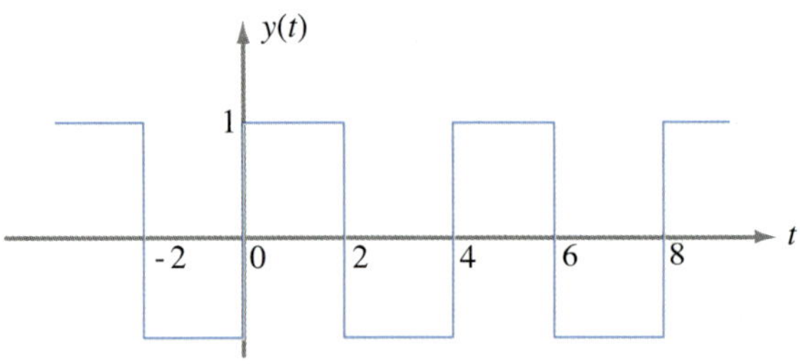

❙그림 2.9❙ 주기가 4인 구형파

예제 2.3 푸리에 급수의 시간이동 성질 응용

〈그림 2.2〉에서 $A=2$, $T_o=4$로 한 신호를 $x(t)$라고 하면 〈그림 2.9〉의 $y(t)$는 $x(t-1)-1$이며 앞에서의 시간이동 성질을 이용하면 $y(t)$의 푸리에 급수를 쉽게 구할 수 있다. 즉, 식 (2.16)으로부터 $x(t)$의 푸리에 계수는

$$c_k = \begin{cases} \dfrac{2\sin\dfrac{k}{2}\pi}{k\pi} & k \neq 0 \\ 1 & k = 0 \end{cases}$$

이다. 따라서 $x(t-1)-1$의 푸리에 계수는 다음 식과 같다.

$$a_k = \begin{cases} e^{-jk\frac{\pi}{2}} \dfrac{2\sin\dfrac{k}{2}\pi}{k\pi} & k \neq 0 \\ 0 & k = 0 \end{cases}$$

■

예제 2.4 푸리에 급수의 미분 성질 응용

〈그림 2.10〉의 푸리에 계수를 구해보자. 물론 다음 식으로 직접 구할 수도 있다.

$$a_k = \frac{1}{4}\left[\int_{-2}^{0}(-t)e^{-jk\omega_o t}dt + \int_{0}^{2}(t)e^{-jk\omega_o t}dt\right]$$

그러나 이 방법보다는 〈그림 2.9〉와의 관계를 이용하는 것이 간단하다. 즉, $y(t) = \dfrac{dg(t)}{dt}$ 이므로 $g(t)$의 푸리에 계수 a_k와 $y(t)$의 푸리에 계수 c_k는 다음과 같은 관계를 갖는다.

$$c_k = jkw_o a_k$$

따라서 $a_k = \dfrac{c_k}{jkw_o}$ 이므로 푸리에 계수는 다음 식과 같다.

$$a_k = \begin{cases} e^{-jk\frac{\pi}{2}} \dfrac{4\sin\dfrac{k}{2}\pi}{j(k\pi)^2}, & k \neq 0 \\ 1, & k = 0 \end{cases}$$

■

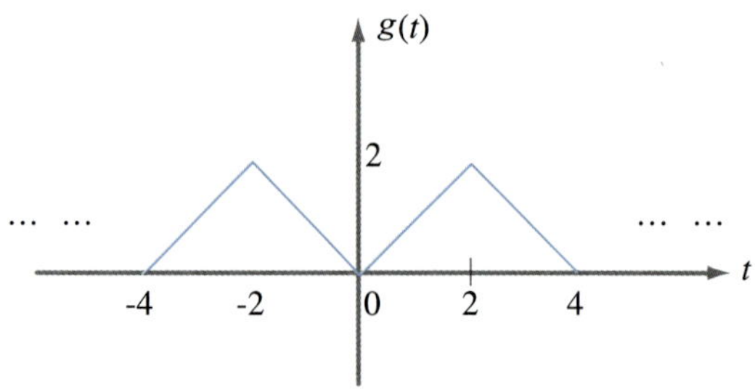

그림 2.10 주기가 4인 삼각파

2.6 이산시간 주기 신호의 푸리에 급수

이산시간 주기 신호의 주파수 표현도 2.4절에서와 같이 벡터공간에서 직교벡터들을 이용하여 해석할 수 있다. 그러나 이 방법은 뒤에 8장에서 이산 푸리에 변환을 설명할 때 자세히 살펴보기로 하고, 여기서는 2.2절에서와 같은 방법으로 푸리에 계수를 구해 본다.

다음과 같은 이산시간에서의 주기 함수의 주파수 표현을 생각해 보자.

$$x[n] = x[n+N] \tag{2.52}$$

앞의 연속시간 신호에서 주기 T인 연속시간 신호는 다음과 같이 정현파들의 합으로 표현됨을 확인하였다.

$$x(t) = \sum_{k=-\infty}^{\infty} a_k e^{jk\frac{2\pi}{T}t} \tag{2.53}$$

여기서 a_k가 푸리에 급수로서 각 주파수 성분의 크기와 위상을 나타낸다. 위 식의 양변에 $e^{-n\frac{2\pi}{T}t}$를 곱하고 한 주기에서 적분함으로써 다음과 같이 a_k를 구할 수 있었다.

$$a_k = \frac{1}{T}\int_{-\frac{T}{2}}^{\frac{T}{2}} x(t)e^{-jk\frac{2\pi}{T}t}dt \tag{2.54}$$

이산시간 신호에서 n이 시간은 아니지만 특별히 샘플링 간격이 1초이거나 어떤 샘플링 간격이 곱해진 것이 생략된 것으로 보는 경우에는 시간으로 볼 수도 있다. 이렇게 n을 시간으로 생각한다면 식 (2.52)의 주기가 N인 신호는 위의 식 (2.53)과 같이 어떤 사인파들의 합으로 나타낼 수 있다. 즉, 다음과 같은 식으로 $x[n]$을 나타낼 수 있다.

$$x[n] = \sum_{k=-\infty}^{\infty} X[k]e^{j\frac{2\pi}{N}kn} \tag{2.55}$$

예를 들어 주기가 10샘플이면 $1, e^{\pm j\frac{2\pi}{10}}, e^{\pm j\frac{4\pi}{10}}, e^{\pm j\frac{6\pi}{10}}, \cdots$과 같은 사인파들의 합으로 주기함수를 합성할 수 있다. 그러나 이산 신호가 식 (2.53)과 같은 연속시간 신호의 경우와 다른 점이 한 가지 있다. 위의 사인파는 모두 이산시간 신호이므로 주기가 0부터 2π까지만 의미가 있다는 것이다. 즉, $e^{j\frac{2\pi}{N}k}$는 $e^{j\frac{2\pi}{N}(k+rN)}$와 같으므로 식 (2.55)에서 합산 구간 $[-\infty, \infty]$는 의미가 없고 $[0, N-1]$까지만 의미가 있다. 결국 식 (2.55)는 다음과 같이 쓰는 것이 합당하다.

$$x[n] = \sum_{k=0}^{N-1} X[k]\, e^{j\frac{2\pi}{N}kn} \tag{2.56}$$

결국 이산시간 주기 신호의 경우 주기가 N일 때 DC성분과 $e^{j\frac{2\pi}{N}}, e^{j\frac{2\pi}{N}\cdot 2}, \cdots, e^{j\frac{2\pi}{N}\cdot(N-1)}$의 정현파들로 합성이 가능하다. 8장에서 다시 자세히 설명이 되겠지만, $x[n]$은 N개의 원소를 갖는 $N\times1$ 벡터로 볼 수 있고 따라서 N개의 직교 벡터인 $e^{j\frac{2\pi}{N}kn}$ $(k=0, \cdots, N-1)$로 $x[n]$을 분해, 합성할 수 있는 것이다.

$x[n]$으로부터 푸리에 계수를 구해 보자. 방법은 연속시간 신호의 경우와 비슷하다.

위 식 (2.56)의 양변에 우선 $e^{-j\frac{2\pi}{N}rn}$을 곱한다.

$$x[n]e^{-j\frac{2\pi}{N}rn} = \sum_{k=0}^{N-1} X[k]e^{j\frac{2\pi}{N}kn}e^{-j\frac{2\pi}{N}rn} \tag{2.57}$$

연속시간 주기함수의 경우에 이 식을 한 주기에서 적분하였지만 여기서는 이산시간 함수이므로 한 주기에서 다음과 같이 합산을 한다.

$$\begin{aligned}\sum_{n=0}^{N-1} x[n]e^{-j\frac{2\pi}{N}rn} &= \sum_{n=0}^{N-1}\sum_{k=0}^{N-1} X[k]e^{j\frac{2\pi}{N}(k-r)n} \\ &= \sum_{k=0}^{N-1} X[k]\left\{\sum_{n=0}^{N-1} e^{j\frac{2\pi}{N}(k-r)n}\right\}\end{aligned} \tag{2.58}$$

위 식에서 우변의 n에 관한 합은 $k-r$이 0인가 아닌가에 따라 달라진다. 우선 이 값이 0인 경우, 즉, $r=k$인 경우 안의 합은 1을 N번 더하는 것이므로 합은 N이 된다. $k-r$이 0이 아닌 어떤 정수 m인 경우에는 안의 합이 다음과 같이 0이 된다.

$$\sum_{n=0}^{N-1} e^{j\frac{2\pi}{N}mn} = \frac{1-e^{j\frac{2\pi}{N}m\cdot N}}{1-e^{j\frac{2\pi}{N}m}} = 0 \tag{2.59}$$

식 (2.58)에서 우변은 $k=r$인 경우 외에는 모두 0이므로 이 식은 다음과 같이 된다.

$$\sum_{n=0}^{N-1} x[n]e^{-j\frac{2\pi}{N}rn} = NX[r] \tag{2.60}$$

인덱스 r을 k로 바꾸어 다시 쓰면

$$X[k] = \frac{1}{N}\sum_{n=0}^{N-1} x[n]e^{-j\frac{2\pi}{N}kn} \tag{2.61}$$

결국 이 식과 식 (2.56)이 이산시간 신호의 푸리에 급수 짝을 이룬다. 즉, 식 (2.56)이 이산시간 주기신호의 합성식이고 식 (2.61)이 분석식이 된다. 연속시간 신호의 경우와 또 다른 점은 식 (2.61)의 푸리에 급수도 결국 $e^{-j\frac{2\pi}{N}n}$들의 합이므로 주기가 N인 신호가 된다는 것이다.

예제 2.5 이산시간 주기신호의 푸리에 급수

〈그림 2.11〉과 같은 주기가 8인 이산시간 신호의 푸리에 급수를 구해보자.

$$
\begin{aligned}
X[k] &= \frac{1}{8}\sum_{n=0}^{7} x[n]\,e^{-j\frac{2\pi}{8}nk} \\
&= \frac{1}{8}\sum_{n=0}^{3} e^{-j\frac{\pi}{4}nk} \\
&= \frac{1}{8}\cdot\frac{1-e^{-j\frac{\pi}{4}k\cdot 4}}{1-e^{-j\frac{\pi}{4}k}} \\
&= \frac{1}{8}\cdot\frac{e^{-j\frac{\pi}{2}k}\left(e^{j\frac{\pi}{2}k}-e^{-j\frac{\pi}{2}k}\right)}{e^{-j\frac{\pi}{8}k}\left(e^{j\frac{\pi}{8}k}-e^{-j\frac{\pi}{8}k}\right)} \\
&= \frac{1}{8}e^{-j\frac{3\pi}{8}k}\cdot\frac{\sin\frac{k}{2}\pi}{\sin\frac{k}{8}\pi}
\end{aligned}
$$

이의 크기를 k에 따라 Matlab을 이용하여 나타내면 〈그림 2.12〉와 같고 결국 주기가 8인 신호임을 알 수 있다.

Matlab 프로그램 2.3

```
n=0:1:12;
w = [0:1:500]*3*pi/500;
Mag_X=abs(1+exp(-j*w)+exp(-j*2*w)+exp(-j*3*w));
f=zeros(1,length(n));
f=abs(1+exp(-j*2*pi*n/8)+exp(-j*2*2*pi*n/8)+exp(-j*3*2*pi*n/8));
stem(n,f);
hold on
plot(w*12/(3*pi),Mag_X,'--'); xlabel ('n'); ylabel('magnitude');
axis([0,12,-1,5]);
grid on;
```

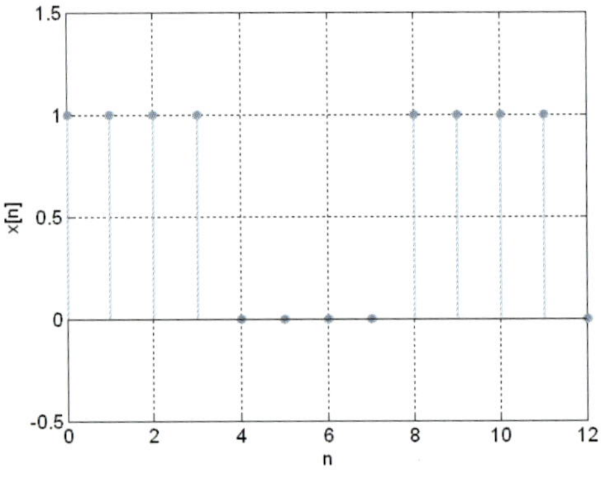

Ⅰ그림 2.11Ⅰ 주기 8인 이산시간 신호

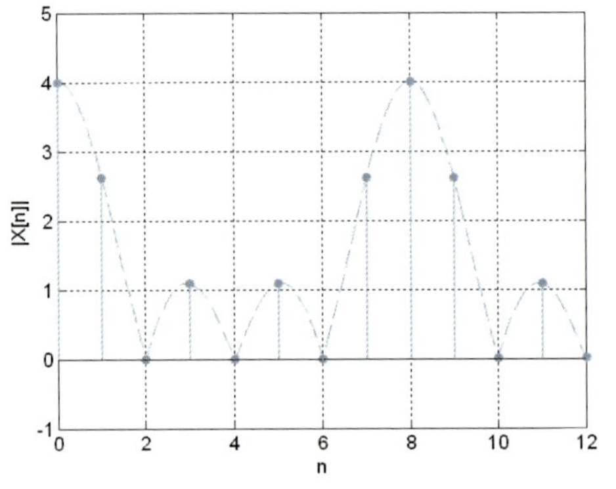

Ⅰ그림 2.12Ⅰ 〈그림 2.11〉의 푸리에 급수의 크기

앞에서 연속시간 주기함수의 경우를 생각해 보면 시간 영역에서 주기함수인 경우 주파수 영역에서의 푸리에 급수는 이산신호의 형태로 나타났다. 주기함수가 아닌 이산시간 신호의 경우 시간 영역에서 이산시간 신호의 푸리에 변환은 주파수 영역에서 연속신호이지만 주기함수이다. 이와 같이 시간영역과 주파수 영역 사이에는 듀얼 관계가 성립한다. 위 결과를 이에 비추어 보면 이산시간 주기함수는 당연히 주파수 영역에서도 이산신호이면서 동시에 주기신호임을 확인할 수 있다.

2.7 요약

이 장에서는 어떤 연속시간 주기함수가 있을 때 이를 연속시간 푸리에 급수와 푸리에 계수로 표현하는 이론적인 부분과 벡터공간, 함수공간 개념을 이용하여 푸리에 급수와 계수의 의미를 해석하는 방법에 대하여 학습하였다. 푸리에 급수의 기본적인 성질과 푸리에 급수의 응용 분야로서 푸리에 급수를 이용하여 신호의 주파수 특성 분석뿐만 아니라 시스템에 어떤 주기함수가 입력되었을 때 그 출력을 구하는 방법에 대하여도 살펴보았다. 이산시간 신호의 경우에도 주기신호는 푸리에 급수와 푸리에 계수 표현이 가능하지만 이는 결국 이산시간 푸리에 변환과 같다.

푸리에 급수와 계수

푸리에 급수(복소함수형태) : $x(t) = \sum_{k=-\infty}^{\infty} c_k e^{jk\omega_0 t}$

푸리에 급수(삼각함수형태) : $$x(t) = c_0 + \sum_{k=1}^{\infty} a_k \cos(k\omega_0 t) + \sum_{k=1}^{\infty} b_k \sin(k\omega_0 t)$$ $$a_k = 2Re[c_k],\quad b_k = -2Im[c_k]$$

푸리에 계수 : $c_n = \frac{1}{T_0}\int_{-\frac{T_0}{2}}^{\frac{T_0}{2}} x(t)\, e^{-jn\omega_0 t}dt$

이산시간 푸리에 급수 : $x[n] = \sum_{k=0}^{N-1} X[k]\, e^{j\frac{2\pi}{N}kn}$

이산시간 푸리에 계수 : $X[k] = \frac{1}{N}\sum_{n=0}^{N-1} x[n]\, e^{-j\frac{2\pi}{N}kn}$

푸리에 급수 응용 : 선형시불변 시스템에 주기입력 $x(t) = \sum_{k=-\infty}^{\infty} c_k e^{jk\omega_0 t}$이 주어지면 시스템(주파수 스펙트럼 $H(j\omega)$)의 정상상태 출력응답은 푸리에 급수를 이용하여 $y_{ss}(t) = \sum_{k=-\infty}^{\infty} c_k e^{jk\omega_0 t}H(jk\omega_0)$로 나타낼 수 있음.

직교함수을 이용한 푸리에 급수 해석 : 직교함수($e^{jkw_0 t}$)를 이용하면 주기함수를 다음과 같은 분해식과 합성식을 나타낼 수 있음.

합성식 : $x(t) = \sum_{k=-\infty}^{\infty} \langle x(t), e^{jk\omega_0 t} \rangle e^{jk\omega_0 t} = \sum_{k=-\infty}^{\infty} c_k e^{jk\omega_0 t}$

분해식 : $c_k = \langle x(t), e^{jk\omega_0 t} \rangle = \frac{1}{T} \int_0^T x(t) e^{-jk\omega_0 t} dt$

푸리에 급수의 성질 : 주어진 주기신호와 푸리에 계수가 $x(t) \leftrightarrow a_k$와 $y(t) \leftrightarrow b_k$로 나타내면 다음과 같은 관계가 성립

선형성 : $Ax(t) + By(t) \leftrightarrow Aa_k + Bb_k$

시간이동 : $x(t - t_0) \leftrightarrow e^{-jkw_0 t_0} a_k$

곱셈의 성질 : $x(t)y(t) \leftrightarrow \sum_{l=-\infty}^{\infty} a_l b_{k-l}$

Parseval 관계 : $\frac{1}{T} \int_0^T |x(t)|^2 dt = \sum_{k=-\infty}^{\infty} |a_k|^2$

함수의 미분 : $\frac{dx(t)}{dt} \leftrightarrow jkw_0 a_k$

연습문제

1. 〈그림 2.2〉의 구형파를 오른쪽으로 $\frac{T_0}{4}$ 만큼 시간이동 시킨 함수 $x\left(t-\frac{T_0}{4}\right)$의 푸리에 계수를 구하고 이 크기를 그린 후 〈그림 2.3〉과 비교하시오.

2. 〈그림 2.13〉과 같이 〈그림 2.2〉의 $\frac{T_0}{4}$ 대신에 $\frac{T_0}{8}$ 까지만 값이 1인 함수를 생각해보자. 〈그림 2.2〉와 비교하여 어느 신호가 더 DC성분이 많으며 상대적인 고주파 성분이 더 많은가? 당연히 〈그림 2.2〉의 DC 성분이 더 크므로 상대적으로 〈그림 2.12〉의 DC성분이 더 작음을 추측할 수 있다.(DC 성분= duty cycle이므로) 이를 푸리에 계수를 구하여 확인해 보자. 즉, 〈그림 2.13〉의 신호를 푸리에 합의 형태로 나타내고 푸리에 계수를 $A=1$, $T_0=1$로 하여 그린 후 〈그림 2.3〉의 결과와 비교해 보시오.

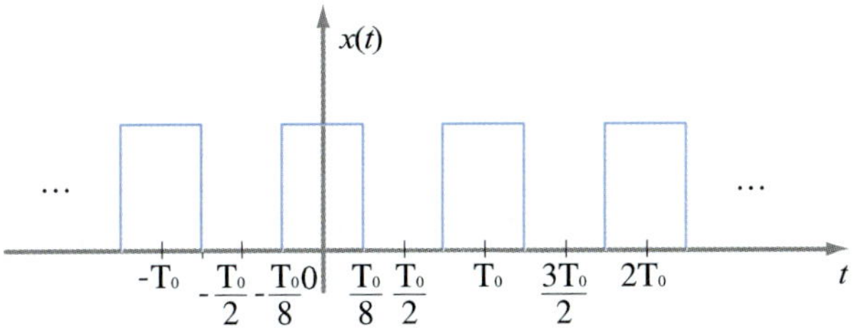

▌그림 2.13▌ 주기가 T_0인 구형파

3. 〈그림 2.14〉와 같은 삼각파의 푸리에 계수를 구하시오. 그리고 푸리에 합으로 나타내었을 때 이를 5번째 항, 10번째 항까지 더한 결과를 원신호와 비교하여 플로팅하는 프로그램을 만드시오.

4. 선형시불변 시스템에서 입력 신호의 주파수와 출력 신호의 주파수가 같다는 것을 증명하시오(힌트: 중첩적분의 정의 사용).

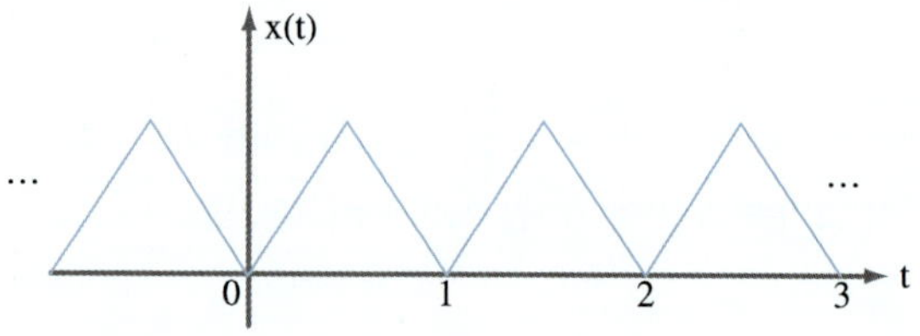

| 그림 2.14 | 주기가 1인 삼각파

5. 〈그림 2.5〉의 회로에서 출력을 저항 R에 걸리는 전압이라 할 때 이 시스템의 전달함수를 구하고 구체적인 RC값을 설정하여 이의 크기와 위상 응답을 그리시오. 그리고 입력 주파수가 ω_0인 사인파가 들어갔을 때 출력을 전달함수를 통하여 구하시오. 또 이를 미분방정식으로 구하여 그 정상상태에서의 결과가 앞의 전달함수를 통하여 구한 결과와 일치하는가 확인하시오.

6. 〈그림 2.14〉와 같은 신호가 〈그림 2.5〉의 RC 필터에 인가되었다. 여기서 출력을 R에 걸리는 전압이라 할 때 이의 정상상태 전압을 푸리에 급수 형태로 구하시오.

7. $\{ e^{jkw_o t}$, k는 정수$\}$가 구간 $\left[0, \dfrac{2\pi}{w_o}\right]$에서 직교함수들의 집합임을 증명하시오.

8. $x(t) = \cos t + \cos\left(2t - \dfrac{\pi}{2}\right)$의 푸리에 계수를 구하시오.

9. $x(t) = \sin(2\pi t - 2\pi) + 2\sin(6\pi t - 6\pi)$의 푸리에 계수를 구하시오.

10. 많은 가전기기에는 60Hz의 교류를 직류로 바꾸어 주는 정류기가 있다. 즉, 가정용 교류 $v_r(t) = A\cos 120\pi t$가 bridge diode 회로에 들어가서 $|v_r(t)|$가 출력되고 이를 RC 필터에 통과시켜 직류를 얻는다.
    (a) 전파정류(full-wave rectification)기의 입출력 $v_r(t)$와 $|v_r(t)|$를 그리시오.
    (b) RC 필터의 출력 중 DC 성분과 첫 번째 주파수 성분의 크기를 구하시오(첫째 성분의 주파수는 60Hz가 아니라 120Hz임에 유의).

(c) 출력으로 DC 성분만 나오는 것이 아니라 위에서 보는 바와 같이 교류 성분도 여전히 남아서 "Humming noise"를 일으킨다. Humming noise를 첫째 주파수 성분의 파워라 할 때 신호대 잡음비가 +20dB가 되는 RC 값을 구하시오(RC 필터의 출력이 $\sum_{k=-\infty}^{\infty} a_k e^{jkw_o t}$일 때 신호대 잡음비를 $10 \log_{10} \dfrac{a_o^2}{4|a_1|^2}$으로 정의한다).

11. 2.5절에서 언급한 푸리에 급수의 다섯 가지 성질(식 (2.46), (2.47), (2.48), (2.49), (2.50))을 증명하시오.

12. $x(t)$가 실함수인 경우 이의 주파수 스펙트럼의 크기는 우함수, 위상은 기함수임을 증명하시오.

13. 실함수이며 우함수 (y 축 대칭)인 경우 푸리에 급수가 실수임을 증명하시오.

14. (a) $\sin^2(t)$의 푸리에 급수를 구하시오.

(b) Parseval 정리를 이용하여 적분 $\dfrac{1}{\pi}\int_0^{\pi} \sin^4(t)dt$을 계산하시오.

15. 다음 신호의 푸리에 계수를 구하고 $x(t)$와 그 스펙트럼의 그림을 그리시오.

$$x(t) = \sum_{n=-\infty}^{\infty} \delta(t - nT)$$

16. RLC 직렬 회로에서 입력 전압을 $x(t)$라 하고 캐패시터에 걸리는 전압을 출력 $y(t)$라 하자. 단 $R = L = C = 1$로 한다.

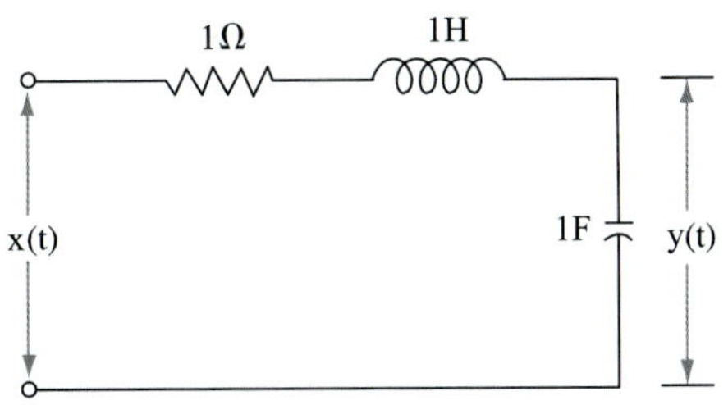

(a) 시스템의 주파수 응답 $H(j\omega)$를 구하시오.

(b) $x(t) = \cos\omega t$일 때 출력 $y(t)$는 $A\cos(wt + \phi)$가 된다. A가 최대가 되는 ω를 구하고 이때 ϕ를 구하시오.

17. 식 (2.61)의 이산시간 푸리에 급수는 입력과 출력을 $N\times 1$벡터로 보았을 때 $N\times N$행렬과 $N\times 1$입력벡터를 곱하여 $N\times 1$출력 벡터를 얻는 것과 같다. $N=2, N=4, N=8$인 경우 각각에 대하여 해당하는 행렬을 구하시오.

18. $x[n] = \cos\frac{\pi}{2}n$은 $[1, 0, -1, 0]$이 계속 반복되는 주기신호이다. 따라서 위의 문제에서 언급된 것처럼 $N=4$인 경우인 4×4행렬과 입력 벡터 $[1, 0, -1, 0]^T$을 곱하여 출력 벡터(푸리에 계수)를 구하시오. 결과를 보고 예상과 같은 가를 생각해 보시오.

19. $x[n] = \cos\frac{\pi}{2}n$은 $\left[1, \frac{1}{\sqrt{2}}, 0, -\frac{1}{\sqrt{2}}, -1, -\frac{1}{\sqrt{2}}, 0, \frac{1}{\sqrt{2}}\right]$이 계속 반복되는 시퀀스이다. 주기 8이므로 문제 15의 8×8행렬과 입력벡터를 곱하여 푸리에 계수를 구하시오. 예상과 같은 결과가 나오는지 확인하고 그 이유를 설명하시오.

20. (a) $[\sqrt{2}-1, 1, -\sqrt{2}-1, -1, -\sqrt{2}-1, 1, \sqrt{2}-1, 3]$과 같은 시퀀스가 주기적으로 반복되는 주기 신호(주기 8)의 푸리에 계수를 구하시오. 참고로, 이 신호는

$$A_0\cos(w_0 n + \theta_0) + A_1\cos(w_1 n + \theta_1)$$

형태의 신호이다(이러한 사실을 알면 결과를 예측할 수 있고 계산 실수를 줄일 수 있다. 그리고 푸리에 변환의 성질을 이용하면 계산시간도 줄일 수 있다).

(b) 위 결과를 보고 입력 신호의 식을

$$A_0\cos(w_0 n + \theta_0) + A_1\cos(w_1 n + \theta_1)$$

의 형태로 재구성하시오.

CHAPTER 03

푸리에 변환

03 푸리에 변환

C·H·A·P·T·E·R

3.1 서론

신호의 해석은 신호의 성질을 파악하거나, 임펄스응답을 통한 선형시불변 시스템의 성질을 파악하는 데에 매우 중요하게 사용된다. 신호를 해석하는 구체적인 방법 중의 하나가 신호의 주파수 성분을 분석하는 일이다. 이것을 통해서 신호에 혼합된 잡음을 추출하여 제거하는 필터링(filtering)을 수행할 수 있고, 주파수 성분의 선택적인 증폭 및 감쇄를 통해서 등화(equalization)를 수행할 수 있다.

이와 같은 주파수 성분 분석은 주기성을 갖는 신호에 대해서 매우 용이하게 수행될 수 있는데, 이 방법을 푸리에 급수라는 제목으로 2장에서 언급한 바 있다. 그러나 실세계에 존재하는 많은 신호들은 일반적으로 주기성을 갖지 않기 때문에 비주기신호(aperiodic signal)에 대한 주파수 성분 분석이 더욱 필요하게 된다. 주파수 성분을 분석함에 있어서, 해석하고자 하는 신호의 성격에 따라 푸리에 급수(Fourier series), 푸리에 변환(Fourier transform), 이산시간 푸리에 변환(discrete-time Fourier transform), 이산 푸리에 변환(discrete Fourier transform) 등의 서로 다른 형태의 방법들이 존재하는데, 이들 중에서도 연속시간 비주기신호를 다루는 푸리에 변환이 그 활용면에서 볼 때, 푸리에의 가장 큰 업적으로 평가된다. 비주기 신호는 무한대의 주기를 갖는 주기신호라고 생각할 수 있기 때문에, 주기 신호에 대한 푸리에 급수로부터 해당 주기신호의 주기가 무한히 커진다고 가정하여 비주기신호에 대한 푸리에 변환을 유도할 수 있다.

3.2 연속시간 비주기 신호의 푸리에 변환

3.2.1 푸리에 변환의 유도

연속시간 비주기 신호의 주파수성분 해석을 위한 푸리에 변환의 유도의 첫째 단계로서, 유한한 구간에서 0이 아닌 값을 갖는 임의의 비주기신호가 있을 때 그 신호가 한 주기로 되풀이되는 주기신호의 푸리에급수를 구한다. 다음 단계로는 푸리에급수로 표현된 주기신호의 주기를 무한대로 크게 할 때 해당 푸리에급수가 점근적으로 푸리에 변환으로 접근함을 보이기로 한다.

편의상 임의의 비주기신호의 한 예로 〈그림 3.1a〉에 보여진 신호 $x(t)$를 사용하기로 한다. 이 비주기신호를 한 주기로 갖는 주기신호를 $\tilde{x}(t)$가 〈그림 3.1b〉에 보여지는 데, 이 두 신호는

$$x(t) = \begin{cases} \tilde{x}(t), & -\dfrac{T}{2} \le t \le \dfrac{T}{2} \\ 0, & t < -\dfrac{T}{2} \ \text{ or } \ t > \dfrac{T}{2} \end{cases} \tag{3.1}$$

와 같은 관계를 가짐을 알 수 있다. 주기신호 $\tilde{x}(t)$를 푸리에급수로 표현하면

$$\tilde{x}(t) = \sum_{k=-\infty}^{\infty} a_k e^{jk\omega_0 t} \tag{3.2}$$

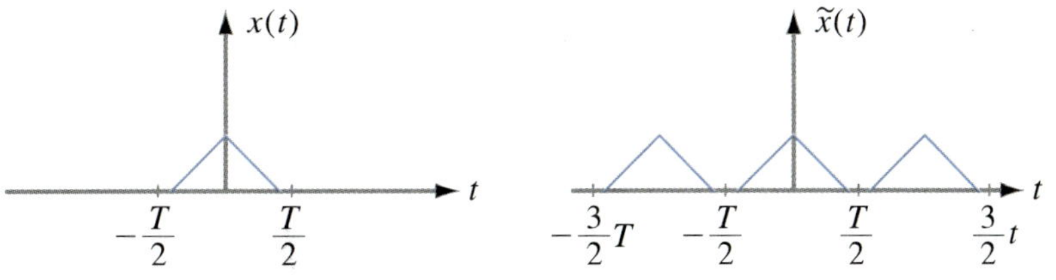

| 그림 3.1 | (a) 유한한 구간 $-\dfrac{T}{2} < t < \dfrac{T}{2}$ 에서 0이 아닌 값을 갖는 비주기신호 $x(t)$
(b) $x(t)$의 일부분을 한 주기로 갖는 주기신호

와 같고, 해당 푸리에 계수는 식 (2.14)의 정의에 의해서

$$a_k = \frac{1}{T}\int_{-\frac{T}{2}}^{\frac{T}{2}} \tilde{x}(t)e^{-jkw_0 t}dt \tag{3.3}$$

와 같이 얻어지며, 이 때 기본주파수 w_0와 주기 T는

$$w_0 = \frac{2\pi}{T} \tag{3.4}$$

의 관계를 갖는다. 식 (3.3)에서 적분기호 안에 존재하는 복소지수 신호 $e^{-jkw_0 t}$는 kw_0를 주파수로 갖는(혹은 $\frac{2\pi}{kw_0}$를 주기로 갖는) 주기신호이다. 여기서 푸리에 급수 a_k가 갖는 의미는 해당 주기 신호에 $w = kw_0$의 주파수를 갖는 주기성분이 포함되어 있는 정도 혹은 양을 의미한다.

식 (3.3)을 변형하면 다음과 같이 Ta_k를 정의할 수 있다.

$$Ta_k = \int_{-\frac{T}{2}}^{\frac{T}{2}} \tilde{x}(t)e^{-jkw_0 t}dt = \int_{-\infty}^{\infty} x(t)e^{-jkw_0 t}dt \tag{3.5}$$

푸리에급수 a_k는 kw_0의 함수이기 때문에 식 (3.5)를 $w = kw_0$에서 계산하면

$$Ta_k|_{kw_0 = w} = \int_{-\infty}^{\infty} x(t)e^{-jwt}dt = X(jw) \tag{3.6}$$

와 같이 $X(jw)$를 정의할 수 있다. 식 (3.6)과 (3.4)의 관계를 사용하여 주기함수 $\tilde{x}(t)$의 푸리에 급수를 다시 나타내면

$$\tilde{x}(t) = \sum_{k=-\infty}^{+\infty} \frac{1}{T} X(jkw_0)e^{jkw_0 t} = \frac{1}{2\pi}\sum_{k=-\infty}^{+\infty} X(jkw_0)e^{jkw_0 t}w_0 \tag{3.7}$$

가 된다. 이 때 주기 T가 무한히 커지면 $\tilde{x}(t)$는 $x(t)$로 접근하게 되고, 따라서 식 (3.7)의 우변은 점근적으로 $x(t)$를 표현하게 된다. 즉,

$$\lim_{T\to\infty} \tilde{x}(t) = \lim_{T\to\infty} \sum_{k=-\infty}^{+\infty} \frac{1}{T} X(jkw_0)\, e^{jkw_0 t} \tag{3.8}$$
$$= \lim_{w_0\to 0} \frac{1}{2\pi} \sum_{k=-\infty}^{+\infty} X(jkw_0)\, e^{jkw_0 t} w_0$$
$$= \frac{1}{2\pi} \int_{-\infty}^{\infty} X(jw)\, e^{jwt} dw$$
$$= x(t)$$

와 같은 관계를 얻을 수 있다. 지금까지 유도한 비주기신호에 대한 주파수 해석 도구인 연속시간 푸리에 변환과 역변환을 다시 정리하면,

| 정의 3.1 | 연속시간 비주기신호의 푸리에 변환 및 역변환

식 (3.6)으로부터

$$X(jw) = \int_{-\infty}^{\infty} x(t)\, e^{-jwt} dt \tag{3.9}$$

의 푸리에 변환식과, 식 (3.8)로부터

$$x(t) = \frac{1}{2\pi} \int_{-\infty}^{\infty} X(jw)\, e^{jwt} dw \tag{3.10}$$

의 푸리에 역변환식을 얻을 수 있다. 또한 신호 $x(t)$의 푸리에 변환을

$$X(jw) = \mathcal{F}[x(t)] \tag{3.11}$$

로, $X(jw)$의 역변환을

$$x(t) = \mathcal{F}^{-1}[X(jw)] \tag{3.12}$$

로 표현하기도 하고, 이들 푸리에 변환과 역변환 쌍을

$$x(t) \overset{\mathcal{F}}{\leftrightarrow} X(jw) \tag{3.13}$$

로 나타낸다.

3.2.2 푸리에 변환의 수렴

식 (3.9)에 주어진 푸리에 변환 $X(jw)$는 주파수 w를 갖는 복소지수 신호 e^{jwt}가 신호 $x(t)$에 포함되어 있는 정도를 나타낸다. 또한 식 (3.10)에 주어진 푸리에 역변환 관계를 이용하면, 무수히 많은 종류의 복소지수 신호의 선형 조합으로 임의의 연속시간 비주기신호를 합성해낼 수 있다.

이와 같이 푸리에 해석은 신호의 주파수 성분을 분석하는 데에 유용한 반면, 모든 신호에 대해서 정의되지 못한다는 단점을 갖고 있다. 다시 말해서 $X(jw)$의 값을 결정하기 위해서는 식 (3.9)의 적분값이 존재해야 하는데, 쉬운 예로서 〈그림 3.2a〉에 보여진

$$x(t)=\begin{cases}1, & -T_1 < t < T_1 \\ 0, & \text{otherwise}\end{cases} \tag{3.14}$$

와 같은 신호에 대해서는

$$X(jw)=\int_{-T_1}^{T_1} e^{-jwt}dt=\left[\frac{1}{-jw}e^{-jwt}\right]_{-T_1}^{T_1}=2\frac{\sin wT_1}{w} \tag{3.15}$$

가 유한한 값을 갖기 때문에 푸리에 변환이 존재하고, 이것이 〈그림 3.2b〉에 보여진다.

그러나 $x(t)=tu(t)$인 신호에 대해서는

$$X(jw)=\int_{0}^{\infty} te^{-jwt}dt=\left[\frac{-jwt-1}{(jw)^2}e^{jwt}\right]_{0}^{\infty} \tag{3.16}$$

가 유한하지 않기 때문에 푸리에 변환이 존재하지 않고, 역변환식

$$\hat{x}(t)=\frac{1}{2\pi}\int_{-\infty}^{\infty} X(jw)e^{jwt}dw \tag{3.17}$$

에 의해서 구해지는 $\hat{x}(t)$도 올바르게 원신호 $x(t)$를 표현하고 있다고 볼 수 없다.

그렇다면 우리는 여기에서 신호가 어떤 성질을 가져야만 푸리에 변환이 존재하는가를 결정해야 할 필요가 있다. 보다 구체적으로 푸리에 변환이 수렴한다는 것은

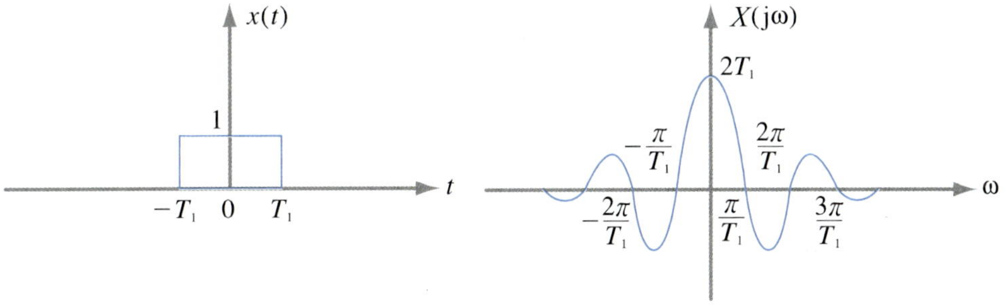

그림 3.2 (a) 직사각형 신호와 (b) 그의 푸리에 변환

$$\int_{-\infty}^{\infty} |x(t) - \hat{x}(t)|^2 dt = 0 \tag{3.18}$$

을 만족하는 것을 의미한다. 식 (3.18)은 $\hat{x}(t) = x(t)$가 되기 위한 필요조건이다. 다시 말해서 $x(t)$와 $\hat{x}(t)$의 차분신호의 에너지가 0이 됨을 의미하고, 이 두 신호는 불연속점 상에서는 반드시 일치하지 않을 수도 있다.

식 (3.18)이 만족되기 위한 하나의 조건은 원신호가 유한한 에너지를 가져야 한다는 것이고, 이것은 수학적으로 볼 때

$$\int_{-\infty}^{\infty} |x(t)|^2 dt < \infty \tag{3.19}$$

와 같이 신호의 절대값의 제곱을 전구간 적분한 값이 유한해야 함을 의미한다. 식 (3.18)을 만족시키기 위한 또 다른 조건으로서는 원신호가

$$\int_{-\infty}^{\infty} |x(t)|\, dt < \infty \tag{3.20}$$

와 같이 절대적분가능한 동시에 연속적이거나, 절대적분가능하고 유한한 개수의 불연속점을 갖는 경우를 들 수 있다.

예제 3.1 지수 신호의 푸리에 변환

인과 지수 신호 $x(t)=e^{-at}u(t)$, $a>0$ 에 대한 푸리에 변환을 구하고 주파수 응답의 크기 및 위상을 살펴보자.

$a>0$ 인 경우는 절대적분가능하고 신호의 절대값의 제곱이 유한하므로 다음과 같이 푸리에 변환을 구할 수 있다.

$$\begin{aligned} X(j\omega) &= \int_{-\infty}^{\infty} e^{-at}e^{-j\omega t}u(t)\,dt = \int_{0}^{\infty} e^{-at}e^{-j\omega t} \\ &= -\frac{e^{-(a+j\omega)t}}{a+j\omega}\Bigg|_{0}^{\infty} = \frac{1}{a+j\omega} \end{aligned}$$

푸리에 변환 $X(j\omega)$의 크기 및 위상은 다음과 같고, $a=1$인 경우에 Matlab의 'freqs' 함수를 사용하면 〈그림 3.3〉과 같이 나타낼 수 있다.

$$|X(j\omega)| = \frac{1}{\sqrt{a^2+\omega^2}}, \quad \angle X(j\omega) = -\tan^{-1}\left(\frac{\omega}{a}\right)$$ ■

Matlab 프로그램 3.1

```
a=[1 1];      % denominator coefficients
b=[1];         % numerator coefficient
w=-20:.05:20;
h=freqs(b,a,w);
mag=abs(h);
plot(w,mag);
xlabel('frequency[rad/s]');
ylabel('magnitude');
grid on;

phase = angle(h);
phase = phase*180/pi;

figure
plot(w,phase);
xlabel('frequency[rad/s]');
ylabel('phase[degree]');
grid on;
```

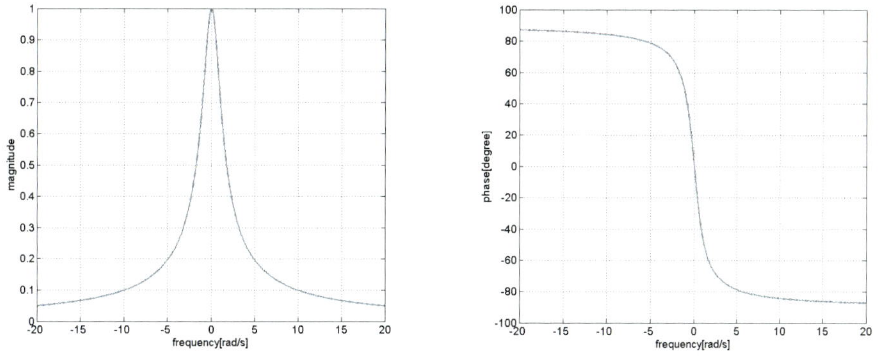

(a) (b)

| 그림 3.3 | 인과 지수 신호의 푸리에 변환 (a) 크기 응답, (b) 위상 응답

3.3 연속시간 주기신호의 푸리에 변환

우리는 지금까지 연속시간 주기신호에 대해서는 푸리에급수를, 연속시간 비주기신호에 대해서는 푸리에 변환을 적용하여 주파수 성분을 해석하는 방법을 유도한 바 있다. 또한 푸리에 변환이 수렴하기 위한 조건으로서 식 (3.19)의 제곱적분가능 성질이나, 식 (3.20)의 절대적분가능 성질이 만족되어야 함을 알 수 있었다. 그러나 주기신호에 있어서 주기 내에 포함되어 있는 신호의 형태가 무한히 되풀이되기 때문에 제곱적분이나 절대적분 값이 유한하지 않은 경우가 많다. 이와 같이 제곱 혹은 절대적분가능 성질을 만족시키지 못하지만 주기성을 갖는 신호에 대한 푸리에 변환에 대해서 살펴보기로 한다.

2장에서 유도했던 푸리에급수의 정의에 의하면 주기 T를 갖는 주기신호 $x(t)$는 기본 주파수 $w_0 = \frac{2\pi}{T}$의 정수배, 즉 kw_0를 주파수로 갖는 복소지수 신호 $e^{jkw_0 t}$의 선형조합으로 표현할 수 있다. 즉, a_k를 해당 푸리에계수라 하면

$$x(t) = \sum_{k=-\infty}^{\infty} a_k e^{jkw_0 t} \tag{3.21}$$

와 같이 표현된다. 식 (3.21)과 같이 표현된 주기신호의 푸리에 변환을 구하면

$$X(jw) = \int_{-\infty}^{\infty} \sum_{k=-\infty}^{\infty} a_k e^{jkw_0 t} e^{-jwt} dt = \sum_{k=-\infty}^{\infty} a_k \int_{-\infty}^{\infty} e^{jkw_0 t} e^{-jwt} dt \tag{3.22}$$

와 같다. 식 (3.22)의 우변에 있는 적분은 $e^{jkw_0 t}$의 푸리에 변환의 형태임을 알 수 있는데, 이 복소지수 신호는 식 (3.19)의 제곱적분가능성질이나 식 (3.20)의 절대적분가능성질 중 어느 하나도 만족시키지 못하기 때문에, 엄밀하게 말해서 그 값이 수렴하지 않는다고 할 수 있다.

그러나 이와 같은 특별한 형태의 주기신호는 다음 절에서 공부할 푸리에 변환의 다양한 성질을 고려한 특수한 방법으로 구할 수 있다. 우선 여기에서는 해당 푸리에 변환쌍이

$$e^{jkw_0 t} \overset{\mathcal{F}}{\leftrightarrow} 2\pi\delta(w - kw_0) \tag{3.23}$$

임을 알고 있다고 가정하면 식 (3.22)는

$$X(jw) = \sum_{k=-\infty}^{\infty} 2\pi a_k \delta(w - kw_0) \tag{3.24}$$

가 되고, 이 때 푸리에급수의 계수는

$$a_k = \frac{1}{T} \int_{-\frac{T}{2}}^{\frac{T}{2}} x(t) e^{-jkw_0 t} dt \tag{3.25}$$

로 정의된다. 여기에서 알 수 있는 것은 주기신호의 푸리에 변환은 임펄스열(impulse train)의 형태로 나타나고, 각각의 임펄스에는 푸리에급수의 해당 계수가 가중치의 형태로 곱해진다는 점이다.

예를 들어 〈그림 3.2a〉에 주어진 직사각형 파형이, 주기 $T = 4T_1$을 가지고 되풀이되는 주기신호가 〈그림 3.4a〉에 보여진다. 이 신호의 푸리에 변환을 같은 방법으로 구하려면, 우선 푸리에급수의 계수를

$$a_0 = \frac{1}{T}\int_{-T_1}^{T_1} 1 \quad dt = \frac{2T_1}{T},$$
$$a_k = \frac{1}{T}\int_{-T_1}^{T_1} e^{-jkw_0 t} dt = \frac{\sin kw_0 T_1}{\pi k}, \quad \text{for} \quad k \neq 0 \tag{3.26}$$

와 같이 구해야 한다. 여기에서 $w_0 = \frac{2\pi}{T} = \frac{\pi}{2T_1}$를 나타낸다. 이와 같이 푸리에 급수의 계수가 구해지면, 이 주기신호의 푸리에 변환은 식 (3.24)에 의해서 결정되고 그의 절대값은 〈그림 3.4b〉에 보여진다.

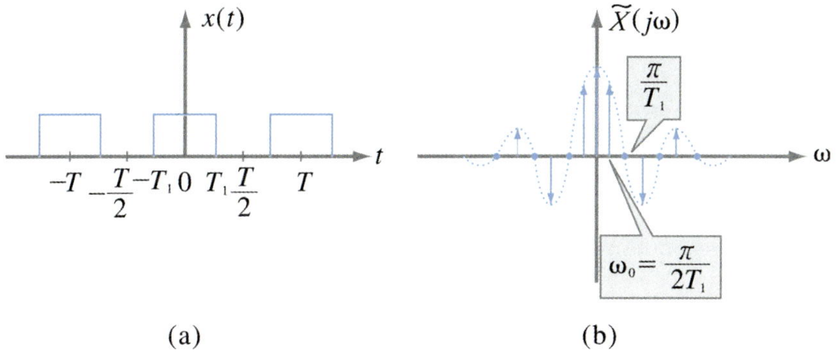

그림 3.4 (a) 주기 $T = 4T_1$을 갖는 직사각형 주기신호와 (b) 그의 푸리에 변환

이번에는 〈그림 3.2a〉에 보여진 직사각형 신호가 $T = 4T_1$으로 되풀이되는 주기신호 이외에도 $T = 8T_1$과 $T = 16T_1$으로 되풀이되는 주기신호의 푸리에 변환의 절대값이 차례대로 〈그림 3.5a〉와 〈그림 3.5b〉에 보여진다.

〈그림 3.4b〉, 〈그림 3.5a〉, 그리고 〈그림 3.5b〉에서 보여진 동일한 형태의 신호가 서로 다른 주기로 되풀이되는 주기 신호들을 차례로 비교해보면, 한 주기 내에 있는 신호가 임펄스열의 형태로 주어지는 푸리에 변환의 테두리(envelope)를 결정하고, 각 임펄스들의 간격은 주기에 반비례하여 결정됨을 알 수 있다.

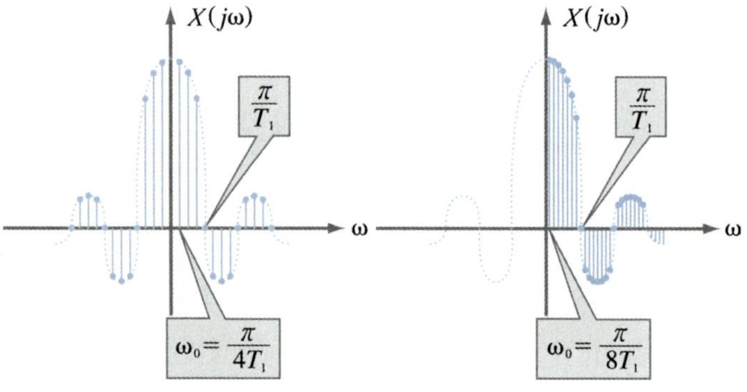

그림 3.5 (a) 주기 $T = 8T_1$ 을 갖는 직사각형 주기신호의 푸리에 변환과 (b) 주기 $T = 16\ T_1$ 을 갖는 직사각형 주기신호의 푸리에 변환

예제 3.2 주기 신호의 푸리에 변환

다음과 같은 주기 T인 임펄스열로 이루어진 주기 신호 $x(t)$에 대한 푸리에 변환을 살펴보자.

$$x(t) = \sum_{n=-\infty}^{\infty} \delta(t - nT)$$

신호 $x(t)$를 지수 신호 형태로 나타내기 위해 먼저 푸리에 계수를 다음과 같이 구할 수 있다.

$$a_k = \frac{1}{T}\int_{-\frac{T}{2}}^{\frac{T}{2}} x(t)e^{-jk\omega_0 t}dt = \frac{1}{T}, \quad \omega_0 = \frac{2\pi}{T}$$

따라서 임펄스열로 이루어진 주기 신호 $x(t)$는 다음과 같이 푸리에 급수로 나타낼 수 있다.

$$x(t) = \sum_{n=-\infty}^{\infty} \frac{1}{T} e^{jn\omega_0 t}$$

식 (3.23)을 이용하면 임펄스열의 푸리에 변환 $X(j\omega)$은 다음과 같이 주어지는데, 시간영역에서 임펄스열에 대한 푸리에 변환은 주파수 영역에서 임펄스열을 만들어 내는 것을 알 수 있다.

$$X(j\omega) = \frac{2\pi}{T}\sum_{n=-\infty}^{\infty} \delta(\omega - n\omega_0)$$ ■

3.4 푸리에 변환의 성질

연속시간 신호의 푸리에 변환 및 역변환은, 일반적으로 절대적분가능한 신호에 대해서는 식 (3.9)와 (3.10)에 주어진 정의에 따라서 구할 수 있다. 그러나 자주 사용되는 신호들의 푸리에 변환을 그 때마다 계산하기에는 번거로움이 따르고, 특수한 신호인 경우에는 푸리에적분을 그대로 적용하여 푸리에 변환을 계산하기 어려운 경우가 존재한다. 특히 일반적인 절대적분가능 성질을 만족시키지 않는 몇 종류의 신호들의 경우 수학적으로 푸리에 변환이 존재하지 않을지라도, 푸리에 변환의 특수한 성질을 이용하여 제한적이나마 푸리에 변환을 계산하여, 신호의 주파수성분 해석에 사용할 수 있다.

이와 같은 목적으로 푸리에 변환의 성질을 정리해보기로 한다.

3.4.1 선형성

만약 $X(jw)$와 $Y(jw)$가 차례로 $x(t)$와 $y(t)$의 푸리에 변환을 나타낸다면, 이들 신호의 선형조합 형태의 신호 $ax(t)+by(t)$의 푸리에 변환은 $aX(jw)+bY(jw)$가 된다. 다시 말해서

$$x(t) \overset{\mathcal{F}}{\leftrightarrow} X(jw) \text{ 와 } y(t) \overset{\mathcal{F}}{\leftrightarrow} Y(jw) \tag{3.27}$$

가 만족되면

$$ax(t) + by(t) \overset{\mathcal{F}}{\leftrightarrow} aX(jw) + bY(jw) \tag{3.28}$$

가 성립한다.

3.4.2 시간이동, 시간확대 및 시간축소된 신호의 푸리에 변환들

신호 $x(t)$가 t_0만큼 이동된 신호 $x(t-t_0)$의 푸리에 변환은 정의에 따라 다음과 같이 계산된다.

$$\mathcal{F}\{x(t-t_0)\} = \int_{-\infty}^{\infty} x(t-t_0)e^{-jwt}dt \tag{3.29}$$

위의 적분에서 $s = t - t_0$와 같이 변수변환(change of variables)을 수행하면

$$\mathcal{F}\{x(t-t_0)\} = \int_{-\infty}^{\infty} x(s)e^{-jw(s+t_0)}ds = e^{-jwt_0}\int_{-\infty}^{\infty} x(s)e^{-jws}ds \tag{3.30}$$

와 같이 계산되고, 이를 정리하면

$$x(t-t_0) \overset{\mathcal{F}}{\leftrightarrow} e^{-jwt_0}X(jw) \tag{3.31}$$

와 같은 관계가 성립한다. 푸리에 변환 $X(jw)$은 일반적으로 복소수이기 때문에 실수부와 허수부로 분리하여 표현할 수도 있지만, 다음과 같이 크기(magnitude)와 위상(phase)으로 분리하여 표현할 수도 있다.

$$X(jw) = |X(jw)|e^{j\measuredangle X(jw)} \tag{3.32}$$

식 (3.31)에서 보는 바와 같이 t_0만큼 시간이동된 신호의 푸리에 변환을 식 (3.32)와 같은 형태로 표현하면,

$$e^{-jwt_0}X(jw) = |e^{-jwt_0}||X(jw)|e^{j[\measuredangle X(jw)-wt_0]} = |X(jw)|e^{j[\measuredangle X(jw)-wt_0]} \tag{3.33}$$

가 되어서, 절대값은 변화가 없는 반면, 위상은 $-wt_0$만큼 이동된다.

이번에는 신호 $x(t)$가 시간확장 혹은 축소된 신호인 $x(at)$의 푸리에 변환을 구하기 위해서 양의 실수 a에 대해서 $s = at$의 변수변환을 수행하면

$$\begin{aligned}\mathcal{F}[x(at)] &= \int_{-\infty}^{\infty} x(at)e^{-jwt}dt \\ &= \int_{-\infty}^{\infty} x(s)e^{-\frac{w}{a}s}\left(\frac{1}{a}ds\right) = \frac{1}{a}X\left(j\frac{w}{a}\right)\end{aligned} \tag{3.34}$$

의 결과를 얻을 수 있다. 또한 이 식은 양의 실수뿐 아니라 일반적으로 0이 아닌 모든 실수에 대해서 적용이 가능한데 이를 정리하면

$$x(at) \overset{\mathcal{F}}{\leftrightarrow} \frac{1}{|a|} X\left(j\frac{w}{a}\right) \tag{3.35}$$

와 같다.

예제 3.3 푸리에 변환의 선형성 및 시간이동 특성

다음 그림에 나타난 신호 $x(t)$는

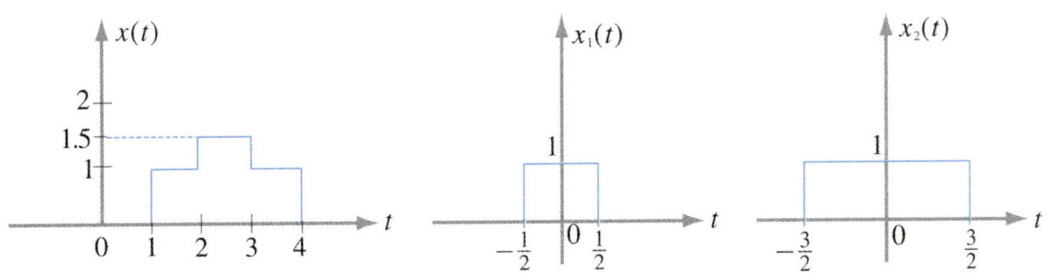

$x_1(t)$와 $x_2(t)$의 선형결합으로

$$x(t) = \frac{1}{2} x_1(t - 2.5) + x_2(t - 2.5)$$

와 같이 표현할 수 있다.

이 때, $x_1(t)$와 $x_2(t)$의 푸리에 변환은 식 (3.14)와 (3.15)의 관계를 이용해서

$$X_1(jw) = \frac{2\sin(w/2)}{w}, \quad X_2(jw) = \frac{2\sin(3w/2)}{w}$$

와 같이 구할 수 있고, 3.4.1절과 3.4.2절에서 정리한 푸리에 변환의 선형성과 시간이동 성질을 이용하면

$$X(jw) = e^{-j5w/2}\left\{\frac{\sin(w/2) + 2\sin(3w/2)}{w}\right\}$$

를 얻을 수 있다. ■

3.4.3 공액복소(complex conjugate)신호의 푸리에 변환 및 실수신호의 푸리에 변환이 갖는 공액대칭성

복소신호 $x(t)$의 공액신호의 푸리에 변환은

$$\mathcal{F}[x^*(t)] = \int_{-\infty}^{\infty} x^*(t)\, e^{-jwt} dt = \left[\int_{-\infty}^{\infty} x(t)\, e^{jwt} dt \right]^* \qquad (3.36)$$

와 같이 구할 수 있다. 이 식의 우변을 푸리에 변환의 정의와 비교해보면, w 대신 $-w$를 사용하여 푸리에적분을 수행한 후, 그 결과의 공액복소수를 취한 형태임을 알 수 있다. 따라서 공액신호의 푸리에 변환은 다음과 같이 표현할 수 있다.

$$x^*(t) \overset{\mathcal{F}}{\leftrightarrow} X^*(-jw) \qquad (3.37)$$

푸리에 변환을 사용하여 해석하려 하는 신호와 푸리에 변환의 결과는 일반적으로 모두 복소수라 가정한다. 그러나, 많은 경우 해석하고자 하는 신호는 실수이다. 이와 같이 신호가 실수라는 조건을 갖게 되면, 해당 푸리에 변환도 그에 따라 제한된 성질을 갖게 되는데, 이것을 공액대칭성(conjugate symmetry)이라 하고, 다음과 같은 식으로 정리할 수 있다.

$$X(-jw) = \int_{-\infty}^{\infty} x(t) e^{jwt} dt = \left[\int_{-\infty}^{\infty} x(t) e^{-jwt} dt \right]^* = X^*(jw) \qquad (3.38)$$

$x(t)$가 실수인 경우에는 그의 푸리에 변환이 식 (3.38)에 주어진 공액대칭성 이외에도 다음과 같은 성질을 갖는다. 푸리에 변환 $X(jw)$를 실수부와 허수부로

$$X(jw) = \int_{-\infty}^{\infty} x(t)\, e^{-jwt} dt = \int_{-\infty}^{\infty} x(t) \cos wt\, dt - j \int_{-\infty}^{\infty} x(t) \sin wt\, dt \qquad (3.39)$$

와 같이 표현하면 실수부는 w에 대한 우함수이고, 허수부는 w에 대한 기함수이다. 또한 푸리에 변환 $X(jw)$를 절대값과 위상으로 식 (3.32)와 같이 표현하면 식 (3.38)에 의해서 절대값은

$$|X(-jw)| = |X^*(jw)| = |X(jw)| \qquad (3.40)$$

의 관계에 따라서 우함수가 되고, 위상은

$$\measuredangle X(-jw) = \tan^{-1}\frac{Im\{X(-jw)\}}{Re\{X(-jw)\}} = -\tan^{-1}\frac{Im\{X(jw)\}}{Re\{X(jw)\}} = -\measuredangle X(jw) \qquad (3.41)$$

의 관계에 따라서 기함수가 된다.

예제 3.4 공액대칭성을 이용한 푸리에 변환의 계산

a가 양수일 때, 신호 $x(t)=e^{-a|t|}$의 푸리에 변환은 식 (3.9)의 정의에 따라서 다음과 같이 구할 수 있다.

$$\begin{aligned} X(jw) &= \int_{-\infty}^{\infty} e^{-a|t|}e^{-jwt}dt = \int_{-\infty}^{0} e^{at}e^{-jwt}dt + \int_{0}^{\infty} e^{-at}e^{-jwt}dt \\ &= \frac{1}{a-jw}+\frac{1}{a+jw}=\frac{2a}{a^2+w^2} \end{aligned}$$

다른 방법으로 $x(t)$의 푸리에 변환을 구하기 위해서 신호의 대칭성을 사용하면

$$\begin{aligned} x(t) &= e^{-a|t|} = e^{-at}u(t)+e^{at}u(-t) \\ &= 2\left\{\frac{e^{-at}u(t)+e^{at}u(-t)}{2}\right\} = 2Ev[e^{-at}u(t)] \end{aligned}$$

와 같이 표현할 수 있고, 여기에서 $Ev[\cdot]$는 식 (1.10)에서 정의된 우함수 연산자를 의미한다. $e^{-at}u(t)$가 실수함수이므로 푸리에 변환의 대칭성을 이용하면

$$X(jw) = 2Re\left\{\frac{1}{a+jw}\right\} = \frac{2a}{a^2+w^2}$$

을 얻을 수 있다.

푸리에 변환 $X(j\omega)$는 실수 값을 갖는 것을 알 수 있고, $a=1$인 경우에 Matlab의 'freqs' 함수를 사용하면 〈그림 3.6〉과 같이 나타낼 수 있다. ■

Matlab 프로그램 3.2

```
a=[1 0 -1];        % denominator coefficients
b=[-2];            % numerator coefficient
w=-20:.05:20;
h=freqs(b,a,w);
mag=abs(h);
plot(w,mag);
xlabel('frequency[rad/s]');
ylabel('magnitude');
grid on;

phase = angle(h);
phase = phase*180/pi;

figure
plot(w,phase);
xlabel('frequency[rad/s]');
ylabel('phase[degree]');
grid on;
```

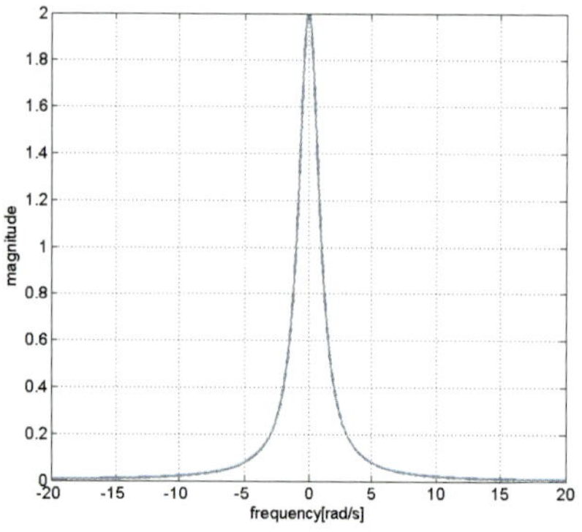

(a)

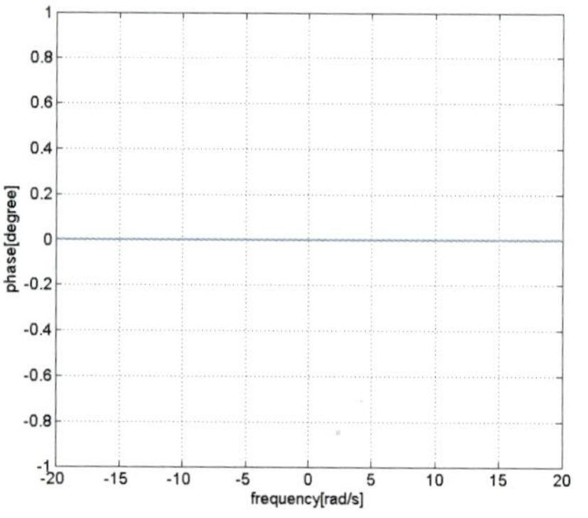

(b)

그림 3.6 인과 지수 신호의 푸리에 변환 (a) 크기 응답, (b) 위상 응답

3.4.4 쌍대성(Duality)

푸리에 변환 및 역변환을 나타내는 식 (3.9)와 (3.10)에서, 신호 $x(t)$와 그의 푸리에 변환 $X(jw)$의 상대적인 역할을 살펴보면, 복소지수함수의 위상이 서로 반대인 점과, 역변환에 상수 $\frac{1}{2\pi}$이 곱해진 것 외에는 서로 대칭적임을 알 수 있다. 이와 같이 푸리

에 변환과 역변환의 관계에서 신호와 그의 푸리에 변환이 갖는 유사한 대칭성을 쌍대성이라 한다. 그 대표적인 예로서 단위임펄스 신호 $x(t) = \delta(t)$의 푸리에 변환을 계산해보면

$$X(jw) = \int_{-\infty}^{\infty} \delta(t) e^{-jwt} dt = 1 \tag{3.42}$$

이 되고, 반대로 푸리에 변환이 $X(jw) = \delta(w)$인 신호를 푸리에 역변환으로 구하면

$$x(t) = \frac{1}{2\pi} \int_{-\infty}^{\infty} \delta(w) e^{jwt} dw = \frac{1}{2\pi} \tag{3.43}$$

이 된다. 식 (3.42)와 식 (3.43)의 양변에 2π를 곱한 식으로부터 차례로 다음과 같은 두 푸리에 변환쌍을 얻을 수 있다.

$$x_1(t) = \delta(t) \overset{\mathcal{F}}{\leftrightarrow} X_1(jw) = 1 \tag{3.44}$$

$$x_2(t) = 1 \overset{\mathcal{F}}{\leftrightarrow} X_2(jw) = 2\pi\delta(w) \tag{3.45}$$

여기에서 알 수 있는 것은 시간함수가 단위임펄스일 경우 그의 푸리에 변환은 상수가 되고, 반대로 시간함수가 상수인 경우 그의 푸리에 변환은 단위임펄스가 된다는 것이다. 이 관계가 〈그림 3.7〉에 보여진다.

다른 예로서 식 (3.14)와 (3.15)에 주어진 푸리에 변환쌍은 다음과 같다.

$$x_1(t) = \begin{cases} 1, & -T_1 < t < T_1 \\ 0, & \text{otherwise} \end{cases} \overset{\mathcal{F}}{\leftrightarrow} X_1(jw) = 2\frac{\sin wT_1}{w} = 2T_1 \operatorname{sinc}\left(\frac{wT_1}{\pi}\right) \tag{3.46}$$

$$x_2(t) = \frac{\sin Wt}{\pi t} = \frac{W}{\pi} \operatorname{sinc}\left(\frac{Wt}{\pi}\right) \overset{\mathcal{F}}{\leftrightarrow} X_2(jw) = \begin{cases} 1, & |w| < W \\ 0, & |w| > W \end{cases} \tag{3.47}$$

여기서 $\operatorname{sinc}(t) = \frac{\sin \pi t}{\pi t}$이다.

결론적으로 어떤 푸리에 변환쌍이 주어지면, 시변수와 주파수변수의 역할을 서로

바꾸어도 적당한 상수가 곱해지는 차이를 제외하고는 또하나의 푸리에 변환쌍을 만들 수 있다. 이와 같은 푸리에 변환의 쌍대성은 복잡한 푸리에 변환을 간단하게 계산할 수 있는 단서를 제공하기도 하고, 신호나 시스템의 해석에 있어서 시간과 주파수의 역할을 서로 바꾸어 처리할 수 있게 하기도 한다.

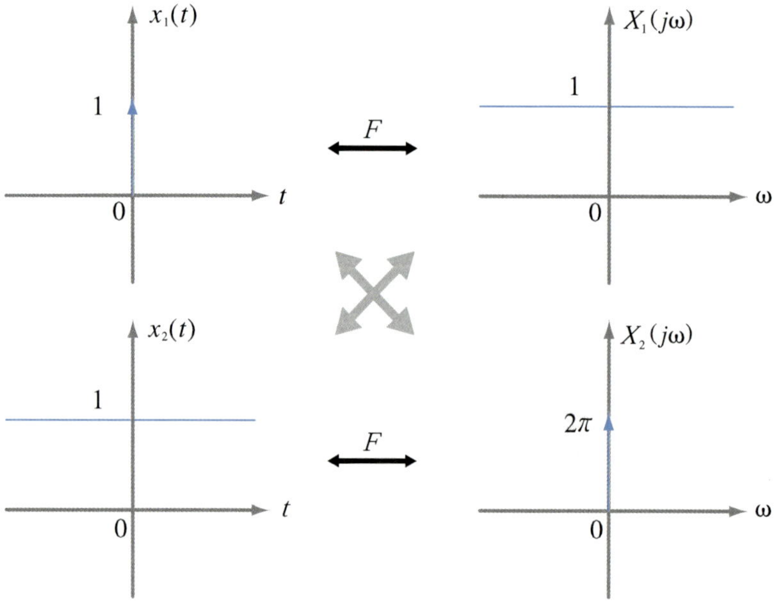

| 그림 3.7 | 푸리에 변환의 쌍대성과 이것의 쌍대성쌍(duality pair)

예제 3.5 쌍대성 성질을 이용한 신호의 푸리에 변환

신호 $g(t)=\dfrac{2}{1+t^2}$의 푸리에 변환을 쌍대성을 이용해서 다음과 같이 구할 수 있다. 예제 3.2에서 소개했던 신호에서 $a=1$인 경우를 생각하면 푸리에변환쌍 $x(t)=e^{-2|t|}\overset{\mathcal{F}}{\leftrightarrow}X(jw)=\dfrac{2}{1+w^2}$을 얻을 수 있고, 푸리에 역변환의 정의에 의해서 $e^{-2|t|}=\dfrac{1}{2\pi}\displaystyle\int_{-\infty}^{\infty}\left(\dfrac{2}{1+w^2}\right)e^{jwt}dw$의 관계를 얻을 수 있다. 이 식의 양변에 2π를 곱하고 t를 $-t$로 대체하면

$$2\pi e^{-2|t|}=\int_{-\infty}^{\infty}\left(\frac{2}{1+w^2}\right)e^{-jwt}dw$$

가 되고, 변수 t와 w를 서로 맞바꾸면

$$2\pi e^{-2|w|} = \int_{-\infty}^{\infty} \left(\frac{2}{1+t^2} \right) e^{-jwt} dt$$

을 얻을 수 있다. 이 식은 $2/(1+t^2)$의 푸리에 변환이 $2\pi e^{-2|w|}$가 됨을 의미한다. ■

3.4.5 미분 및 적분신호의 푸리에 변환

신호 $x(t)$를 미분한 신호의 푸리에 변환은 식 (3.10)의 푸리에 역변환식의 양변을 미분하여 얻을 수 있다. 즉,

$$\frac{dx(t)}{dt} = \frac{1}{2\pi} \int_{-\infty}^{\infty} X(jw)\, jw e^{jwt} dw = \frac{1}{2\pi} \int_{-\infty}^{\infty} \{jwX(jw)\} e^{jwt} dw \tag{3.48}$$

에서 볼 때, $\frac{dx(t)}{dt}$는 $x(t)$의 푸리에 변환에 jw가 곱해진 것을 푸리에 역변환한 결과임을 알 수 있다. 따라서

$$\frac{dx(t)}{dt} \overset{\mathcal{F}}{\leftrightarrow} jwX(jw) \tag{3.49}$$

와 같은 관계를 얻을 수 있다. 1장에서 언급한 바와 같이 많은 선형시불변 시스템들이 상수계수의 미분방정식으로 표현되기 때문에, 이들을 푸리에 변환을 사용하여 해석하기 위해서 미분신호의 푸리에 변환 성질을 매우 중요하게 사용된다.

적분신호의 푸리에 변환은 미분신호의 경우에 비해서는 다소 복잡한

$$\int_{-\infty}^{t} x(t)dt \overset{\mathcal{F}}{\leftrightarrow} \frac{1}{jw} X(jw) + \pi X(0)\,\delta(w) \tag{3.50}$$

와 같은 관계로 주어지는데 그 이유는 다음과 같다. 우선 신호 $x(t)$의 직류성분이 0인 경우, 즉

$$\int_{-\infty}^{\infty} x(t)\,dt = X(jw)|_{w=0} = X(0) = 0 \tag{3.51}$$

인 경우를 우선 살펴보기로 하자. 이 신호를 적분한 신호를

$$y(t) = \int_{-\infty}^{t} x(\tau)d\tau \tag{3.52}$$

와 같이 정의하면, 이 식의 양변을 미분하여

$$\frac{dy(t)}{dt} = x(t) \tag{3.53}$$

의 관계를 얻을 수 있고, 여기에다 미분신호의 푸리에 변환 성질인 식 (3.49)를 적용하면

$$Y(jw) = \frac{1}{jw}X(jw) \tag{3.54}$$

을 얻을 수 있다. 그러나 일반적으로 직류성분인 $X(0)$가 0이 아닌 경우에는 $y(t)$의 직류성분이 $\frac{1}{2}X(0)$가 된다. 이것은 t에 대하여 상수이기 때문에 식 (3.45)에 주어진 성질을 이용하여, 해당 푸리에 변환을 $\frac{1}{2}X(0)\cdot 2\pi\delta(w) = \pi X(0)\delta(w)$와 같이 계산할 수 있다. 결론적으로 일반적인 신호에 대해서 식 (3.50)이 성립함을 알 수 있다.

예제 3.6 적분성질을 이용한 단위스텝신호의 푸리에 변환

단위스텝 신호 $x(t) = u(t)$의 푸리에 변환을 적분신호의 푸리에 변환 성질인 식 (3.50)와 아래의 관계를 이용해서 구할 수 있다.

$$g(t) = \delta(t) \overset{\mathcal{F}}{\leftrightarrow} G(jw) = 1$$

$x(t)$와 $g(t)$ 사이에는

$$x(t) = \int_{-\infty}^{t} g(\tau)d\tau$$

인 관계가 성립하고, 이 신호를 식 (3.50)을 사용해서 푸리에 변환하면

$$X(jw) = \frac{G(jw)}{jw} + \pi G(0)\delta(w) = \frac{1}{jw} + \pi\delta(w)$$

을 얻을 수 있다.

추가적으로 위에서 구한 푸리에 변환 결과에 식 (3.49)의 미분성질과 $w\delta(w) = 0$인 성질을 적용하면

$$\delta(t) = \frac{du(t)}{dt} \overset{\mathcal{F}}{\leftrightarrow} jw\left[\frac{1}{jw} + \pi\delta(w)\right] = 1$$

가 됨을 확인할 수 있다. ■

3.4.6 파스발 정리

파스발 정리(Parseval's Relation)를 설명하기에 앞서, 내적의 개념을 설명하기 위해서 아주 간단한 2차원 벡터 $x = [x_1, x_2]^T$와 $y = [y_1, y_2]^T$의 내적(inner product)은

$$\langle x, y\rangle = |x||y|\cos\theta = x_1y_1 + x_2y_2 \tag{3.55}$$

와 같이 정의되고, 여기에서 θ는 두 개의 벡터 x와 y가 이루는 각을 나타낸다. 식 (3.55)에서 보면 두 벡터의 길이가 고정된 상태에서는 θ가 0에 가까워질수록 내적의 값이 커짐을 알 수 있다. 다시 말해서, 두 벡터가 공통적으로 가리키는 방향성분의 많고 적음이 내적의 의미가 된다. 이 개념을 이산시간 신호로 확장시키면, 복소수 값을 갖는 두 개의 이산시간 신호 $x[n]$과 $y[n]$의 내적은

$$\langle x[n], y[n]\rangle = \sum_{k=-\infty}^{\infty} x[k]y^*[k] \tag{3.56}$$

와 같이 정의된다. 이산시간 신호의 내적도 벡터의 경우와 마찬가지로 두 신호가 서로 간에 얼마나 공통된 성분을 포함하고 있는가를 수치로 나타내고 있다. 마지막으로 내

적의 개념을 연속시간 신호로 확장하면, 시간 t의 전구간에 대해서 정의되는 두 연속시간 신호 $x(t)$와 $y(t)$의 내적을

$$\langle x(t), y(t) \rangle = \int_{-\infty}^{\infty} x(t) y^*(t) dt \tag{3.57}$$

와 같이 정의하고, 이것은 역시 벡터나 이산시간 신호의 내적과 마찬가지로 두 연속시간 신호가 갖는 공통적인 성분을 수치로 나타내고 있다. 식 (3.57)에 주어진 내적의 정의를 다음과 같은 유도를 거쳐서 두 신호의 푸리에 변환으로 나타낼 수 있다.

$$\begin{aligned} \int_{-\infty}^{\infty} x(t) y^*(t) dt &= \int_{-\infty}^{\infty} x(t) \left[\frac{1}{2\pi} \int_{-\infty}^{\infty} Y^*(jw) e^{-jwt} dw \right] dt \\ &= \frac{1}{2\pi} \int_{-\infty}^{\infty} Y^*(jw) \left[\int_{-\infty}^{\infty} x(t) e^{-jwt} dt \right] dw \\ &= \frac{1}{2\pi} \int_{-\infty}^{\infty} X(jw) Y^*(jw) dw \end{aligned} \tag{3.58}$$

식 (3.58)의 결과가 의미하는 것은 두 연속시간 신호의 내적과 각각의 푸리에 변환의 내적은 상수가 곱해진 부분을 제외하고는 동일하다는 것이다. 푸리에 변환과 역변환의 유일한 관계가 존재하면, 시간축상에서 정의되는 신호와 주파수축상에서 정의되는 해당 푸리에 변환은 서로 형태는 다르지만 결국 동일한 신호를 나타낸다. 따라서 시간축상에서 두 신호의 공통적인 성분의 양이나, 주파수축상에서 두 푸리에 변환의 공통적인 성분의 양은 동일할 수밖에 없다.

특히 서로 같은 신호를 내적한 것을 그 신호의 에너지라고 정의하는데, 이 경우 식 (3.58)로부터

$$\int_{-\infty}^{\infty} |x(t)|^2 dt = \frac{1}{2\pi} \int_{-\infty}^{\infty} |X(jw)|^2 dw \tag{3.59}$$

의 관계를 얻을 수 있다. 마찬가지로 $x(t)$와 $X(jw)$는 서로 같은 정보를 표현하고 있기 때문에 $\frac{1}{2\pi}$ 만큼의 상수비율을 제외하고 그 에너지들은 동일하다.

예제 3.7 파스발 정리를 이용한 신호의 에너지 계산

신호 $x(t)=e^{-t}u(t)$의 에너지를 계산하기 위해서 파스발 정리를 사용하는 과정은 다음과 같다. 우선 이 신호의 푸리에 변환은

$$X(jw) = \int_0^\infty e^{-t}e^{-jwt}dt = \int_0^\infty e^{-(1+jw)t}dt = \frac{1}{1+jw}$$

가 되고, 식 (3.59)를 사용하면 이 신호의 전체에너지는

$$E = \int_{-\infty}^{\infty} |x(t)|^2 dt = \frac{1}{2\pi}\int_{-\infty}^{\infty} \frac{1}{1+w^2}dw = \frac{1}{2}$$

가 된다. 또한 $-4<w<4$인 범위의 에너지는

$$\Delta E = \frac{1}{2\pi}\int_{-4}^{4}\frac{1}{1+w^2}dw = \frac{1}{\pi}\int_0^4 \frac{1}{1+w^2}dw = \frac{1}{\pi}\tan^{-1}w|_0^4 \approx 0.422$$

와 같이 계산할 수 있다. ■

3.4.7 중첩적분(Convolution integral) 성질

선형시불변 시스템에 어떤 입력이 인가되었을 때, 출력은 입력과 시스템의 임펄스응답의 중첩적분으로 결정됨을 1장에서 정리한 바 있다. 따라서 두 연속시간 신호간의 중첩적분은 시스템의 해석에 있어서 매우 중요한 역할을 함을 알 수 있다. 이 절에서는 시스템에 특정한 주파수 성분이 입력되었을 때, 해당 출력이 어떻게 결정되는가를 이해하기 위해서 형태불변신호(eigen signal)를 정의하고, 2장에서 정리하였던 푸리에급수를 사용한 시스템의 해석을 간략하게 다시 정리한 후, 이것을 확장하여 연속시간 비주기신호에 대한 시스템의 출력을 결정하는 과정을 유도하고자 한다.

우선 임펄스응답 $h(t)$를 갖는 연속시간 선형시불변 시스템에 입력 $x(t)$가 인가되었을 때, 출력 $y(t)$가

$$y(t) = Kx(t) \tag{3.60}$$

와 같은 형태로 결정될 때, $x(t)$를 이 시스템의 형태불변신호라 정의한다. 2장에서 정리한 바와 같이 복소지수함수 e^{jkw_0t}는 모든 선형시불변 시스템의 형태불변신호인데 그 이유는 다음과 같다. 입력이 $x(t)=e^{jkw_0t}$인 경우, 출력은 식 (1.62)와 (1.64)에 의해서

$$y(t)=\int_{-\infty}^{\infty}h(\tau)e^{jkw_0(t-\tau)}d\tau=e^{jkw_0t}\int_{-\infty}^{\infty}h(\tau)e^{-jkw_0\tau}d\tau \tag{3.61}$$

와 같이 결정된다. 여기에서 $H(jkw_0)=\int_{-\infty}^{\infty}h(\tau)e^{-jkw_0\tau}d\tau$로 정의하면 식 (3.61)은

$$y(t)=H(jkw_0)e^{jkw_0t} \tag{3.62}$$

와 같이 입력신호에 시간 t에 대해서 상수이고, 기본주파수 w_0의 함수인 $H(jkw_0)$가 곱해진 형태가 된다. 이 결과를 사용하여 임의의 주기신호가 입력되었을 때 시스템의 출력은,

$$x(t)=\sum_{k=-\infty}^{\infty}a_ke^{jkw_0t} \tag{3.63}$$

와 같이 주기신호가 기본주파수 w_0의 정수배가 되는 kw_0의 주파수를 갖는 복소지수함수들의 선형조합으로 표현된다는 푸리에급수 이론을 이용하여

$$y(t)=\sum_{k=-\infty}^{\infty}a_kH(jkw_0)e^{jkw_0t} \tag{3.64}$$

로 주어진다. 여기에서 푸리에급수 a_k를 변형하여

$$Ta_k=\int_{-\infty}^{\infty}x(t)e^{-jkw_0t}dt=X(jkw_0) \tag{3.65}$$

와 같이 정의하면 식 (3.64)는

$$y(t) = \sum_{k=-\infty}^{\infty} \frac{1}{T} X(jkw_0) H(jkw_0) e^{jkw_0 t} = \frac{1}{2\pi} \sum_{k=-\infty}^{\infty} X(jkw_0) H(jkw_0) e^{jkw_0 t} w_0 \qquad (3.66)$$

와 같이 변형된다. 3.2절에서 유도한 푸리에급수에서 기본주파수 w_0를 0에 접근시켜서 비주기신호의 푸리에 변환을 얻은 방법을 사용하면

$$y(t) = \lim_{w_0 \to 0} \sum_{k=-\infty}^{\infty} \frac{1}{2\pi} X(jkw_0) H(jkw_0) e^{jkw_0 t} w_0 = \frac{1}{2\pi} \int_{-\infty}^{\infty} X(jw) H(jw) e^{jwt} dw \qquad (3.67)$$

를 얻을 수 있다. 식 (3.67)을 관찰해보면 푸리에 역변환의 정리에 의해서 $y(t)$의 푸리에 변환이

$$Y(jw) = X(jw) H(jw) \qquad (3.68)$$

이 됨을 알 수 있다. 지금까지는 형태불변신호와 푸리에 급수 이론을 확장하여 선형시불변 시스템의 출력을 결정하는 방법을 개념적으로 설명하였는데, 같은 결과가 다음과 같은 수식 전개를 통해서도 얻어진다. 즉, 입력 $x(t)$가 선형시불변 시스템 $h(t)$에 인가되었을 때, 출력은

$$y(t) = \int_{-\infty}^{\infty} x(\tau) h(t-\tau) d\tau \qquad (3.69)$$

로 주어지는데, 이 식의 양변을 푸리에 변환하고, 적분의 순서를 적절하게 바꾸면

$$\begin{aligned} Y(jw) &= \int_{-\infty}^{\infty} \left[\int_{-\infty}^{\infty} x(\tau) h(t-\tau) d\tau \right] e^{-jwt} dt \\ &= \int_{-\infty}^{\infty} x(\tau) \left[\int_{-\infty}^{\infty} h(t-\tau) e^{-jwt} dt \right] d\tau \\ &= \left[\int_{-\infty}^{\infty} x(\tau) e^{-jw\tau} d\tau \right] \cdot [H(jw)] \\ &= X(jw) H(jw) \end{aligned} \qquad (3.70)$$

을 얻을 수 있다. 결론적으로

$$y(t) = x(t) * h(t) \overset{\mathcal{F}}{\leftrightarrow} Y(jw) = X(jw)H(jw) \tag{3.71}$$

와 같은 푸리에 변환쌍이 주어진다. 식 (3.71)은 선형시불변 시스템의 출력은 입력신호와 시스템의 임펄스응답의 중첩적분으로 결정되는데, 출력의 푸리에 변환은 입력의 푸리에 변환과 임펄스응답의 푸리에 변환의 곱으로 간단하게 구할 수 있다는 것을 의미한다.

예제 3.8 중첩적분의 성질을 이용한 선형시불변 시스템의 출력 계산

임펄스응답 $h(t) = e^{-at}u(t)$를 갖는 선형시불변 시스템에 입력신호 $x(t) = u(t)$가 인가되었다고 가정하면 출력신호의 푸리에 변환은 식 (3.70)에 의해서

$$Y(jw) = X(jw)H(jw) = \left\{\pi\delta(w) + \frac{1}{jw}\right\}\left\{\frac{1}{a+jw}\right\}$$

와 같이 구할 수 있다. 푸리에 역변환을 위해서 이 식을 재배열하면

$$Y(jw) = \frac{1}{a}\left\{\pi\delta(w) + \frac{1}{jw}\right\} - \frac{1}{a}\frac{1}{a+jw}$$

가 되고, 이것을 푸리에 역변환 하면

$$y(t) = \frac{1}{a}u(t) - \frac{1}{a}e^{-at}u(t) = \frac{1}{a}(1-e^{-at})u(t)$$

를 얻는다. ■

예제 3.9 시간이동된 임펄스응답을 갖는 선형시불변 시스템의 출력 계산

어떤 선형시불변 시스템이 임펄스응답 $h(t) = \delta(t - t_0)$를 갖는다고 가정하면, 그 주파수응답은 임

펄스응답의 푸리에 변환으로

$$H(jw) = e^{-jwt_0}$$

와 같이 얻어지고, 입력 $x(t)$가 인가될 때 출력의 푸리에 변환은

$$Y(jw) = e^{-jwt_0} X(jw)$$

가 된다. 이것을 식 (3.31)의 성질을 이용해서 푸리에 역변환 하면

$$y(t) = x(t - t_0)$$

와 같이 입력이 t_0만큼 시간이동된 출력을 얻게 됨을 알 수 있다. ■

예제 3.10 적분신호의 푸리에 변환 증명

어떤 선형시불변 시스템의 입출력 관계가

$$y(t) = \int_{-\infty}^{t} x(\tau)\, d\tau$$

와 같이 주어졌을 때, 이 시스템의 임펄스응답이 단위스텝 $u(t)$가 됨을 증명하시오.

임펄스응답을 $h(t)$라 할 때, 주파수응답은

$$H(jw) = \frac{1}{jw} + \pi\delta(w)$$

가 되고, 식 (3.71)에 의하면

$$Y(jw) = H(jw)X(jw) = \frac{1}{jw} X(jw) + \pi X(0)\delta(w)$$

를 얻을 수 있다. 이것은 식 (3.50)의 적분신호의 푸리에 변환 결과와 일치함을 알 수 있다. ■

예제 3.11 삼각형신호의 푸리에 변환

아래와 같은 삼각형신호 $\Delta(t/\tau)$는

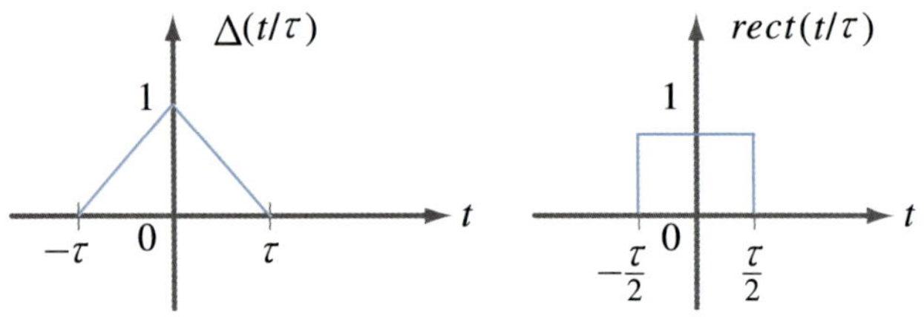

사각형신호 $rect(t/\tau)$의 중첩적분으로 다음과 같이 표현할 수 있다.

$$\Delta(t/\tau) = \frac{1}{\sqrt{\tau}} rect(t/\tau) * \frac{1}{\sqrt{\tau}} rect(t/\tau)$$

이 삼각형신호의 푸리에 변환은 중첩적분의 푸리에 변환 성질을 이용해서

$$\mathcal{F}\{\Delta(t/\tau)\} = \left[\mathcal{F}\left\{\frac{1}{\sqrt{\tau}} rect(t/\tau)\right\}\right]^2 = \tau\left(\operatorname{sinc}\left(\frac{w\tau}{2\pi}\right)\right)^2$$

를 얻을 수 있다. ■

예제 3.12 중첩적분의 성질을 이용한 선형시불변 시스템의 입력 계산

어떤 선형시불변 시스템의 임펄스응답이

$$h(t) = e^{-at}u(t)$$

이고, 출력이

$$y(t) = (e^{-bt} - e^{-ct})u(t)$$

이라 하면 중첩적분의 성질에 의해서 입력의 푸리에 변환은

$$X(jw)=\frac{Y(jw)}{H(jw)}=\frac{(c-b)(jw+a)}{(jw+b)(jw+c)}=\frac{a-b}{jw+b}+\frac{c-a}{jw+c},$$

와 같이 얻을 수 있다. 이것을 푸리에 역변환하면 입력신호

$$x(t)=(a-b)\,e^{-bt}u(t)+(c-a)\,e^{-ct}u(t)$$

를 얻는다. ■

3.4.8 곱셈으로 표현된 신호의 푸리에 변환

식 (3.71)에 주어진 중첩적분으로 표현된 신호의 푸리에 변환쌍으로부터 푸리에 변환의 쌍대성을 사용하면

$$r(t)=p(t)q(t)\overset{\mathcal{F}}{\leftrightarrow}R(jw)=\frac{1}{2\pi}P(jw)*Q(jw) \tag{3.72}$$

의 관계를 얻을 수 있다. 신호의 중첩적분은 선형시불변 시스템의 출력을 결정하는데 많이 사용되는 반면, 신호의 곱은 신호의 변조(modulation) 및 표본화(sampling)에 많이 사용되는 중요한 개념이다.

예제 3.13 두 신호의 곱으로 표현된 신호의 푸리에 변환

어떤 신호 $s(t)$의 푸리에 변환 $S(jw)$가 아래의 그림과 같이 주어졌을 때,

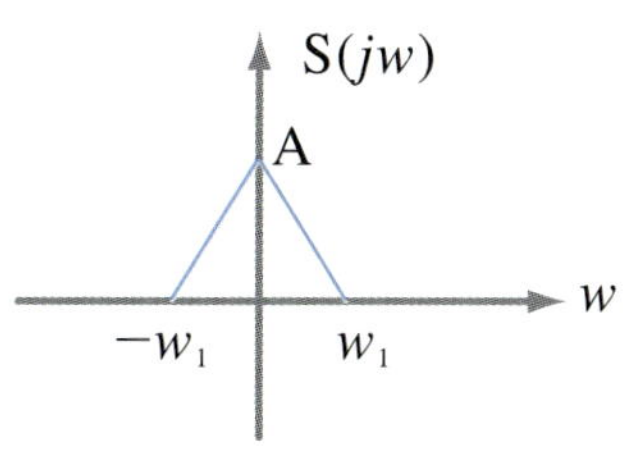

이 신호를 정현파신호 $p(t)=\cos w_0 t$와 곱한 신호를 $r(t)=s(t)p(t)$이라 하면, 이 신호의 푸리에 변환은 식 (3.72)의 곱셈신호의 푸리에 변환 성질을 사용하면

$$R(jw) = \frac{1}{2\pi} S(jw) * P(jw)$$

와 같이 구할 수 있다. 이 때 $p(t)$의 푸리에 변환이

$$P(jw) = \pi\delta(w - w_0) + \pi\delta(w + w_0)$$

이므로

$$R(jw) = \frac{1}{2} S(j(w - w_0)) + \frac{1}{2} S(j(w + w_0))$$

가 되고, $P(jw)$와 $R(jw)$의 형태가 차례로 아래 그림에 보인다.

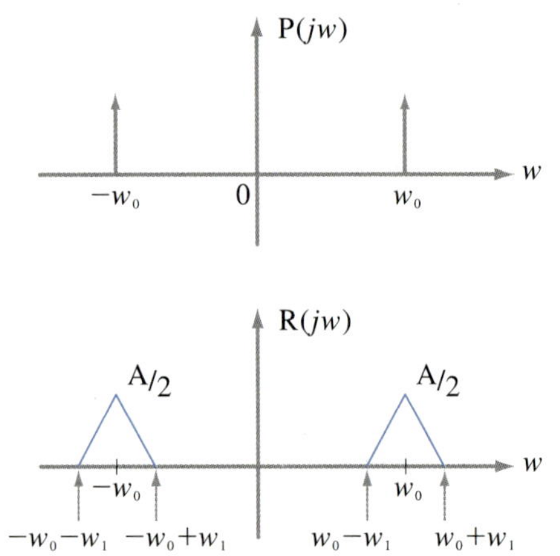

위 그림에서 $w_0 > w_1$으로 가정하여 $R(jw)$가 갖는 두 개의 주파수 성분이 서로 겹치지 않도록 하였다. ■

예제 3.14 임펄스열과 곱해진 신호의 푸리에 변환

신호 $x_s(t)$가 두 신호의 곱으로

$$x_s(t) = x(t)p(t)$$

와 같이 정의된다. 이 때 주기적인 임펄스열(periodic impulse train)을 나타내는 신호 $p(t)$는

$$p(t) = \sum_{n=-\infty}^{\infty} \delta(t-nT)$$

로 표현할 수 있고, 그 형태는 다음 그림과 같다.

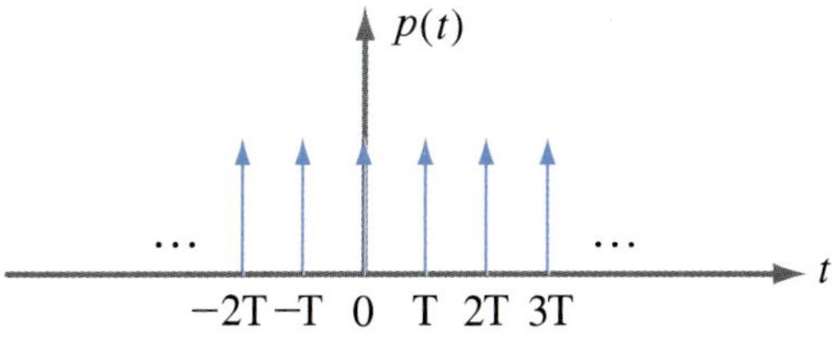

참고로 연속시간 단위임펄스 신호의 샘플링 성질을 사용하면

$$x_s(t) = \sum_{n=-\infty}^{\infty} x(nT)\delta(t-nT)$$

를 얻을 수 있는데, 이는 신호 $x_s(t)$가 간격 T인 임펄스열로 이루어져 있고, 시간 t에서 임펄스의 높이(혹은 강도)는 $x(t)$로 결정됨을 의미한다.

$p(t)$의 푸리에 변환을 구하기 위해서 식 (3.25)를 사용하면, 이 주기신호의 푸리에 계수는

$$a_k = \frac{1}{T}\int_{-\frac{T}{2}}^{\frac{T}{2}} p(t)e^{-j\frac{2\pi kt}{T}}dt = \frac{1}{T}$$

가 되고, 이 푸리에 계수를 이용하여 $p(t)$를 푸리에 급수로 표현하면

$$p(t) = \sum_{n=-\infty}^{\infty} \frac{1}{T}e^{j\frac{2\pi nt}{T}}$$

를 얻는다. 이 식에 식 (3.23)의 성질을 적용하면 $p(t)$의 푸리에 변환

$$P(jw) = \frac{2\pi}{T}\sum_{n=-\infty}^{\infty}\delta\left(w-\frac{2\pi n}{T}\right)$$

을 얻을 수 있다.

식 (3.72)의 곱셈성질을 이용하면 $x_s(t)$의 푸리에 변환을 다음과 같이 얻을 수 있다.

$$\begin{aligned} X_s(jw) &= \frac{1}{2\pi}X(jw) * P(jw) \\ &= \frac{1}{T}\sum_{n=-\infty}^{\infty}X(jw) * \delta\left(w-\frac{2\pi n}{T}\right) = \frac{1}{T}\sum_{n=-\infty}^{\infty}X\left(j\left(w-\frac{2\pi n}{T}\right)\right) \end{aligned}$$

위 식에서 알 수 있듯이, $X_s(jw)$는 $X(jw)$가 주기적으로 반복되는 형태를 갖는다. 어떤 신호와 주기성을 갖는 임펄스열의 곱셈으로 표현된 신호의 해석은 6장에서 공부할 샘플링의 출발점이 되는 매우 중요한 이론이다. ■

지금까지 설명한 푸리에 변환의 성질들 및 추가되는 내용을 〈표 3.1〉에, 기본적인 신호들에 대한 푸리에 변환을 〈표 3.2〉에 요약하였다.

| 표 3.1 | 푸리에 변환의 성질

성질	비주기 신호	푸리에 변환
	$x(t)$ $y(t)$	$X(jw)$ $Y(jw)$
선형성	$ax(t)+by(t)$	$aX(jw)+bY(jw)$
시간 이동	$x(t-t_0)$	$e^{-jwt_0}X(jw)$
주파수 이동	$e^{jw_0t}x(t)$	$X(j(w-w_0))$
공액복소수	$x^*(t)$	$X^*(-jw)$
시간반전	$x(-t)$	$X(-jw)$
시간압축 및 확장	$x(at)$	$\frac{1}{\lvert a\rvert}X\left(\frac{jw}{a}\right)$

성질	비주기 신호	푸리에 변환
중첩적분	$x(t)*y(t)$	$X(jw)Y(jw)$
곱셈	$x(t)y(t)$	$\frac{1}{2\pi}X(jw)*Y(jw)$
미분	$\frac{d}{dt}x(t)$	$jwX(jw)$
적분	$\int_{-\infty}^{t}x(\tau)d\tau$	$\frac{1}{jw}X(jw)+\pi X(0)\delta(w)$
주파수상의 미분	$tx(t)$	$j\frac{d}{dw}X(jw)$
실수신호의 공액대칭성	$x(t)$ real	$\begin{cases} X(jw) = X^*(-jw) \\ Re\{X(jw)\} = Re\{X(-jw)\} \\ Im\{X(jw)\} = Im\{X(-jw)\} \\ \lvert X(jw)\rvert = \lvert X(-jw)\rvert \\ \angle X(jw) = \angle X(-jw) \end{cases}$
실수 우신호	$x(t)$ real and even	$X(jw)$ real and even
실수 기신호	$x(t)$ real and odd	$X(jw)$ purely imaginary and odd
우신호와 기신호의 분해	$x_e(t) = Ev\{x(t)\}$ $x_o(t) = Od\{x(t)\}$	$Re\{X(jw)\}$ $jIm\{X(jw)\}$

| 표 3.2 | 기본적인 신호들과 해당되는 푸리에 변환들

신호	푸리에 변환	주기신호인 경우 푸리에 계수
$\sum_{k=-\infty}^{+\infty} a_k e^{jk\omega_0 t}$	$2\pi\sum_{k=-\infty}^{+\infty} a_k\delta(\omega-k\omega_0)$	a_k
$e^{j\omega_0 t}$	$2\pi\delta(\omega-\omega_0)$	$a_1=1$ $a_k=0,\quad k\neq 1$
$\cos\omega_0 t$	$\pi[\delta(\omega-\omega_0)+\delta(\omega+\omega_0)]$	$a_1=a_{-1}=\frac{1}{2}$ $a_k=0,\quad k\neq 1$
$\sin\omega_0 t$	$\frac{\pi}{j}[\delta(\omega-\omega_0)-\delta(\omega+\omega_0)]$	$a_1=-a_{-1}=\frac{1}{2j}$ $a_k=0,\quad k\neq 1$

신호	푸리에 변환	주기신호인 경우 푸리에 계수
$x(t)=1$	$2\pi\delta(\omega)$	$a_0=1$, $a_k=0, \quad k\neq 0$
$x(t)=\begin{cases}1, & \lvert t\rvert < T_1\\ 0, & T_1<\lvert t\rvert\leq \frac{T}{2}\end{cases}$ and $x(t+T)=x(t)$	$\sum_{k=-\infty}^{+\infty}\frac{2\sin k\omega_0 T_1}{k}\delta(\omega-k\omega_0)$	$\frac{\omega_0 T_1}{\pi}\text{sinc}\left(\frac{k\omega_0 T_1}{\pi}\right)=\frac{\sin k\omega_0 T_1}{k\pi}$
$\sum_{n=-\infty}^{+\infty}\delta(t-nT)$	$\frac{2\pi}{T}\sum_{k=-\infty}^{+\infty}\delta\left(\omega-\frac{2\pi k}{T}\right)$	$a_k=\frac{1}{T}$ for all k
$x(t)=\begin{cases}1, & \lvert t\rvert < T_1\\ 0, & \lvert t\rvert > T_1\end{cases}$	$\frac{2\sin\omega T_1}{\omega}$	-
$\frac{\sin Wt}{\pi t}$	$X(j\omega)=\begin{cases}1, & \lvert\omega\rvert < W\\ 0, & \lvert\omega\rvert > W\end{cases}$	-
$\delta(t)$	1	-
$u(t)$	$\frac{1}{j\omega}+\pi\delta(\omega)$	-
$\delta(t-t_0)$	$e^{-j\omega t_0}$	-
$e^{-at}u(t)$, $Re\{a\}>0$	$\frac{1}{a+j\omega}$	-
$te^{-at}u(t)$, $Re\{a\}>0$	$\frac{1}{(a+j\omega)^2}$	-
$\frac{t^{n-1}}{(n-1)!}e^{-at}u(t)$, $Re\{a\}>0$	$\frac{1}{(a+j\omega)^n}$	-

3.5 선형 미분방정식으로 표현된 시스템의 해석

상수계수를 갖는 선형미분방정식으로 표현할 수 있는 시스템의 해석이 중요한 이유에 대해서는 1.10절에서 논의한 바 있다. 이 절에서는 시스템의 입력과 출력을 차례대로 $x(t)$와 $y(t)$라 할 때,

$$\sum_{k=0}^{N} a_k \frac{d^k y(t)}{dt^k} = \sum_{l=0}^{M} b_l \frac{d^l x(t)}{dt^l} \tag{3.73}$$

의 관계를 만족하는 시스템을 푸리에 변환을 사용하여 해석하는 방법에 대해서 알아보기로 한다. 우선 식 (3.73)의 양변에 푸리에 변환을 수행하면

$$\mathcal{F}\left\{ \sum_{k=0}^{N} a_k \frac{d^k y(t)}{dt^k} \right\} = \mathcal{F}\left\{ \sum_{l=0}^{M} b_l \frac{d^l x(t)}{dt^l} \right\} \tag{3.74}$$

이 되는데, 여기에다 푸리에 변환의 선형성을 나타내는 식 (3.28)과 미분신호의 푸리에 변환을 나타내는 식 (3.49)을 차례로 적용하면 식 (3.74)의 좌변은

$$\mathcal{F}\left\{ \sum_{k=0}^{N} a_k \frac{d^k y(t)}{dt^k} \right\} = \sum_{k=0}^{N} a_k \mathcal{F}\left\{ \frac{d^k y(t)}{dt^k} \right\} = \sum_{k=0}^{N} a_k (jw)^k Y(jw) \tag{3.75}$$

가 되고, 식 (3.74)의 우변은

$$\mathcal{F}\left\{ \sum_{l=0}^{M} b_l \frac{d^l x(t)}{dt^l} \right\} = \sum_{l=0}^{M} b_l \mathcal{F}\left\{ \frac{d^l x(t)}{dt^l} \right\} = \sum_{l=0}^{M} b_l (jw)^l X(jw) \tag{3.76}$$

가 된다. 식 (3.75)와 (3.76) 사이에는 등식이 성립하므로

$$Y(jw)\left[\sum_{k=0}^{N} a_k (jw)^k \right] = X(jw)\left[\sum_{l=0}^{M} b_l (jw)^l \right] \tag{3.77}$$

가 되고, 이것으로부터 시스템의 임펄스응답의 푸리에 변환을 구하면

$$H(jw) = \frac{Y(jw)}{X(jw)} = \frac{\sum_{l=0}^{M} b_l (jw)^l}{\sum_{k=0}^{N} a_k (jw)^k} \tag{3.78}$$

가 된다. 이러한 임펄스응답의 푸리에 변환을 시스템의 주파수응답이라 하는데, 상수계수의 선형미분방정식으로 표현되는 선형시불변 시스템의 주파수응답은 식 (3.78)에서 보는 바와 같이 jw 에 대한 유리함수(rational function), 즉 jw 에 대한 두 다항식의

비(ratio)가 된다. 또한 식 (3.78)로부터 알 수 있는 것은 시스템의 주파수응답은 미분방정식의 상수계수만 알면 자동적으로 구할 수가 있다는 점이다.

예제 3.15 1차 미분방정식으로 표현된 선형시불변 시스템의 임펄스응답

다음과 같은 미분방정식으로 표현된 선형시불변 시스템을 생각해보자.

$$\frac{dy(t)}{dt} + y(t) = x(t)$$

우선 이 시스템의 주파수응답을 얻기 위해서 식 (3.78)을 이용하면

$$H(jw) = \frac{1}{1+jw}$$

가 되고 이것은 〈표 3.2〉로부터 $e^{-t}u(t)$의 푸리에 변환이라는 것을 알고 있으므로, 임펄스응답은

$$h(t) = e^{-t}u(t)$$

가 됨을 알 수 있다. ■

예제 3.16 2차 미분방정식으로 표현된 선형시불변 시스템의 임펄스응답

다음과 같은 2차 미분방정식으로 표현된 선형시불변 시스템을 생각해보기로 한다.

$$\frac{d^2y(t)}{dt^2} + 4\frac{dy(t)}{dt} + 3y(t) = \frac{dx(t)}{dt} + 2x(t)$$

식 (3.78)을 이용하면 이 시스템의 주파수응답은

$$H(jw) = \frac{jw+2}{(jw)^2+4(jw)+3}$$

이 되고, 이것을 부분분수 형태로 다시 쓰면

$$H(jw) = \frac{jw+2}{(jw+1)(jw+3)} = \frac{\frac{1}{2}}{jw+1} + \frac{\frac{1}{2}}{jw+3}$$

이 된다. 따라서 이 시스템의 임펄스응답은 다음과 같다.

$$h(t) = \frac{1}{2}e^{-t}u(t) + \frac{1}{2}e^{-3t}u(t)$$ ■

3.6 푸리에 변환의 응용

3.6.1 진폭변조

진폭변조(amplitude modulation)는 아날로그 통신시스템에 사용되는 대표적인 기술 중의 하나이다. 통신시스템의 목적은 필요한 정보를 한 장소에서 다른 장소로 전송하는 것이다. 이를 위해서 정보를 담고 있는 신호를 변조의 과정을 거쳐서 다른 형태로 변환한 후 전송의 통로가 되는 통신채널로 보내게 된다. 이와 같이 신호를 변조하는 이유는 잡음과 간섭을 최소화하고 전송대역을 효과적으로 활용하고자 함이다.

〈그림 3.8〉에 곱셈기를 사용한 신호의 변조과정이 보인다. 여기에서 $x(t)$는 정보를 담고 있는 입력신호를 나타내고, $m(t)$는 전달신호(carrier signal)를 나타낸다. 전달신호 $m(t)$에 따라서 서로 다른 변조의 방식이 결정되는데, 여기에서는 가장 기본이 되는 형태인 2중대역(double-sideband) 진폭변조를 수행하기 위해서 $m(t) = \cos w_0 t$를 사용하기로 한다.

진폭변조의 성질을 이해하기 위해서 우선 변조된 신호

$$y(t) = x(t)\cos w_0 t \tag{3.79}$$

의 푸리에 변환을 구해보기로 한다. $y(t)$가 시간영역에서 두 신호의 곱으로 이루어졌기 때문에, 주파수 영역에서는 두 신호의 푸리에 변환의 중첩적분으로 다음과 같이 나

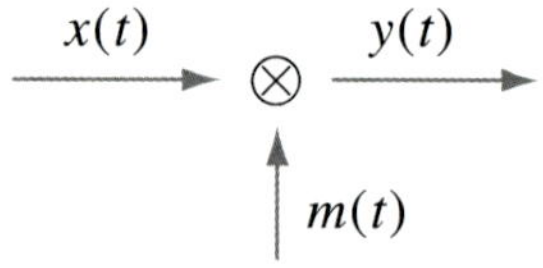

| 그림 3.8 | 곱셈기를 사용한 신호의 진폭변조

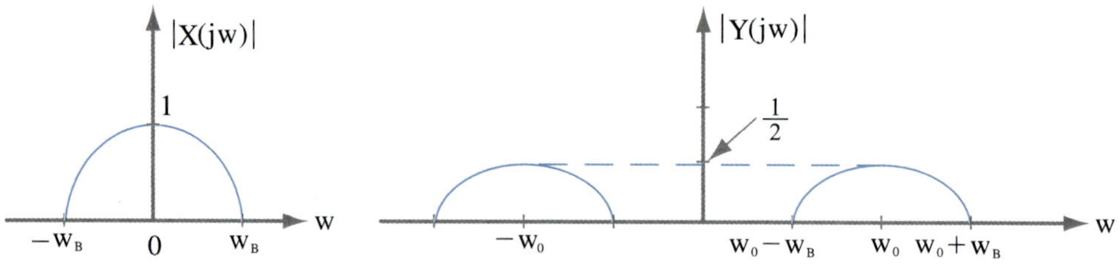

| 그림 3.9 | 입력신호와 변조된 신호의 진폭 스펙트럼

타낼 수 있다.

$$\begin{aligned} Y(jw) &= \frac{1}{2\pi} X(jw) * \pi[\delta(w - w_0) + \delta(w + w_0)] \\ &= \frac{1}{2}[X(j(w - w_0)) + X(j(w + w_0))] \end{aligned} \tag{3.80}$$

신호 $x(t)$와 $y(t)$의 진폭 스펙트럼(magnitude spectrum)인 $|X(jw)|$와 $|Y(jw)|$가 각각 〈그림 3.9〉에 보인다.

이와 같이 변조된 신호 $y(t)$가 전송채널을 통해서 다른 장소로 보내지면, 수신된 변조신호로부터 다시 정보를 담고 있는 입력신호 $x(t)$를 추출해내야 하는데, 이 과정을 복조(demodulation)라고 한다. 〈그림 3.9〉로부터 복조과정을 개념적으로 추론해본다면, 우선 변조된 신호의 진폭스펙트럼을 왼쪽으로 w_0만큼 이동시키고, 진폭을 두 배로 확장한 후, 두 개의 주파수 대역 중 오른 쪽 하나만 선택하면 입력신호의 진폭스펙트럼과 동일한 신호를 얻을 수 있을 것이다. 이과 같은 방법을 동기화된 복조라고 하는데, 수식적으로는 다음과 같이 정리할 수 있다. 우선 변조된 신호에 다시 $\cos w_0 t$를 곱해서 새로운 신호

$$z(t) = y(t)\cos w_0 t \tag{3.81}$$

를 얻는다. 이 신호의 푸리에 변환이

$$Z(jw) = \frac{1}{2\pi} Y(jw) * \pi[\delta(w - w_0) + \delta(w + w_0)] \qquad (3.82)$$

와 같이 얻어지고, 그 형태는 〈그림 3.10(a)〉에 보인다.

$z(t)$의 진폭스펙트럼으로부터 원래의 입력신호 성분만을 추출하기 위해서, $z(t)$를 특정한 시스템에 통과시켜야 하는데, 그 시스템의 주파수응답이 〈그림 3.10(b)〉와 같은 경우 우리가 원하는 신호의 진폭스펙트럼을 〈그림 3.10(c)〉와 같이 얻을 수 있다.

〈그림 3.10(b)〉와 같은 주파수응답을 갖는 시스템을 저대역 필터라고 하는데, 그 이유는 이 시스템의 출력이 w_B보다 작은 주파수만 통과시키고, 그 이상의 고주파성분은 차단하는 역할을 하기 때문이다.

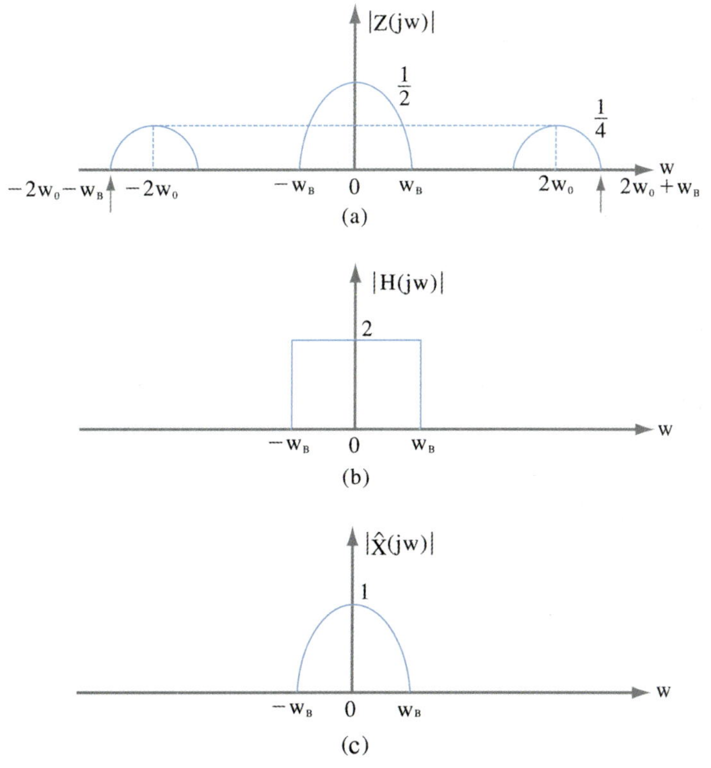

그림 3.10 복조과정: (a) $z(t)$의 진폭스펙트럼, (b) 저대역 필터의 주파스응답, (c) 복조과정을 거쳐서 추출된 입력신호

3.6.2 주파수분할 다중화기(frequency-division multiplexer)

여러 개의 서로 다른 신호를 하나의 채널을 통해서 동시에 전송하고자 할 때, 전송채널이 수용할 수 있는 주파수 대역을 나누어서 각각의 신호에 할당하는 것이 매우 효과적인 방법인데, 이것을 주파수분할 다중화 기술이라 한다. 예를 들어 한 도시에서 AM 라디오, 텔레비전, 경찰의 무전기, 휴대폰, 개인용 통신장치 등이 동시에 동작할 수 있는 이유가 각기 고유의 주파수 대역을 할당받아서 사용하기 때문이다. 이 때 중요한 것은 모든 신호들이 대역제한(band-limited)되어 있다는 가정하에 주파수분할 다중화 시스템이 정상적으로 동작하는 것이고, 만약 어떤 신호가 대역제한되어 있지 않다면 저역 필터를 사용해서 대역을 제한한 후에 사용해야 한다.

〈그림 3.11〉에 세 개의 서로 다른 신호들의 진폭스펙트럼이 보인다.

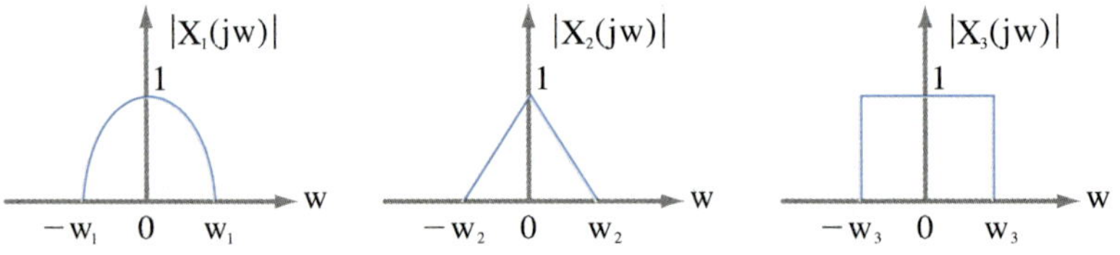

그림 3.11 주파수분할 다중화 시스템에 입력될 세 신호 $x_1(t)$, $x_2(t)$, $x_3(t)$의 진폭스펙트럼

세 신호 $x_1(t)$, $x_2(t)$, $x_3(t)$를 각기 서로 다른 주파수로 변조한 후 그 합을 구하면

$$y(t) = x_1(t)\cos w_1 t + x_2(t)\cos w_2 t + x_3(t)\cos w_3 t \tag{3.83}$$

을 얻을 수 있고, 이 신호의 푸리에 변환은 다음과 같다.

$$\begin{aligned} Y(jw) = &\frac{1}{2}[X_1(j(w-w_1)) + X_1(j(w+w_1))] \\ &+\frac{1}{2}[X_2(j(w-w_2)) + X_2(j(w+w_2))] \\ &+\frac{1}{2}[X_3(j(w-w_3)) + X_3(j(w+w_3))] \end{aligned} \tag{3.84}$$

식 (3.84)의 진폭스펙트럼이 〈그림 3.12〉에 보인다.

〈그림 3.13〉에서 채널로 표시된 중앙 부분을 기준으로 왼쪽 영역이 다중화시스템을 나타내고 있고, 이 시스템의 출력인 동시에 채널에 입력되는 신호가 $y(t)$가 된다.

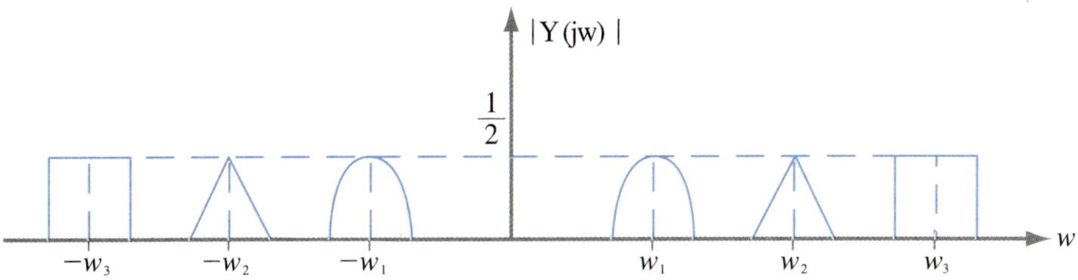

| 그림 3.12 | 주파수분할 다중화시스템 출력신호 $y(t)$의 진폭스펙트럼

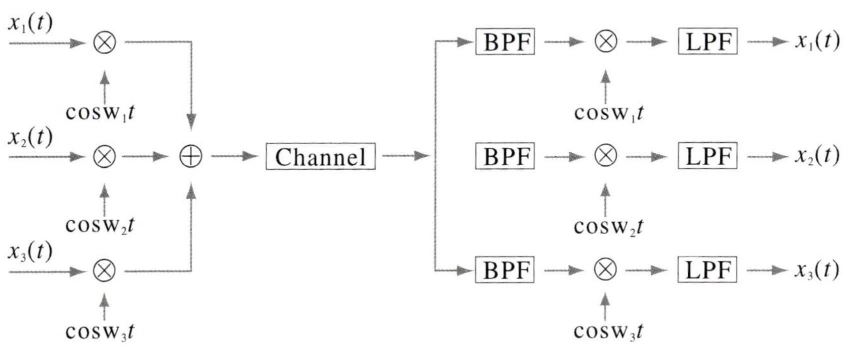

| 그림 3.13 | 주파수분할 다중화 및 역다중화 시스템

다중화된 신호가 채널을 거쳐서 수신하고자 하는 장소에 도달하면 $y(t)$로부터 각각의 정보를 포함하고 있는 신호 $x_1(t)$, $x_2(t)$, $x_3(t)$를 추출해야 하는데, 이 과정을 역다중화(demultiplexing)라 한다. 역다중화 과정도 복조의 과정과 매우 유사한데, 일단 변조된 신호를 대역통과 필터를 통과해서 서로 다른 진폭스펙트럼을 분리한다. 분리된 진폭스펙트럼은 복조의 과정을 거쳐서 우리가 원하는 신호 $x_1(t)$, $x_2(t)$, $x_3(t)$를 제공한다.

3.7 요약

이 장에서는 실세계에 대부분 존재하는 연속시간 비주기함수가 주어질 때 이를 어떻게 연속시간 푸리에 변환으로 표현하는 이론적인 부분과 푸리에 변환이 갖고 있는 기본적인 성질에 관해 살펴보았다. 비주기 신호는 무한대의 주기를 갖는 주기신호라고 생각할 수 있기 때문에, 주기 신호에 대한 푸리에 급수로부터 해당 주기신호의 주기가 무한히 커진다고 가정하여 비주기신호에 대한 푸리에 변환을 유도하였다. 연속시간 주기신호의 푸리에 변환과 미분방정식으로 표현된 선형 시스템의 해석과 응용과 관련된 내용들도 나타내었다.

연속시간 푸리에 변환과 역변환

푸리에 변환 : $X(jw) = \int_{-\infty}^{\infty} x(t)\, e^{-jwt} dt$

푸리에 역변환 : $x(t) = \frac{1}{2\pi}\int_{-\infty}^{\infty} X(jw)\, e^{jwt} dw$

주기신호의 푸리에 변환 : 주기신호 $x(t) = \sum_{k=-\infty}^{\infty} a_k e^{jk\omega_0 t}$가 주어지면 주기신호의 푸리에 변환은 $X(j\omega) = \sum_{k=-\infty}^{\infty} 2\pi a_k \delta(\omega - k\omega_0)$로 나타낼 수 있음.

푸리에 변환의 성질 : 주어진 연속시간 신호와 푸리에 변환이 $x(t) \overset{\mathcal{F}}{\leftrightarrow} X(j\omega)$와 $y(t) \overset{\mathcal{F}}{\leftrightarrow} Y(j\omega)$를 만족하면 다음과 같은 관계가 성립

선형성 : $ax(t) + by(t) \overset{\mathcal{F}}{\leftrightarrow} aX(j\omega) + bY(j\omega)$

시간이동 : $x(t - t_0) \overset{\mathcal{F}}{\leftrightarrow} e^{-jwt_0} X(j\omega)$

시간확대(축소) : $x(at) \overset{\mathcal{F}}{\leftrightarrow} \frac{1}{|a|} X(j\frac{\omega}{a})$

쌍대성 : 푸리에 변환과 역변환 관계에서 신호와 그의 푸리에 변환이 갖는 유사한 대칭성으로 임펄스 신호 형태는

$$x_1(t) = \delta(t) \overset{\mathcal{F}}{\leftrightarrow} X_1(jw) = 1$$

$$x_2(t) = 1 \overset{\mathcal{F}}{\leftrightarrow} X_2(jw) = 2\pi\delta(w)$$

이고 사각함수 신호 형태는 다음 관계 성립

$$x_1(t) = \begin{cases} 1, & -T_1 < t < T_1 \\ 0, & \text{otherwise} \end{cases} \overset{\mathcal{F}}{\leftrightarrow} X_1(jw) = 2\frac{\sin wT_1}{w}$$

$$x_2(t) = \frac{\sin Wt}{\pi t} \overset{\mathcal{F}}{\leftrightarrow} X_2(jw) = \begin{cases} 1, & |w| < W \\ 0, & |w| > W \end{cases}$$

함수의 미분(적분) : 미분신호는 $\frac{dx(t)}{dt} \overset{\mathcal{F}}{\leftrightarrow} jwX(j\omega)$ 관계를 만족하고 적분신호는 $\int_{-\infty}^{t} x(t)dt \overset{\mathcal{F}}{\leftrightarrow} \frac{1}{jw}X(jw) + \pi X(0)\delta(w)$ 관계 성립

Parseval 정리 : $\int_{-\infty}^{\infty} |x(t)|^2 dt = \frac{1}{2\pi}\int_{-\infty}^{\infty} |X(jw)|^2 dw$

중첩적분 : $x(t)*y(t) = \int_{-\infty}^{\infty} x(\tau)y(t-\tau)d\tau \overset{\mathcal{F}}{\leftrightarrow} X(jw)\,Y(jw)$

신호 곱 : $x(t)y(t) \overset{\mathcal{F}}{\leftrightarrow} \frac{1}{2\pi}X(jw) * Y(jw)$

$$x_s(t) = \sum_{n=-\infty}^{\infty} x(nT)\delta(t-nT) \overset{\mathcal{F}}{\leftrightarrow} X_s(jw) = \frac{1}{T}\sum_{n=-\infty}^{\infty} X\left(j\left(w - \frac{2\pi n}{T}\right)\right)$$

미분방정식으로 표현된 선형시불변 시스템의 푸리에 해석 :

N 차 미분방정식 : $\sum_{k=0}^{N} a_k \frac{d^k y(t)}{dt} = \sum_{l=0}^{M} b_l \frac{d^l x(t)}{dt}$

주파수응답 : $H(jw) = \frac{Y(jw)}{X(jw)} = \frac{\sum_{l=0}^{M} b_l (jw)^l}{\sum_{k=0}^{N} a_k (jw)^k}$

정상상태 응답 : 선형시불변 시스템의 주기입력이 주어진 경우에 시스템의 정상상태 출력응답은 시스템의 푸리에 변환 $H(j\omega)$을 이용하여 나타낼 수 있음.

주기입력 : $x(t) = \sum_{k=-\infty}^{\infty} x_k e^{jk\omega_0 t}$

출력응답 : $y_{ss}(t) = \sum_{k=-\infty}^{\infty} x_k e^{jk\omega_0 t} H(jk\omega_0)$

이상적인 저대역 필터 (선형위상) :

$$H(j\omega)=\begin{cases} Ke^{-j\omega}, & |\omega|\leq\omega_{co} \text{ (cutoff frequency)} \\ 0, & \text{otherwise} \end{cases}$$

연습문제

1. 다음의 신호들에 대해서 각각 푸리에 변환의 존재 여부를 답하고, 그 이유를 제시하시오.

(a) $x(t) = \sin\frac{1}{t}$

(b) $x(t) = e^{t}u(t)$

(c) $x(t) = tu(t)$

(d) $x(t) = \frac{1}{t}$

(e) $x(t) = te^{-3t}u(t)$

2. 직사각형 신호 $x(t) = \text{rect}(t/\tau) = \begin{cases} 1, & |t| < \frac{\tau}{2} \\ 0, & \text{otherwise} \end{cases}$ 의 푸리에 변환 $X(jw)$를 구하고, 그리시오.

3. 삼각형 신호 $x(t) = \Delta(t/\tau) = \begin{cases} 1 - \frac{|t|}{\tau}, & |t| \leq \tau \\ 0, & \text{otherwise} \end{cases}$ 의 푸리에 변환 $X(jw)$를 구하고, 그리시오.

4. 신호 $x(t) = e^{-at}u(t)$, $a>0$의 푸리에 변환 $X(jw)$와 그의 절대값 $|X(jw)|$, 위상 $\measuredangle X(jw)$를 모두 구하고, $|X(jw)|$와 $\measuredangle X(jw)$를 각각 그리시오.

5. $x(t)$의 푸리에 변환을 $X(jw)$라 할 때, 다음과 같은 신호들의 푸리에 변환을 $X(jw)$로 나타내시오.

(a) $x(-t)$

(b) $x_e(t) = \frac{x(t) + x(-t)}{2}$

(c) $x_o(t) = \frac{x(t) - x(-t)}{2}$

(d) $x^*(t)$

(e) $Re\{x(t)\} = \frac{x(t) + x^*(t)}{2}$

(f) $Im\{x(t)\} = \frac{x(t) - x^*(t)}{2j}$

6. $x(t)$의 푸리에 변환이 $X(jw) = \begin{cases} 1, & |w| < w_C \\ 0, & \text{elsewhere} \end{cases}$ 로 주어졌을 때, 다음과 같은 신호들의 푸리에 변환을 구하고 그 형태를 그리시오.

(a) $x(2t)$

(b) $x(-t)$

(c) $tx(t)$

(d) $(t-2)x(t-2)$

(e) $\dfrac{dx(t)}{dt}$

(f) $t\dfrac{dx(t)}{dt}$

(g) $x(t-1)$

(h) $x(-2t+4)$

(i) $\dfrac{dx(t)}{dt}e^{-jw_0 t}$

(j) $(t-1)x(t)e^{jw_0 t}$

(k) $\int_{-\infty}^{t} x(s)\,ds$

(l) $\int_{-\infty}^{t+2} x(s)\,ds$

7. 다음과 같은 신호들의 푸리에 변환을 구하시오.

(a) $[e^{-at}\cos w_0 t]u(t),\ a>0$

(b) $e^{-3|t|}\sin 2t$

(c) $x(t)=\begin{cases}1+\cos\pi t, & |t|\le 1\\ 0, & |t|>1\end{cases}$

(d) $\sum_{k=0}^{\infty} a^k\delta(t-kT),\ a>0$

(e) $[te^{-2t}\sin 4t]u(t)$

(f) $\left[\dfrac{\sin\pi t}{\pi t}\right]\left[\dfrac{\sin 2\pi(t-1)}{\pi(t-1)}\right]$

(g) $x(t)=\begin{cases}1-t^2, & 0<t<1\\ 0, & otherwise\end{cases}$

(h) $\sum_{n=-\infty}^{\infty} e^{-|t-2n|}$

(i)

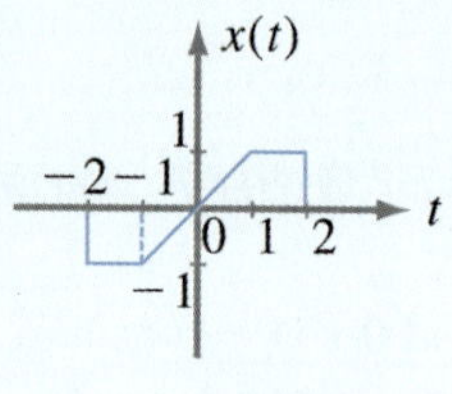

(j)

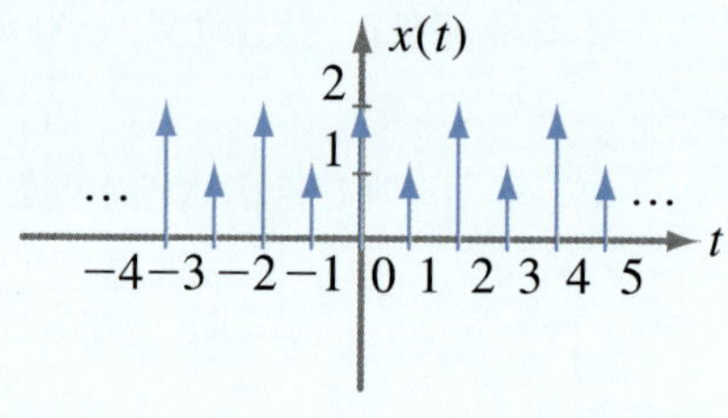

8. 푸리에 변환이 $X(jw)=\begin{cases}1, & |w|<W\\ 0, & \text{otherwise}\end{cases}$ 로 주어지는 신호 $x(t)$를 구하시오.

9. 다음과 같은 신호의 푸리에 변환을 각각 구하고, 도시하시오.

(a) $x(t)=\sin w_0 t$

(b) $x(t)=\cos w_0 t$

10. 주기 T를 갖는 임펄스열을 나타내는 신호 (a)의 푸리에 변환이 (b)가 됨을 증명하시오.

(a) $x(t) = \sum_{n=-\infty}^{\infty} \delta(t - nT)$

(b) $X(jw) = \frac{2\pi}{T} \sum_{n=-\infty}^{\infty} \delta\left(\frac{w - 2\pi n}{T}\right)$

11. $X(jw)$가 아래 그림과 같은 신호 $x(t)$의 푸리에 변환이라고 할 때, 다음과 같은 문제에 답하시오.

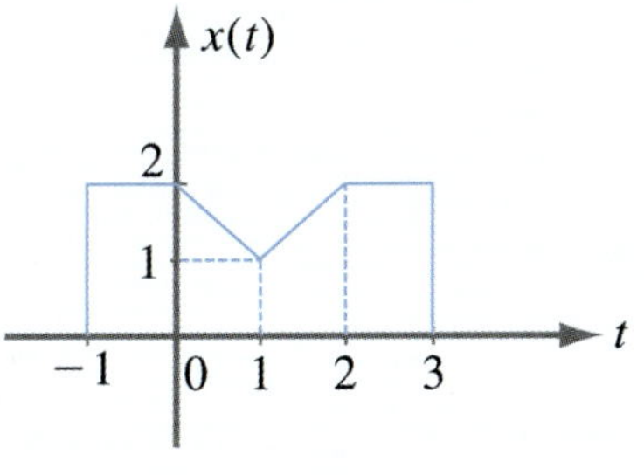

(a) $\measuredangle X(jw)$를 구하시오. (b) $X(j0)$를 구하시오.

(c) $\int_{-\infty}^{\infty} X(jw)dw$를 구하시오.

(d) $\int_{-\infty}^{\infty} X(jw)\frac{2\sin w}{w} e^{j2w}dw$를 계산하시오.

(e) $\int_{-\infty}^{\infty} |X(jw)|^2 dw$를 계산하시오.

(f) $Re\{X(jw)\}$의 푸리에 역변환을 그리시오.

12. 다음과 같은 푸리에 변환을 갖는 신호를 각각 구하시오.

(a) $X(jw) = \frac{2\sin[3(w-2\pi)]}{(w-2\pi)}$

(b) $X(jw) = \cos(4w + \pi/3)$

(c) $X(jw) = 2[\delta(w-1) - \delta(w+1)] + 3[\delta(w-2\pi) + \delta(w+2\pi)]$

13. $g(t)$가 $t=0$에서 연속인 신호일 때,

$$\int_{-\infty}^{\infty}\left[\frac{1}{2}\int_{-\infty}^{\infty}e^{jwt}dw\right]g(t)dt$$

를 계산하여 $\frac{1}{2\pi}\int_{-\infty}^{\infty}e^{jwt}dw$가 단위임펄스 신호와 같은 역할을 함을 증명하시오.

14. 단위계단함수 $u(t)$가 $h(t)=e^{-at}u(t)$을 임펄스응답으로 갖는 선형시불변 시스템에 입력되었을 때, 해당 출력 $y(t)$를 구하시오.

15. $x(t)=\dfrac{\sin(w_Bt/2)}{\pi t}$, $p(t)=\sum_{n=-\infty}^{\infty}\delta\left(t-\dfrac{n\pi}{w_B}\right)$, $h(t)=\dfrac{\sin(3w_Bt/2)}{\pi t}$일 때, $y(t)=\{x(t)\cdot p(t)\}*h(t)$를 구하시오.

16. 단위계단신호 $u(t)$의 푸리에 변환이 $\dfrac{1}{jw}+\pi\delta(w)$가 됨을 증명하시오.

17. 입력 $x(t)$와 출력 $y(t)$의 관계가 $y(t)=\int_{-\infty}^{t}x(\tau)d\tau$로 주어지는 시스템의 임펄스응답 $h(t)$와 그의 푸리에 변환인 주파수특성 $H(jw)$를 구하고, 이 결과를 이용하여 출력의 푸리에 변환 $Y(jw)$를 구하시오.

18. 임펄스응답 $h(t)=e^{-at}u(t)$, $a>0$를 갖는 시스템에 신호 $x(t)=e^{-bt}u(t)$, $b>0$가 입력되었을 때, 출력 $y(t)$를 구하시오.

19. 다음과 같은 미분방정식으로 표현되는 시스템의 임펄스응답을 구하시오.

$$\frac{dy(t)}{dt}+ay(t)=x(t)$$

20. [예제 3.13]에서 주어진 시스템에 입력 $x(t)=e^{-t}u(t)$가 인가되었을 때, 출력신호를 $y(t)$를 구하시오.

21. 다음과 같은 미분방정식으로 표현된 인과시스템에 대해서 물음에 답하시오.

$$\frac{d^2y(t)}{dt}+6\frac{dy(t)}{dt}+8y(t)=2x(t)$$

(a) 이 시스템의 임펄스응답을 구하시오.
(b) 입력이 $x(t)=te^{-2t}u(t)$일 때, 이 시스템의 출력을 구하시오.

22. 다음과 같은 미분방정식으로 표현된 인과시스템의 임펄스응답을 구하시오.

$$\frac{d^2y(t)}{dt}+\sqrt{2}\,\frac{dy(t)}{dt}+y(t)=2\frac{d^2x(t)}{dt^2}-2x(t)$$

23. 어떤 인과시스템이 다음과 같은 주파수응답을 가질 때, 물음에 답하시오.

$$H(jw)=\frac{jw+4}{6-w^2+5jw}$$

(a) 이 시스템의 입력과 출력의 관계를 미분방정식으로 나타내시오.
(b) 이 시스템의 임펄스응답 $h(t)$를 구하시오.
(c) 입력이 $x(t)=e^{-4t}u(t)-te^{-4t}u(t)$일 때, 이 시스템의 출력을 구하시오.

24. (a) $a>0$일 때, 어떤 연속시간 선형시불변 시스템의 주파수응답이

$$H(jw)=\frac{a-jw}{a+jw}$$

일 때, 진폭(절대값) $|H(jw)|$와 위상 $\sphericalangle H(jw)$를 각각 구하시오.

(b) $A=1$이고, $x(t)=\cos\left(\frac{t}{\sqrt{3}}\right)+\cos t+\cos\sqrt{3}\,t$일 때 이 시스템의 출력을 구하고 그리시오.

CHAPTER 04

라플라스 변환

04 라플라스 변환

C·H·A·P·T·E·R

4.1 서론

연속시간 주기신호와 연속시간 비주기신호의 주파수 성분을 분석하는 방법들이 차례로 푸리에 급수와 푸리에 변환이라는 것을 2장과 3장에서 공부한 바 있다. 이들 외에도 이산시간 주기신호를 다루는 이산 푸리에 급수와 이산시간 비주기신호를 다루는 이산시간 푸리에 변환을 통틀어 푸리에 해석 혹은 푸리에 도구라고 지칭한다. 참고로 이산시간 푸리에 변환(discrete-time Fourier transform)은 5장에서 공부하게 되고, 이산 푸리에 급수(discrete Fourier series)는 이산시간 주기신호 이외에도, 유한영역(finite duration) 이산시간 신호에도 동일하게 적용되는 이산 푸리에 변환(discrete Fourier transform)과 동일한 의미를 가지며, 자세한 내용은 8장에서 공부하게 된다.

푸리에 해석은 크게 두 가지로 나누어, 신호와 시스템에 적용된다. 신호의 푸리에 해석 과정은 연속시간 신호인 경우에 신호를 서로 다른 주파수 w(혹은 주기 $T = \dfrac{2\pi}{w}$)를 갖는 복소지수함수 e^{jwt}들의 선형조합(linear combination)으로 표현하고, 각각의 복소지수함수가 포함되는 양을 해당 주파수 성분이라고 생각하는 것이다. 반면에 시스템의 푸리에 해석 과정은 주파수 w를 갖는 복소지수함수 e^{jwt}가 연속시간 선형 시불변 시스템의 형태불변신호(eigen signal)가 되고, 각각의 불변신호가 형태는 그대로 가지면서 진폭(amplitude)이 증폭(amplification) 혹은 감쇄(attenuation)되는 양을 그 시스템의 주파수특성(frequency response)으로 정의하는 것이다. 또한 이와 같이 정의된 주파수특성은 시스템의 임펄스응답을 푸리에 변환한 것과 같음을 이미 유도한 바 있다.

그러나 푸리에 해석의 단점은 특정한 조건, 즉 절대적분가능(absolutely integrable) 성질을 만족시키는 신호에만 적용이 가능하고, 그 이외의 신호에 대해서는 푸리에 적분이나 합이 수렴하지 않기 때문에 적용이 불가능하다는 점이다. 이와 같은 한계를 극복하기 위해서 연속시간 푸리에 변환을 일반화시켜서 모든 종류의 신호에 적용이 가능하게 한 것이 라플라스 변환(Laplace transform)이고, 이산시간 푸리에 변환을 일반화시킨 것이 z-변환(z-transform)이다.

4.2 선형시불변 시스템의 형태불변신호

특정한 신호가 어떤 시스템에 입력되었을 때, 출력이 입력과 같은 신호가 나오는 경우를 가정하기로 하자. 그런데 이 경우를 일반화시키면 출력이 입력에 어떤 0이 아닌 상수가 곱해지는 신호가 되는 경우, 입력신호를 해당 시스템의 형태불변신호라 한다. 이것을 다음과 같이 정리할 수 있다.

| 정의 4.1 | 형태불변신호: 임펄스응답 $h(t)$를 갖는 연속시간 선형시불변 시스템에 입력 $x(t)$가 인가되었을 때, 출력 $y(t)$가

$$y(t) = Kx(t), \quad K\text{는 상수} \tag{4.1}$$

와 같이 결정될 때 $x(t)$는 이 시스템의 형태불변신호라 정의한다.

일반적인 시스템에 대한 형태불변신호를 찾는 것은 그리 간단한 일은 아니지만, 시스템이 선형시불변인 경우에는 복소지수함수가 형태불변신호가 된다. 임펄스응답 $h(t)$를 갖는 연속시간 선형시불변 시스템에 다음과 같은 복소지수함수가 입력되었을 때,

$$x(t) = e^{st}, \quad s = \sigma + jw, \quad \sigma, w\text{는 실수} \tag{4.2}$$

출력은 식 (1.62)와 (1.64)에 의해서

$$y(t) = \int_{-\infty}^{\infty} h(\tau)e^{s(t-\tau)}d\tau = e^{st}\int_{-\infty}^{\infty} h(\tau)e^{-s\tau}d\tau \qquad (4.3)$$

와 같이 결정되고, 윗 식의 우변에 있는 적분 결과는 시간 t와는 무관하고, 복소수 s만의 함수가 되기 때문에 출력은

$$y(t) = H(s)e^{st}, \quad \text{여기에서 } H(s) = \int_{-\infty}^{\infty} h(\tau)e^{-s\tau}d\tau \qquad (4.4)$$

와 같이 표현된다. 따라서 복소지수함수는 임의의 선형시불변 시스템의 형태불변신호가 됨을 알 수 있다.

4.3 라플라스 변환의 정의

| 정의 4.2 | 라플라스 변환: 임의의 연속시간 신호 $x(t)$의 라플라스 변환을

$$X(s) = L\{x(t)\} = \int_{-\infty}^{\infty} x(\tau)e^{-s\tau}d\tau \qquad (4.5)$$

와 같이 정의한다.

4.2절에서 살펴 본 바와 같이 복소지수함수는 임의의 선형시불변 시스템의 형태불변신호이기 때문에 입출력의 관계를

$$e^{st} \rightarrow H(s)e^{st} \qquad (4.6)$$

와 같이 나타낼 수 있고, 이 때 $H(s)$는 식 (4.5)로부터 시스템의 임펄스응답 $h(t)$의 라플라스 변환임을 알 수 있다.

식 (4.5)에서 라플라스 변환에 사용되는 복소변수(complex variable)는 일반적으로

$$s = \sigma + jw \qquad (4.7)$$

와 같이 표현되는데, 특별히 $s = jw$ 와 같이 순허수(pure imaginary)를 갖는 경우 식 (4.5)는

$$X(jw) = \int_{-\infty}^{\infty} x(t) e^{-jwt} dt \tag{4.8}$$

가 되어, 3장에서 정의한 푸리에 변환과 동일한 값을 갖는다. 이것을 식으로 표현하면

$$X(s)|_{s=jw} = \mathcal{F}\{x(t)\} \tag{4.9}$$

와 같다.

예제 4.1 지수 신호의 라플라스 변환

신호 $x(t) = e^{-at}u(t)$의 푸리에 변환은 $a > 0$일 때 수렴하고,

$$X(jw) = \frac{1}{jw + a}, \quad a > 0$$

가 된다. 이 신호의 라플라스 변환은 식 (4.5)에 의해서

$$X(s) = \int_{-\infty}^{\infty} e^{-at} u(t) e^{-st} dt = \int_{0}^{\infty} e^{-(s+a)t} dt$$

가 되고, 만약 $s = \sigma + jw$로 표현하면

$$X(\sigma + jw) = \int_{0}^{\infty} e^{-(\sigma + a)t} e^{-jwt} dt$$

가 된다. 이 결과를 앞서 구한 푸리에 변환 결과와 비교하면 다음의 관계를 얻을 수 있다.

$$X(\sigma + jw) = \frac{1}{(\sigma + a) + jw}, \quad \sigma + a > 0$$

여기에 $s = \sigma + jw$를 대입하면

$$X(s) = \frac{1}{s+a}, \quad Re\{s\} > -a$$

이 결과는 다음과 같은 라플라스 변환쌍의 형태로 표현할 수 있다.

$$e^{-at}u(t) \overset{L}{\leftrightarrow} \frac{1}{s+a}, \quad Re\{s\} > -a$$

■

4.4 라플라스 변환의 수렴

식 (4.8)에 주어진 푸리에 변환은 연속시간 신호 $x(t)$의 주파수성분을 효율적으로 분석할 수 있다는 장점을 갖는 반면, 그 응용이 절대적분가능한 신호에만 한정된다는 단점을 갖는다. 반면에 라플라스 변환을 다음과 같이 다시 전개해보면,

$$X(s) = X(\sigma + jw) = \int_{-\infty}^{\infty} x(t)e^{-(\sigma+jw)t}dt = \int_{-\infty}^{\infty}[x(t)e^{-\sigma t}]e^{-jwt}dt \quad (4.10)$$

와 같이 되어서 $x(t)$에 실수지수 신호 $e^{-\sigma t}$가 곱해진 신호, 즉 $x(t)e^{-\sigma t}$를 푸리에 변환하는 것과 동일함을 알 수 있다. 이와 같은 과정을 통해서, 만약 $x(t)$가 절대적분가능 성질을 만족시키지 못하더라도, 적당한 σ에 대해서 시간에 따라 감쇄하는($\sigma > 0$인 경우) 실수지수 신호가 곱해져서, 결과적으로 $x(t)e^{-\sigma t}$를 적분가능하게 만든 후, 푸리에 변환을 수행할 수 있다. 물론 라플라스 변환은 실수 $\sigma = \mathrm{Re}\{s\}$가 특정한 범위 내에 존재해야만 하는 조건이 따르지만, 일반적으로 모든 신호에 대한 해석이 가능하다는 점에서 푸리에 변환보다 그 적용범위가 넓다고 할 수 있다.

특정한 신호에 대한 라플라스 변환이 수렴하기 위한 σ의 영역을 라플라스 변환의 수렴영역(region of convergence; ROC)이라 하고, 이것은 가로축을 s의 실수부, 세로축을 s의 허수부로 하는 2차원 평면상에 나타낼 수 있는데, 다음의 예제를 통해서 구체적인 과정을 살펴보기로 한다.

예제 4.2 라플라스 변환의 수렴영역

실수 a에 대해서 다음과 같은 신호의 푸리에 변환과 라플라스 변환을 각각 구하고, 라플라스 변환의 경우 수렴영역을 구한 뒤 2차원 복소평면상에 나타내시오.

$$x(t) = e^{-at}u(t) \tag{4.11}$$

우선 푸리에 변환을 구하면, $a>0$인 경우 식 (4.11)의 신호는 시간 t가 무한히 증가할 때 0으로 수렴하고, 따라서 푸리에 변환이 다음과 같이 구해진다.

$$X(jw) = \int_{-\infty}^{\infty} e^{-at}u(t)e^{-jwt}dt = \int_{0}^{\infty} e^{-at}e^{-jwt}dt = \frac{1}{jw+a}, \quad a>0 \tag{4.12}$$

$a \le 0$인 경우 신호 $x(t)$는 절대적분가능 성질을 만족시키지 못하므로 푸리에 변환이 존재하지 않는다. 단, $a=0$인 경우 일반화된 푸리에 변환의 적분성질

$$\int_{-\infty}^{t} x(\tau)d\tau \leftrightarrow \frac{1}{jw}X(jw) + \pi X(0)\delta(w) \tag{4.13}$$

와 $x(t) = u(t) = \int_{-\infty}^{t} \delta(\tau)d\tau$의 관계를 사용하면

$$\frac{1}{jw} + \pi\delta(w), \quad a=0 \tag{4.14}$$

과 같이 푸리에 변환을 구할 수는 있다. 그러나 식 (4.13)의 적분성질은 단위임펄스 신호를 점근적으로 근사화시켜서 얻은 것이기 때문에 이 경우 엄밀하게 말해서 푸리에 변환은 존재하지 않는 것으로 한다. 두 번째로 라플라스 변환을 구해보면

$$X(s) = X(\sigma + jw) = \int_{0}^{\infty} e^{-(\sigma+a)t}e^{-jwt}dt \tag{4.15}$$

와 같이 되어서, 신호 $x(t)e^{-\sigma t} = e^{-(\sigma+a)t}u(t)$의 푸리에 변환과 같음을 알 수 있다. 따라서 식 (4.15)는

$$X(\sigma + jw) = \frac{1}{(\sigma+a)+jw}, \quad \sigma + a > 0 \tag{4.16}$$

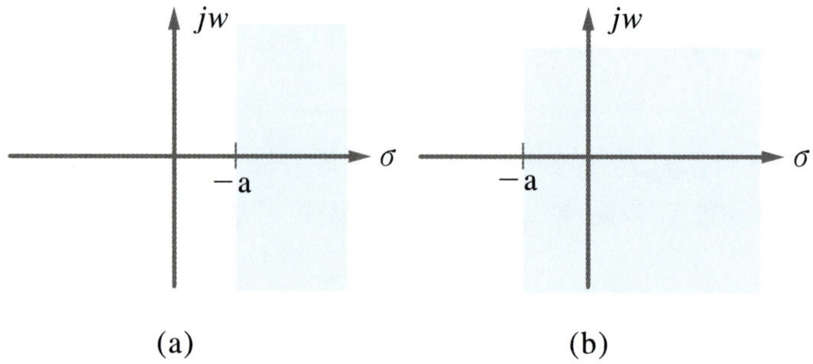

| 그림 4.1 | 식 (4.11)에 주어진 신호의 라플라스 변환 수렴영역; (a) $a < 0$인 경우와 (b) $a > 0$인 경우

이 되고, 이것을 다시 복소변수 s로 표현하면

$$X(s) = \frac{1}{s+a}, \quad \mathrm{Re}\{s\} = \sigma > -a \tag{4.17}$$

가 된다. 이 경우 라플라스 변환의 수렴영역이 〈그림 4.1〉에 보여진다. ■

위의 예제에서 알 수 있듯이, 라플라스 변환의 결과는 복소변수 s의 유리함수(rational function) 형태로 나타난다. 다시 말해서, 라플라스 변환은 분자와 분모가 각각 s의 다항식이 되고, 이를 식으로 표현하면

$$X(s) = \frac{N(s)}{D(s)} \tag{4.18}$$

와 같다. 이 때 라플라스 변환의 영점(zero)과 극점(pole)을 다음과 같이 정의한다.

| 정의 4.3 | 영점과 극점: 라플라스 변환을 식 (4.18)과 같이 s 의 유리함수로 표현했을 때,

$$N(s) = 0 \tag{4.19}$$

를 만족하는 s를 **영점(zero)**이라 하고,

$$D(s) = 0 \tag{4.20}$$

를 만족하는 s를 **극점(pole)**이라 한다.

또한 영점과 극점을 복소평면상에 나타낼 때는, 차례대로 'O'와 'X'를 사용한다. Matlab에서 'pzmap' 함수를 사용하면 분모와 분자가 s의 다항식 형태로 나타난 전달함수 형태를 복소평면상에 극점과 영점의 위치를 나타내줄 수 있다.

라플라스 변환을 사용하여 선형시불변 시스템을 해석할 때, 수렴영역이 매우 중요한 의미를 갖기 때문에, 수렴영역에 대해서 중요한 성질을 몇 가지 정리해보기로 한다.

라플라스 변환의 수렴영역 성질

1) 수렴영역은 복소평면의 세로축, 즉 jw축에 평행한 경계선에 의해 결정된다.
2) s에 대한 유리함수로 표현된 라플라스 변환의 수렴영역은 어떠한 극점도 포함하지 않는다.
3) 신호 $x(t)$가 유한구간(finite duration)에서 정의되고, 절대적분가능이면 수렴영역은 복소평면 전체가 된다.
4) 신호 $x(t)$가 오른쪽 신호이고, $\text{Re}\{s\} = \sigma_0$가 수렴영역 내에 있다면, $\text{Re}\{s\} > \sigma_0$를 만족하는 모든 s는 수렴영역 내에 존재한다.
5) 신호 $x(t)$가 왼쪽 신호이고, $\text{Re}\{s\} = \sigma_0$가 수렴영역 내에 있다면, $\text{Re}\{s\} < \sigma_0$를 만족하는 모든 s는 수렴영역 내에 존재한다.
6) 신호 $x(t)$가 양쪽신호이고, $\text{Re}\{s\} = \sigma_0$가 수렴영역 내에 있다면, 수렴영역은 $\text{Re}\{s\} = \sigma_0$을 포함하는 세로 띠를 포함한다.

성질 1의 해석은 다음과 같다. 라플라스 변환의 정의를 나타내는 식 (4.5)에서 볼 때, 라플라스 변수를 $s = \sigma + jw$라 하면, 이 적분이 수렴하기 위해서는 신호 $x(t)e^{-\sigma t}$가 절대적분가능하여야 한다. 따라서 수렴영역은 라플라스 변수의 실수부인 σ에 의해서만 결정되고, 이것은 복소수 s-평면상에서 허수축 jw와 평행한 수직 방향의 경계를 갖게 된다는 것을 의미한다.

성질 2는 극점의 정의에 의해서 자동적으로 설명된다. 즉, 극점이란 라플라스 변환의 분모를 0으로 만드는 s의 값을 말하는데, 분모가 0이 되면 라플라스 변환의 값은 무한대로 발산하게 되고 이 위치는 수렴영역에 포함될 수 없음을 의미한다. 성질 1과 2를 종합해보면 〈그림 4.2a〉와 같은 수렴영역은 존재가 가능하지만, 〈그림 4.2b〉 혹은 〈그림 4.2c〉와 같은 수렴영역은 존재할 수 없음을 알 수 있다.

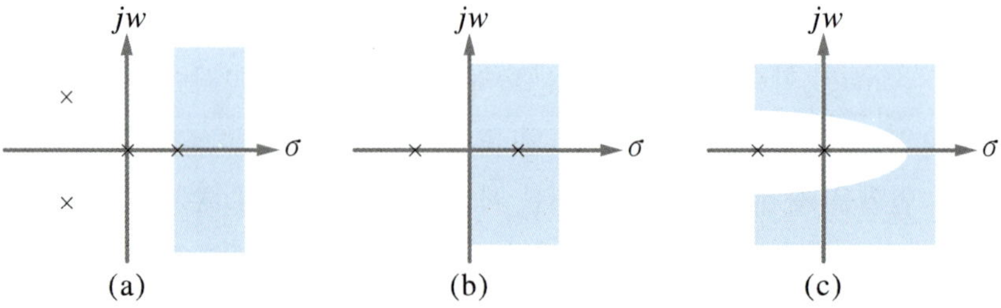

| 그림 4.2 | 존재 가능한 수렴영역의 예인 (a)와 존재할 수 없는 수렴영역의 예인 (b)와 (c)

성질 3에서 말한 유한구간이라는 것은 신호 $x(t)$가 유한한 t의 영역에서만 0이 아닌 값을 갖는다는 것을 의미한다. 이 경우 $x(t)$에 곱해지는 실수지수 신호 $e^{-\sigma t}$는 σ의 값에 따라서 증가할 수도 있고(growing exponential), 감소할 수도 있는데(decaying exponential), 신호 자체가 유한한 구간에서만 정의되어 있기 때문에 어느 경우에도 라플라스적분은 존재한다. 따라서 수렴영역은 s 평면 전체가 된다.

성질 4에서 사용된 오른쪽 신호란 $x(t)=0,\ t<T_1$을 의미하고, 그 예가 〈그림 4.3〉에 보여진다. 이 경우 라플라스 적분을 할 때 신호에 곱해지는 실수지수 신호 $e^{-\sigma_0 t}$가 곱해지기 때문에, 만약 0보다 큰 σ_0에 대해서 $x(t)e^{-\sigma_0 t}$가 절대적분가능이면, 임의의 $\sigma>\sigma_0$에 대해서 실수지수함수는 오른쪽으로 갈수록 많이 감쇄하기 때문에 라플라스 변환이 존재한다. $e^{-\sigma_0 t}$와 $e^{-\sigma t},\ \sigma>\sigma_0$ 가 〈그림 4.3〉에 보여진다.

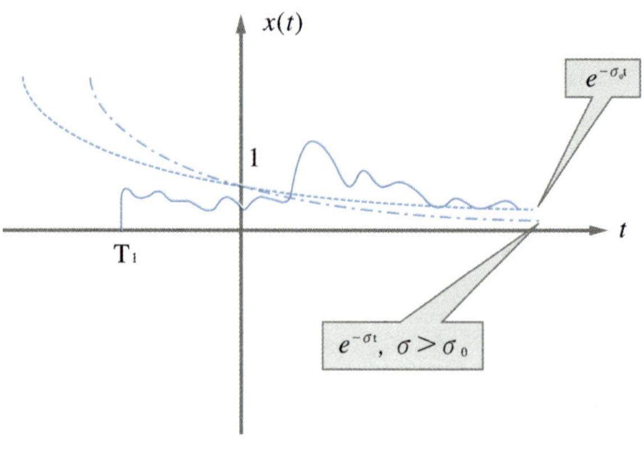

| 그림 4.3 | 오른쪽 신호의 예

성질 5는 성질 4와 비교해볼 때, 신호의 방향이 대칭인 경우이기 때문에 자세한 설명을 되풀이하지 않고도, 그 이유를 쉽게 이해할 수 있을 것이다.

성질 4로부터 정리할 수 있는 사실은 오른쪽 신호인 경우, 수렴영역은 세로방향의 경계선을 중심으로 오른쪽으로 존재한다는 것이다. 반대로 성질 5로부터 왼쪽신호인 경우 수렴영역은 세로방향의 경계선을 중심으로 왼쪽으로 존재한다는 사실을 알 수 있다. 이와 같은 두 가지 사실을 종합하면 성질 6이 성립함을 알 수 있다.

지금까지 설명한 여섯 가지의 성질 이외에도, 유리함수로 표현되는 라플라스 변환의 경우 수렴영역의 경계선이 극점을 포함하는 성질을 가지고 있다. 이 성질을 확장하면, 오른쪽 신호의 라플라스 변환이 유리함수인 경우 수렴영역은 가장 오른쪽에 존재하는 극점을 포함하는 세로 선을 기준으로 오른쪽에 존재하고, 왼쪽신호인 경우에는 이와 반대임을 알 수 있다. 이것을 정리하면 다음과 같다.

유리함수로 표현된 라플라스 변환의 수렴영역의 성질

1) 오른쪽 신호의 라플라스 변환 수렴영역은 가장 오른쪽에 위치한 극점을 포함하는 세로선을 중심으로 오른쪽으로 무한대까지 존재한다.
2) 왼쪽 신호의 라플라스 변환 수렴영역은 가장 왼쪽에 위치한 극점을 포함하는 세로선을 중심으로 왼쪽으로 무한대까지 존재한다.

앞의 두 가지 성질이 〈그림 4.4〉에 보여진다.

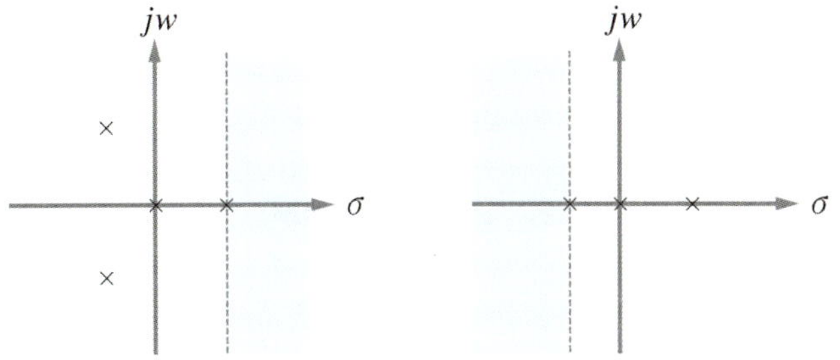

그림 4.4 (a) 오른쪽 신호와 (b) 왼쪽 신호의 극점과 수렴영역의 관계

4.3절과 4.4절을 마무리하면서 기본적인 신호들에 대한 라플라스 변환과 해당 수렴영역을 〈표 4.1〉에 요약 정리하였다. 여기에서 유의할 점은 같은 신호라 할지라도 수렴

영역이 달라지면 서로 다른 라플라스 변환이 존재한다는 사실이다.

예제 4.3

다음과 같은 신호를 생각해보기로 한다.

$$x(t)=\begin{cases} e^{-at}, & 0<t<T \\ 0, & otherwise \end{cases}$$

이 신호의 라플라스 변환은 다음과 같다.

$$X(s)=\int_0^T e^{-at}e^{-st}dt=\frac{1}{s+a}[1-e^{-(s+a)T}]$$

이 신호가 유한한 영역에서 존재하기 때문에, 앞에서 정리한 수렴성질에 따라서 라플라스 변환은 복소평면 전영역에서 존재한다. 특히 $s=-a$에서 $X(s)$의 분모와 분자가 동시에 0이 되기 때문에 로피탈(L'hopital's)의 정리를 사용하면

$$\lim_{s\to -a} X(s)=\lim_{s\to -a}\left[\frac{\frac{d}{ds}(1-e^{-(s+a)T})}{\frac{d}{ds}(s+a)}\right]=\lim_{s\to -a} Te^{-aT}e^{-sT}$$

의 관계를 얻을 수 있고, 결론적으로

$$X(-a)=T$$

가 됨을 알 수 있다. ■

4.5 라플라스 역변환

푸리에 변환은 항상 고유한 역변환이 존재하는 가역변환이다. 그렇다면 푸리에 변환과 유사한 적분에 의해서 수행되는 라플라스 변환의 역변환은 존재하는지, 존재한

다면 어떻게 구해지는 지에 대해서 알아보기로 한다. 4.3절에서 정의한 바에 의하면, 연속시간 신호 $x(t)$의 라플라스 변환은 신호에 실수지수 함수 $e^{-\sigma t}$를 곱한 후 푸리에 변환하는 것과 동일함을 알 수 있다. 이것을 식으로 표현하면, 수렴영역 내에 존재하는 $s=\sigma+jw$에 대해서

$$X(s) = X(\sigma+jw) = \mathcal{F}\{x(t)e^{-\sigma t}\} = \int_{-\infty}^{\infty} x(t)e^{-\sigma t}e^{-jwt}dt \tag{4.21}$$

와 같다. 이번에는 식 (4.2)의 푸리에 역변환을 구해보면

$$x(t)e^{-\sigma t} = \mathcal{F}^{-1}\{X(\sigma+jw)\} = \frac{1}{2\pi}\int_{-\infty}^{\infty} X(\sigma+jw)e^{jwt}dw \tag{4.22}$$

이 된다. 식 (4.21)의 양변에 $e^{-\sigma t}$를 곱해서 정리하면

$$x(t) = \frac{1}{2\pi}\int_{-\infty}^{\infty} X(\sigma+jw)e^{(\sigma+jw)t}dw \tag{4.23}$$

이 되고, 이 식에서 $s=\sigma+jw$의 변수변환을 수행하여 정리하면

$$x(t) = \frac{1}{2\pi j}\int_{\sigma-j\infty}^{\sigma+j\infty} X(s)e^{st}ds \tag{4.24}$$

와 같은 라플라스 역변환식을 얻을 수 있다. 문제는 식 (4.24)를 계산하기 위해서는 복소평면상의 폐곡 적분을 수행해야 하는데, 이는 매우 복잡하고 이 책의 범위를 벗어나기 때문에 생략하기로 한다. 많은 경우 라플라스 역변환을 구하기 위해서는 우선 라플라스 변환을 s에 대한 부분 분수로 전개한 뒤, 각 부분 분수들에 대한 역변환을 〈표 4.1〉에 주어진 라플라스 변환쌍을 이용해서 구하고, 마지막으로 이들의 합을 구하는 방법을 사용한다. 예를 들어 라플라스 변환과 수렴영역이

$$X(s) = \frac{1}{(s+1)(s+2)}, \quad Re\{s\} > -1 \tag{4.25}$$

와 같이 주어졌을 때, 라플라스 역변환을 구해보기로 하자. 우선 식 (4.25)를 부분분수

로 전개하면

$$X(s) = \frac{1}{(s+1)} - \frac{1}{(s+2)} \tag{4.26}$$

가 된다. 처음에 주어진 수렴영역이 -1을 기준으로 오른쪽에 존재하므로, 역변환에 의해서 구해질 신호는 오른쪽 신호가 되어야 함을 알 수 있다. 이 조건에 맞도록 식 (4.26)의 두 부분분수의 라플라스 변환쌍을 〈표 4.1〉에서 구해보면

$$e^{-t}u(t) \overset{L}{\leftrightarrow} \frac{1}{s+1}, \quad Re\{s\} > -1 \tag{4.27}$$

$$e^{-2t}u(t) \overset{L}{\leftrightarrow} \frac{1}{s+2}, \quad Re\{s\} > -2 \tag{4.28}$$

이 된다. 여기서 수렴영역의 결정은 4.4절에서 정리한 유리함수로 표현되는 라플라스 변환 수렴영역의 성질에 의한 것이다. 마지막으로 식 (4.27)과 (4.28)을 종합하면 라플라스 역변환은

$$[e^{-t} - e^{-2t}]u(t) \overset{L}{\leftrightarrow} \frac{1}{(s+1)(s+2)} \tag{4.29}$$

가 되고, 수렴영역은 식 (4.27)과 (4.28)의 수렴영역을 동시에 만족시키는

$$Re\{s\} > -1 \tag{4.30}$$

이 된다.

| 표 4.1 | 기본적인 신호들에 대한 라플라스 변환

신호	라플라스 변환	수렴영역
$\delta(t)$	1	All s
$u(t)$	$\frac{1}{s}$	$Re\{s\} > 0$
$-u(-t)$	$\frac{1}{s}$	$Re\{s\} < 0$
$\frac{t^{n-1}}{(n-1)!}u(t)$	$\frac{1}{s^n}$	$Re\{s\} > 0$
$-\frac{t^{n-1}}{(n-1)!}u(-t)$	$\frac{1}{s^n}$	$Re\{s\} < 0$
$e^{-at}u(t)$	$\frac{1}{s+a}$	$Re\{s\} > -a$
$-e^{-at}u(-t)$	$\frac{1}{s+a}$	$Re\{s\} < -a$
$\frac{t^{n-1}}{(n-1)!}e^{-at}u(t)$	$\frac{1}{(s+a)^n}$	$Re\{s\} > -a$
$-\frac{t^{n-1}}{(n-1)!}e^{-at}u(-t)$	$\frac{1}{(s+a)^n}$	$Re\{s\} < -a$
$\delta(t-T)$	e^{-sT}	All s
$[\cos w_0 t]u(t)$	$\frac{s}{s^2+w_0^2}$	$Re\{s\} > 0$
$[\sin w_0 t]u(t)$	$\frac{w_0}{s^2+w_0^2}$	$Re\{s\} > 0$
$[e^{-at}\cos w_0 t]u(t)$	$\frac{s+a}{(s+a)^2+w_0^2}$	$Re\{s\} > -a$
$[e^{-at}\sin w_0 t]u(t)$	$\frac{w_0}{(s+a)^2+w_0^2}$	$Re\{s\} > -a$
$u_n(t) = \frac{d^n\delta(t)}{dt^n}$	s^n	All s
$u_{-n}(t) = \underbrace{u(t) * \cdots * u(t)}_{\text{n times}}$	$\frac{1}{s^n}$	$Re\{s\} > 0$

예제 4.4 부분분수 분해

다음과 같은 라플라스 변환을 생각해보기로 한다.

$$X(s) = \frac{s+3}{s^2+3s+2}$$

$X(s)$의 분모는 $(s+1)(s+2)$ 형태의 인수를 가지고 있고 중복 인수가 없으므로 분해는 다음과 같은 형태로 나타낼 수 있다.

$$X(s) = \frac{s+3}{s^2+3s+2} = \frac{A}{s+1} + \frac{B}{s+2}$$

A, B의 값들은

$$A = (X(s)(s+1))_{s=-1} = \left(\frac{s+3}{s+2}\right)_{s=-1} = 2$$
$$B = (X(s)(s+2))_{s=-2} = \left(\frac{s+3}{s+1}\right)_{s=-2} = -1$$

으로 주어지므로 $X(s)$의 부분분수 분해는 다음과 같다.

$$X(s) = \frac{s+3}{s^2+3s+2} = \frac{2}{s+1} + \frac{-1}{s+2}$$

만약 $X(s)$가 m개의 중복 인수 $(s+1)^m$를 갖는 경우에는 다음과 같은 부분분수 형태로 인수를 부분분수로 이 신호의 라플라스 변환은 다음과 같다.

$$\frac{A_1}{s+1} + \frac{A_2}{(s+1)^2} + \cdots + \frac{A_m}{(s+1)^m}$$

이때 계수 A_k는 다음과 같이 주어진다.

$$A_m = (X(s)(s+1)^m)_{s=-1}$$
$$A_k = \left(\frac{1}{(m-k)!}\frac{d^{m-k}}{ds^{m-k}}X(s)(s+1)^m\right)_{s=-1}, \quad k=1,2,\cdots,m-1$$

부분분수 분해는 Matlab의 'residue' 함수를 사용하면 간단히 수행할 수 있는데 다음과 같은 Matlab 프로그램에서 r, p, k는 각각 부분분수의 분자 인수, 분모 인수 및 분자의 차수가 분모의 차수보다 같거나 클때 몫 인수를 나타내는 계수들이다. ■

Matlab 프로그램 4.1

```
a=[1 3 2];
b=[1 3];
[r,p,k] = residue(b,a)
```

4.6 라플라스 변환의 성질

라플라스 변환은 그 정의에서도 알 수 있듯이 푸리에 변환과 매우 유사한 성질을 갖는다. 라플라스 역변환을 구하는 과정이나 라플라스 변환을 사용한 시스템의 해석에 유용하게 사용되는 성질들을 〈표 4.2〉에 정리하였다.

표 4.2 라플라스 변환의 성질

성질	신호	라플라스 변환	수렴영역
	$x(t)$ $x_1(t)$ $x_2(t)$	$X(s)$ $X_1(s)$ $X_2(s)$	R R_1 R_2
선형성	$ax_1(t)+bx_2(t)$	$aX_1(s)+bX_2(s)$	At least $R_1 \cap R_2$
시간이동	$x(t-t_0)$	$e^{-st_0}X(s)$	R
s-영역에서의 이동	$e^{s_0 t}x(t)$	$X(s-s_0)$	Shifted version of R (i.e., s is in the ROC is $s-s_0$ is in R)
시간확장 및 축소	$x(at)$	$\frac{1}{\lvert a \rvert}X\left(\frac{s}{a}\right)$	Scaled ROC (i.e., s is in the ROC if s/a is in R)
공액복소수	$x^*(t)$	$X^*(s^*)$	R
중첩적분	$x_1(t)*x_2(t)$	$X_1(s)X_2(s)$	At least $R_1 \cap R_2$

성질	신호	라플라스 변환	수렴영역
미분	$\frac{d}{dt}x(t)$	$sX(s)$	At least R
s-영역에서의 미분	$-tx(t)$	$\frac{d}{ds}X(s)$	R
적분	$\int_{-\infty}^{t} x(\tau)d(\tau)$	$\frac{1}{s}X(s)$	At least $R \cap \{Re\{s\} > 0\}$

4.7 라플라스 변환의 기하학적 해석

이 절에서는 극점-영점의 형태를 이용해서 라플라스 변환을 기하학적으로 계산하는 방법을 논의하기로 한다. 간단한 예로서, 하나의 영점을 갖는 라플라스 변환

$$X(s) = s - z \tag{4.31}$$

을 생각해보자. 특정한 s_1에서 라플라스 변환의 값을 계산하고자 하면

$$X(s_1) = X(s)|_{s=s_1} = s_1 - z \tag{4.32}$$

를 구하면 된다. 대수적 표현 $s_1 - z$는 두 개의 복소수 s_1과 $-z$의 합이며, 이들은 〈그림 4.5〉에서 보는 바와 같이 복소평면상에서 벡터로 표현할 수 있다.

$X(s_1)$의 값은 일반적으로 복소수이기 때문에 절대값과 위상으로 표현되는데, 절대값은 벡터 $\vec{s}_1 - \vec{z}$의 길이이고, 위상은 이 벡터와 실수축 사이의 각도를 의미한다.

만일 $X(s)$가 영점 대신 $s = p$에서 하나의 극점을 갖는다고 가정하면

$$X(s) = \frac{1}{(s-p)} \tag{4.33}$$

가 되고, 이 경우 $X(s_1)$의 절대값은 벡터 $\vec{s}_1 - \vec{p}$의 길이의 역수가 되고, 위상은 이 벡터와 실수축이 이루는 각도에 -1이 곱해진 값이 된다.

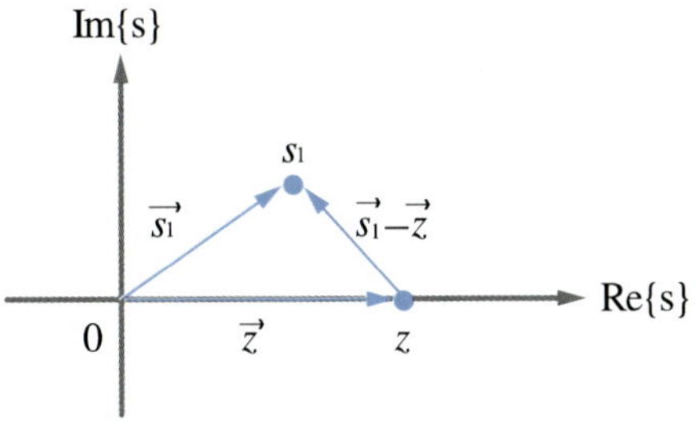

| 그림 4.5 | 복소평면상에 도시한 복소수 s_1, z 와 벡터 $\vec{s}_1$, $\vec{z}$, $\vec{s}_1 - \vec{z}_1$

일반적인 경우, 라플라스 변환은 다음과 같은 형태로 인수분해된다.

$$X(s) = K\frac{\prod_{j=1}^{M}(s - z_j)}{\prod_{i=1}^{N}(s - p_i)} \tag{4.34}$$

여기에서 $X(s_1)$의 절대값은 영점 벡터들(즉, $\vec{s}_1 - \vec{z}_1$, $\vec{s}_1 - \vec{z}_2$, $\cdots$, $\vec{s}_1 - \vec{z}_M$)의 길이를 모두 곱한 값을 극점 벡터들(즉, $\vec{s}_1 - \vec{p}_1$, $\vec{s}_1 - \vec{p}_2$, $\cdots$, $\vec{s}_1 - \vec{p}_N$)의 길이를 모두 곱한 값으로 나눈 후 상수 K를 곱한 값이 된다. 한편, $X(s_1)$의 위상은 영점 벡터들의 위상의 합에서 극점 벡터들의 위상의 합을 뺀 값이 된다. 이 때, 만약 상수 K가 음수이면, 최종 위상에 π가 더해져야 한다. 이와 같이 라플라스 변환이 주어졌을 때 이것의 값을 허수축상에서, 즉 $s = jw$ 에서 계산하면

$$X(s)|_{s=jw} = X(jw) \tag{4.35}$$

와 같은 푸리에 변환이 된다. 예를 들어

$$X(s) = \frac{1}{(s+2)}, \quad Re\{s\} > -2 \tag{4.36}$$

와 같은 라플라스 변환을 $s = jw$ 에서 계산하면

$$X(jw) = \frac{1}{(jw+2)} \tag{4.37}$$

가 되고, 해당 극점과 벡터들 $\vec{p}=(-2,0)$, $\vec{s}_1=(0,w)$, $\vec{s}_1-\vec{p}$이 〈그림 4.6〉에 도시되었다. 극점의 좌표로부터 $X(jw)$의 절대값을 구하면

$$|X(jw)|^2=\frac{1}{w^2+2^2} \tag{4.38}$$

이 되고, 위상은

$$\measuredangle X(jw)=-\tan^{-1}\frac{w}{2} \tag{4.39}$$

와 같이 구해진다. 때때로, 푸리에 변환의 기하학적 결정치의 일부는 변환의 모든 특성들의 근사적인 모양을 얻는데 유용하다. 예를 들면, 〈그림 4.6〉에서 극점 벡터 $\vec{s}_1-\vec{p}=\overrightarrow{jw+2}$ 의 크기는 ω의 절대값이 0에서 증가함에 따라서 단조 증가함을 알 수 있고, 결과적으로 식 (4.38)에 주어진 푸리에 변환의 절대값은 단조 감소하게 될 것이다.

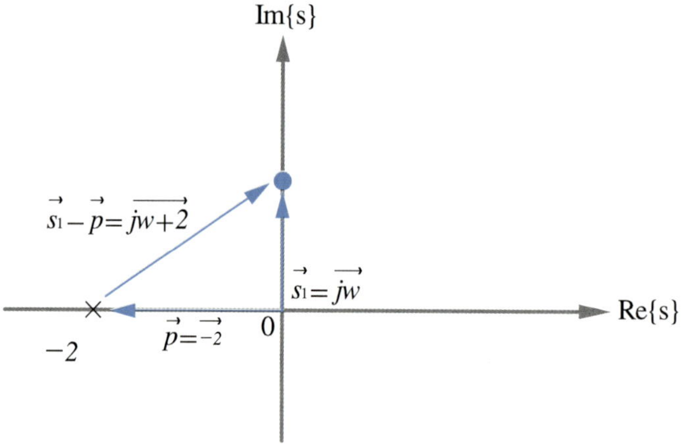

▎그림 4.6▎ 식 (4.36)에 주어진 라플라스 변환의 $s=jw$ 에서 구한 극점과 해당 벡터들

4.8 라플라스 변환을 이용한 선형시불변 시스템의 해석

4.8.1 전달함수의 특성과 관련된 선형시불변 시스템의 특성

라플라스 변환의 중요한 응용들 중 하나는 선형시불변 시스템의 해석에 있다. 보다 구체적으로 이것의 역할은 4.6절에서 정리한 중첩적분의 정의에서 직접 유도된다. 다시 말해서 선형시불변 시스템의 출력의 라플라스 변환은

$$Y(s) = H(s)X(s) \tag{4.40}$$

와 같이 임펄스 응답의 라플라스 변환인 전달함수(transfer function) $H(s)$와 입력의 라플라스 변환을 곱한 관계로 주어진다. 이 절에서는 복소평면상에서 전달함수의 특성과 관련된 선형시불변 시스템의 특성들을 정리하기로 한다.

전달함수의 특성과 관련된 선형시불변 시스템의 특성

1) 인과성을 갖는 시스템의 전달함수의 수렴영역은 오른쪽 반평면(right-half plane)이다.
2) 선형시불변 시스템이 안정성을 갖기 위한 필요충분 조건은 전달함수의 수렴영역이 허수축, 즉 jw-축을 포함하고 있는 것이다.
3) 시스템이 안정성과 인과성을 모두 갖기 위한 필요충분 조건은 전달함수의 극점들이 모두 왼쪽 반평면(left-half plane)에 존재하는 것이다.

첫 번째 성질은 4.3절에서 정리한 라플라스 변환의 수렴영역에서 이미 정리한 바 있다. 이 성질을 이용하면 전달함수가 유리함수로 표현되는 시스템이 인과성을 갖기 위해서는 수렴영역이 가장 오른쪽에 위치한 극점을 포함하는 세로 방향의 경계선을 기준으로 오른쪽 반평면에 존재해야 함을 알 수 있다.

두 번째 성질은 다음과 같이 설명할 수 있다. 우선 시스템이 안정하기 위해서는 1.9절에서 정리한 바와 같이 그의 임펄스응답 $h(t)$가 절대적분가능해야 한다. 이 때 임펄스응답이 절대적분가능하다는 것은 3장에서 정리한 바와 같이 그의 푸리에 변환이 존재한다는 것을 의미한다. 한편, 라플라스 변환의 입장에서 보았을 때 푸리에 변환이

존재하기 위해서는 그의 수렴영역이 복소평면상의 허수축을 포함하고 있어야 한다. 따라서 이를 종합하면 시스템이 안정되기 위해서는 전달함수의 수렴영역이 복소평면상의 허수축을 포함하고 있어야 함을 알 수 있다.

세 번째 성질은 첫째와 둘째 성질을 종합한 것인데, 그 이유를 정리해보면 다음과 같다. 우선 인과성을 갖기 위해서는 수렴영역이 가장 오른쪽에 위치한 극점을 기준으로 오른쪽으로 존재해야 한다. 다음으로 안정성을 갖기 위해서는 수렴영역이 허수축을 포함해야 한다. 이 두 가지 성질을 종합하면, 가장 오른쪽에 있는 극점의 실수부가 0보다 작아야 그 극점을 기준으로 오른쪽 반평면이 허수축을 포함할 수 있게 된다. 따라서 모든 극점들이 왼쪽 반평면에만 존재해야 해당 시스템이 인과성과 안정성을 동시에 가질 수 있다.

4.8.2 선형 상수계수 미분 방정식에 의해서 특성화되는 선형시불변 시스템

3.6절에서는 푸리에 변환을 사용해서, 상수계수 미분방정식으로 결정되는 선형시불변 시스템의 주파수 응답을 구하는 방법에 대해 논의했다. 라플라스 변환도 마찬가지로 선형 상수계수 미분방정식에 의해 결정되는 선형시불변 시스템의 전달함수를 구하는데 직접 사용될 수 있다.

다음과 같은 형태의 일반적인 선형 상수계수 미분 방정식을 생각해보자.

$$\sum_{k=0}^{N} a_k \frac{d^k y(t)}{dt^k} = \sum_{k=0}^{M} b_k \frac{d^k x(t)}{dt^k} \tag{4.41}$$

이 식의 양변에 라플라스 변환을 적용하고, 선형성과 미분성질을 반복적으로 적용하면

$$\left(\sum_{k=0}^{N} a_k s^k\right) Y(s) = \left(\sum_{k=0}^{M} b_k s^k\right) X(s) \tag{4.42}$$

또는

$$H(s) = \frac{Y(s)}{X(s)} = \frac{\sum_{k=0}^{M} b_k s^k}{\sum_{k=0}^{N} a_k s^k} \tag{4.43}$$

을 얻을 수 있다. 그러므로, 미분 방정식에 의해 특성화되는 시스템의 전달함수는

$$\sum_{k=0}^{M} b_k s^k = 0 \tag{4.44}$$

의 해에서 영점을 갖고,

$$\sum_{k=0}^{N} a_k s^k = 0 \tag{4.45}$$

의 해에서 극점을 갖는다. 식 (4.43)은 $H(s)$의 수렴영역을 따로 나타내지 않고 있기 때문에 시스템의 안정성 또는 인과성에 대한 지식 같은 부가적인 정보를 가지고 수렴영역을 추론할 수 있다. 예를 들면, 만약 시스템에 대해서 초기정지조건을 가정한다면, 시스템이 인과적일 때, 수렴영역은 가장 오른쪽에 위치한 극점의 오른쪽에 존재하게 된다.

4.9 단방향 라플라스 변환

우리가 지금까지 별도의 제한 없이 사용했던 '라플라스 변환'이라는 용어는 엄밀하게 말해서 '양방향 라플라스 변환(bilateral Laplace transform)'을 의미한다. 이 절에서는 초기정지조건을 만족하지 않는 인과적인 시스템을 해석할 때 유용하게 사용되는 '단방향 라플라스 변환(unilateral Laplace transform)'에 대해서 정리하기로 한다.

4.9.1 단방향 라플라스 변환의 정의

연속시간 신호 $x(t)$의 단방향의 라플라스 변환은 아래와 같이 정의된다.

$$X(s) \triangleq \int_{0^-}^{\infty} x(t)e^{-st}dt \qquad (4.46)$$

여기서 적분의 최소 한계는 0^-이며, 이것은 $t=0$에 집중된 고차의 특이함수(singularity function) 또는 어떤 임펄스의 적분의 간격을 포함한다. 또한 단방향 라플라스 변환쌍을 다음과 같이 표현하기로 한다.

$$x(t) \overset{UL}{\leftrightarrow} X(s) = L\{x(t)u(t)\} \qquad (4.47)$$

식 (4.5)와 식 (4.47)에 차례대로 주어진 양방향과 단방향 라플라스 변환들을 비교해 보면, 그 차이점이 적분의 최소 한계에 있음을 알 수 있다. 다시 말해서 양방향의 라플라스 변환은 $t=-\infty$에서 $t=+\infty$까지의 범위에서 모든 신호에 의존하는 반면, 단방향의 라플라스 변환은 단지 $t=0^-$에서 ∞까지의 신호에만 의존하게 된다. 결과적으로 $t<0$에서는 서로 다르고, $t\geq0$에서는 일치하는 두 신호에 있어서 양방향의 라플라스 변환은 서로 다른 값을 가지게 되지만, 단방향의 라플라스 변환은 같은 값을 가지게 된다. 또한 $t<0$일 때 항상 0인 신호는 동일한 양방향과 단방향의 라플라스 변환을 갖게 된다.

4.9.2 단방향의 라플라스 변환의 특성

신호 $x(t)$의 단방향 라플라스 변환은 $t<0$인 구간에서 모든 값들을 0으로 만든 $x(t)$로부터 구한 양방향 라플라스 변환이 되기 때문에, 4.5절과 4.7절에서 다루었던 양방향 라플라스 변환의 성질들이 단방향 라플라스 변환에 적용될 수 있다. 단방향 라플라스 변환의 특성을 〈표 4.3〉에 정리하였다. 단방향 변환의 특성과 양방향 특성의 가장 큰 차이점은 단방향의 경우 수렴영역이 항상 오른쪽 절반평면이기 때문에 따로 수렴영역이 표기되어 있지 않다는 것이다.

표 4.3 단방향 라플라스 변환

성질	신호	단방향 라플라스 변환
	$x(t)$ $x_1(t)$ $x_2(t)$	$X(s)$ $X_1(s)$ $X_2(s)$
선형성	$ax_1(t)+bx_2(t)$	$aX_1(s)+bX_2(s)$
s-영역에서의 이동	$e^{s_0 t}x(t)$	$X(s-s_0)$
시간확장 및 축소	$x(at), \quad a>0$	$\frac{1}{a}X\left(\frac{s}{a}\right)$
공액복소수	$x^*(t)$	$X^*(s^*)$
중첩적분 $x_1(t)=x_2(t)=0$ for $t<0$	$x_1(t) * x_2(t)$	$X_1(s)X_2(s)$
미분	$\frac{d}{dt}x(t)$	$sX(s)-x(0^-)$
s-영역에서의 미분	$-tx(t)$	$\frac{d}{ds}X(s)$
적분	$\int_{0^-}^{t} x(\tau)d\tau$	$\frac{1}{s}X(s)$
초기값 및 최종값 정리 만약 $x(t)$가 임펄스나 불연속점을 갖지 않는 경우 $x(0^+)=\lim_{s\to\infty} sX(s)$ $\lim_{t\to\infty} x(t)=\lim_{x\to 0} sX(s)$ (안정된 신호에 국한)		

4.9.3 단방향 라플라스 변환을 이용한 미분 방정식의 해법

단방향의 라플라스 변환은 초기정지조건을 만족하지 않는 상수계수 미분방정식의 해를 구하는 데 사용할 수 있다. 예를 들어 초기조건이

$$y(0^-) = \beta,\ y'(0^-) = \gamma \tag{4.48}$$

이고,

$$\frac{d^2y(t)}{dt^2} + 3\frac{dy(t)}{dt} + 2y(t) = x(t) \tag{4.49}$$

와 같은 미분방정식으로 표현되는 시스템에 입력 $x(t) = \alpha u(t)$가 인가되었을 때, 출력 신호를 단방향 라플라스 변환을 사용해서 구해보기로 하자. 우선 식 (4.49)에 단방향 라플라스 변환을 적용하기 위해서 〈표 4.3〉에 주어진 미분신호의 단방향 변환인

$$\frac{dy(t)}{dt} \overset{UL}{\leftrightarrow} sY(s) - y(0^-) \tag{4.50}$$

와 이것을 다시 한 번 미분한 결과인

$$\frac{d^2y(t)}{dt^2} \overset{UL}{\leftrightarrow} s^2Y(s) - sy(0^-) - y'(0^-) \tag{4.51}$$

을 이용하면

$$s^2Y(s) - \beta s - \gamma + 3sY(s) - 3\beta + 2Y(s) = \frac{\alpha}{s} \tag{4.52}$$

를 얻을 수 있다. 여기에서 $Y(s)$는 $y(t)$의 단방향 라플라스 변환을 의미한다. 식 (4.52)를 $Y(s)$에 대해서 정리하면

$$\begin{aligned} Y(s) &= \frac{\alpha}{s(s+1)(s+2)} + \frac{\beta(s+3) + \gamma}{(s+1)(s+2)} \\ &= Y_{zs}(s) + Y_{zi}(s) \end{aligned} \tag{4.53}$$

가 된다. 식 (4.53) 우변의 첫째 항은 입력 $X(s) = \frac{\alpha}{s}$에 의해서만 형성되고 둘째 항은 초기조건에 의해서 나타남을 알 수 있다. 따라서 첫째 항 $Y_{zs}(s)$과 둘째 항 $Y_{zi}(s)$은 각각 시스템의 무상태응답과 무입력응답의 변환에 해당한다. 이와 같이 라플라스 변

환은 단순한 대수방정식을 통해 미분방정식의 무상태응답과 무입력응답을 동시에 구할 수 있는 장점을 갖고 있다.

특정한 값, 즉 $\alpha=2,\ \beta=3,\ \gamma=-5$에 대해서 식 (4.53)을 부분분수로 분해하면

$$
\begin{aligned}
Y_{zs}(s) &= \frac{1}{s} - \frac{2}{s+1} + \frac{1}{s+2} \\
Y_{zi}(s) &= \frac{1}{s+1} + \frac{2}{s+2} \\
Y(s) &= Y_{zs}(s) + Y_{zi}(s) = \frac{1}{s} - \frac{1}{s+1} + \frac{3}{s+2}
\end{aligned}
\tag{4.54}
$$

가 되고, 오른쪽 신호라는 가정으로 이것의 무상태응답, 무입력응답, 그리고 완전응답의 역변환 $y_{zs}(t)$, $y_{zi}(t)$, $y(t)$을 각각 구하면

$$
\begin{aligned}
y_{zs}(t) &= (1 - 2e^{-t} + e^{-2t})\,u(t), \\
y_{zi}(t) &= (e^{-t} + 2e^{-2t})\,u(t), \quad \text{for} \quad t > 0 \\
y(t) &= (1 - e^{-t} + 3e^{-2t})\,u(t)
\end{aligned}
\tag{4.55}
$$

와 같은 출력을 얻을 수 있다.

4.10 라플라스 변환을 사용한 연속시간시스템의 표현

다음과 같은 미분방정식으로 표현되는 N차 시스템을 생각해보기로 하자.

$$
\sum_{i=0}^{N} a_i \frac{d^i y(t)}{dt^i} = \sum_{i=0}^{M} b_i \frac{d^i x(t)}{dt^i} \tag{4.56}
$$

이 시스템에 초기입력이 인가되어 있지 않다고 가정하고, 양변의 라플라스 변환을 취하면

$$
\left(\sum_{i=0}^{N} a_i s^i\right) Y(s) = \left(\sum_{i=0}^{M} b_i s^i\right) X(s) \tag{4.57}
$$

를 얻을 수 있다. 이 식으로부터 전달함수를 구하면

$$H(s) = \frac{Y(s)}{X(s)} = \frac{\sum_{i=0}^{M} b_i s^i}{\sum_{i=0}^{N} a_i s^i} \tag{4.58}$$

가 된다. 다시 $a_N = 1$과 $N = M$이라 가정하면 식 (4.57)은

$$\begin{aligned} s^N[Y(s) - b_N X(s)] + s^{N-1}[a_{N-1}Y(s) - b_{N-1}X(s)] + \cdots \\ + a_0 Y(s) - b_0 X(s) = 0 \end{aligned} \tag{4.59}$$

과 같이 표현할 수 있다. 정규적 형태를 얻기 위해서 이 식을 $Y(s)$에 대해서 풀면

$$\begin{aligned} Y(s) = b_N X(s) + \frac{1}{s}[b_{N-1}X(s) - a_{N-1}Y(s)] + \cdots \\ + \frac{1}{s^{N-1}}[b_1 X(s) - a_1 Y(s)] + \frac{1}{s^N}[b_0 X(s) - a_0 Y(s)] \end{aligned} \tag{4.60}$$

가 된다. 식 (4.60)에서 보면 $Y(s)$는 우변에 있는 모든 항들의 선형 조합으로 표현할 수 있기 때문에 〈그림 4.7〉과 같은 정규적 형태로 나타낼 수 있다.

식 (4.58)에서 구한 전달함수는 식 (4.57)을 다른 방법으로 전개해서 다음과 같이 표현할 수 있다.

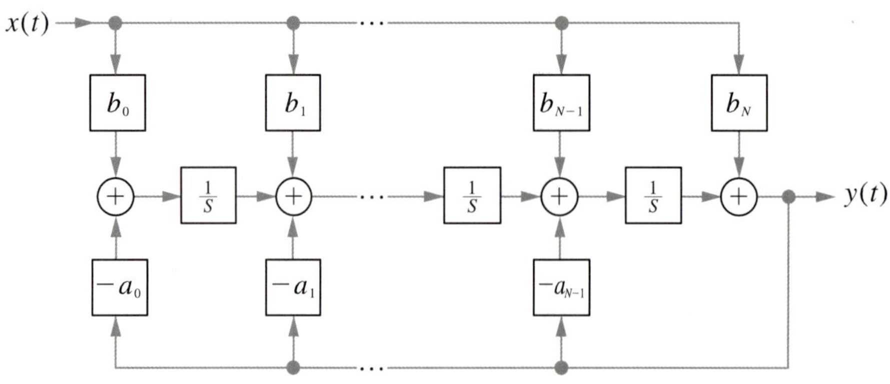

그림 4.7 식 (4.60)의 1단계 정규적 형태 표현

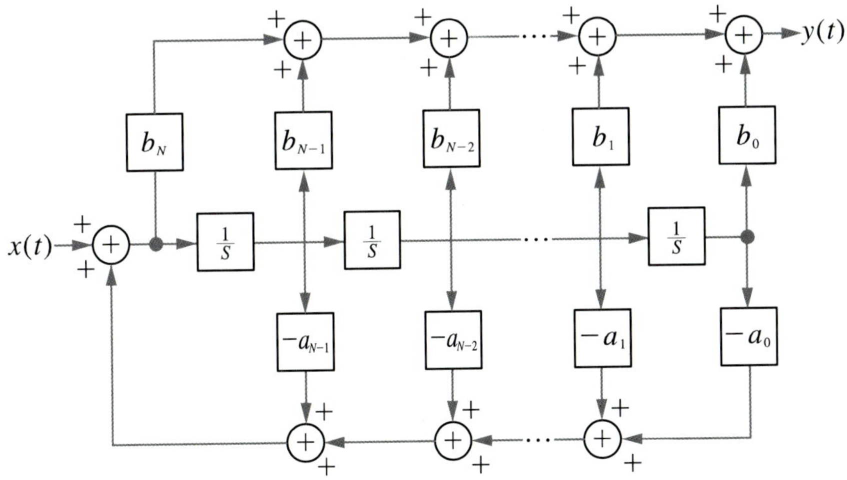

❙ 그림 4.8 ❙ 식 (4.61)과 (4.62)의 2단계 정규적 표현

$$Y(s) = \frac{\sum_{i=0}^{M} b_i s^i}{s^N + \sum_{i=0}^{N-1} a_i s^i} X(s) = \left(\sum_{i=0}^{M} b_i s^i\right) V(s), \tag{4.61}$$

여기에서

$$V(s) = \frac{1}{s^N + \sum_{i=0}^{N-1} a_i s^i} X(s) \tag{4.62}$$

혹은

$$\left(s^N + \sum_{i=0}^{N-1} a_i s^i\right) V(s) = X(s) \tag{4.63}$$

를 나타낸다. 식 (4.61)에서 (4.63)에 의하면 $V(s)$를 먼저 결정한 후 두 번째 단계에서 $Y(s)$를 결정할 수 있기 때문에 〈그림 4.8〉과 같은 2단계 정규적 형태로 표현이 가능하다.

예제 4.5

다음과 같은 전달함수를 두 가지 다른 정규적 표현으로 나타낸 것이 차례로 〈그림 4.9〉와 〈그림 4.10〉에 보인다.

$$H(s) = \frac{s^2 - 3s + 2}{s^3 + 6s^2 + 11s + 6} \tag{4.64}$$

■

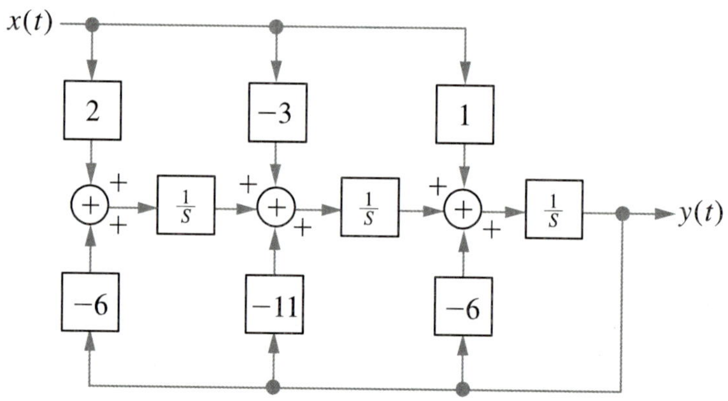

▎그림 4.9▎ 식 (4.64)의 1단계 정규적 표현

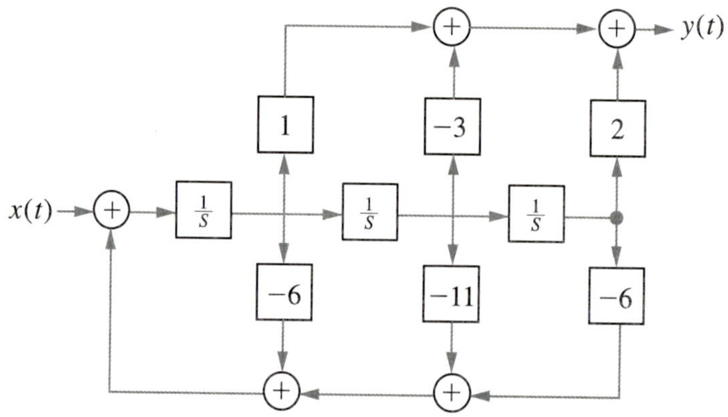

▎그림 4.10▎ 식 (4.64)의 2단계 정규적 표현

지금까지 살펴본 바와 같이 라플라스 변환은 시스템이 미분방정식으로 표현되어 있거나 출력이 입력의 함수로 정의되어 있을 때, 전달함수를 구하는데 유용하게 사용된다.

방대해지고 복잡한 시스템을 해석하기 위해서는 여러 개의 종속시스템으로 분리하는 것이 편리하다. 다수의 종속시스템을 연결해서 원래의 대형 시스템을 구현하기 위해서는 직렬, 병렬, 궤환 등의 세 가지 연결이 가능하다. 직렬연결의 예가 〈그림 4.11〉에 보이는데, 이 경우 각 종속시스템의 출력과 결합된 시스템의 전달함수는 다음과 같다.

$$Y_1(s) = H_1(s)X(s) \tag{4.65}$$

$$Y_2(s) = H_2(s)Y_1(s) = [H_2(s)H_1(s)]X(s) \tag{4.66}$$

$$H(s) = H_1(s)H_2(s) \tag{4.67}$$

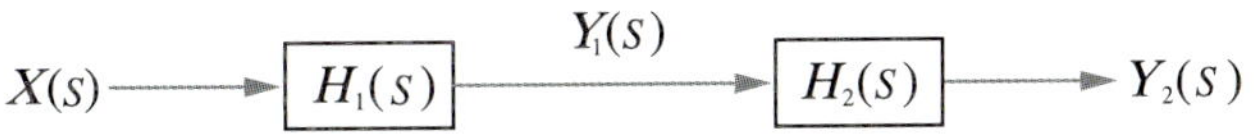

┃그림 4.11┃ 두 개의 종속시스템의 직렬연결

위와 같은 관계를 유도할 때, 각 종속시스템의 초기 에너지가 없고, 한 종속시스템의 출력이 다른 종속시스템의 입력이 되고, 나중에 오는 종속시스템은 그 앞의 시스템에 영향을 주지 않는다는 가정을 하였다. 일반적으로 N개의 종속시스템들이 직렬로 연결되어 하나의 시스템을 구성하고 있다면, 결합된 전달함수는

$$H(s) = H_1(s)H_2(s)\cdots H_N(s) \tag{4.68}$$

이 되고, 라플라스 변환의 중첩적분 성질을 이용하면 결합된 시스템의 임펄스응답은

$$h(t) = h_1(t) * h_2(t) * \cdots * h_N(t) \tag{4.69}$$

가 된다.

이번에는 종속시스템들이 병렬로 연결된 경우를 살펴보기로 한다. 두 개의 종속시스템들이 〈그림 4.12〉와 같이 연결되어 있을 경우, 최종 출력과 전달함수는 다음과 같

이 구할 수 있다.

$$\begin{aligned} Y(s) &= Y_1(s) + Y_2(s) \\ &= H_1(s)X(s) + H_2(s)X(s) \\ &= [H_1(s) + H_2(s)]X(s) \end{aligned} \tag{4.70}$$

$$H(s) = H_1(s) + H_2(s) \tag{4.71}$$

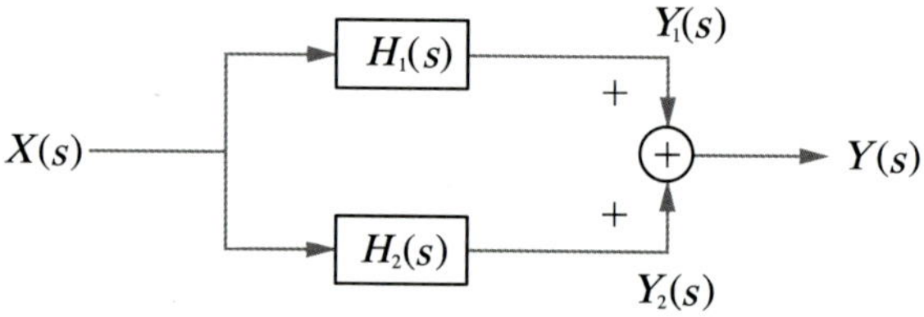

| 그림 4.12 | 두 개의 종속시스템의 병렬연결

일반적으로 N개의 종속시스템들이 병렬로 연결되어 있다고 가정하면, 그 전달함수와 임펄스응답은 차례로

$$H(s) = H_1(s) + H_2(s) + \cdots + H_N(s), \tag{4.72}$$

$$h(t) = h_1(t) + h_2(t) + \cdots + h_N(t) \tag{4.73}$$

가 된다.

예제 4.6 직렬로 연결된 세 개의 종속시스템

다음과 같은 전달함수로 정의되는 시스템의 블록도가 〈그림 4.13〉에 보인다.

$$H(s) = \frac{s-1}{s+1} \cdot \frac{s-2}{s+2} \cdot \frac{1}{s+3} \tag{4.74}$$

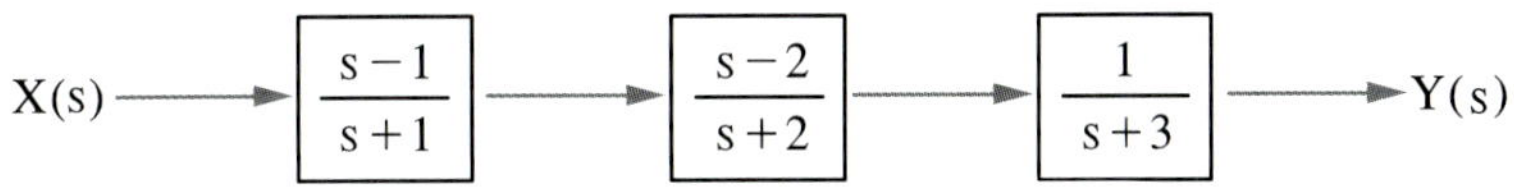

┃그림 4.13┃ 식 (4.74)을 전달함수로 갖는 시스템의 직렬연결

예제 4.7 병렬로 연결된 세 개의 종속시스템

다음과 같은 전달함수로 정의되는 시스템의 블록도가 〈그림 4.14〉에 보인다.

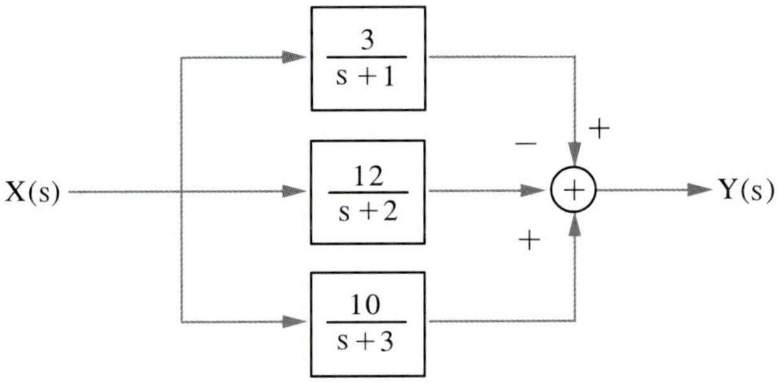

┃그림 4.14┃ 식 (4.75)를 전달함수로 갖는 시스템의 블록도

$$H(s) = \frac{3}{s+1} - \frac{12}{s+2} + \frac{10}{s+3} \tag{4.75}$$

〈그림 4.15〉와 같은 형태를 궤환 혹은 피드백연결(feedback interconnection)이라 한다. 이 경우 종속시스템 $H_1(s)$의 출력이 종속시스템 $H_2(s)$를 통해서 입력으로 되먹임된다. 만약 $H_2(s)$의 연결이 단절된다면 입력은 $H_1(s)$를 통해서만 출력으로 전달되고, 이 때 $H_1(s)$를 개방루프(open-loop)의 전달함수라 한다. 또한 $H_2(s)$를 피드백루프의 전달함수라 한다.

피드백 연결의 경우도 이전과 마찬가지로 각 종속시스템의 초기에너지가 없고, 피드백시스템은 개방루프시스템에 영향을 주지 않는다고 가정했을 때 출력 $y(t)$와

$H_1(s)$의 입력신호 $e(t)$는 차례로

$$Y(s) = H_1(s)E(s), \tag{4.76}$$

$$E(s) = X(s) + H_2(s)Y(s) \tag{4.77}$$

가 된다. 식 (4.76)과 (4.77)로부터 다음과 같이 출력을 구할 수 있다.

$$Y(s) = H_1(s)[X(s) + H_2(s)Y(s)] \tag{4.78}$$

식 (4.78)로부터 $Y(s)/X(s)$의 비율을 구하면

$$H(s) = \frac{Y(s)}{X(s)} = \frac{H_1(s)}{1 - H_1(s)H_2(s)} \tag{4.79}$$

와 같이 전달함수가 결정된다.

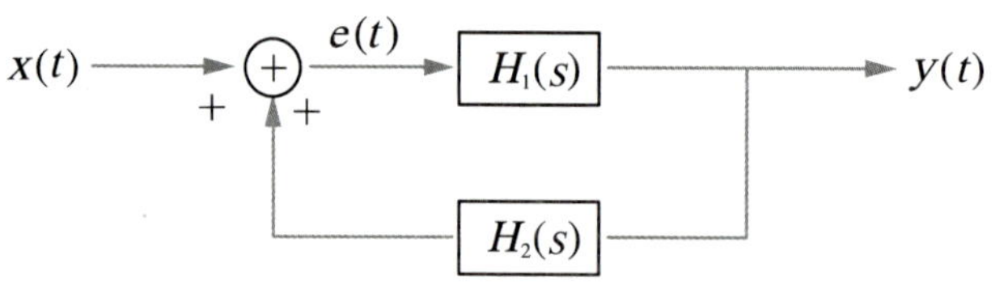

그림 4.15 피드백 연결로 구성된 시스템의 블록도

4.11 라플라스 변환의 응용

4.11.1 미분방정식의 해

라플라스 변환의 대표적인 응용 중의 하나가 미분방정식의 해를 구하는 것이다. 미분방정식을 라플라스 변환 영역에서 표현하기 위해서는 각 항들에 라플라스 변환의 미분특성을 적용한다. 이와 같은 개념을 사용해서 미분방정식의 해를 구하는 과정은

첫째 주어진 초기조건에서 미분방정식의 양변을 라플라스 변환해서 $Y(s)$의 대수방정식을 만들고, 둘째 이 대수방정식을 $Y(s)$에 대해서 푼 후, 마지막으로 $Y(s)$의 라플라스 역변환을 구해서 $y(t)$를 얻는다.

예제 4.8 2차 미분방정식의 해

다음과 같은 2차 미분방정식의 해를 구해보기로 하자.

$$y''(t) + 5y'(t) + 6y(t) = e^{-t}, \quad y'(0^-) = 1, \quad y(0^-) = 2$$

윗 식의 양변을 라플라스 변환하면

$$[s^2 Y(s) - 2s - 1] + 5[sY(s) - 2] + 6Y(s) = \frac{1}{s+1}$$

가 되고, 이것을 $Y(s)$에 대해서 풀면

$$\begin{aligned} Y(s) &= \frac{1}{(s+1)(s^2+5s+6)} + \frac{2s+11}{(s^2+5s+6)} \\ &= Y_{zs}(s) + Y_{zi}(s) \end{aligned}$$

을 얻는다. 위 식을 부분분수로 분해하면

$$\begin{aligned} Y_{zs}(s) &= \frac{1}{2(s+1)} - \frac{1}{s+2} + \frac{1}{2(s+3)} \\ Y_{zi}(s) &= \frac{7}{s+2} - \frac{5}{s+3} \\ Y(s) &= Y_{zs}(s) + Y_{zi}(s) = \frac{1}{2(s+1)} + \frac{6}{s+2} - \frac{9}{2(s+3)} \end{aligned}$$

가 되고, 오른쪽 신호라는 가정으로 이것의 무상태응답, 무입력응답, 그리고 완전응답의 라플라스 역변환 $y_{zs}(t)$, $y_{zi}(t)$, $y(t)$를 각각 구하면

$$y_{zs}(t)=\left(\frac{1}{2}e^{-t}-e^{-2t}+\frac{1}{2}e^{-3t}\right)u(t),$$

$$y_{zi}(t)=(7e^{-2t}-5e^{-3t})\,u(t),$$

$$y(t)=\left(\frac{1}{2}e^{-t}+6e^{-2t}-\frac{9}{2}e^{-3t}\right)u(t)$$

와 같은 출력을 얻을 수 있다. ■

4.11.2 RLC 회로의 해석

저항, 인덕터, 캐패시터에 인가된 전류와 전압의 관계를 라플라스 변환 영역에서 표현하면 RLC회로를 매우 편리하고 체계적으로 해석할 수 있는 장점이 있다. 우선 저항의 전류-전압 특성을 라플라스 변환 영역에서 나타내면

$$V_R(s) = RI_R(s) \tag{4.80}$$

가 되고, 인덕터의 전류-전압 특성은

$$V_L(s) = sLI_L(s) - Li_L(0^-) \tag{4.81}$$

가 된다. 즉, 인덕터의 전압은 초기에너지가 없는 상태에서 전류에 의해서 발생된 전압과 $t=0^-$ 에서의 임펄스 전압 $-Li_L(0^-)$의 합으로 결정된다. 이 때 임펄스 전압원은 초기조건을 발생시킨다고 볼 수 있다. 또한 식 (4.81)은

$$I_L(s) = \frac{1}{sL}V_L(s) + \frac{i_L(0^-)}{s} \tag{4.82}$$

와 같이 표현할 수 있고, 이것은 인덕터의 전류가 초기에너지가 없는 상태에서 전압에 의해서 발생된 부분과 계단 혹은 스텝 전류원의 합으로 결정됨을 나타낸다.

캐패시터의 전류-전압 특성은

$$I_C(s) = sCV_C(s) - Cv_C(0^-) \tag{4.83}$$

로 나타낼 수 있고, 이것은 캐패시터의 전하가 초기에너지가 없는 상태에서 전압에 의해서 발생된 부분과 임펄스 전류원의 합으로 구성됨을 나타낸다. 식 (4.83)을 전압에 대해서 정리하면

$$V_C(s) = \frac{1}{sC} I_C(s) + \frac{v_C(0^-)}{s} \tag{4.84}$$

가 된다.

앞에서 살펴본 저항, 인덕터, 캐패시터의 전류-전압 관계를 노드를 중심으로 한 키르히호프의 전류법칙

$$\sum_k I_k(s) = 0 \tag{4.85}$$

과 루프상에서의 키르히호프의 전압법칙

$$\sum_k V_k(s) = 0$$

을 사용하여 RLC 회로를 효과적으로 해석할 수 있다.

예제 4.9

〈그림 4.16(a)〉에 보인 회로의 초기조건이 $i_L(0^-)=1$, $v_C(0^-)=2$이고, 입력이 $x(t)=u(t)$라 할 때, 라플라스 변환 영역의 등가회로가 〈그림 4.16(b)〉에 보인다.

〈그림 4.16(b)〉의 노드 ①에서

$$2 - \frac{Y(s) - 1/s - 1}{2+s} - sY(s) - Y(s) = 0$$

의 관계를 얻을 수 있고, 이것을 $Y(s)$에 관해서 풀면

$$Y(s) = \frac{2s^2+5s+1}{s(s^2+3s+3)} = \frac{1}{3s} + \frac{5s/3+4}{(s+3/2)^2+(\sqrt{3}/2)^2}$$

$$= \frac{1}{3s} + \frac{5}{3}\frac{s+3/2}{(s+3/2)^2+(\sqrt{3}/2)^2} + \sqrt{3}\frac{\sqrt{3}/2}{(s+3/2)^2+(\sqrt{3}/2)^2}$$

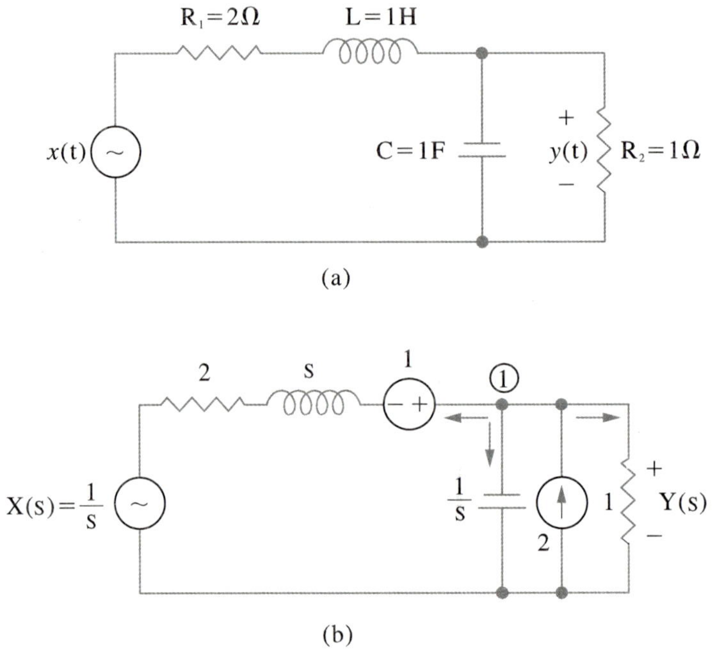

▎그림 4.16▎ RLC 회로와 그의 라플라스 변환 영역 등가회로

가 된다. 이것을 라플라스 역변환하면 다음과 같은 출력을 구할 수 있다.

$$y(t) = \left(\frac{1}{3} + \frac{5}{3}e^{-3t/2}\cos(\sqrt{3}\,t/2) + \sqrt{3}e^{-3t/2}\sin(\sqrt{3}\,t/2)\right)u(t)$$ ■

4.11.3 자동제어의 기초

라플라스 변환의 대표적 응용 분야가 자동제어인데, 이것은 통신시스템, 레이더시스템, 속도제어 시스템 등 매우 다양한 공학 분야에 적용되는 중요한 학문 분야 중의 하나이다.

〈그림 4.17〉에 보인 제어시스템을 생각해보기로 하자.

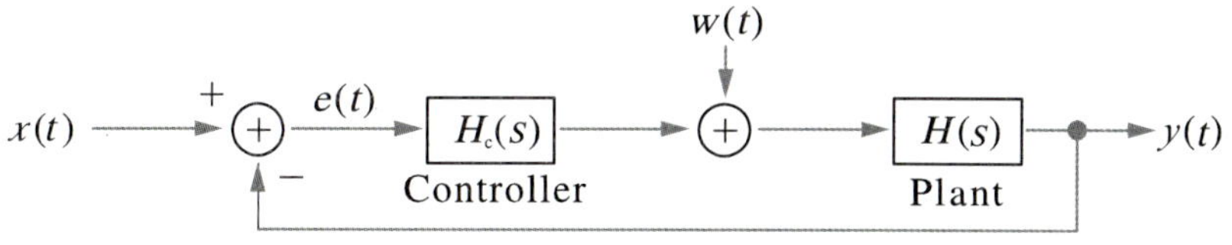

그림 4.17 제어시스템의 블록도

이 시스템은 두 개의 종속시스템으로 구성되어 있는데, 전달함수 $H(s)$를 갖는 것을 플랜트라 하고, 전달함수 $H_C(s)$로 표현된 것을 제어기라고 정의하기로 한다. 시스템의 입력 $x(t)$를 표준신호(reference signal)라 하고, 잡음을 의미하는 $w(t)$는 시스템의 정상적인 동작을 어느 정도 교란하는 역할을 한다. 표준신호와 출력의 차분을 오차신호(error signal)라 하고, 〈그림 4.17〉로부터

$$e(t) = x(t) - y(t) \tag{4.86}$$

임을 알 수 있다.

이 오차신호가 제어기로 입력되는데, 제어기는 궁극적으로 오차신호를 없애는 역할을 한다. 즉,

$$\lim_{t\to\infty} e(t) = 0 \tag{4.87}$$

가 되도록 한다. 이 조건은 출력신호가 입력신호 혹은 표준신호와 같아지도록 한다는 의미를 갖는다. 보다 구체적으로는 교란신호 $w(t)$가 인가되어도 출력이 입력 표준신호를 추적하게 됨을 의미한다. 시스템이 이와 같이 동작하는 것을 가능하게 하는 제어기의 설계를 다음과 같은 예를 들어 설명하기로 한다.

예제 4.10 이산시간 단위임펄스 응답과 시스템의 중첩합

〈그림 4.17〉에서 플랜트가 다음과 같은 전달함수를 갖는 선형시불변 시스템이라 하자.

$$H(s) = \frac{N(s)}{D(s)}$$

A와 B가 각각 상수일 때, 입력을 $x(t) = Au(t)$라 하고 잡음을 $w(t) = Bu(t)$라 가정한다. 선형성을 이용해서 이 시스템은 $x(t)$를 입력으로 갖는 제어기와 $w(t)$를 입력으로 하는 플랜트의 두 부분으로 분리해서 생각할 수 있고, 출력은 두 종속시스템의 출력 성분의 합으로 결정할 수 있다.

입력이 $x(t)$와 $w(t)$일 때 플랜트의 출력을 각각 $y_1(t)$와 $y_2(t)$라 하면

$$Y_1(s) = \frac{H_C(s)H(s)}{1 + H_C(s)H(s)} X(s)$$

$$Y_2(s) = \frac{H(s)}{1 + H_C(s)H(s)} W(s)$$

를 얻는다. 최종적으로 이 시스템의 출력은

$$\begin{aligned} Y(s) &= Y_1(s) + Y_2(s) \\ &= \frac{H_C(s)H(s)}{1 + H_C(s)H(s)} X(s) + \frac{H(s)}{1 + H_C(s)H(s)} W(s) \\ &= \frac{H(s)[H_C(s)A + B]}{s[1 + H_C(s)H(s)]} \end{aligned}$$

와 같이 구할 수 있다.

이제는 $y(t)$가 입력 표준신호 $x(t)$를 추적하도록 제어기의 전달함수 $H_C(s)$를 결정해야 한다. 이를 위해서는

$$\lim_{t \to \infty} y(t) = A$$

가 되어야 한다. 제어기의 전달함수도 플랜트의 전달함수와 마찬가지로 라플라스 변환 변수 s의 유리함수인

$$H_C(s) = \frac{N_C(s)}{D_C(s)}$$

의 형태를 갖는다고 하면, 출력은

$$Y(s) = \frac{N(s)[N_C(s)A + D_C(s)B]}{s[D(s)D_C(s) + N(s)N_C(s)]}$$

가 된다. 최종값 정리(final value theorem)를 사용하면

$$\lim_{t\to\infty} y(t) = \lim_{s\to 0} sY(s) = \lim_{s\to 0}\frac{N(s)[N_C(s)A + D_C(s)B]}{D(s)D_C(s) + N(s)N_C(s)}$$

와 같은 결과를 얻을 수 있다. 이 값이 A와 같게 되려면 $\lim_{s\to 0} D_C(s) = 0$을 만족하거나 $D_C(s)$가 $s=0$에서 영점(zero)을 가져야 한다. 이 조건을 최종값 정리 결과에 적용하면

$$\lim_{t\to\infty} y(t) = \frac{N(0)N_C(0)A}{N(0)N_C(0)} = A$$

가 됨을 알 수 있다. ■

예제 4.11

〈그림 4.18〉에 보인 시스템을 해석해보기로 하자.

이 시스템은 추적안테나 혹은 대공포에 장착되는 위치제어 시스템을 간략화해서 나타낸 것이다. 입력 $r(t)$는 추적하고자 하는 물체의 위치를 각으로 표현한 것이고, 출력 $y(t)$는 안테나의 위치를 나타낸다.

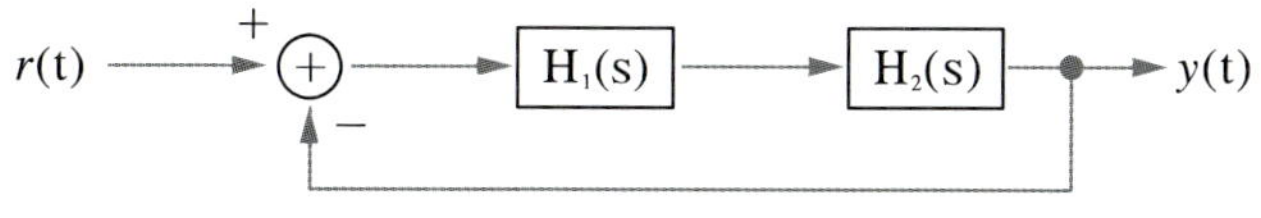

| 그림 4.18 | 추적안테나 시스템의 블록도

첫째 시스템과 둘째 시스템의 전달함수를 차례로

$$H_1(s) = 8,$$

$$H_2(s) = \frac{1}{s(s+\alpha)}, \quad 0 < \alpha < \sqrt{32}$$

라 가정한다. 입력이 단위 계단신호인 $r(t)=u(t)$일 때, α의 변화에 따른 출력 계단응답을 구해보기로 한다. $H(s)$를 피드백 루프의 전달함수라고 하면 출력은 다음과 같다.

$$\begin{aligned} Y(s)=\frac{1}{s}H(s) &= \frac{H_1(s)H_2(s)}{s[1+H_1(s)H_2(s)]} \\ &= \frac{8}{s(s^2+\alpha s+8)} \\ &= \frac{1}{s}-\frac{s+\alpha}{s^2+\alpha s+8} \end{aligned}$$

조건 $0<\alpha<\sqrt{32}$는 다항식 $s^2+\alpha s+8$의 근이 복소수이면서 왼쪽 반평면에 존재하기 위한 범위이다. 마지막으로 계단응답은 $Y(s)$를 라플라스 역변환해서 다음과 같이 얻을 수 있다.

$$y(t)=\left(1-e^{-\alpha t/2}\left\{\cos\left[\sqrt{8-(\alpha/2)^2}\,t\right]+\frac{\alpha}{2\sqrt{8-(\alpha/2)^2}}\sin\left[\sqrt{8-(\alpha/2)^2}\,t\right]\right\}\right)u(t)$$

$\alpha=2$인 경우와 $\alpha=3$인 경우의 계단응답이 각각 〈그림 4.19〉에 보인다. 두 계단 응답은 차례로 30%와 14%의 오버슈트(overshoot)를 갖는다. 보다 구체적으로 $\alpha=2$인 경우 다소 높은 오버슈트를 갖는 반면 상대적으로 빠른 수렴을 보이고, $\alpha=3$인 경우는 그 반대이다. ■

Matlab 프로그램 4.2

```
t=0:0.01:5;       % start time:time increment: final time
a=2;
a_8 = sqrt(8 - a^2/4);
y1 = (1 - exp(-a*t/2).*( cos(a_8*t) + a/(2*a_8)*sin(a_8*t) ) );

a=3;
a_8 = sqrt(8 - a^2/4);
y2 = (1 - exp(-a*t/2).*( cos(a_8*t) + a/(2*a_8)*sin(a_8*t) ) );

plot(t,y1,t,y2,'--');
legend('\alpha=2','\alpha=3');
axis([0,5,0,1.5]);
xlabel('t');
ylabel('y(t)');
grid on;
```

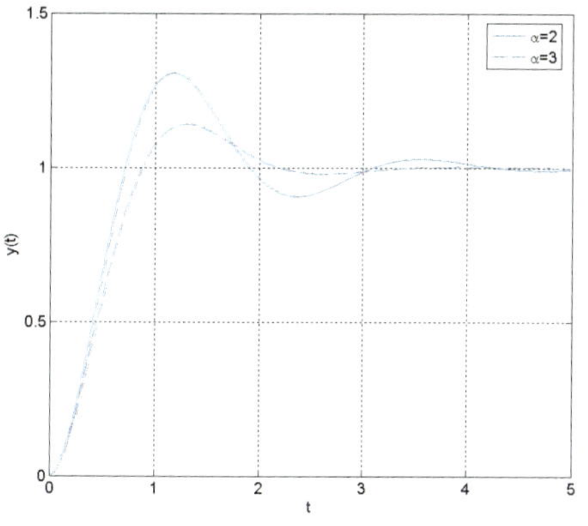

| 그림 4.19 | 추적안테나 시스템의 계단응답

4.11.4 2차 시스템의 응답특성

2차 시스템은 1차 시스템에 비해 더욱 다양한 특성을 가지고 있으며 선형 시스템의 해석에서 중요하다. 고차 시스템에 대해서는 주요 극점(dominant pole) 기법을 사용하여 시스템을 2차 시스템으로 근사하여 종종 사용한다. 일반적으로 영점이 없는 단순 2차 시스템과 같이 간단한 시스템을 제외하고는 시스템의 특성을 해석적으로 계산하기는 어렵다. 실제로 존재하는 시스템이 2차 시스템으로 나타나는 경우는 드물지만 영점이 없는 단순 2차 시스템의 해석이 일반적인 시스템의 해석 및 설계에 도움을 많이 주기 때문에 단순 2차 시스템의 단위계단응답을 해석적으로 구해보기로 하자. 단순 2차 시스템의 일반형은 다음과 같다.

$$Y(s) = \frac{\omega_n^2}{s^2 + 2\zeta\omega_n s + \omega_n^2} X(s) \tag{4.88}$$

여기서 ζ는 감쇠비(damping ratio)이고 ω_n는 시스템의 고유주파수(natural frequency)이며 극점들은 다음과 같다.

$$s_1, s_2 = -\zeta\omega_n \pm \omega_n\sqrt{\zeta^2 - 1} \tag{4.89}$$

극점들은 ζ 값에 따라 다른 형태로 나타나는데, 과도감쇠(overdamped)경우인

$\zeta > 1$ 에서는 서로 다른 실근, 임계감쇠(critically damped)경우인 $\zeta = 1$ 에서는 실중근, 그리고 과소감쇠(underdamped)경우인 $0 < \zeta < 1$ 에서는 공액 복소수로 나타난다.

일반적으로 단순 2차 시스템의 단위계단응답은 다음과 같다.

$$Y(s) = \frac{\omega_n^2}{s(s^2 + 2\zeta\omega_n s + \omega_n^2)} \tag{4.90}$$

위 식을 부분 분수로 전개하면

$$Y(s) = \frac{1}{s} - \frac{s + 2\zeta\omega_n}{(s + \zeta\omega_n)^2 + \omega_n^2(1 - \zeta^2)} \tag{4.91}$$

이 되고, 위의 식을 역라플라스 변환하여 단순 2차 시스템의 단위계단응답 $y(t)$를 다음과 같이 구할 수 있다.

$$y(t) = 1 - \frac{e^{-\zeta\omega_n t}}{\sqrt{1-\zeta^2}} \sin(\omega_d t + \theta) \tag{4.92}$$

여기서 $\omega_d = \omega_n\sqrt{1-\zeta^2}$ 와 $\theta = \cos^{-1}\zeta$ 이다.

식 (4.92)에서 $e^{-\zeta\omega_n t}$는 과도응답(transient response)이 감쇠하는 정도를 나타낸다. 이 감쇠하는 정도는 보통 과도응답을 나타내는 사양인 시정수 τ로 나타낸다. 시정수 τ는 감쇠정도를 나타내는 지수함수 $e^{-\zeta\omega_n t}$가 e^{-1}이 되는 시간, 즉 $\tau = 1/\zeta\omega_n$으로 정의된다. 따라서 $\zeta\omega_n$값이 크면 클수록 시정수 τ는 작게 되고 과도응답이 감쇠하는 정도는 크게 된다.

이제 해석적인 방법으로 단순 2차 시스템의 과도응답에 관한 사항들을 살펴보도록 하자. 〈그림 4.20〉은 몇 가지 중요한 설계기준(오버슈트, 상승시간, 정착시간)을 포함한 단순 2차 시스템의 과소감쇠 단위계단응답을 보여준다.

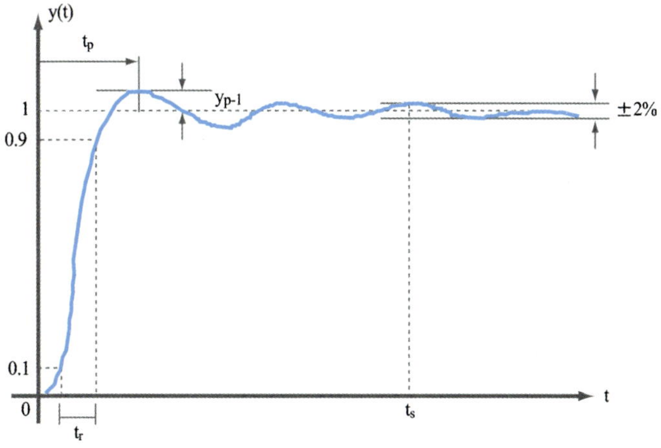

| 그림 4.20 | 일반적인 단순 2차 시스템의 과소감쇠 단위계단응답

과소감쇠인 경우에 오버슈트를 찾기 위하여 처음으로 최대값에 도달하는 시간 t_p를 결정하고 $y(t)$의 최대값(y_p)을 계산한다. 식 (4.92)를 시간에 대하여 미분하여 계산한 극값으로부터 최대값에 도달하는 시간 t_p를 구할 수 있다.

$$\left.\frac{dy}{dt}\right|_{t=t_p} = \frac{e^{-\zeta\omega_n t_p}}{\sqrt{1-\zeta^2}}(\zeta\omega_n \sin(\omega_d t_p + \theta) - \omega_d \cos(\omega_d t_p + \theta)) = 0 \tag{4.93}$$

위 식을 정리하면

$$\tan(\omega_d t_p + \theta) = \frac{\sin(\omega_d t_p + \theta)}{\cos(\omega_d t_p + \theta)} = \frac{\omega_d}{\zeta\omega_n} \tag{4.94}$$

이 되는데, $\omega_d = \omega_n\sqrt{1-\zeta^2}$ 와 $\theta = \cos^{-1}\zeta$ 의 값을 이용하면 식 (4.94)는

$$\tan(\omega_d t_p + \theta) = \frac{\sqrt{1-\zeta^2}}{\zeta} = \tan\theta \tag{4.95}$$

로 나타낼 수 있다. 따라서 삼각함수의 특성으로부터 $\omega_d t_p = 0, \pi, 2\pi, \cdots$ 의 관계를 얻을 수 있으므로 최대값에 도달하는 시간 t_p는 시첫 번째 오버슈트의 간이므로 $\omega_d t_p = \pi$ 이다. 따라서 최대값에 도달하는 시간 t_p과 시간응답의 최대값 y_p는 다음과

같다.

$$
\begin{aligned}
t_p &= \frac{\pi}{\omega_d} \\
y_p &= 1 + e^{-(\zeta/\sqrt{1-\zeta^2})\pi}
\end{aligned}
\tag{4.96}
$$

정착시간은 시정수($\tau = 1/\zeta\omega_n$)로 결정되는데, 단순 2차 시스템의 응답곡선을 참조하면 2% 정착시간 t_s는 다음과 같이 감쇠비 ζ 값에 무관하게 시스템의 시정수 τ의 약 4배가 된다.

$$t_s = 4\tau = \frac{4}{\sigma} = \frac{4}{\zeta\omega_n} \tag{4.97}$$

여기서 σ는 식 (4.89)에서 극점의 실수부를 나타낸다. 그리고 1% 정착시간 t_s는 시스템의 시정수 τ의 약 4.6배가 된다.

일반적으로 오버슈트와 정착시간은 설계시 모두 주어지는데, 오버슈트로부터 감쇠비 ζ값을 정착시간으로부터 고유주파수 ω_n값을 결정한다. 상승시간 t_r에 대한 간단한 식은 없고 이들은 ζ값과 ω_n값에 모두 의존하는데, ω_n값에 반비례하는 것으로 알려져 있다. 상승시간을 결정하기 위해 다양한 근사법들이 사용될 수 있는데 0.5의 감쇠비를 갖고 있는 경우에($\zeta = 0.5$) 상승시간은 다음과 같이 근사화될 수 있다.

$$t_r \approx \frac{1.8}{\omega_n} \tag{4.98}$$

지금까지 ζ값과 ω_n값이 오버슈트와 정착시간에 어떤 영향을 미치는지를 알아보았고, 이제 복소수 평면에서 극점의 위치와 ζ값과 ω_n값의 관계에 대해 알아보자. 〈그림 4.21(a)〉에서 수직선은 일정한 감쇠(σ)를 나타내는 직선이다. 단위계단응답의 정착시간은 σ에 반비례하기 때문에 이 직선 위에 극점을 가지는 모든 2차 시스템은 같은 정착시간을 가질 것이다. 정착시간을 줄이기 위해서는 극점들의 실수부를 왼쪽으로 이동하면 된다. 수평선은 감쇠고유주파수(ω_d)를 나타내는 직선인데, 시스템의 최대값에 도달하는 시간 t_p을 줄이기 위해서는 극점들의 허수부를 위쪽으로 이동하면 된다. 〈그림 4.21(b)〉에서 원점과 극점을 통과하는 직선이 실수축과 이루는 각(θ)의 관계는 식 (4.92)에서 $\zeta = \cos\theta$로 나타낼 수 있다. 단순 2차 시스템을 좀 더 감쇠시키기 위해서는 θ를 증가시키면 된다. 그리고 원의 반지름은 간단한 삼각함수로부터 ω_n임을 알 수 있는데, ω_n을 증가시키기 위해서는 극점 위치를 원점에서 멀리 떨어지게 잡으면 된다.

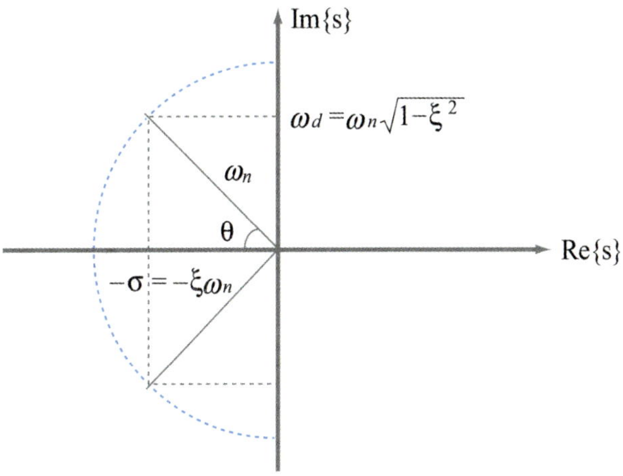

| 그림 4.21 | 복소수 평면에서 설계변수들 간의 관계

예제 4.12

플랜트가 다음과 같은 전달함수를 갖는 단순 2차 선형시불변 시스템이라 하자.

$$H(s) = \frac{\omega_n^2}{s^2 + 2\zeta\omega_n s + \omega_n^2}$$

감쇠비 ζ값과 고유주파수 ω_n값에 따른 시스템의 단위계단응답 특성을 살펴보도록 한다. 〈그림 4.22(a)〉는 감쇠비 ζ의 효과를 나타내었는데, $\omega_n = \sqrt{2}$는 고정하고 $\zeta = (\frac{\sqrt{3}}{2}, \frac{\sqrt{2}}{2}, \frac{1}{2})$에 따른 단위계단응답을 나타내었다. 이 경우 ω_n은 고정되고 ζ는 감소함에 따라 극점들은 반지름이 $\sqrt{2}$인 원호를 따라 이동하게 되므로 상승시간과 최고점에 도달하는 시간은 감소하게 되는 반면에 오버슈트와 정착시간은 증가하게 된다. 〈그림 4.22(b)〉는 고유주파수 ω_n의 효과를 나타내었는데, $\zeta = \frac{1}{\sqrt{2}}$은 고정하고 $\omega_n = (\frac{\sqrt{2}}{2}, \sqrt{2}, 2\sqrt{2})$에 따른 단위계단응답을 나타내었다. 이 경우 극점들은 45도의 각을 가진 직선을 따라 원점에서 바깥쪽으로 이동하게 되므로 오버슈트는 고정되는 반면에 상승시간, 최고점에 도달하는 시간과 정착시간은 감소하게 된다. ■

Matlab 프로그램 4.3

```
om_n = sqrt(2);
z_1 = sqrt(3)/2; z_2 = sqrt(2)/2; z_3 = 1/2;

num=[om_n^2];
den_1=[1 2*z_1*om_n om_n^2];
den_2=[1 2*z_2*om_n om_n^2];
den_3=[1 2*z_3*om_n om_n^2];

t=0:0.01:10;     % start time:time increment: final time
x= [1*ones(size(t))]';
[y_1,v_1]=lsim(num,den_1,x,t);  % call lsim
[y_2,v_2]=lsim(num,den_2,x,t);  % call lsim
[y_3,v_3]=lsim(num,den_3,x,t);  % call lsim

plot(t,y_1,t,y_2,':',t,y_3,'--');
h = legend('\zeta=sqrt(3)/2','\zeta=sqrt(2)/2','\zeta=1/2',3);
axis([0,10,0,1.5]);
xlabel('t');
ylabel('y(t)');
grid on;

ze = 1/sqrt(2);
w_1 = sqrt(2)/2; w_2 = sqrt(2); w_3 = 2*sqrt(2);

num_1=[w_1^2]; num_2=[w_2^2]; num_3=[w_3^2];
den_1=[1 2*ze*w_1 w_1^2];
den_2=[1 2*ze*w_2 w_2^2];
den_3=[1 2*ze*w_3 w_3^2];

x= [1*ones(size(t))]';
[y_1,v_1]=lsim(num_1,den_1,x,t);  % call lsim
[y_2,v_2]=lsim(num_2,den_2,x,t);  % call lsim
[y_3,v_3]=lsim(num_3,den_3,x,t);  % call lsim

figure
plot(t,y_1,t,y_2,':',t,y_3,'--');
h = legend('\omega_n=sqrt(2)/2','\omega_n=sqrt(2)','
     \omega_n=2*sqrt(2)',3);
axis([0,10,0,1.5]);
xlabel('t');
ylabel('y(t)');
grid;
```

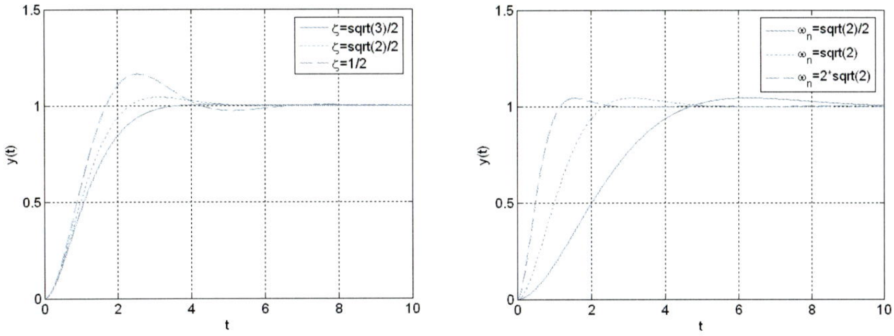

(a) (b)

그림 4.22 (a) ζ값에 따른 2차 시스템의 단위계단응답과, (b) ω_n값에 따른 2차 시스템의 단위계단응답

4.12 상태방정식과 라플라스 변환

1장에서 공부했던 상태변수 이론은 어떤 선형시불변 시스템이라도 여러 개의 1차 미분방정식들로 표현할 수 있다는 것이고, 이 미분방정식을 상태방정식이라 한다. 라플라스 변환의 시간영역 미분 성질을 상태방정식에 적용하면 상태방정식이 라플라스 변환 영역에서 대수방정식으로 표현된다.

다음과 같은 상태방정식으로 표현된 선형시불변 시스템를 생각해 보기로 하자.

$$\begin{aligned} v'(t) &= Av(t) + bx(t) \\ y(t) &= cv(t) + dx(t) \end{aligned} \tag{4.99}$$

식 (4.99)의 양변을 라플라스 변환하면

$$sV(s) - v(0^-) = AV(s) + bX(s) \tag{4.100}$$

를 얻게 되고, 이것을 다시 정리하면

$$(sI - A)V(s) = v(0^-) + bX(s) \tag{4.101}$$

가 된다. 이 식의 양변 좌측에 $(sI - A)^{-1}$을 곱하면

$$V(s) = (sI - A)^{-1}v(0^-) + (sI - A)^{-1}bX(s) \qquad (4.102)$$

를 얻을 수 있다. 또한 출력 방정식의 라플라스 변환은 다음과 같다.

$$Y(s) = cV(s) + dX(s) \qquad (4.103)$$

식 (4.102)를 (4.103)에 대입하면

$$Y(s) = c(sI - A)^{-1}v(0^-) + [c(sI - A)^{-1}b + d]X(s) \qquad (4.104)$$

를 얻는다. 여기에서 우변의 첫째 항은 입력이 없을 때의 무상태응답 성분을 나타내고, 둘째 항은 초기상태가 없을 때의 무입력응답 성분을 나타낸다. 1장의 식 (1.144)에서 상태방정식 (4.99)의 해가 다음과 같이 구해짐을 살펴본 바 있다.

$$v(t) = e^{At}v(0^-) + \int_{0^-}^{t} e^{A(t-\tau)}bx(\tau)\,d\tau \qquad (4.105)$$

식 (4.105)에서 우변의 적분항은 신호 e^{At}와 $bx(t)$의 중첩적분을 의미하기 때문에 이 식의 라플라스 변환은

$$V(s) = L\{e^{At}\}v(0^-) + L\{e^{At}\}bX(s) \qquad (4.106)$$

와 같이 구할 수 있고, 이 결과를 식 (4.102)의 결과와 비교하면

$$L\{e^{At}\} = (sI - A)^{-1} = \Phi(s) \qquad (4.107)$$

가 성립함을 알 수 있고, 여기에서 $\Phi(s)$는 상태전이행렬 e^{At}의 라플라스 변환을 나타내고 분해행렬(resolvent matrix)이라 부른다. 식 (4.97)을 사용하면 매우 편리하게 e^{At}를 결정할 수 있다. 즉 행렬 $sI - A$를 구성한 후, $(sI - A)^{-1}$의 라플라스 역변환을 구한 결과가 e^{At}가 된다.

출력방정식의 라플라스 변환인 식 (4.104)에서 초기조건이 없다고 가정하면

$$Y(s) = [c(sI - A)^{-1}b + d]X(s) \qquad (4.108)$$

가 되고, 따라서 이 시스템의 전달함수는

$$H(s) = c(sI - A)^{-1}b + d = c\Phi(s)b + d \tag{4.109}$$

가 된다.

예제 4.13

다음과 같은 상태방정식으로 표현된 시스템을 생각해보기로 하자.

$$v'(t) = \begin{bmatrix} 0 & 1 \\ -2 & -3 \end{bmatrix} v(t) + \begin{bmatrix} 0 \\ 2 \end{bmatrix} x(t)$$

$$y(t) = [1 \ \ 0]\, v(t)$$

단, 초기조건은 $v(0^-) = \begin{bmatrix} \frac{1}{2} & 0 \end{bmatrix}^T$이라 가정한다.

분해행렬은

$$\Phi(s) = \begin{bmatrix} s & -1 \\ 2 & s+3 \end{bmatrix}^{-1}$$

이 되고, 기본적인 행렬이론에 의해서

$$\Phi(s) = \frac{\begin{bmatrix} s+3 & 1 \\ -2 & s \end{bmatrix}}{s(s+3)+2}$$

$$= \begin{bmatrix} \dfrac{s+3}{(s+1)(s+2)} & \dfrac{1}{(s+1)(s+2)} \\ \dfrac{-2}{(s+1)(s+2)} & \dfrac{s}{(s+1)(s+2)} \end{bmatrix}$$

식 (4.99)를 이용해서 전달함수를 구하면

$$H(s) = [1\ 0]\begin{bmatrix} \dfrac{s+3}{(s+1)(s+2)} & \dfrac{1}{(s+1)(s+2)} \\ \dfrac{-2}{(s+1)(s+2)} & \dfrac{s}{(s+1)(s+2)} \end{bmatrix}\begin{bmatrix} 0 \\ 2 \end{bmatrix}$$

$$= \frac{2}{(s+1)(s+2)}$$

이 된다. 이것의 라플라스 역변환을 구하면 임펄스응답

$$h(t) = 2(e^{-t} - e^{-2t})u(t)$$

를 얻을 수 있다.

이 시스템의 무입력응답은

$$Y_1(s) = c(sI - A)^{-1}v(0^-) = \frac{(s+3)}{2(s+1)(s+2)}$$

이 되고, 무상태응답은

$$Y_2(s) = c(sI - A)^{-1}bX(s) = \frac{2}{(s+1)(s+2)}X(s)$$

따라서 전체응답은

$$Y(s) = Y_1(s) + Y_2(s) = \frac{(s+3)}{2(s+1)(s+2)} + \frac{2}{(s+1)(s+2)}X(s)$$

가 되고, 여기에 입력 $X(s) = 1/s$를 대입하면

$$Y_1(s) = \frac{1}{s+1} - \frac{1}{2(s+2)}$$

$$Y_2(s) = \frac{1}{s} - \frac{2}{s+1} + \frac{1}{s+2}$$

$$Y(s) = Y_1(s) + Y_2(s) = \frac{1}{s} - \frac{1}{s+1} + \frac{1}{2(s+2)}$$

이 된다. 마지막으로 라플라스 역변환에 의해서 다음과 같은 무입력응답 $y_1(t)$, 무상태응답 $y_2(t)$ 및 출력신호 $y(t)$를 각각 얻을 수 있다.

$$y_1(t) = \left(e^{-t} - \frac{1}{2}e^{-2t}\right)u(t),$$

$$y_2(t) = (1 - 2e^{-t} + e^{-2t})u(t), \qquad \text{for} \quad t > 0$$

$$y(t) = \left(1 - e^{-t} + \frac{1}{2}e^{-2t}\right)u(t)$$

■

Matlab 프로그램 4.4

```
a=[0 1;-2 -3];
b=[0;2];
c=[1 0];
d=[0];
v0=[0.5;0];
t=0:0.01:5;     % start time:time increment: final time

x= [0*ones(size(t))]';
[y_1,v_1]=lsim(a,b,c,d,x,t,v0);  % call lsim
plot(t,y_1); % Zero input response
axis([0,5,0,1.0]);
xlabel('t'); ylabel('y(t)');
grid on;

figure
x= [1*ones(size(t))]';
[y_2,v_2]=lsim(a,b,c,d,x,t);  % call lsim
plot(t,y_2); % Zero state response
axis([0,5,0,1.0]);
xlabel('t'); ylabel('y(t)');
grid on;

figure
x= [1*ones(size(t))]';
[y_3,v_3]=lsim(a,b,c,d,x,t,v0);  % call lsim
plot(t,y_3); %Unit impulse response
axis([0,5,0,1.0]);
xlabel('t'); ylabel('y(t)');
grid on;
```

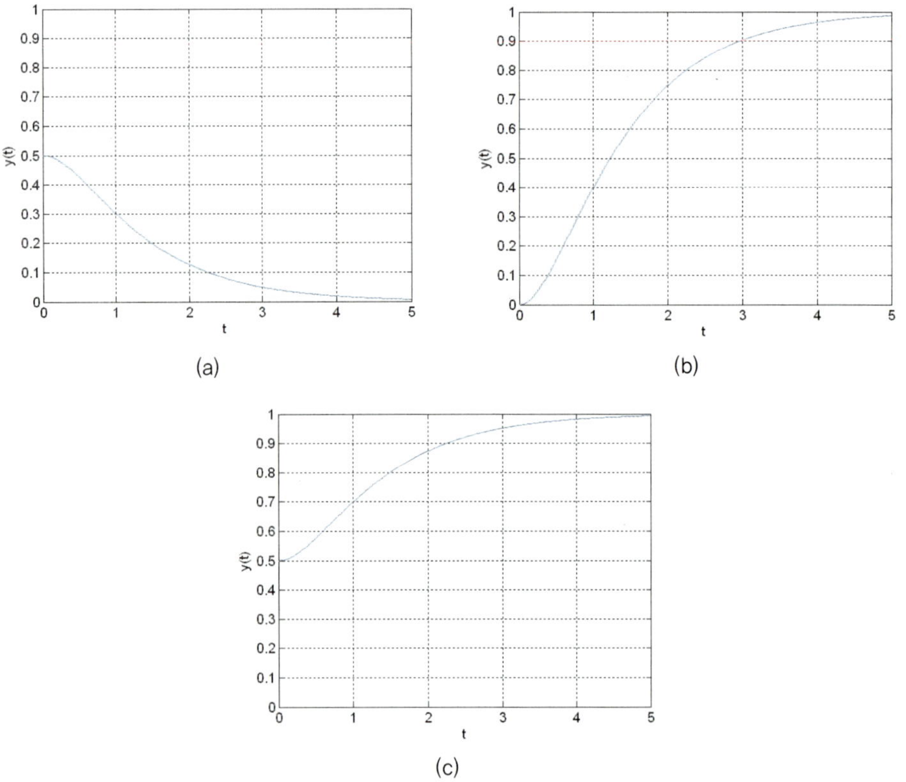

그림 4.23 시스템의 단위계단응답 (a) 무입력응답, (b) 무상태응답, (c) 전체응답

4.13 요약

이 장에서는 연속시간 푸리에 변환을 일반화시켜서 모든 종류의 신호에 적용이 가능하게 한 라플라스 변환이 갖고 있는 기본적인 성질과 응용에 관해 살펴보았다. 푸리에 해석은 특정한 조건, 즉 절대적분가능 성질을 만족시키는 신호에만 적용이 가능하고 그 이외의 신호에 대해서는 푸리에 적분이나 합이 수렴하지 않기 때문에 적용이 불가능하다는 단점을 갖고 있다. 연속시간 푸리에 변환과 마찬가지로 라플라스 변환을 이용하여 선형시불변 시스템의 해석이 가능하고 추가적으로 단방향 라플라스 변환을 사용하면 과도상태에서 시스템의 입출력에 대한 관계도 쉽게 나타낼 수 있는 장점이 있다.

라플라스 변환과 역변환

양방향 라플라스 변환 : $X(s) = \int_{-\infty}^{\infty} x(t) e^{-st} dt$

양방향 라플라스 역변환 : $x(t) = \frac{1}{2\pi j} \int_{\sigma - j\infty}^{\sigma + j\infty} X(s) e^{st} ds$

단방향 라플라스 변환 : $X(s) = \int_{0^-}^{\infty} x(t) e^{-st} dt$

라플라스 변환의 성질 : 주어진 연속시간 신호와 라플라스 변환이 $x(t) \overset{L}{\leftrightarrow} X(s)$와

$y(t) \overset{L}{\leftrightarrow} Y(s)$를 만족하면 다음과 같은 관계가 성립

선형성 : $ax(t) + by(t) \overset{L}{\leftrightarrow} aX(s) + bY(s)$

시간이동 : $x(t - t_0) \overset{L}{\leftrightarrow} e^{-st_0} X(s)$

시간확대(축소) : $x(at) \overset{L}{\leftrightarrow} \frac{1}{|a|} X(\frac{s}{a})$

함수의 미분(적분) : 미분신호는 $\frac{dx(t)}{dt} \overset{L}{\leftrightarrow} sX(s)$ 관계를 만족하고

적분신호는 $\int_{-\infty}^{t} x(\tau) d\tau \overset{L}{\leftrightarrow} \frac{1}{s} X(s)$ 관계 성립

중첩적분 : $x(t) * y(t) = \int_{-\infty}^{\infty} x(\tau) y(\tau - t) d\tau \overset{L}{\leftrightarrow} X(s) Y(s)$

라플라스 변환을 통한 선형시불변 시스템의 전달함수 :

N 차 미분방정식 : $\sum_{k=0}^{N} a_k \frac{d^k y(t)}{dt} = \sum_{l=0}^{M} b_l \frac{d^l x(t)}{dt}$

상태방정식 : $\begin{cases} v'(t) = Av(t) + bx(t) \\ y(t) = cv(t) + dx(t)\} \end{cases}$

전달함수 : $H(s) = \frac{Y(s)}{X(s)} = \frac{\sum_{l=0}^{M} b_l s^l}{\sum_{k=0}^{N} a_k s^k}$

$$H(s) = c(sI - A)^{-1} b + d$$

$$H(s) = L\{h(t)\} = \int_{-\infty}^{\infty} h(t) e^{-st} dt$$

안정성 : i) 인과시스템에서는 모든 극점이 $j\omega$축 왼쪽에 위치

ii) 비인과시스템에서는 모든 극점이 $j\omega$축 오른쪽에 위치

ii) 일반적인 시스템에서는 수렴영역이 $j\omega$축을 포함

라플라스 변환을 통한 시스템 표현사이의 관계 :

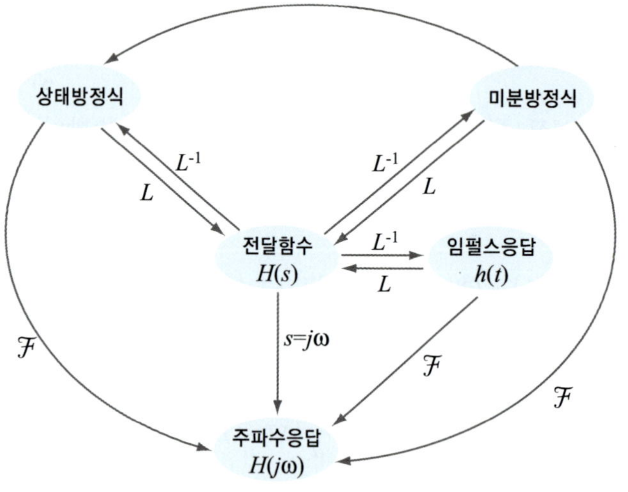

단순 2차 시스템의 응답특성

전달함수 : $H(s) = \dfrac{\omega_n^2}{s^2 + 2\zeta\omega_n s + \omega_n^2}$

ζ : 감쇠비, ω_n : 고유주파수

처음으로 최대값에 도달하는 시간 : $t_p = \dfrac{\pi}{\omega_n\sqrt{1-\zeta^2}}$

시간응답의 최대값 : $y_p = 1 + e^{-(\zeta/\sqrt{1-\zeta^2})\pi}$

정착시간 (2%) : $t_s = 4\tau = \dfrac{4}{\sigma} = \dfrac{4}{\zeta\omega_n}$

상승시간 ($\zeta = 0.5$) : $t_r \approx \dfrac{1.8}{\omega_n}$

원점과 극점과의 거리 : ω_n

원점과 극점을 통과하는 직선이 실수축과 이루는 각 : $\theta = \cos^{-1}\zeta$

연습문제

1. 다음과 같은 신호들의 라플라스 변환 및 수렴영역을 구하시오.

(a) e^{t+1}

(b) $e^{bt}u(-t)$

(c) $|t|$

(d) $1-|t|$

(e) $e^{-2|t|}$

(f) $t^n e^{-t}u(-t)$

(g) $(\cos at)u(-t)$

(h) $(\sinh at)u(-t)$

2. 신호 $x(t)=e^{-at}u(t)$의 푸리에 변환이 존재하기 위한 a의 범위를 구하고, 푸리에 변환을 구하시오. 또한 이 신호의 라플라스 변환과 수렴영역을 구하시오.

3. 신호 $x(t)=-e^{-at}u(-t)$의 라플라스 변환과 수렴영역을 구하시오. 또한 이 결과를 문제 2의 결과와 비교하여 논하시오.

4. 신호 $x(t)=e^{-2t}u(t)+e^{-t}(\cos 3t)u(t)$의 라플라스 변환과 수렴영역을 구하시오.

5. 서로 다른 수렴영역에서 다음과 같은 라플라스 변환을 갖는 신호를 모두 구하시오.

$$\frac{(s-1)}{(s+2)(s+3)(s^2+s+1)}$$

6. 라플라스 변환 $X(s)=\dfrac{1}{(s+1)(s+2)}$, $Re\{s\} < -2$ 을 갖는 신호 $x(t)$를 구하시오.

7. 라플라스 변환 $X(s)=\dfrac{1}{(s+1)(s+2)}$, $-2 < Re\{s\} < -1$ 을 갖는 신호 $x(t)$를 구하시오.

8. 다음과 같은 라플라스 변환들의 역변환을 구하시오.

(a) $\dfrac{2s-1}{s^2+3s+2}$

(b) $\dfrac{s^2+2}{s^2-3s+4}$

(c) $\dfrac{s^2+3s+1}{s(s^2+2s+3)}$ (d) $\dfrac{(2s-1)e^{-2s}}{s^2+3s+2}$

(e) $\dfrac{s+5}{s(s-1)^2}$ (f) $\dfrac{3s^2+4}{(s^2+3)^2}$

(g) $\dfrac{s^2+3s-5}{s^2+4s+9}$ (h) $\dfrac{2s^2-s}{s^2+3s+2}$

(i) $\dfrac{1}{(2s+3)^4}$ (j) $\dfrac{1}{(2s+3)^4}e^{-3s}$

9. $t \le 0$에서 0인 값을 갖는 연속시간 신호 $x(t)$의 라플라스 변환이 $X(s)=\dfrac{s+2}{s^3+8s^2+17s+10}$로 주어질 때, 다음과 같은 신호들의 라플라스 변환을 구하시오.

(a) $y(t)=2x(t)$ (b) $y(t)=x(t-1)u(t-1)$

(c) $y(t)=2x(t)+x(t-1)u(t-1)$ (d) $y(t)=\dfrac{dx(t)}{dt}$

(e) $y(t)=x(2t)$ (f) $y(t)=x\left(\dfrac{t}{3}\right)$

(g) $y(t)=\int_0^t x(\tau)d\tau$ (h) $y(t)=tx(t)$

(i) $y(t)=t^2x(t-2)u(t-2)$ (j) $y(t)=x(t)*x(t)$

10. 다음에 주어진 전달함수들의 극점과 영점을 구하고 복소평면상에 도시한 후, 이 결과를 이용해서 해당 푸리에 변환의 절대값을 주파수축상에 그리시오.

(a) $H(s)=\dfrac{1}{(s+1)(s+3)}, \quad Re\{s\} > -1$

(b) $H(s)=\dfrac{s}{s^2+s+1}, \quad Re\{s\} > -\dfrac{1}{2}$

(c) $H(s)=\dfrac{s^2}{s^2+2s+1}, \quad Re\{s\} > -1$

11. 초기정지조건을 가정하고 다음과 같은 미분방정식으로 표현되는 시스템에서 전달함수와 임펄스응답을 차례대로 구하시오.

$$2y''(t)+3y'(t)+4y(t)=2x'(t)-x(t)$$

12. 다음과 같은 미분방정식으로 표현되는 시스템의 임펄스응답을 구하시오.

(a) $y'(t)+5y(t)=x(t)+2x'(t)$

(b) $y''(t)+4y'(t)+3y(t)=2x(t)-3x'(t)$

(c) $y'''(t)+y'(t)-2y(t)=x''(t)+x'(t)+2x(t)$

13. 다음과 같은 미분방정식의 해를 구하시오

(a) $y'(t)+2y(t)=u(t)$, $y(0^-)=1$

(b) $y'(t)+2y(t)=(\cos t)u(t)$, $y(0^-)=1$

(c) $y'(t)+2y(t)=e^{-3t}u(t)$, $y(0^-)=1$

(d) $y''(t)+4y'(t)+3y(t)=u(t)$, $y(0^-)=2$, $y'(0^-)=1$

(e) $y''(t)+4y'(t)+3y(t)=e^{-3t}u(t)$, $y(0^-)=0$, $y'(0^-)=1$

(f) $y'''(t)+3y''(t)+2y'(t)-6y(t)=e^{-2t}u(t)$,
$y(0^-)=y'(0^-)=y''(0^-)=0$

CHAPTER 05

이산시간 신호와 시스템의 푸리에 표현

05 이산시간 신호와 시스템의 푸리에 표현

C·H·A·P·T·E·R

5.1 서론

1장에서 이산시간 신호와 시스템의 개요에 대하여 간략히 알아보았다. 여기서는 이를 더 자세히 학습하고, 이산시간 신호의 푸리에 표현을 알아보기 위하여 선형시불변 이산시간 시스템의 특성을 학습하고 이를 바탕으로 이산시간 신호와 시스템의 푸리에 변환이 어떻게 유도되며 이들이 어떤 의미를 갖는지 알아보도록 한다.

이산시간 신호는 크게 두 가지로 구분하자면, 연속시간 신호를 샘플링하여 얻은 것과 원래부터 이산시간 신호인 것으로 나눌 수 있다. 전자의 예는 연속시간 신호의 컴퓨터 시뮬레이션 또는 처리 등을 위하여 어떤 시간 간격으로 시스템의 출력 전압을 A/D 변환하거나 이의 추상적인 상태변수, 전류 등을 주어진 시간 간격마다 기록하여 메모리 등에 기억시켜 얻은 수열(sequence)을 예로 들 수 있다. 후자의 경우는 수학에서 등비수열, 등차수열, 급수 등과 같이 변수가 정수로 정의되는 함수를 예로 들 수 있다. 매일 매일의 주가지수를 일별로 플로팅하여 나타낸 경우 이는 원래부터 이산시간 신호로 볼 수도 있고 매 시간간격으로 연속적으로 변하는 값을 그 날 마지막에 샘플링한 것으로 볼 수도 있는 것처럼 그 구분이 애매한 경우도 있다.

연속시간 신호의 그래프 표현은 앞에서도 언급한 바와 같이 x축을 시간으로, y축을 원하는 신호의 크기로 하여 나타낸다. 예를 들어 어떤 전압 $y(t)$가 다음 식과 같다면

$$y(t) = \cos \pi t \tag{5.1}$$

이의 그래프 표현은 <그림 5.1(a)>와 같다. 이 신호를 0.5초, 0.25초 간격으로 샘플링

하여 이산신호를 얻은 경우, 0.5초 간격이면 식은 다음의 (5.2a)와 같고 0.25초이면 (5.2b)와 같이 된다. 따라서 이의 그래프 표현은 각각 〈그림 5.1(b), (c)〉와 같게 된다.

$$y[n] = \cos\frac{\pi}{2}n \tag{5.2a}$$

$$y[n] = \cos\frac{\pi}{4}n \tag{5.2b}$$

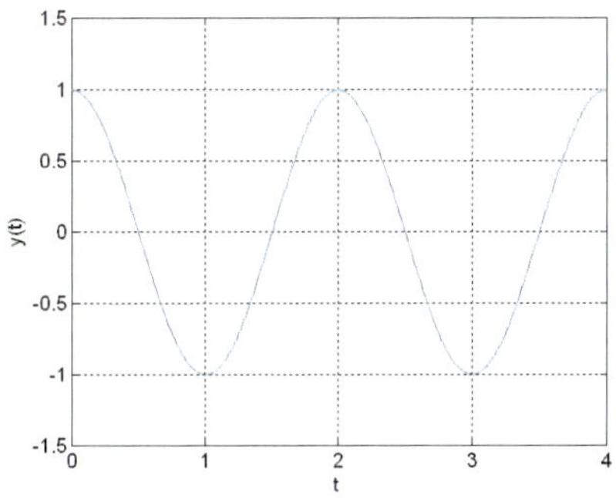

(a) 연속시간 신호 $y(t) = \cos\pi t$

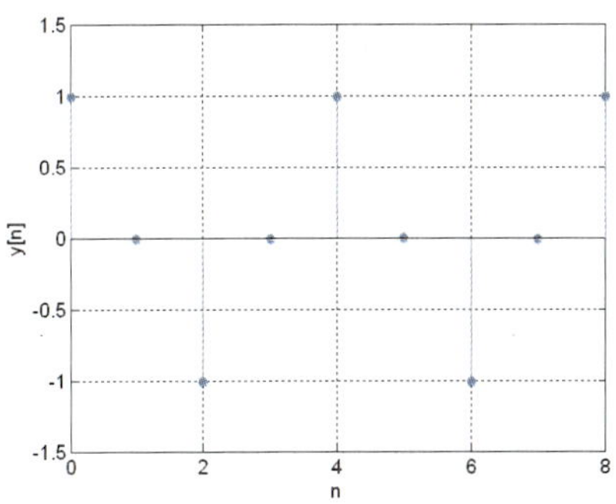

(b) (a)를 0.5초 간격으로 샘플링한 이산시간 신호 $y[n] = \cos\frac{\pi}{2}n$

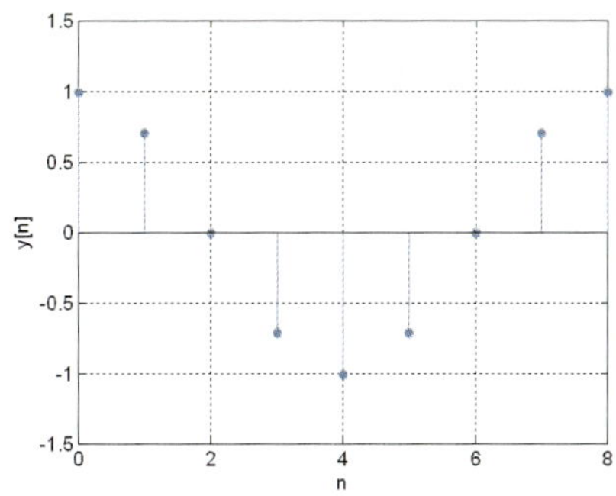

(c) (a)를 0.25초 간격으로 샘플링한 이산시간 신호 $y[n] = \cos\frac{\pi}{4}n$

| 그림 5.1 | 연속시간 신호와 이산시간 신호

〈그림 5.1〉에서 알 수 있듯이 같은 연속시간 신호를 샘플링하더라도 샘플링 간격에 따라 서로 다른 이산시간 신호가 된다. 그림에서 연속시간 신호에 대한 정보가 없이(샘플링을 몇 초 간격으로 했는가에 대한 정보가 없이) 다만 그림 (b)와 (c)만이 처음부

터 주어진 경우, x축은 더 이상 시간의 의미를 갖는 것은 아니며 수열의 몇 번째 샘플 값이 얼마인가를 나타내기 위한 수단이 된다. 즉, 메모리 0번지에 0, 1번지에 1, 2번지에 다시 0, … 등과 같은 의미를 가지며 컴퓨터 내부에서는 더 이상 시간의 의미가 없어지고 그 컴퓨터나 프로그램의 속도에 따라 처리 속도는 달라진다. 다만, 입력의 샘플링 주파수를 아는 경우 디지털 신호 처리 후에 다시 연속시간 신호로 D/A 변환할 때 대부분의 경우 입력 샘플링 주파수를 참조하여 같은 속도로 출력시킨다. 결국, 엄밀히 말하면 이산시간 신호는 전압, 전류 등과 같이 실제로 물리적으로 나타나는 '신호'가 아니라 수학적으로 또는 컴퓨터 프로그램으로 정의할 수 있는 수열이라고 생각하는 것이 좋다.1)

그렇다면 이산시간 신호의 주파수 표현 또한 연속시간 신호의 주파수 표현과 같은 것처럼 실제로 물리적인 주파수는 아닐 것이다. 즉, 이산시간 신호의 주파수 표현은 물리적인 주파수라기보다 수열의 변화가 얼마나 빠른가를 나타내는 상대적인 척도라 하는 것이 좋겠다.

〈그림 5.1〉의 예에서와 같이 원래 주파수가 π인 신호를 어떻게 샘플링했는가에 따라 이산시간에서의 주파수는 $\pi/2$가 되기도 하고 $\pi/4$가 되기도 한다. 따라서 이산시간 신호의 주파수는 샘플링 주파수와 관계 있는 어떤 상대적인 값이라는 것을 알 수 있다. 즉, 이산시간 신호에서 가장 높은 주파수는 π이며 다른 주파수는 이에 상대적인 값이라 할 수 있다. 식 (5.1)의 연속시간 신호를 다시 1초 간격으로 샘플링한 경우를 생각해 보면 그 식은 다음과 같고 그래프 표현은 〈그림 5.2〉와 같다.

$$y[n] = \cos \pi n \tag{5.3}$$

〈그림 5.2〉에서 보는 것보다 더 빠른 변화를 보이는 이산시간 신호가 있는가? (크기를 +1, −1사이로 제한할 때) 앞에서 이산시간 신호가 가질 수 있는 최고 주파수는 π라고 했는데 그 이유가 이와 같이 〈그림 5.2〉로 해석이 가능하다. 즉, 이산시간 신호의 주파수 표현 및 분석은 모두 0부터 π사이에서 이루어지며 따라서 이들이 각각 저주파, 고주파에 해당한다. 앞에서의 $y(t)$를 1.5초 간격으로 샘플링한다면 $y[n]$은

1) 컴퓨터에서 데이터 버스를 타고 다니는 디지털 데이터가 물리적인 '신호'이기는 하지만 이산시간 신호라 할 때 이러한 이진 데이터로 표현되는 값이 신호이므로 이산시간 신호는 신호라기보다는 수열이라고 생각하는 것이 좋다. 그래서 많은 교과서나 논문에서 'digital signal'이라는 표현도 쓰지만 'digital sequence'라는 말도 사용한다.

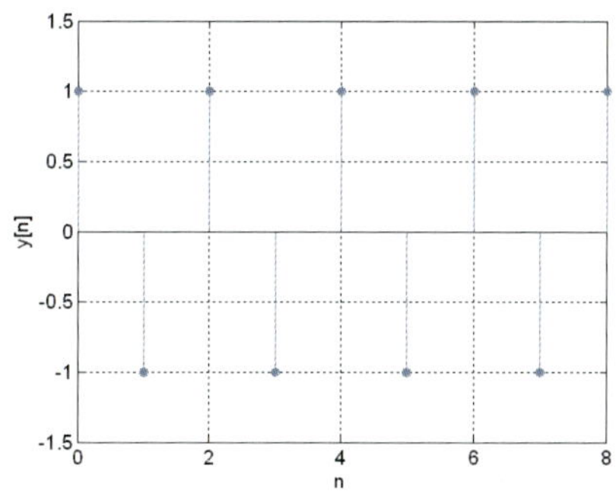

그림 5.2 $y(t) = \cos \pi t$ 를 1초 간격으로 샘플링하여 얻은 이산시간 신호 $y[n] = \cos \pi n$

$\cos \frac{3}{2}\pi n$ 이고, 이는 결국 $-\cos \frac{\pi}{2} n$ 과 같아서 $\frac{3}{2}\pi$ 라는 주파수는 $\frac{\pi}{2}$ 와 같으면서 증감의 방향이 반전된 것임을 알 수 있다. 2초 간격으로 샘플링을 한다면 $y[n] = \cos 2\pi n = 1$ 로서 DC값, 즉 주파수가 0인 것과 같다.

결국 π 이상의 주파수는 물리적인 의미가 없으며 0을 가장 낮은 주파수, π를 가장 높은 주파수로 하여 이산시간 신호가 어떤 주파수의 성분을 갖고 있는가를 해석하는 것이 이산시간 신호의 푸리에 변환이라 할 수 있다(복소수의 경우에는 $\pi \sim 2\pi$ 사이의 주파수도 의미를 갖는다). 물론 이산시간 신호의 푸리에 변환 분포도는 연속시간 신호의 주파수 분포와 밀접한 관계가 있다. 더 자세히 말하면 이산시간 푸리에 변환의 분포는 연속시간 신호의 모양 및 샘플링 주파수와 관계가 있다. 그러나 이에 대한 자세한 설명은 다음 6장에서 알아보기로 하고 본 장에서는 연속시간 신호와 관계없이 어떤 이산시간 신호와 시스템이 주어져 있을 때 이들의 주파수 표현, 푸리에 변환, 주파수 영역에서의 여러 계산 등에 대하여 학습을 한다.

5.2 선형시불변 이산시간 시스템의 주파수 응답

1장에서 선형시불변 시스템의 특징을 알아보았다. 다시 정리하면 두 입력 $x_1[n]$과 $x_2[n]$에 대한 출력이 각각 $y_1[n]$, $y_2[n]$일 때 임의의 a, b에 대하여 $ax_1[n] + bx_2[n]$의 출력이 $ay_1[n] + by_2[n]$으로 나타나는 시스템을 선형시스템이라 하고, 입력 $x[n]$

에 대한 출력이 $y[n]$일 때 입력 $x[n-n_0]$에 대한 출력이 $y[n-n_0]$가 되는 시스템을 시불변 시스템이라 한다. 선형시불변 시스템의 임펄스 응답을 $h[n]$이라 할 때 이 시스템에서는 입력 $x[n]$과 출력 $y[n]$ 사이에는 다음과 같은 중첩합(convolution sum) 관계가 성립함을 보였다.

$$y[n] = \sum_{k=-\infty}^{\infty} h[k]x[n-k] \tag{5.4}$$

이제 이러한 선형시불변 시스템에 주기복소지수 신호 $e^{j\omega n}$이 입력된다고 하자. 연속, 이산시간 시스템 모두에서 선형시불변 시스템의 입력이 사인파일 때 출력은 그 주파수는 변하지 않고 크기와 위상만 변하게 되어있다. 따라서 입력이 $e^{j\omega n}$일 때 출력은 이 값에 크기와 위상을 변화시켜주는 어떤 복소수가 곱해진 형태가 될 것임을 예측할 수 있다. 이러한 크기와 위상을 변화시켜주는 값은 ω에 따라, 즉 입력 주파수에 따라 다른 값이 될 것이며, 따라서 이는 주파수에 관한 함수로 나타나고 이를 이산시간 선형시불변 시스템의 주파수 응답이라 할 수 있다.

정리하면, $e^{j\omega n}$이 선형시불변 시스템에 입력되었을 때 그 출력은 〈그림 5.3〉에서 보는 바와 같이 $e^{j\omega n}$에 ω에 관한 함수 $H(e^{j\omega})$가 곱해진 형태가 되며 바로 이 함수가 이 시스템의 주파수 응답이다. 여기서 주파수 응답은 ω에 관한 함수가 되므로 $H(j\omega)$로 표시해도 되지만 연속시간 신호 및 시스템과 구분하기 위하여, 그리고 함수의 주기가 2π인 $e^{j\omega}$에 관한 함수라는 것을 강조하기 위하여 $H(e^{j\omega})$로 표기한다. 이러한 주파수 응답은 시스템의 임펄스 응답 $h[n]$을 아는 경우 위의 중첩합 관계식 (5.4)를 이용하여 쉽게 구할 수 있다. 우선 입력 $x[n]=e^{jwn}$일 때 입출력의 중첩합 관계식을 다시 쓰면 다음과 같다.

$$\begin{aligned} y[n] &= \sum_{k=-\infty}^{\infty} h[k]e^{jw(n-k)} \\ &= \left(\sum_{k=-\infty}^{\infty} h[k]e^{-jwk}\right)e^{jwn} \end{aligned} \tag{5.5}$$

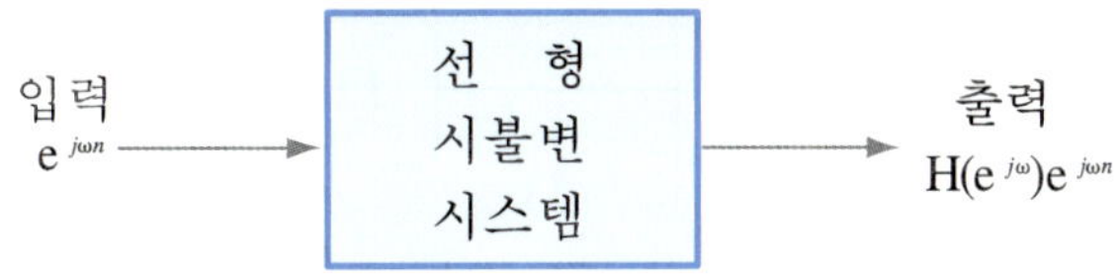

그림 5.3 이산시간 선형시불변 시스템에서 사인파가 입력된 경우의 출력

앞에서 설명한 바와 같이 e^{jwn}이 입력될 때 출력은 여기에 어떤 복소수를 곱한 결과 $H(e^{jwn})e^{jwn}$이 된다. 따라서 위의 식으로부터 어떤 선형시불변 시스템의 임펄스 응답 $h[n]$이 주어진 경우 이 시스템의 주파수 응답 $H(e^{j\omega})$는 다음과 같이 정의할 수 있다.

$$H(e^{jw}) = \sum_{n=-\infty}^{\infty} h[n]e^{-jwn} \tag{5.6}$$

정리하면, 임펄스 응답이 $h[n]$인 시스템의 주파수 응답은 위의 식 (5.6)과 같으며 이것이 갖는 의미는 이 시스템의 입력이 주파수 ω_0인 사인파 $e^{j\omega_0 n}$일 때 출력은 $H(e^{j\omega_0})e^{j\omega_0 n}$이므로, 주파수는 변하지 않고 크기는 $|H(e^{j\omega_0})|$, 위상은 $\angle H(e^{j\omega_0})$로 변한다는 뜻이다.

이산시간 시스템과 신호를 처음 접하는 경우에 그 물리적인 의미 등이 잘 떠오르지 않을 수도 있으므로 다음의 예들로 이를 조금 더 구체화해 보자. 〈그림 5.4〉와 같은 3탭 FIR(finite impulse response) 필터가 주어진 경우 임펄스 신호가 들어가면 이의 출력 즉, 임펄스 응답은 바로 탭 계수 $\{h_0, h_1, h_2\}$가 된다. 그 이유는 시간 0, 1, 2에서 〈그림 5.4〉의 A, B, C 지점의 값이 각각 {1, 0, 0}, {0, 1, 0}, {0, 0, 1}이고 그 외의 시간에서는 모두 0이기 때문이다. 따라서 임펄스 응답이 세 샘플 (h_0, h_1, h_2)만이 나오고 나머지는 0이므로 "finite" 임펄스 응답 시스템이라 부른다. 이와 상대되는 IIR(infinite impulse response) 시스템에 대해서는 본 장의 마지막 절에서 다룬다.

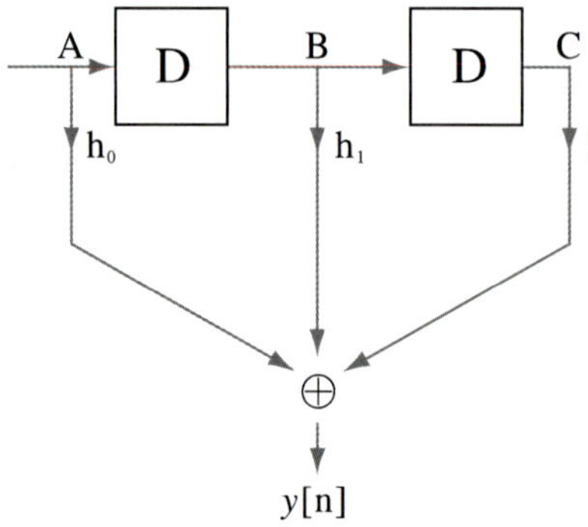

┃그림 5.4┃ 선형시불변 FIR 필터

┃표 5.1┃ 시간 n에 따른 〈그림 5.4〉의 FIR 필터의 상태 변화와 출력

n (시간)	A	B	C	출력 $y[n]=Ah_0+Bh_1+Ch_2$
0	x_0	0	0	x_0h_0
1	x_1	x_0	0	$x_1h_0+x_0h_1$
2	x_2	x_1	x_0	$x_2h_0+x_1h_1+x_0h_2$
3	x_3	x_2	x_1	$x_3h_0+x_2h_1+x_1h_2$
4	x_4	x_3	x_2	$x_4h_0+x_3h_1+x_2h_2$
5	x_5	x_4	x_3	$x_5h_0+x_4h_1+x_3h_2$

이제 입력이 $\{x_0, x_1, x_2, x_3, x_4, \cdots\}$와 같이 연속으로 들어오는 경우를 생각해보자. 입력을 식으로 표현할 때에는 위와 같이 우측으로 (0, 1, 2, 3 순서로) 나열하지만 실제로 〈그림 5.4〉의 필터에 입력될 때에는 x_0부터 필터에 입력되므로 당연히 반대로 나열되어야 한다. 즉, 그림에서 A, B, C 지점의 값이 다음 표에 보는 바와 같이 시간에 따라 변해나가고 그 때마다 이 지점의 값들로 출력이 결정된다.

위의 표로부터 $y[n]=\sum_{k=0}^{2} h[k]x[n-k]$임을 알 수 있고 따라서 식 (5.4)의 중첩합 식을 다시 한번 확인할 수 있다. 합의 구간은 원래 $k=-\infty, \cdots, \infty$이지만 $h[k]$와 $x[n-k]$가 존재하는 구간에서만 합산을 수행하므로 여기서는 $k=$ 0, 1, 2가 합산 구간이다. 〈그림 5.4〉의 필터에서 탭 수가 N개이면 $k=0, \cdots, N-1$이 될 것이고, 비인과시스템이면 k가 0보다 작은 구간부터 시작할 것이다.

앞에서 이산시간 시스템과 신호의 경우에 주파수가 실제의 주파수가 아니라 수열의 변화도가 가장 빠른 π를 기준으로 하여 상대적으로 얼마나 빠른가를 나타내는 척도라 했다. 그렇다면 과연 〈그림 5.4〉, 〈표 5.1〉에서 보는 바와 같이 단순히 입력들에 어떤 상수를 곱하여 더하는 것만으로도 그 주파수 성분을 변화시킬 수 있는가하는 의문이 들 수도 있다. 이는 다음과 같은 간단한 예를 사용해서 설명할 수 있다.

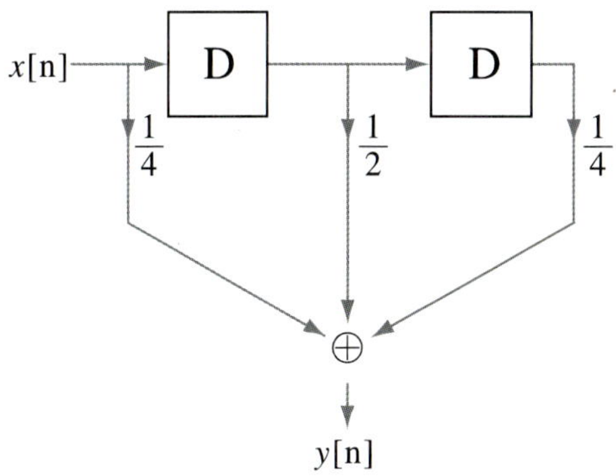

그림 5.5 저대역 FIR 필터

우선 아주 단순한 예로서 어떤 이산신호가 나타내는 값이 그날그날의 주가지수라 하자. 그 변화가 매우 심해서 오늘부터 과거 사흘치 값들을 항상 평균해서 출력해 주는 하드웨어를 만들고자 하면 〈그림 5.4〉와 같이 두 개의 레지스터(D)와 곱셈기, 덧셈기로 구현하고 각 h_0, h_1, h_2는 모두 1/3로 하면 된다.

즉, 3일째 되는 날이라면 $x[2]$가 오늘의 주가, $x[1]$이 어제, $x[0]$가 그제의 주가로서 이들의 평균이 출력이 되고, 나흘째에는 $x[3]$가 새로운 입력으로 들어오면서 전의 상태들은 우로 한 샘플씩 이동되어 $x[2]$, $x[1]$이 B, C의 값이 되고 다시 새로운 세 값의 평균이 그 출력이 된다. 정확히 수식으로 분석해 보지 않더라도 이 시스템의 입력이 변화가 심한 것이었어도 이들의 3일치씩의 평균인 출력의 변화는 입력의 변화보다 더 작아질 것임을 알 수 있고 따라서 이 시스템은 주파수 영역에서 해석해 보면 저대역 필터임을 예측할 수 있다. 조금 더 수학적인 해석을 위하여 다음의 예를 생각해 보자.

〈그림 5.5〉가 저대역 필터임을 확인하고자 한다. 앞에서 배운 바와 같이 이 필터의 입출력 관계식은 다음과 같이 나타낼 수 있다.

$$y[n]=\frac{1}{4}x[n]+\frac{1}{2}x[n-1]+\frac{1}{4}x[n-2] \qquad (5.7)$$

우선 시간 영역에서 해석해 보자. 이 시스템에 다음과 같은 DC 입력(주파수 성분이 $\omega=0$에만 있다.)이 들어갔을 때

$$x[n]=u[n]=\begin{cases}1, & n\geq 0\\ 0, & n<0\end{cases} \qquad (5.8)$$

이고, 그 출력은 $n\geq 2$일 때 다음과 같다.($n=0,1$인 경우는 천이 상태이므로 고려하지 않도록 한다.)

$$y[n]=\frac{1}{4}+\frac{1}{2}+\frac{1}{4}=1 \qquad (5.9)$$

따라서 입력이 그대로 전달되어 DC 이득이 1인 시스템임을 알 수 있다.

다음, 입력이 $\omega=\pi$ 인 코사인파일 때, 즉 $x[n]=\cos\pi n$이면

$$\begin{aligned}y[n] &= \frac{1}{4}\cos\pi n+\frac{1}{2}\cos\pi(n-1)+\frac{1}{4}\cos\pi(n-2)\\ &= \frac{1}{4}\cos\pi n+\frac{1}{2}\cos(\pi n-\pi)+\frac{1}{4}\cos(\pi n-2\pi)\\ &= \frac{1}{4}\cos\pi n-\frac{1}{2}\cos\pi n+\frac{1}{4}\cos\pi n\\ &= 0\end{aligned} \qquad (5.10)$$

따라서 출력은 항상 0이 된다. 따라서 이산시간 신호 및 시스템에서 최고 주파수인 $\omega=\pi$ 에서 〈그림 5.5〉의 시스템은 이득이 0임을 알 수 있다.

다음은 그 사이 주파수를 갖는 입력 $x[n]=\cos\frac{\pi}{2}n$를 보면, 그 출력은

$$\begin{aligned}y[n] &= \frac{1}{4}\cos\frac{\pi}{2}n+\frac{1}{2}\cos\frac{\pi}{2}(n-1)+\frac{1}{4}\cos\frac{\pi}{2}(n-2)\\ &= \frac{1}{4}\cos\frac{\pi}{2}n+\frac{1}{2}\cos\left(\frac{\pi}{2}n-\frac{\pi}{2}\right)-\frac{1}{4}\cos\frac{\pi}{2}n\\ &= \frac{1}{2}\cos\left(\frac{\pi}{2}n-\frac{\pi}{2}\right)\end{aligned} \qquad (5.11)$$

따라서 중간 주파수 $\pi/2$에 대해서는 크기를 반으로 줄이고 위상은 90도 변화시키는 것을 알 수 있다.[2)]

다음은 주파수 영역에서 〈그림 5.5〉를 해석해 보고 그 결과가 위에서의 시간 영역에서의 해석과 일치하는가를 살펴보자. 식 (5.6)으로부터 〈그림 5.5〉의 FIR 필터의 주파수 응답은 다음과 같이 구할 수 있다.

$$\begin{aligned} H(e^{j\omega}) &= \frac{1}{4} + \frac{1}{2}e^{-j\omega} + \frac{1}{4}e^{-j2\omega} \\ &= e^{-j\omega}\left(\frac{1}{4}e^{j\omega} + \frac{1}{2} + \frac{1}{4}e^{-j\omega}\right) \\ &= e^{-j\omega}\left(\frac{1}{2} + \frac{1}{2}\cos\omega\right) \end{aligned} \tag{5.12}$$

따라서 이의 크기와 위상 응답 $|H(e^{j\omega})|$와 $\angle H(e^{j\omega})$는 각각 다음과 같이 구한다.

$$|H(e^{j\omega})| = |e^{-j\omega}|\left|\frac{1}{2} + \frac{1}{2}\cos\omega\right| \tag{5.13}$$

여기서 $|e^{j\omega}| = |\cos\omega + j\sin\omega| = \sqrt{\cos^2\omega + \sin^2\omega} = 1$이므로

$$|H(e^{j\omega})| = \frac{1}{2}|1 + \cos\omega| \tag{5.14}$$

위에서 $1+\cos\omega$는 항상 0보다 크거나 같으므로

$$\begin{aligned} \angle H(e^{j\omega}) &= \angle\left[\frac{1}{2}e^{-j\omega}(1 + \cos\omega)\right] \\ &= -\omega \end{aligned} \tag{5.15}$$

따라서 Matlab을 사용하여 $H(e^{j\omega})$의 크기와 위상 응답은 〈그림 5.6〉과 같다.

여기서 어떤 복소수의 위상은 원래 arctangent의 값이므로 $[-\pi, \pi]$로 반복됨에 주의한다. 이 결과로부터 입력의 주파수가 0이면 그 값은 그대로 전달되고, 주파수가

2) 여기서 위상이 90도 지연된 것은 바로 출력이 입력에 비하여 한 샘플이 지연되고 있다는 뜻과 같다.

Matlab 프로그램 5.1

```
w = 0:pi/300:2*pi;
num = [1/4 1/2 1/4];
den = [1];
[H,q] = freqz(num,den,w);
mag_H = abs(H);
phase_H = angle(H);
plot(w,mag_H);
xlabel('frequency, radian'); ylabel('Magnitude');
axis([0,2*pi,-0.1,1.1])
grid on

figure
plot(w,phase_H);
xlabel('frequency, radian'); ylabel('Phase, radian');
axis([0,2*pi,-pi,pi])
grid on
```

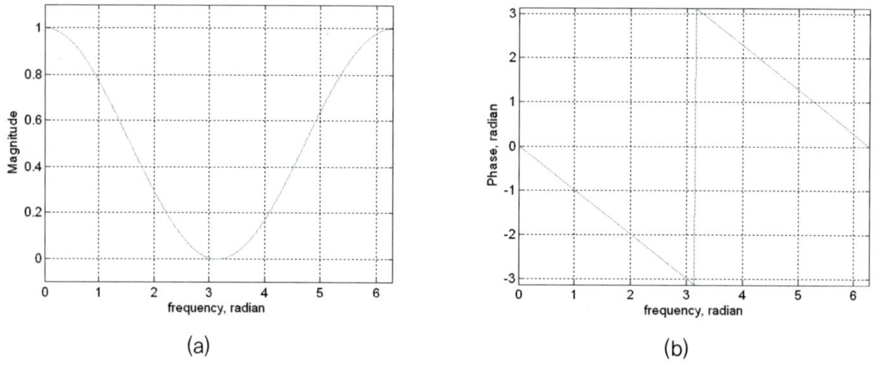

┃그림 5.6┃ 〈그림 5.5〉와 같은 FIR 필터의 주파수 응답 (a) $|H(e^{j\omega})|$, (b) $\angle H(e^{j\omega})$

$\frac{\pi}{2}$인 사인파는 크기가 $\frac{1}{2}$로, 위상은 $\frac{\pi}{2}$로 변함을 알 수 있다. 또 입력 주파수가 π인 신호는 출력의 크기가 0이 된다는 것도 〈그림 5.6〉의 주파수 응답으로부터 알 수 있으며 이는 우리가 식 (5.9)~(5.11)의 시간 영역에서 확인한 결과들과 같다. 또 임의의 주파수에 대해서도 시간영역에서의 어려운 계산없이 이 그림을 보고 출력의 크기와 위상을 쉽게 예측할 수 있다. 예를 들어 입력 신호가 식 (5.16)과 같다면

$$x[n] = \cos\frac{\pi}{4}n \tag{5.16}$$

그 크기는 $\frac{1}{2}\left|1+\cos\frac{\pi}{4}\right|=\frac{2+\sqrt{2}}{4}$가 되고 위상은 $-\frac{\pi}{4}$가 되어 출력 신호는 $n\geq2$일 때 다음과 같이 표현됨을 예측할 수 있다.

$$y[n]=\frac{2+\sqrt{2}}{4}\cos\frac{\pi}{4}(n-1) \tag{5.17}$$

시간 영역에서도 과연 이러한 결과가 나오는가 각자 확인해 보자.

예제 5.1 FIR 필터의 주파수 응답

현재부터 과거의 M개 입력 데이터들을 평균해서 출력해주는 차분 방정식은 다음과 같다.

$$y[n]=\frac{1}{M}\sum_{k=0}^{M-1}x[n-k] \tag{5.18}$$

예를 들어 3일치 평균($M=3$)에서는 $h_0=\frac{1}{3}$, $h_1=\frac{1}{3}$, $h_2=\frac{1}{3}$이므로 이 필터의 주파수 응답은 다음과 같다.

$$\begin{aligned} H(e^{jw}) &= \sum_{n=-\infty}^{\infty} h_n e^{-jwn} \\ &= \frac{1}{3}+\frac{1}{3}e^{-jw}+\frac{1}{3}e^{-j2w} \\ &= \frac{1}{3}e^{-jw}[e^{jw}+1+e^{-jw}] \\ &= \frac{1}{3}e^{-jw}(1+2\cos w) \end{aligned}$$

마찬가지로 5일치 평균($M=5$)에서는 $h_0=\cdots=h_4=\frac{1}{5}$이므로 이 필터의 주파수 응답은 다음과 같다.

$$\begin{aligned} H(e^{jw}) &= \frac{1}{5}+\frac{1}{5}e^{-jw}+\cdots+\frac{1}{5}e^{-j4w} \\ &= \frac{1}{5}e^{-j2w}(1+2\cos w+2\cos 2w) \end{aligned}$$

이 FIR 필터의 크기들은 〈그림 5.7〉과 같은데 M이 클수록, 즉 평균을 취한 과거의 입력 데이터의 수가 많을수록 통과시키는 주파수 대역이 적어지는 저대역 필터가 되는 것을 알 수 있다. ■

Matlab 프로그램 5.2

```
w = 0:pi/300:2*pi;
num1 = [1/3 1/3 1/3];
den1 = [1];
[H1,q] = freqz(num1,den1,w);
mag_H1 = abs(H1);
plot(w,mag_H1);
axis([0,2*pi,-0.1,1.1])
xlabel('frequency, radian'); ylabel('Magnitude');
grid on

figure
num2 = [1/5 1/5 1/5 1/5 1/5];
den2 = [1];
[H2,q] = freqz(num2,den2,w);
mag_H2 = abs(H2);
plot(w,mag_H2);
axis([0,2*pi,-0.1,1.1])
xlabel('frequency, radian'); ylabel('Magnitude');
grid on
```

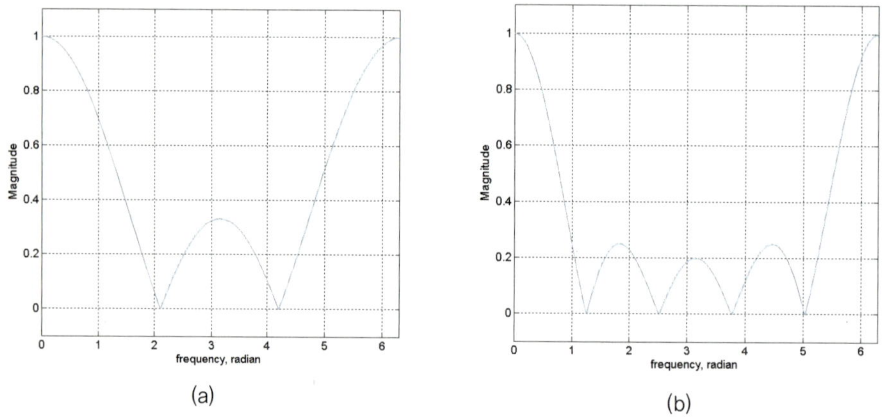

그림 5.7 FIR 필터의 크기 응답 (a) $M=3$인 경우, (b) $M=5$인 경우

결국 FIR 필터링이란 입력 수열에 일정한 길이의 윈도우를 씌우고 그 안의 원소들을 "가중평균(weighted averaging)"하는 것이고, 새로운 샘플이 들어올 때마다 하나씩 과

거 데이터를 윈도우 밖으로 밀어낸 후 새로운 가중평균을 구하는 작업이라 할 수 있다. 이 윈도우 안의 데이터에 어떤 가중치 (h_0, h_1, ⋯)를 곱하는가에 따라 출력신호 주파수 성분이 달라지고 일반적으로 가중치들의 상대적인 변화가 적으면 저대역 필터, 변화가 심하면(부호의 변화 포함) 고대역 필터가 된다.

5.3 이산시간 신호의 푸리에 표현

어떤 이산시간 신호 $x[n]$가 갖는 주파수 성분을 순서대로 배열하기 위해서는 푸리에 표현을 사용한다. 사실 이의 푸리에 표현은 앞에서 살펴본 이산시간 시스템의 전달함수와 같다. 즉, 입력이 $\delta[n]$이고 출력이 $h[n]$인 시스템의(임펄스 응답이 $h[n]$인 시스템의) 주파수 응답은 식 (5.6)과 같은데 편의상 여기에 다시 쓰면 다음과 같다.

$$H(e^{j\omega}) = \sum_{n=-\infty}^{\infty} h[n]\, e^{-j\omega n} \tag{5.19}$$

뒤에서 자세히 설명하겠지만, 연속시간에서 $\delta(t)$의 스펙트럼이 모든 주파수 성분을 가진 1인 것처럼 이산시간 임펄스 신호 $\delta[n]$의 푸리에 변환도 1이다. 따라서 임펄스 응답이 $x[n]$인 시스템에 임펄스 신호 $\delta[n]$을 입력시킨다면 1이라는 입력 스펙트럼이 시스템에 의하여 $X(e^{jw})$라는 스펙트럼으로 변할 것이다. 그리고 앞의 식과 마찬가지로 $X(e^{jw})$는 다음과 같이 임펄스 응답이 $x[n]$인 시스템의 주파수 응답이다.

$$X(e^{j\omega}) = \sum_{n=-\infty}^{\infty} x[n]\, e^{-j\omega n} \tag{5.20}$$

즉, $x[n]$이라는 "시스템"이 아닌 출력 "신호"의 스펙트럼 또한 $X(e^{jw})$와 같은 것이다. 정리하면, 임의의 $x[n]$에 대하여 무한 합이 가능한 경우, 이의 푸리에 변환은 식 (5.20)으로 정의된다.

위의 해석과는 별도로 신호 $x[n]$의 푸리에 변환을 연속시간의 경우와 마찬가지로 푸리에 급수에서 주기를 무한대로 보냄으로써 유도하는 것도 가능하며, 이 경우 역변환도 쉽게 유도된다. 즉, 〈그림 5.8(a)〉와 같은 신호 $x[n]$의 스펙트럼을 구하기 위하여 우선 〈그림 5.8(b)〉와 같이 $x[n]$의 0이 아닌 부분이 주기 N으로 반복되는 $\tilde{x}[n]$의 푸리에 급수를 구해보자.

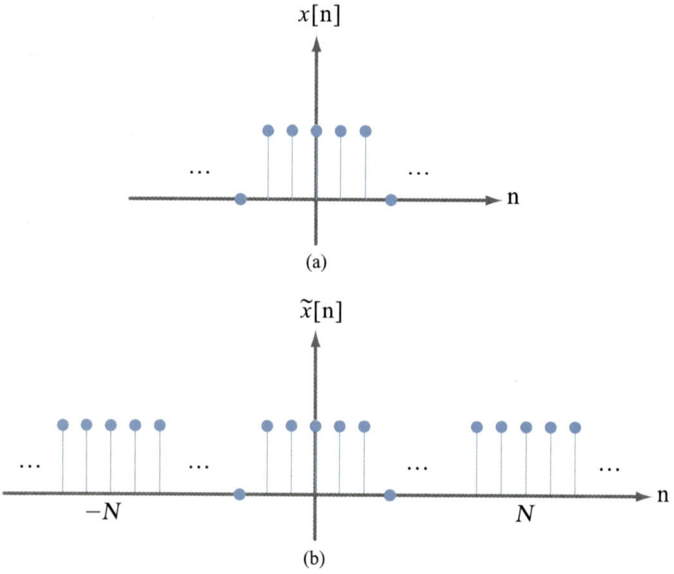

그림 5.8 (a) 비주기 시퀀스 $x[n]$과 (b) 이를 N마다 반복시킨 주기 시퀀스 $\tilde{x}[n]$

식 (2.61)으로부터 $\tilde{x}[n]$의 푸리에 계수는 다음과 같이 표현된다.

$$a_k = \frac{1}{N}\sum_{n=0}^{N-1} \tilde{x}[n] e^{-j\frac{2\pi}{N}kn} \tag{5.21}$$

그런데 한 주기 내에서 $\tilde{x}[n]$은 $x[n]$과 같으므로,

$$\begin{aligned} a_k &= \frac{1}{N}\sum_{n=0}^{N-1} x[n] e^{-j\frac{2\pi}{N}kn} \\ &= \frac{1}{N}\sum_{n=0}^{N-1} x[n] e^{-jkw_0 n} \end{aligned} \tag{5.22}$$

의 관계식을 얻을 수 있게 된다. 여기에서 w_0는 $\frac{2\pi}{N}$이다. 이는 다음과 같이 w에 대

한 연속함수 $X(e^{jw})$를 w_0간격으로 샘플링한 것과 같다.

$$a_k = \frac{1}{N} X(e^{jw}) \mid_{w=kw_0} \tag{5.23}$$

$$X(e^{jw}) = \sum_{n=-\infty}^{\infty} x[n] e^{-jwn} \tag{5.24}$$

즉, $N \to \infty\,(w_0 \to 0)$이면 푸리에 계수 사이의 간격 $\frac{2\pi}{N}$가 계속 좁아져 결국 스펙트럼 Na_k가 (5.24)와 같은 연속 함수가 된다. 반대로 합성식을 보면

$$\begin{aligned} x[n] &= \sum_{k=0}^{N-1} a_k e^{jk\frac{2\pi}{N}n} \\ &= \sum_{k=0}^{N-1} \frac{1}{N} X(e^{jkw_0}) e^{jkw_0 n} \\ &= \frac{1}{2\pi} \sum_{k=0}^{N-1} X(e^{jkw_0}) e^{jkw_0 n} w_0 \end{aligned} \tag{5.25}$$

이고, $w_0 \to 0$이면 다음과 같은 적분식이 된다.

$$x[n] = \frac{1}{2\pi} \int_0^{2\pi} X(e^{jw}) e^{jwn} dw \tag{5.26}$$

여기에서 적분구간은 k가 ∞로 가도 $\frac{2\pi}{N}$이 0으로 가고, 이의 곱은 2π에 머문다. 그리고 합의 구간이 임의의 한 주기이면 되듯이 적분구간도 임의의 길이 2π구간이어도 된다. 결국 앞에서 살펴본 바와 같이 시스템의 주파수 응답과 같은 식으로 신호의 푸리에 변환이 정의되고 이로부터 (5.26)과 같이 역변환을 정의할 수 있다. 정리하면, 비주기 이산시간 신호의 푸리에 변환과 역변환은 각각 다음과 같다.

$$X(e^{j\omega}) = \sum_{n=-\infty}^{\infty} x[n] e^{-j\omega n} \tag{5.27}$$

$$x[n] = \frac{1}{2\pi} \int_0^{2\pi} X(e^{jw}) e^{jwn} dw \tag{5.28}$$

위의 정의에서 보는 바와 같이 신호가 무한히 계속되며 그 값이 작아지지 않는 경우 위 계산은 불가능하다. 즉, 푸리에 변환이 존재하지 않는다. 그렇다면 어떤 음성 신호가 계속 샘플링되어 들어오는 경우 이에 대한 푸리에 변환이 존재하는가? 사실 당연히 존재하지 않는다. 만약 계산이 가능하더라도 음성신호나 영상신호와 같이 무한 시간동안의 주파수 분포가 매 시간 조금씩 변하는 신호에 대해서는 많은 정보를 주지 않는다. 결국 식 (5.27)은 유한한 길이의 신호 또는 무한 길이 중에 위의 합이 수렴하는 경우에만 적용된다. 그럼에도 불구하고 이와 같이 정의되는 이산신호의 푸리에 변환이 중요한 이유는 다음 절에서 소개되는 실제 응용분야에 적용될 이산 푸리에 변환(discrete Fourier transform; DFT)의 기초이기 때문이다. 즉, 앞의 음성신호의 주파수 분석과 같은 실제 응용 분야에서는 위에서 언급한 이유로 무한 시간동안의 푸리에 변환을 구하지 않고 적절한 구간으로 끊어서 블록별로 푸리에 변환을 구하게 되는데 이것이 이산 푸리에 변환이며 식 (5.27)의 이산시간 푸리에 표현이 이의 이론적인 근거를 제공한다.

앞에서 학습한 연속시간에서의 푸리에 변환 또는 라플라스 변환을 이용하여 시간 영역의 중첩합을 주파수 영역에서는 곱으로 표시하듯이 이산시간에서의 푸리에 변환 또한 식 (5.4)의 중첩합을 주파수 영역에서는 두 신호의 푸리에 변환의 곱으로 바꾸어 준다. 식 (5.4)의 입력 $x[n]$, 임펄스 응답 $h[n]$, 출력 $y[n]$의 푸리에 변환을 각각 $X(e^{j\omega})$, $H(e^{j\omega})$, $Y(e^{j\omega})$라고 하면 이들 사이에는 다음 관계식이 성립한다.

$$Y(e^{j\omega}) = H(e^{j\omega})X(e^{j\omega}) \tag{5.29}$$

이에 대한 증명은 매우 간단하므로 이 식의 유도는 연습문제로 남겨 둔다.

어떤 신호의 푸리에 변환을 하면 〈그림 5.9〉와 같이 원하는 신호 부분과 잡음 부분이 뚜렷이 구분된다고 하자. 그러면 식 (5.29)로부터 여기서 잡음을 제거하는 방법은 〈그림 5.10〉과 같은 주파수 응답을 갖는 시스템을 찾는 것이다. 즉, 〈그림 5.10〉과 같은 주파수 응답을 갖는 시스템에 입력이 들어가면 출력은 〈그림 5.9〉에서 원하는 신호 부분만이 남고 잡음은 제거되는 것이다.

그러나 실제 상황은 위와 같이 간단하지가 않다. 앞에서도 언급한 바와 같이 실제 여러 응용분야에서 $x[n]$의 완전한 주파수 분포를 구할 수 없다. 즉, 식 (5.27) 자체가 계산이 안되거나 시간에 따라 주파수 분포가 변화하는 등의 이유로 $X(e^{j\omega})$ 자체를 모를 수도 있다. 따라서 다음 절에서 학습할 이산시간 푸리에 변환이나 여러 스펙트럼 추정 기법으로 정해진 구간마다의 대략적인 주파수 분포를 추정할 수밖에 없다. 이에 대한 자세한 내용은 여러 DSP 관련 서적이나 스펙트럼 추정에 관한 서적, 논문에서 찾아

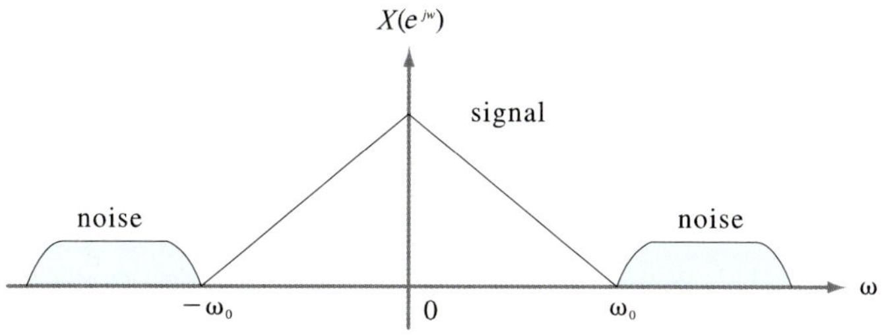

| 그림 5.9 | 원하는 신호와 잡음이 섞인 $x[n]$ 의 푸리에 변환

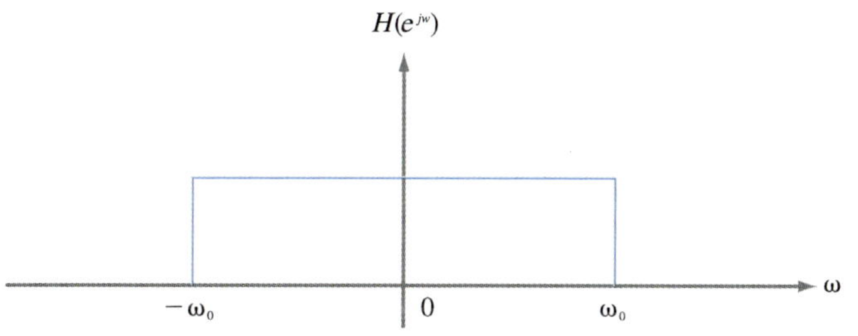

| 그림 5.10 | 이상적인 저대역 필터

볼 수 있다. 또 한 가지 이유는 〈그림 5.9〉에서와 같이 원하는 신호와 잡음이 분리되어 있는 경우는 거의 없고 이들이 섞여 있는 주파수 영역도 있다는 것이다.

정리하면, 실제 상황에서는 다음과 같은 순서로 이산시간 신호의 처리가 진행된다.

1) 입력 신호로부터 식 (5.27)을 이용하여 입력 신호의 이산시간 푸리에 표현 $X(e^{j\omega})$을 구한다. 이의 계산이 불가능한 경우 이산 푸리에 변환[3)]을 이용하여 $X(e^{j\omega})$의 근사치를 구한다.
2) $X(e^{j\omega})$의 분포를 보아 제거하고 싶은 영역이 있거나 이를 다른 형태로 만들기 원하면 여기에 원하는 모양의 주파수 분포 $H(e^{j\omega})$를 갖는 FIR 또는 IIR 필터를 설

3) 8장에서 학습

계하여 그 임펄스 응답, 즉 필터 계수 $h[n]$을 구한다.[4)]

3) FIR인 경우 〈그림 5.5〉와 같은 형태로 필터를 구성하고 입력을 여기에 통과시킨다.

이렇게 하면 원하는 모양으로 변화된 푸리에 변환을 갖는 출력 신호 $y[n]$이 얻어진다. 이와는 달리 뒤에서 학습할 $X(e^{j\omega})$가 식으로 구해질 수 있는 몇 가지 전형적인 이산시간 신호에 대해서는 위와 같이 컴퓨터의 도움을 받지 않고도 식 (5.29)를 이용하여 출력의 주파수 분포와 각 n에 대한 $y[n]$을 얻는 것이 가능하다. 즉, $X(e^{j\omega})$와 $H(e^{j\omega})$를 곱하여 $Y(e^{j\omega})$를 얻고 이의 역변환을 이용하여 $y[n]$을 계산하는 것이다. 식 (5.27)의 이산시간 푸리에 변환에 대한 역변환은, 앞에서 본 바와 같이 식 (5.30)으로 정의된다.

$$x[n] = \frac{1}{2\pi}\int_{-\pi}^{\pi} X(e^{j\omega})\, e^{j\omega n} d\omega \tag{5.30}$$

그러나 위의 식으로 역변환이 가능한 경우는 거의 없으며 또한 매우 어렵다. 따라서 실제로 역변환은 7장에서 z 변환을 이용하여 이루어지므로 이에 대한 학습은 7장으로 미루도록 한다. 여기에서는 FIR 시스템의 예만 살펴보았는데 IIR 시스템에 대해서는 5장의 마지막 절에서 살펴보도록 한다.

5.4 주요 이산시간 신호의 푸리에 변환

우선 몇 가지 전형적인 이산시간 신호에 대한 푸리에 변환을 구해보자. 즉, 식으로 표현될 수 있는 몇 가지 신호의 푸리에 변환을 알아 본다. 앞에서 푸리에 변환식 (5.27)에 의하여 합이 유한한 경우에만 푸리에 변환이 존재한다고 하였는데 다음에서 보는 바와 같이 특별한 신호에 대해서는 임펄스 함수를 이용하여 합이 무한한 경우에도 푸리에 표현이 가능하다.

4) 필터 설계 과정은 본 교재에서 다룰 내용이 아니며 여러 DSP 교재를 참조 바람.

5.4.1 임펄스 신호 $\delta[n]$

연속시간 신호에서 임펄스 신호의 의미를 다시 생각해 보자. 임펄스 신호란 실제로 존재하는 신호는 아니고 어떤 신호를 표현하거나 여러 주요한 식을 유도하는 도구로 사용되는 수학적인 함수였고 이의 푸리에 변환은 1이었다. 푸리에 변환 결과가 1이라는 것은 모든 주파수에서 그 값이 일정한 것이며 결국 모든 주파수 성분을 다 갖는다는 것이다. 실제 전기 신호들 중에 임펄스에 가장 가까운 것은 순간적으로 높은 전압을 발생하고 사라지는 번개인데 번개가 칠 때 어느 방송에서나 잡음이 들리는 것을 상기하면 그 의미를 느낄 수 있다. 이산시간 신호에서도 마찬가지로 신호 $\delta[n]$는 임펄스 응답을 구하거나 다른 신호를 간접적으로 표현하는데 사용하기도 한다. 이의 푸리에 변환은 식 (5.27)로부터 1임을 쉽게 알 수 있고 따라서 연속시간 신호의 경우와 마찬가지로 모든 주파수 성분을 갖는 신호이다.

$$\delta[n] \leftrightarrow 1 \tag{5.31}$$

반대로 시간 영역에서 1인 함수는 주파수 영역에서 어떤 분포를 갖는가? 시간 영역에서 1이라 함은 DC 신호를 말한다. 따라서 이의 주파수 성분은 $\omega=0$에만 존재하고 연속시간 신호에서의 경우와 마찬가지로 $\delta(\omega)$가 될 것이다. 그러나 이산시간 신호의 경우에는 이것이 2π를 주기로 반복되어야 하므로 $\sum_{k=-\infty}^{\infty}\delta(\omega+2\pi k)$의 형태가 될 것이다. 이 관계는 결국 다음 식과 같이 크기도 조절해야 하는데 그 이유는 식 (5.30)을 이용하여 역 변환을 해 보는 것이 빨리 이해될 것이다.

$$1 \leftrightarrow \sum_{k=-\infty}^{\infty} 2\pi\delta(\omega+2\pi k) \tag{5.32}$$

5.4.2 인과 지수 신호 $a^n u[n]$ $(|a|<1)$

이의 푸리에 변환은

$$1+ae^{-j\omega}+a^2e^{-j2\omega}+a^3e^{-j3\omega}+\cdots \tag{5.33}$$

$|ae^{-j\omega}|<1$이므로 위의 식은 다음 값으로 수렴하고 따라서 다음 식이 $a^n u[n]$

$(|a|<1)$의 푸리에 변환이다.

$$a^n u[n] \leftrightarrow \frac{1}{1-ae^{-j\omega}} \tag{5.34}$$

예제 5.2 인과 지수 신호의 푸리에 변환과 주파수 응답

다음과 같은 신호의 푸리에 변환을 구해보고 실제로 이의 주파수 응답을 그려보자.

$$x[n] = \left(\frac{1}{2}\right)^n u[n]$$

이의 푸리에 변환은 식 (5.34)로부터 다음과 같다.

$$X(e^{j\omega}) = \frac{1}{1-\frac{1}{2}e^{-j\omega}}$$

따라서 이의 크기와 위상은 각각 다음과 같고

$$|X(e^{j\omega})| = \frac{1}{\sqrt{\left(1-\frac{1}{2}\cos\omega\right)^2+\left(\frac{1}{2}\sin\omega\right)^2}}$$

$$= \frac{1}{\sqrt{\frac{5}{4}-\cos\omega}}$$

$$\angle X(e^{i\omega}) = -\arctan\frac{\frac{1}{2}\sin\omega}{1-\frac{1}{2}\cos\omega}$$

이를 $\omega\in[-2\pi, 2\pi]$ 사이에서 그리면 〈그림 5.11〉과 같다. ■

Matlab 프로그램 5.3

```
w = -2*pi:pi/300:2*pi;
num = [1];
den = [1 -1/2];
[H,q] = freqz(num,den,w);
mag_H = abs(H);
phase_H = angle(H);
plot(w,mag_H);
axis([-2*pi,2*pi,0.6,2.2])
xlabel('frequency, radian'); ylabel('Magnitude');
grid on

figure
plot(w,phase_H);
xlabel('frequency, radian'); ylabel('Phase, radian');
axis([-2*pi,2*pi,-0.2*pi,0.2*pi])
grid on
```

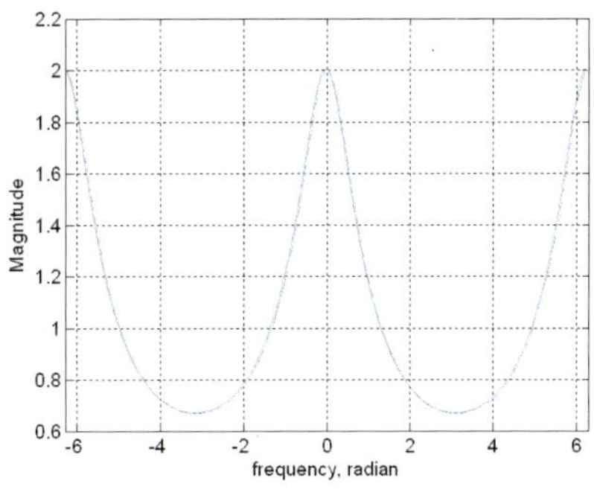

(a)

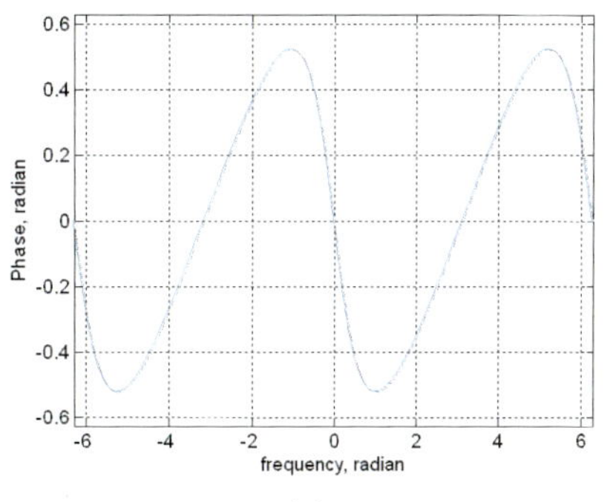

(b)

그림 5.11 $x[n]=\left(\frac{1}{2}\right)^n u[n]$의 푸리에 변환의 크기와 위상 응답 (a) $|X(e^{j\omega})|$, (b) $\angle X(e^{j\omega})$

5.4.3 계단 함수 $u[n]$

식 (5.18)을 이용하여 푸리에 변환을 구하고자 하면 이는 다음과 같다.

$$1+e^{-j\omega}+e^{-j2\omega}+e^{-j3\omega}+\cdots \tag{5.35}$$

위 수열은 $|e^{j\omega}|$가 1이므로 수렴하지 않는다. 그러나 임펄스 함수를 이용한 푸리에 표현이 가능한 경우다. 연속시간 함수의 경우에 $u(t)$에 대한 푸리에 변환은 이것이

다음과 같은 signum 함수와 상수함수의 합이라고 생각하여 구한다. 즉, 〈그림 5.12〉와 같은 두 함수를 더한 것을 $u(t)$로 보았다.

$$sgn(t) = \begin{cases} 1, & t \geq 0 \\ -1, & t < 0 \end{cases} \tag{5.36}$$

$$u(t) = \frac{1}{2} sgn(t) + \frac{1}{2} \tag{5.37}$$

마찬가지로 $u[n]$은 다음과 같은 표현이 가능하다.

$$u[n] = \frac{1}{2} sgn[n] + \frac{1}{2} \tag{5.38}$$

$$sgn[n] = \begin{cases} 1, & n \geq 0 \\ -1, & n < 0 \end{cases}$$

그런데, sgn 함수의 정의에 따라 $\frac{1}{2}(\mathrm{sgn}[\mathrm{n}] - \mathrm{sgn}[\mathrm{n}-1]) = \delta[\mathrm{n}]$이 성립한다. 푸리에 변환 식으로부터 어떤 신호 $x[n]$의 푸리에 변환이 $X(e^{j\omega})$일 때 $x[n-n_0]$의 푸리에 변환은 $e^{-j\omega n_0}X(e^{j\omega})$임을 쉽게 보일 수 있다. 따라서 sgn 함수의 푸리에 변환을 $S(e^{j\omega})$라 할 때 다음이 성립한다.

$$S(e^{j\omega}) - e^{-j\omega} S(e^{j\omega}) = 2 \tag{5.39}$$

따라서

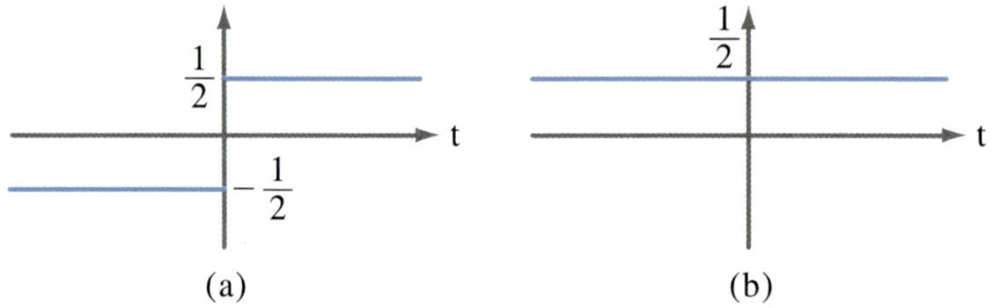

▎그림 5.12▎ $u(t) = \frac{1}{2} sgn(t) + \frac{1}{2}$, (a) $\frac{1}{2} sgn(t)$, (b) $\frac{1}{2}$

$$S(e^{j\omega}) = \frac{2}{1-e^{-j\omega}} \tag{5.40}$$

앞에서 1의 푸리에 변환은 $\sum_{k=-\infty}^{\infty} 2\pi\delta[\omega+2\pi k]$이므로 식 (5.38)의 $u[n]$의 푸리에 변환은 결국 다음과 같이 된다.

$$u[n] \leftrightarrow \frac{1}{1-e^{-j\omega}} + \sum_{k=-\infty}^{\infty} \pi\delta[\omega+2\pi k] \tag{5.41}$$

5.4.4 사각형 함수(사각형 윈도우 함수)

다음 식과 같이 정의된 〈그림 5.13〉의 푸리에 변환을 고려해 보자.

$$x[n] = \begin{cases} 1, & 0 \le n \le N \\ 0, & \text{otherwise} \end{cases} \tag{5.42}$$

어떤 신호에서 원하는 만큼의 길이를 취하려는 경우, 원신호에 이와 같은 함수를 곱하면 그 결과가 원하는 길이의 신호이므로 이를 사각형 윈도우 함수라 부르기도 한다. 간혹 이와 같은 임펄스 응답을 갖는 필터가 사용되기도 하며 또한 뒤에서 배울 듀얼 특성에 의해 주파수 영역에서 이러한 사각형 응답을 갖는 필터의 임펄스 응답을 구하는 데에도 이 함수의 푸리에 변환을 이용할 수 있다. 식 (5.27)에 의해 이의 푸리에 변환은

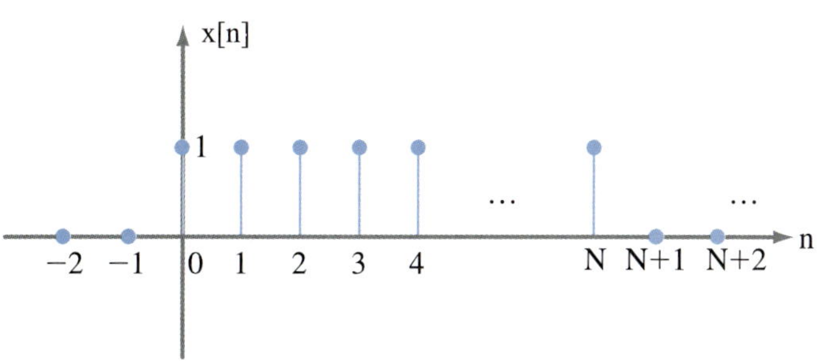

Ⅰ그림 5.13Ⅰ 사각형 함수(사각형 윈도우 함수)

$$\begin{aligned} X(e^{j\omega}) &= 1 + e^{-j\omega} + e^{-j2\omega} + \cdots + e^{-jN\omega} \\ &= \frac{1 - e^{-j\omega(N+1)}}{1 - e^{-j\omega}} \\ &= \frac{e^{-j\frac{N+1}{2}w}\left(e^{j\frac{N+1}{2}w} - e^{-j\frac{N+1}{2}w}\right)}{e^{-j\frac{\omega}{2}}\left(e^{j\frac{\omega}{2}} - e^{-j\frac{\omega}{2}}\right)} \\ &= e^{-j\frac{N}{2}\omega}\frac{2j\sin\frac{N+1}{2}\omega}{2j\sin\frac{\omega}{2}} \\ &= e^{-j\frac{N}{2}\omega}\frac{\sin\frac{N+1}{2}\omega}{\sin\frac{\omega}{2}} \end{aligned} \tag{5.43}$$

이 된다. 따라서 푸리에 변환의 크기응답은 〈그림 5.14〉와 같은 싱크 함수 형태가 된다.

Matlab 프로그램 5.4

```
w = -2*pi:pi/300:2*pi;
num = [ones(1,8)];
den = [1];
[H,q] = freqz(num,den,w);
mag_H = abs(H);
plot(w,mag_H);
axis([-2*pi,2*pi,0,9])
xlabel('frequency, radian'); ylabel('Magnitude');
grid on
```

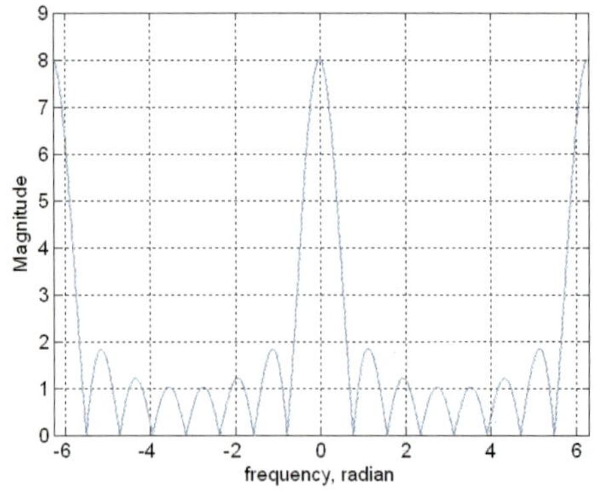

그림 5.14 〈그림 5.13〉의 푸리에 변환의 크기 응답 ($N=7$)

5.4.5 복소 사인파

주파수가 ω_0인 복소 사인파 $e^{j\omega_0 n}$의 푸리에 변환은?

이는 앞에서 1의 푸리에 변환이 식 (5.32)가 된다는 이치로 생각하여 얻을 수 있다. 즉, 1이란 신호는 DC 성분이어서 주파수 0에만 어떤 값이 있고 나머지는 모두 성분이 0이어서 임펄스 함수가 된 것이다. 마찬가지로 $e^{j\omega_0 n}$는 주파수 ω_0외에서는 성분이 0이고 오로지 ω_0의 성분만 갖고 있는 신호다. 이것이 2π를 주기로 반복되므로 식 (5.32)와 같은 형태로 이의 푸리에 변환은 다음과 같이 나타난다.

$$e^{j\omega_0 n} \leftrightarrow \sum_{k=-\infty}^{\infty} 2\pi\delta[\omega - \omega_0 + 2\pi k] \tag{5.44}$$

이 경우도 (5.32)와 마찬가지로 역변환을 해 보면 쉽게 증명할 수 있다.

5.4.6 코사인, 사인 함수

코사인 함수 $\cos \omega_0 n = \dfrac{e^{j\omega_0 n} + e^{-j\omega_0 n}}{2}$이므로 식 (5.44)로부터 쉽게 다음 결과를 얻을 수 있다.

$$\cos \omega_0 n \leftrightarrow \pi \sum_{k=-\infty}^{\infty} [\delta[\omega - \omega_0 + 2\pi k] + \delta[\omega + \omega_0 + 2\pi k]] \tag{5.45}$$

사인 함수의 경우도 마찬가지로 복소 사인파를 이용하여 구한다.

5.5 이산시간 푸리에 변환의 특성

서로 다른 두 신호 $x[n]$, $y[n]$의 이산시간 푸리에 변환을 각각 $X(e^{j\omega})$, $Y(e^{j\omega})$라고 하고 푸리에 변환의 몇 가지 주요 특성을 알아보자.

5.5.1 선형성

푸리에 변환은 결국 어떤 시간 함수 값들의 선형합이므로 당연히 다음과 같은 선형성(linearity)이 성립한다.

$$ax[n] + by[n] \leftrightarrow aX(e^{j\omega}) + bY(e^{j\omega}) \tag{5.46}$$

5.5.2 시간 지연

$$x[n - n_0] \leftrightarrow e^{-j\omega n_0} X(e^{j\omega}) \tag{5.47}$$

이의 증명은 다음과 같다. 단, n_0는 유한한 값이라는 가정이 있어야 한다. 푸리에 변환식에 $x[n]$ 대신에 $x[n - n_0]$를 넣으면

$$\begin{aligned}\sum_{n=-\infty}^{\infty} x[n - n_0] e^{-j\omega n} &= \sum_{n=-\infty}^{\infty} x[n - n_0] e^{-j\omega(n - n_0)} e^{-j\omega n_0} \\ &= e^{-j\omega n_0} \sum_{n=-\infty}^{\infty} x[n - n_0] e^{-j\omega(n - n_0)}\end{aligned} \tag{5.48}$$

n_0는 유한한 값이므로 $n - n_0 = m$이라 하면 위의 식은

$$e^{-j\omega n_0} \sum_{m=-\infty}^{\infty} x[m] e^{-j\omega m} = e^{-j\omega n_0} X(e^{j\omega}) \tag{5.49}$$

따라서 쉽게 식 (5.47)이 증명된다.

5.5.3 변조(modulation) 성질

신호에 다음과 같이 복소 사인파를 곱한 경우 연속시간 신호에서와 마찬가지로 원래 신호의 주파수가 사인파의 주파수만큼 이동된다. 즉, 다음과 같은 관계가 성립한다. 이의 증명은 매우 간단하므로 연습문제로 남긴다.

$$e^{j\omega_0 n} x[n] \leftrightarrow X(e^{j(\omega - \omega_0)}) \tag{5.50}$$

5.5.4 중첩합 성질

앞에서도 언급한 바와 같이 시간 영역에서의 중첩합이 주파수 영역에서는 곱셈이 된다. 마찬가지로 시간 영역에서 두 함수의 곱은 주파수 영역에서의 중첩합이 된다. 즉, 다음과 같은 관계가 성립한다. 앞에서 정의한 푸리에 변환, 중첩합의 식으로부터 이의 증명은 쉽게 할 수 있다.

$$x[n] * y[n] \leftrightarrow X(e^{j\omega})Y(e^{j\omega}) \tag{5.51}$$

$$x[n]y[n] \leftrightarrow \frac{1}{2\pi}\int_{-\pi}^{\pi} X(e^{j\theta})\,Y(e^{j(\omega-\theta)})\,d\theta \tag{5.52}$$

5.5.5 Parseval 관계

연속시간 신호의 경우와 마찬가지로 다음과 같이 시간영역에서의 신호의 에너지가 주파수 영역에서의 에너지와 같음을 나타낸다.

$$\sum_{n=-\infty}^{\infty} |x[n]|^2 = \frac{1}{2\pi}\int_{-\pi}^{\pi} |X(e^{j\omega})|^2\,d\omega \tag{5.53}$$

그러나 앞에서도 강조한 바와 같이 이산시간 신호는 실제의 신호가 아니므로 식에서 보는 바와 같은 에너지가 실제의 에너지는 아니다. 따라서 주파수 영역에서는 한 주기에서 만의 적분이 이루어져야 등식이 성립한다(실제 에너지라면 주파수 영역에서의 에너지는 무한대가 된다). 물론, 이산시간 신호가 원래 연속시간 신호를 샘플링 하여 얻은 것이라면 이산시간 신호의 푸리에 변환의 에너지와 연속시간 신호의 푸리에 변환의 에너지는 밀접한 관계가 있다. 이는 6장에서 샘플링에 관한 학습을 할 때 다루기로 한다.

5.5.6 대칭 특성

결론부터 말하면, 공학에서 대부분의 경우에 입력 신호는 복소수가 아닌 실수인데, 이 때 이의 푸리에 변환은 $0, \pi, 2\pi, \cdots$에서 대칭이 된다는 것이다. 푸리에 변환의 결과는 식 (5.27)에 의하여 입력이 실수이거나 복소수이거나 일반적으로 복소수(복소 함수)가 되는데, 입력이 실수인 경우 출력의 실수부는 우함수(좌우 대칭 함수 - even function)가 되며 허수부는 기함수(원점 대칭 함수 - odd function)가 된다.

이를 증명하기 위하여 우선 어떤 복소수 신호 $x[n]$의 켤레 신호 $x^*[n]$의 푸리에 변환을 구해보면 다음과 같다.

$$\begin{aligned}\sum_{n=-\infty}^{\infty} x^*[n]e^{-j\omega n} &= \sum_{n=-\infty}^{\infty}(x[n]e^{j\omega n})^* \\ &= \left(\sum_{n=-\infty}^{\infty} x[n]e^{j\omega n}\right)^* \\ &= (X(e^{-j\omega}))^* \\ &= X^*(e^{-j\omega})\end{aligned} \tag{5.54}$$

입력 $x[n]$이 실수 신호인 경우 $x[n]=x^*[n]$이 성립한다. 따라서 $X(e^{j\omega})=X^*(e^{-j\omega})$가 성립한다. 여기서 일반적으로 $X(e^{j\omega})$는 복소함수이므로 이를 다음과 같이 실수부와 허수부로 나눌 수 있다.

$$X(e^{j\omega}) = X_R(e^{j\omega}) + jX_I(e^{j\omega}) \tag{5.55}$$

여기서 $X(e^{j\omega}) = X^*(e^{-j\omega})$가 성립하기 위해서는

$$X_R(e^{j\omega}) = X_R(e^{-j\omega}) \tag{5.56}$$

$$X_I(e^{j\omega}) = -X_I(e^{-j\omega}) \tag{5.57}$$

따라서 $X_R(e^{j\omega})$는 우함수, $X_I(e^{j\omega})$는 기함수가 된다. 그리고, $X(e^{j\omega})$의 크기와 위상은 각각 다음과 같이 나타낼 수 있으므로

$$|X(e^{j\omega})| = \sqrt{X_R^2(e^{j\omega}) + X_I^2(e^{j\omega})} \tag{5.58}$$

$$\angle X(e^{j\omega}) = \arctan\frac{X_I(e^{j\omega})}{X_R(e^{j\omega})} \tag{5.59}$$

결국 $X(e^{j\omega})$의 크기는 우함수, 위상은 기함수임을 알 수 있다. 이 관계는 이산시간

푸리에 변환뿐만 아니라 앞에서 학습한 연속시간 푸리에 변환, 8장에서 학습할 이산 푸리에 변환의 경우도 마찬가지로서 결국 어떤 실함수의 푸리에 변환을 구했을 때 그 절반만으로도 모든 정보를 표현할 수 있음을 의미한다.

5.6 IIR 시스템의 표현과 주파수 전달함수

5.2절에서는 이산시간 시스템의 입출력 관계식인 이산 컨벌루션과 그 적용 예로서 FIR 시스템의 구조와 주파수 전달함수에 대하여 알아보았다. 여기서는 IIR 시스템에 대하여 알아본다. 앞에서 소개한 FIR 시스템은 말 그대로 임펄스 입력 $\delta[n]$에 대하여 출력이 유한 번 나오고 멈추는 시스템으로서, 연속시간 시스템의 경우에서는 피동 소자들로 이루어진 경우 그 예를 찾기가 매우 힘들다. 앞에서 소개한 바와 같이 유한한 길이의 윈도우 안에 들어온 입력 데이터의 가중평균이 FIR 시스템의 대표적인 예이다.

IIR 시스템도 말 그대로 임펄스 입력 $\delta[n]$에 대한 출력이 이론상으로 무한히 계속 나오는 시스템을 말한다. 가장 간단한 예로서 다음과 같은 고교 수학에 나오는 "점화식"을 들 수 있다.

$$y[n] = ay[n-1] + x[n] \tag{5.60}$$

이를 "미분방정식(differential equation)"과 대비하여 1차 "차분방정식(difference equation)"이라 부른다. 고교수학의 점화식에서는 $x[n]$이 없고 $y[0]=y_0$의 초기값이 주어지고 일반항 $y[n]$을 구하는 것이 목표였다. 이 시스템에서 입력 $x[n]$이 $\delta[n]$인 경우 시간 n에서의 출력 $y[n]$은 입력이 없고 초기치가 1인 경우의 일반항과 마찬가지로 다음과 같음을 쉽게 확인할 수 있다.

$$y[n] = a^n, \quad n \geq 0 \tag{5.61}$$

이것이 임펄스에 대한 출력이므로 $h[n] = a^n u[n]$이 시스템 (5.60)의 임펄스 응답이고, n이 매우 커도 그 값이 0이 되지 않음을 알 수 있다. 따라서 IIR 시스템이라 부른다.

시스템 (5.60)은 저대역 필터인가 고대역 필터인가에 대해 생각해 보자. 물론 이 시스템이 안정된 시스템이려면 $|a| < 1$이어야 함은 쉽게 알 수 있다. 정성적으로 해석해 보면 $0 < a < 1$이면 출력은 과거의 결과에 a를 곱하여 계속 누적시키는 형태이므로 저대역 필터라고 추정할 수 있다. 즉, $h[n] = a^n u[n]$이므로 입력 $x[n]$에 대한 출력은 다음과 같다.

$$
\begin{aligned}
y[n] &= \sum_{k=0}^{\infty} a^k x[n-k] \\
&= x[n] + ax[n-1] + a^2 x[n-2] + \cdots
\end{aligned} \tag{5.62}
$$

따라서 앞의 FIR 시스템과는 달리 윈도우의 길이가 무한대이고 그 안에 있는 데이터에 가장 최근의 값 $x[n]$에 가장 큰 값 1을 곱하고 과거의 데이터에는 차츰 작은 값을 곱하는 가중평균임을 알 수 있다. 따라서 앞에서 설명한 바와 같이 $a>0$이면 계수들의 변화가(1에 가까울수록) 작으므로 저대역 필터, $a<0$이면 계수의 변화가 크므로 고대역 필터이다. 물론 DC 이득이 1보다 크므로 입력의 크기보다 출력의 크기가 커지는데 이에 대한 해석은 뒤에서 하겠다.

다음은 이 시스템의 주파수 전달함수를 구하여 위 내용을 수학적으로 알아보자. 이 시스템의 전달함수는 두 가지 방법으로 구할 수 있는데, 우선 5.2절에서 증명한 바와 같이 임펄스 응답이 $h[n]$일 때 주파수 응답은 다음과 같다는 것을 이용할 수 있다.

$$
\begin{aligned}
H(e^{jw}) &= \sum_{n=-\infty}^{\infty} h[n] e^{-jwn} \\
&= \sum_{n=-\infty}^{\infty} a^n u[n] e^{-jwn} \\
&= \sum_{n=0}^{\infty} a^n e^{-jwn}
\end{aligned} \tag{5.63}
$$

$|a| < 1$인 경우(시스템이 안정한 경우)

$$
H(e^{jw}) = \frac{1}{1 - ae^{-jw}} \tag{5.64}
$$

와 같고, 그 크기 응답을 그리려면

$$\begin{aligned} H(e^{jw}) &= \left| \frac{1}{1 - a(\cos w - j \sin w)} \right| \\ &= \frac{1}{\sqrt{(1 - a\cos w)^2 + (a \sin w)^2}} \end{aligned} \tag{5.65}$$

와 같이 바꾸고 w를 $-\pi$와 π 사이에서 원하는 간격으로 샘플링하여 $|H(e^{jw})|$을 플로팅하면 된다. $a = \dfrac{1}{2}$ 인 경우, $H(e^{jw})$의 크기와 위상은 〈그림 5.11〉과 같으며, $w=0$에서 그 값이 가장 크고 $w=\pi$에서 가장 작으므로 이 시스템은 저대역 필터임을 알 수 있다. 물론 DC 성분($w=0$에서의 값)을 증폭시키는데 이는 출력을 $H(e^{j0})$로 나누어줌으로써 DC 이득이 1인 필터를 만들 수 있다.

DC 이득 $H(e^{j0})$는

$$\begin{aligned} H(e^{j0}) &= \sum_{n=0}^{\infty} h[n] e^{-j \cdot 0 \cdot n} \\ &= \sum_{n=0}^{\infty} h[n] \end{aligned} \tag{5.66}$$

이므로 시스템 (5.60)의 경우

$$H(e^{j0}) = \frac{1}{1-a} \tag{5.67}$$

이 된다. 따라서 출력에 $(1-a)$를 곱해주면 DC 이득이 1인 저대역 필터가 된다. 고대역 필터의 경우 π에서의 이득이 1이 되기를 원하면, $H(e^{j\pi}) = \dfrac{1}{a+1}$ 이므로 $(1+a)$를 출력에 곱해주어야 한다.

주파수 전달함수는 앞 절의 푸리에 변환의 성질을 이용해서도 구할 수 있다. 즉, 시스템 (5.60)에서 입력을 $\delta[n]$이라 하면 이는 다음과 같이 쓸 수 있고

$$h[n] = ah[n-1] + \delta[n] \tag{5.68}$$

$h[n]$의 푸리에 변환을 $H(e^{jw})$라 하면 $h[n-1]$의 푸리에 변환은 $e^{-jw}H(e^{jw})$이고, $\delta[n]$의 푸리에 변환은 1이므로 위 식의 주파수 영역에서의 식은 다음과 같다.

$$H(e^{jw}) = ae^{-jw}H(e^{jw}) + 1 \tag{5.69}$$

따라서

$$H(e^{jw}) = \frac{1}{1 - ae^{-jw}} \tag{5.70}$$

로 정리되어 식 (5.64)의 결과와 같아진다.

이 결과로부터 $a>0$이고 따라서 저대역 필터인 경우, DC 이득은 다음과 같은 방법으로도 원하는 값으로 맞출 수 있다. 예를 들어 DC 이득이 1이기를 원한다면 식 (5.70)가 다음과 같도록 조정하면 된다($H(e^{j0})=1$).

$$H(e^{jw}) = \frac{1 - a}{1 - ae^{-jw}} \tag{5.71}$$

이는 시스템의 식을 다음과 같이 변형한 것이다.

$$y[n] = ay[n-1] + (1-a)x[n] \tag{5.72}$$

따라서 최종 출력에 $(1-a)$를 곱해도 되지만, 위와 같이 입력에 $(1-a)$를 곱해도 DC 이득이 1인 저대역 필터가 된다. 위를 다시 해석해 보면, 예를 들어 $a=0.9$라면, 과거 누적값에 0.9, 최신 데이터 $x[n]$에 0.1을 곱하는 가중평균이라고 볼 수 있다.

FIR 시스템과 비교했을 때, 단순히 크기에 대한 저대역 필터링이 목적이라면 IIR 필터가 일반적으로 계수가 적기 때문에 더 유리하다. 그러나 선형 위상을 만들기 어렵고 finite word length에 민감하게 변할 수 있으며 안정성 문제가 있는 등의 이유로 실제로는 FIR 시스템이 선호된다. 원래부터 IIR 시스템인 경우도 n이 큰 곳의 임펄스 응답이 매우 작으면, 어느 값 이상의 n에 대해서는 모두 0으로 하여 FIR 시스템으로 근사화할 수도 있다.

앞에서도 설명했듯이 원하는 주파수 응답을 갖는 시스템을 설계하려면 FIR 시스템을 가정하고 이의 계수를 여러 설계방법을 이용하여 구현하면 되는데 굳이 IIR 시스템이 필요한 경우는 무엇인가?

이에 대한 자세한 내용은 DSP 교재를 참조하되, 대략적으로 설명하면, passband와

stopband사이의 거리가 매우 작은 필터를 설계하는데 있어서 IIR 필터가 더 유리하기 때문이다. 즉, IIR 필터는 짧은 차수로도 "sharp transition band"를 만들 수 있기 때문에 선형위상이 문제가 되지 않는다면 IIR 필터를 사용하는 것이 유리하다. 또 한 가지 IIR 시스템의 존재 이유는 기존의 아날로그 필터, 즉 연속시간 시스템을 대체할 때 이것이 IIR 시스템으로 근사화되기 때문이다. 즉, 미분방정식으로 표현되는 연속시간 시스템을 컴퓨터 시뮬레이션한다는 것은 미분방정식을 IIR 디지털 시스템으로 근사화하는 것이다. "컴퓨터 시뮬레이션"이란, 잘 아는 바와 같이 미분방정식 등으로 표현되는 물리적인 현상을 직접 식을 풀어서 결과를 알아보는 것이 아니라 컴퓨터를 이용하여 주어진 시간 간격으로 출력값을 찍어보는 것이다. 여기서는 가장 간단한, RC 필터와 같은 1차 미분방정식의 시뮬레이션을 생각해보자. 1차 미분방정식은

$$y'(t) + \alpha y(t) = x(t) \tag{5.73}$$

로 표현이 되고, 이를 시뮬레이션하기 위해서는 다음과 같은 미분의 정의를 이용하면 된다.

$$y'(t) = \frac{dy(t)}{dt} \simeq \frac{y(t+\triangle) - y(t)}{\triangle} \tag{5.74}$$

따라서 식 (5.73)은 다음과 같이 근사화된다.

$$\frac{y(t+\triangle) - y(t)}{\triangle} + \alpha y(t) = x(t)$$

$$y(t+\triangle) = (1-\alpha\triangle)y(t) + \triangle x(t) \tag{5.75}$$

즉, $y(0)$을 알고 있고 입력 $x(t)$의 매 순간의 값을 알고 있다면, 위의 점화식으로부터 $y(\triangle), y(2\triangle), \cdots$의 값을 연속적으로 구할 수 있다. 따라서 $y(t) = y[n-1]$이라 하면 식 (5.75)는 다음과 같은 차분방정식으로 표현된다.

$$y[n] = (1-\alpha\triangle)y[n-1] + \triangle x[n] \tag{5.76}$$

원래 $x(t) \rightarrow x[n-1]$이 되어야 하지만 △가 매우 작다고 가정하여 위와 같이 $x[n]$으로 대신하였다. 따라서 1차 미분방정식을 대체할 수 있는 이산시간 시스템은

식 (5.60)과 같은 형태의 1차 차분방정식이 된다. 결국, 입력 $x(t)$를 $\triangle$간격으로 샘플링한 $x[n]$을 위의 시스템에 입력시키면 출력 $y[n]$은 $y(t)\,|_{t}=n\triangle$의 값을 근사화한 것이다. 같은 원리를 이용하면 n차 미분방정식을 n차 차분방정식으로 대체할 수 있다. $RC=1$의 조건으로 RC 필터의 시뮬레이션을 직접 수행하여 식 (5.76)의 $y[n]$이 RC 필터 출력의 시간 $n\triangle$에서의 값과 거의 일치하는지를 확인해보자(연습문제 9 참조).

마지막으로, 차분방정식으로 표현된 이산시간 시스템의 임펄스 응답과 주어진 입력에 대하여 출력을 계산하는 방법에 대하여 예제를 갖고 정리해 보자.

예제 5.3 IIR 시스템의 주파수 응답과 임펄스 응답

다음과 같은 신호의 푸리에 변환을 구해보고 실제로 이의 주파수 응답을 첫 번째로, 식 (5.60)과 같은 1차 차분방정식의 경우, 즉 시스템이

$$y[n] = \frac{1}{3}y[n-1] + x[n]$$

인 경우 이의 주파수 응답은

$$H(e^{jw}) = \frac{1}{1-\frac{1}{3}e^{-jw}}$$

이고, 식 (5.60)과 식 (5.61)의 경우로부터 다음과 같이 임펄스 응답이 주어짐을 알 수 있다.

$$h[n] = \left(\frac{1}{3}\right)^{n}u[n]$$

두 번째로, 2차 차분방정식의 경우, 예를 들어 시스템이

$$y[n] = \frac{5}{6}y[n-1] - \frac{1}{6}y[n-2] + x[n]$$

인 경우, 다음과 같이 주파수 응답이 주어진다.

$$H(e^{jw}) = \frac{1}{1-\frac{5}{6}e^{-jw}+\frac{1}{6}e^{-j2w}} = \frac{1}{\left(1-\frac{1}{3}e^{-jw}\right)\left(1-\frac{1}{2}e^{-jw}\right)}$$

앞의 식을 $e^{-jw}=v$로 치환하여 $H(e^{jw})$를 부분변수의 합으로 표현한다.

$$\frac{1}{\left(1-\frac{1}{3}v\right)\left(1-\frac{1}{2}v\right)} = \frac{C_1}{1-\frac{1}{3}v} + \frac{C_2}{1-\frac{1}{2}v}$$

$$C_1 = \frac{1}{1-\frac{1}{2}v}\Big|_{v=3} = -2$$

$$C_2 = \frac{1}{1-\frac{1}{3}v}\Big|_{v=2} = 3$$

결국 $H(e^{jw})$는 다음과 같다.

$$H(e^{jw}) = \frac{-2}{1-\frac{1}{3}e^{-jw}} + \frac{3}{1-\frac{1}{2}e^{-jw}}$$

따라서 시스템의 임펄스 응답은

$$h[n] = \left[3\left(\frac{1}{2}\right)^n - 2\left(\frac{1}{3}\right)^n\right]u[n]$$

이 된다. ■

$H(e^{jw})$가 $(1-ae^{-jw})^{-2}$과 같은 경우, 푸리에 변환의 미분특성을 이용하여 구할 수 있으나 이에 대해서는 이산시스템의 넓은 표현인 7장의 z-변환에서 다루기로 한다. 마찬가지로 $Y(e^{jw})=H(e^{jw})X(e^{jw})$의 성질을 이용하여 주어진 입력의 시스템에 대한 출력을 구하는 것도 z-변환에서 다루기로 한다.

5.7 상태변수를 사용한 이산시간 시스템의 표현

지금까지 우리는 이산시간 선형시불변 시스템이 임펄스응답 혹은 차분방정식에 의해서 표현된다는 것을 알게 되었다. 구간 $-\infty < n < \infty$에서 시스템의 출력신호는 입력신호와 임펄스응답의 중첩합으로 결정되기 때문에, 많은 경우 임펄스응답이 시스템을 표현하는데 가장 손쉬운 방법이라고 알려져 왔다. 반면에 차분방정식을 사용할 경우에는 일련의 초기조건들로부터 출력이 결정된다.

차분방정식 (5.60)이 출력 $y[n]$의 1차 시간지연기를 포함하고 있기 때문에 이 시스템을 1차 시스템이라 한다. 시간지연기는 시스템의 과거 정보를 저장하고 있는 일종의 기억소자이기 때문에, N차 이산시간 시스템은 시간 n에서 N개의 출력의 시간지연기 성분들로 나타낼 수 있고 다음과 같이 이산시간 시스템의 상태로 정의하기로 한다.

$$v[n] = [v_1[n], v_2[n], \cdots, v_N[n]]^T \tag{5.77}$$

$$v_1[n] = y[n-N],\ v_2[n] = y[n-N+1],\ \cdots,\ v_N[n] = y[n-1] \tag{5.78}$$

예제 5.4 2차 차분방정식으로 표현된 시스템의 상태변수 표현

예제 5.3에서 2차 차분방정식으로 표현된 시스템의 상태방정식은 다음과 같은 과정을 통해서 얻어진다. 즉 예제 5.3의 2차 차분방정식에 식 (5.78)을 적용해서 다음의 식을 얻는다.

$$v_2[n+1] = \frac{5}{6}v_2[n] - \frac{1}{6}v_1[n] + x[n]$$

이를 상태방정식 형태로 나타내면

$$\begin{bmatrix} v_1[n+1] \\ v_2[n+1] \end{bmatrix} = \begin{bmatrix} 0 & 1 \\ -\frac{1}{6} & \frac{5}{6} \end{bmatrix} \begin{bmatrix} v_1[n] \\ v_2[n] \end{bmatrix} + \begin{bmatrix} 0 \\ 1 \end{bmatrix} x[n]$$

가 되고, 출력을 상태벡터 $v[n]$로 나타내면

$$y[n] = \left[-\frac{1}{6} \quad \frac{5}{6} \right] \begin{bmatrix} v_1[n] \\ v_2[n] \end{bmatrix} + x[n]$$

를 얻는다. 이때 두 식을 합해서 상태방정식이라 부른다. ■

위의 예제에서 설명한 상태방정식의 일반적인 형태는 다음과 같이 정의한다. N차 차분방정식으로 표현된 단일입력, 단일출력 선형시불변 시스템이 다음과 같은 이산시간 상태방정식과 출력방정식으로 정의된다.

$$v[n+1] = Av[n] + bx[n] \tag{5.79}$$

$$y[n] = cv[n] + dx[n] \tag{5.80}$$

여기에서 A는 $N \times N$ 정방행렬, b는 $N \times 1$ 열벡터, c는 $1 \times N$ 행벡터, 그리고 d는 스칼라 값을 나타낸다. 선형시불변 시스템의 경우 상태변수 표현에 사용되는 계수 A, b, c, d는 상수가 되고, 선형시변 시스템의 경우에는 시간의 함수가 된다.

이산시간 상태방정식의 해는 식 (5.79)를 풀면 상태벡터 $v[n]$을 구할 수 있고, 이것을 출력방정식 (5.80)에 대입하면 출력 $y[n]$을 구할 수 있다. 초기치 $v[0] = v_0$가 주어졌을 때, 식 (5.79)의 해는 다음과 같이 $n=0$부터 반복계산을 통해 구할 수 있다. $n=0$일 때는

$$v[1] = Av[0] + bx[0] \tag{5.81}$$

이고, $n=1$인 경우에는

$$\begin{aligned} v[2] &= Av[1] + bx[1] \\ &= A[Av[0] + bx[0]] + bx[1] \\ &= A^2v[0] + Abx[0] + bx[1] \end{aligned} \tag{5.82}$$

로 나타낼 수 있다. 이때 식 (5.82)를 일반식으로 나타내기 위해 다음과 같이 표현할 수 있다.

$$v[2] = A^2 v[0] + \sum_{k=0}^{1} A^{2-k-1} bx[k] \tag{5.83}$$

이 과정을 반복하여 수행하면 $v[n]$은 다음과 같다.

$$v[n] = A^n v[0] + \sum_{k=0}^{n-1} A^{n-k-1} bx[k] \tag{5.84}$$

여기에서 $\Phi[n] = A^n$를 이산시간 상태전이행렬(state transition matrix)이라 한다. 이때 출력 $y[n]$은 식 (5.84)의 상태벡터 $v[n]$을 출력방정식 (5.80)에 대입하면 다음과 같이 구할 수 있다.

$$y[n] = c\Phi[n]v[0] + \sum_{k=0}^{n-1} c\Phi[n-k-1]bx[k] + dx[n] \tag{5.85}$$

식 (5.85)에서 우변의 첫째 항은 입력 $x[n]$이 0일 때의 응답으로서 무입력응답(zero-input response)이라 하고, 둘째항과 셋째항은 조기치 v_0가 0일 때의 응답으로서 무상태응답(zero-input response)이라 한다.

그리고 이산시간 시스템의 임펄스 응답 $h[n]$은 상태방정식의 해인 식 (5.85)에서 초기상태와 입력을 각각 $v_0 = 0$, $x[n] = \delta[n]$ 을 대입하면 다음과 같이 나타난다.

$$h[n] = \begin{cases} cA^{n-1}b + d\delta[n] & n \geq 0 \\ 0 & n < 0 \end{cases} \tag{5.86}$$

Matlab에서 이산시간 상태방정식으로 표현된 시스템의 특성을 살펴보기 위해서는 'dlsim' 함수를 사용하면 된다. 그리고 상태변수로 표현된 시스템의 주파수 특성을 살펴보는 다양한 함수들이 있어 유용하게 활용할 수 있다.

예제 5.5 2차 이산시간 시스템의 응답특성

2차 차분방정식

$$y[n] = \frac{5}{6}y[n-1] - \frac{1}{6}y[n-2] + x[n]$$

로 표현되는 시스템의 상태표현은 다음과 같다.

$$\begin{bmatrix} v_1[n+1] \\ v_2[n+1] \end{bmatrix} = \begin{bmatrix} 0 & 1 \\ -\frac{1}{6} & \frac{5}{6} \end{bmatrix} \begin{bmatrix} v_1[n] \\ v_2[n] \end{bmatrix} + \begin{bmatrix} 0 \\ 1 \end{bmatrix} x[n]$$

$$y[n] = \begin{bmatrix} -\frac{1}{6} & \frac{5}{6} \end{bmatrix} \begin{bmatrix} v_1[n] \\ v_2[n] \end{bmatrix} + x[n]$$

이 때 초기 상태벡터를 $v_0 = [1 \ \ 0]^T$라 가정한다. 위의 식으로부터

$$A = \begin{bmatrix} 0 & 1 \\ -\frac{1}{6} & \frac{5}{6} \end{bmatrix}, \ b = \begin{bmatrix} 0 \\ 1 \end{bmatrix}$$

임을 알 수 있고, Cayley-Hamilton 정리를 이용하여 상태전이행렬을 구하면

$$\Phi[n] = \begin{bmatrix} -2\left(\frac{1}{2}\right)^n + 3\left(\frac{1}{3}\right)^n & 6\left(\frac{1}{2}\right)^n - 6\left(\frac{1}{3}\right)^n \\ -\left(\frac{1}{2}\right)^n + \left(\frac{1}{3}\right)^n & 3\left(\frac{1}{2}\right)^n - 2\left(\frac{1}{3}\right)^n \end{bmatrix}$$

와 같이 얻는다. 이 결과를 사용하여 입력 $x[n]$이 0일 때의 무입력응답을 다음과 같이 얻을 수 있다.

$$\begin{aligned} y[n] &= \begin{bmatrix} -\frac{1}{6} & \frac{5}{6} \end{bmatrix} \begin{bmatrix} -2\left(\frac{1}{2}\right)^n + 3\left(\frac{1}{3}\right)^n & 6\left(\frac{1}{2}\right)^n - 6\left(\frac{1}{3}\right)^n \\ -\left(\frac{1}{2}\right)^n + \left(\frac{1}{3}\right)^n & 3\left(\frac{1}{2}\right)^n - 2\left(\frac{1}{3}\right)^n \end{bmatrix} \begin{bmatrix} 1 \\ 0 \end{bmatrix} \\ &= -\frac{1}{2}\left(\frac{1}{2}\right)^n + \frac{1}{3}\left(\frac{1}{3}\right)^n \end{aligned}$$

또한 식 (5.86)에 의해서 임펄스응답

$$\begin{aligned} h[n] &= \begin{bmatrix} -\frac{1}{6} & \frac{5}{6} \end{bmatrix} \begin{bmatrix} -2\left(\frac{1}{2}\right)^{n-1} + 3\left(\frac{1}{3}\right)^{n-1} n & 6\left(\frac{1}{2}\right)^{n-1} - 6\left(\frac{1}{3}\right)^{n-1} \\ -\left(\frac{1}{2}\right)^{n-1} + \left(\frac{1}{3}\right)^{n-1} & 3\left(\frac{1}{2}\right)^{n-1} - 2\left(\frac{1}{3}\right)^{n-1} \end{bmatrix} \begin{bmatrix} 0 \\ 1 \end{bmatrix} \\ &= 3\left(\frac{1}{2}\right)^n - 2\left(\frac{1}{3}\right)^n \end{aligned}$$

을 얻는다. ■

Matlab 프로그램 5.5

```
a=[0 1;-1/6 5/6];
b=[0;1];
c=[-1/6 5/6];
d=[1];
v0=[1;0];
n=0:1:20;
x= [0*ones(size(n))]';
[y,v]=dlsim(a,b,c,d,x,v0);  % call dlsim
stem(n,y); xlabel('n'); ylabel('y[n]');
axis([0,20,-0.2,0.02]);
grid;

%Unit impulse response
iu= [1 0*ones(size(n)-1)]';
[h,v1]=dimpulse(a,b,c,d,iu,n);  % call dimpulse
figure
stem(n,h); xlabel('n'); ylabel('h[n]');
axis([0,20,-0.1,1.1]);
grid;
```

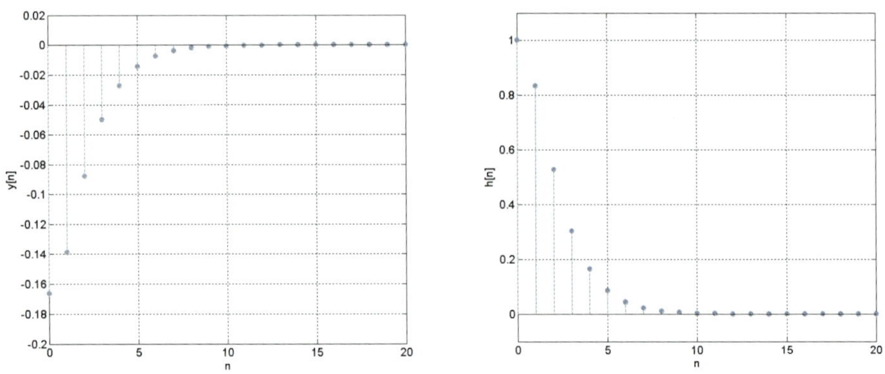

(a) (b)

그림 5.15 2차 이산시간 시스템응답 (a) 무입력응답, (b) 임펄스응답

5.8 요약

이 장에서는 이산시간 비주기함수가 주어질 때 이를 어떻게 이산시간 푸리에 변환으로 표현하는 지의 이론적인 부분과 푸리에 변환이 갖고 있는 기본적인 성질에 관해 살펴보았다. 이산시간 신호의 주파수 표현은 물리적인 주파수라기보다 수열의 변화가

얼마나 빠른가를 나타내는 상대적인 척도이다. 그리고 이산시간 비주기신호의 푸리에 변환과 차분방정식, 상태방정식으로 표현된 선형 시스템의 해석과 응용과 관련된 내용들도 나타내었다. 이 장에서는 이산시간 신호와 시스템이 주어져 있을 때 이들의 주파수 표현, 푸리에 변환, 주파수 영역에서의 여러 계산 등에 대하여 학습을 한다.

이산시간 푸리에 변환과 역변환

푸리에 변환 : $X(e^{j\omega}) = \sum_{n=-\infty}^{\infty} x[n]e^{-j\omega n}$

푸리에 역변환 : $x[n] = \frac{1}{2\pi}\int_0^{2\pi} X(e^{jw})e^{jwn}dw$

푸리에 변환의 성질 : 주어진 이산시간 신호와 푸리에 변환이 $x[n] \overset{\mathcal{F}}{\leftrightarrow} X(e^{j\omega})$ 와 $y[n] \overset{\mathcal{F}}{\leftrightarrow} Y(e^{j\omega})$를 만족하면 다음과 같은 관계가 성립

선형성 : $ax[n] + by[n] \overset{\mathcal{F}}{\leftrightarrow} aX(e^{j\omega}) + bY(e^{j\omega})$

시간지연 : $x[n-n_0] \overset{\mathcal{F}}{\leftrightarrow} e^{-jwn_0}X(e^{j\omega})$

변조 성질 : $e^{jw_0 n}x[n] \overset{\mathcal{F}}{\leftrightarrow} X(e^{j(\omega-\omega_0)})$

중첩합 : $x[n]*y[n] = \sum_{k=-\infty}^{\infty} x[k]y[n-k] \overset{\mathcal{F}}{\leftrightarrow} X(e^{j\omega})Y(e^{j\omega})$

신호 곱 : $x[n]y[n] \overset{\mathcal{F}}{\leftrightarrow} \frac{1}{2\pi}\int_{-\pi}^{\pi} X(e^{j\theta})Y(e^{j(\omega-\theta)})d\theta$

Parseval 정리 : $\sum_{n=-\infty}^{\infty} |x[n]|^2 = \frac{1}{2\pi}\int_{-\pi}^{\pi} |X(e^{j\omega})|^2 d\omega$

차분방정식으로 표현된 선형시불변 시스템의 푸리에 해석 :

N차 차분방정식 : $\sum_{k=0}^{N} a_k y[n-k] = \sum_{l=0}^{M} b_l x[n-l]$

주파수응답 : $H(e^{j\omega}) = \frac{Y(e^{j\omega})}{X(e^{j\omega})} = \frac{\sum_{l=0}^{M} b_l(e^{-j\omega})^l}{\sum_{k=0}^{N} a_k(e^{-j\omega})^k}$

연습문제

1. 〈그림 5.4〉와 같은 필터에서 〈그림 5.5〉와는 달리 $\{h_0, h_1, h_2\} = \left\{-\frac{1}{4}, \frac{1}{2}, -\frac{1}{4}\right\}$이면 고역 필터가 됨을 주파수 응답을 그려서 확인하시오.

2. 위 필터에서 입력 주파수가 각각 0, $\frac{\pi}{2}$, π인 사인파의 출력을 시간 영역에서 계산하고 주파수 영역에서 확인하시오. 그리고 입력 주파수가 $\frac{\pi}{4}$인 신호가 들어가면 어떤 출력이 나오는지를 주파수 응답으로부터 예측하고 프로그래밍을 통하여 그 결과를 확인하시오.

3. 본문 중에서 증명되지 않은 푸리에 변환 쌍과 푸리에 변환의 특성을 모두 증명하시오.

4. 식 (5.58), (5.59)가 각각 우함수, 기함수임을 증명하시오.

5. 모든 이산신호 $x[n]$은 다음과 같이 두 함수로 나누어 쓸 수 있다.

$$x[n] = x_e[n] + x_0[n] \tag{5.87}$$

여기서 우변의 각 함수는 다음과 같이 정의된다.

$$x_e[n] = \frac{x[n] + x^*[-n]}{2} \tag{5.88}$$

$$x_0[n] = \frac{x[n] - x^*[-n]}{2} \tag{5.89}$$

$x[n]$의 푸리에 변환을 $X(e^{j\omega})$라 하고 이를 식 (5.55)와 같이 실수부 허수부로 나누었을 때 $x_e[n]$의 푸리에 변환은 $X_R(e^{j\omega})$이고 $x_o[n]$의 푸리에 변환은 $X_I(e^{j\omega})$임을 증명하시오.

6. 다음과 같은 이상적인 저대역 필터의 임펄스 응답을 구하고 이를 식 (5.42)의 푸리에 변환의 결과인 식 (5.43)과 비교하여 설명하시오

$$H(e^{j\omega}) = \begin{cases} 1, & |\omega| < \frac{\pi}{2} \\ 0, & \frac{\pi}{2} < |\omega| \le \pi \end{cases} \tag{5.90}$$

7. 〈그림 5.4〉의 FIR 필터를 하드웨어로 만들기 위한 요소에 대하여 논의하시오. 또 필터 탭 수에 따라 입력이 한 샘플로 들어간 후 출력이 얻어지기까지 걸리는 시간에 대하여 설명하시오.

8. 다음 시스템에서 출력 $y[n]$을 구하시오.

$$y[n] - \frac{1}{2}y[n-1] = \left(\frac{1}{3}\right)^n u[n] \tag{5.91}$$

단, $y[0] = A$.

9. (a) 다음 미분 방정식을 시뮬레이션하기 위한 difference equation을 구하시오.

$$\frac{dy(t)}{dt} + ay(t) = u(t) \tag{5.92}$$

(b) 위 미분 방정식의 임펄스 응답을 $p(t)$라 하고 시뮬레이션을 위한 difference equation의 임펄스 응답을 $h[n]$이라 할 때 시뮬레이션의 step size $\triangle$가 매우 작아지면 $h[n] \approx p(\triangle n)$이 됨을 증명하시오.

10. 다음 시스템의 임펄스 응답과 주파수 응답을 구하시오.

(a) $y[n] = \frac{1}{3}x[n] + \frac{1}{3}x[n-1] + \frac{1}{3}x[n-2]$

(b) $y[n] = \frac{1}{2}y[n-1] + x[n]$

(c) $y[n] = y[n-1] - \frac{1}{4}y[n-2] + x[n]$

(d) $y[n] = \frac{3}{4}y[n-1] + \frac{1}{8}y[n-2] + x[n]$

11. 문제 1에서와 같은 3탭 FIR 필터는 필연적으로 1 샘플의 시간지연을 갖는다는 것을 학습하였다.
(a) 5탭 필터의 경우, 출력은 입력에 비하여 몇 샘플 지연되는가?
(b) 4탭 필터의 경우, 출력은 입력에 비하여 몇 샘플 지연되는가?
(c) 문제 1과 같은 3탭 필터에서 시간지연이 없는 것처럼 하기 위해서는 $h_{-1}=\frac{1}{4}$, $h_0=\frac{1}{2}$, $h_1=\frac{1}{4}$와 같이 non-causal 필터를 구성하면 된다. 그리고 이와 같은 non-causal 이산시간 필터의 구현을 위해서는 입력을 미리 지연시간만큼 쉬프트시키거나 지연시간만큼 기다렸다가 입력이 필터의 중앙에 왔을 때부터 필터링을 시작하면 된다. 이 필터의 주파수 응답 $H(e^{jw})$를 구하시오. 이의 위상은 얼마인가?

12. $h[n]$이 저대역 필터의 임펄스 응답이라 하자. 모듈레이션 성질(식 5.50)을 이용하여 이를 고대역 필터로 바꾸시오.

13. 다음의 푸리에 변환을 구하시오.
(a) $x[n]=\sum_{k=-\infty}^{\infty}\delta(n-kN)$
(b) $x[n]=\sin w_0 n$
(c) $n=0\sim 9$가 한 주기이고(주기 10) $x[0]\sim x[4]=1$, $x[5]\sim x[9]=0$인 주기 신호
(d) $x[n]=a^{|n|}$, $|a|<1$

14. (a) 임펄스 응답이 $h_0=\frac{1}{3}$, $h_1=\frac{1}{3}$, $h_2=\frac{1}{3}$인 시스템의 주파수 응답을 그리시오.
(b) $x[n]=\cos\left(\frac{\pi}{2}n+\pi\right)+2\cos(\pi n+\pi)$로 표현되는 신호가 이 시스템에 입력되었을 때 출력의 식을 쓰시오.
(c) 이 신호가 $y[n]=0.9y[n-1]+0.1x[n]$으로 표현되는 시스템에 입력되었을 때 출력의 식을 쓰시오.

신호와 시스템
Signals & Systems

CHAPTER 06

샘플링

06 샘플링

C·H·A·P·T·E·R

6.1 서론

앞장에서 설명했듯이 공학에서 이산시간 신호는 대부분 연속시간 신호, 즉 아날로그 신호를 A/D 변환기의 입력으로 하여 일정시간 간격으로 디지털 신호로 바꾼 것이다. 샘플링(sampling)은 좁은 의미에서 이와 같이 아날로그 신호를 일정 시간 간격으로 디지털 신호로 변환하는 것을 말하고, 더 넓은 의미에서는 아날로그 신호 또는 이산시간 변수를 갖는 함수를 일정 시간 간격으로 수학적으로만 가능한 이산시간 신호로 바꾸는 것을 말한다. 이산시간 신호와 디지털 신호는 혼동해서 사용하기도 하지만,[1] 정확히 구분하면 이산시간 신호(discrete-time signal)는 연속시간 신호를 어떤 시간 간격으로 샘플링하여 오차 없이 얻은 수학적으로만 존재하는 신호이고, 디지털 신호(digital signal)는 이를 양자화하여 실제 컴퓨터에서 사용할 수 있는 유한한 비트의 데이터로 표현된 값을 갖는 신호이다. 예를 들어 $\cos \pi t$ 를 0.25초 간격으로 샘플링했을 때 수학적인 이산시간 신호는 첫째 샘플의 값이 $\frac{1}{\sqrt{2}}$ 이고, 이를 몇 비트의 A/D 변환기로 샘플링하였는가에 따라 디지털 신호는 주어진 비트 수 내에서 $\frac{1}{\sqrt{2}}$ 과의 오차가 가장 작아지는 값이 된다.

따라서 어떤 디지털 시스템과 신호 등을 해석하기 위해서는 연속시간 신호를 이산시간 신호로 바꾼다는 것이 수학적으로 어떤 의미를 갖는가를 알아야 하고 이들 사이에는 어떤 관계가 있는가를 주파수 영역에서의 해석 등으로 이해해야 한다. 그리고 이

1) 디지털 신호처리와 관련된 책 중에서 어떤 책은 'digital signal processing', 또 다른 책은 'discrete-time signal processing'으로 제목을 사용한다.

과정에서 여러 이산시간 신호처리 이론과 알고리듬을 유도한다. 다음으로는 실제로 이 시스템을 마이크로프로세서, VLSI 등으로 구현하기 위해서 시스템의 계수, 입력 등이 유한한 비트로 표현될 때 발생하는 오차[2]에 대한 해석과, 반대로 주어진 목표를 달성하기 위한 적절한 비트 수에 대한 분석이 따라야 한다. 그러나 이러한 양자화 오차에 대한 해석은 확률에 관한 넓은 지식이 있어야 하므로 이 책에서는 생략하기로 한다. 즉, 여기서의 샘플링이란 연속시간 신호를 일정 시간 간격[3]으로 오차 없이 얻어낸 이산시간 신호를 다루는 것에 국한한다.

이를 위하여 우선 샘플링을 수학적으로 어떻게 표현할 것인가를 보고 이의 주파수 영역에서의 해석을 6.2절에서 공부해 본다. 그리고 어느 정도의 시간 간격으로 샘플링하는 것이 적절한지도 알아본다. 〈그림 6.1〉이 적절한 샘플링의 예와 그렇지 못한 경우의 예이다. 그림에서 쉽게 알 수 있듯이 빠르게 변하는 신호는 당연히 빠르게 샘플링을 해 주어야 한다. 그런데 그 한계가 어느 정도인가?

즉, 어느 정도 빠르게 해야 주어진 정보를 잃지 않고 나중에 다시 D/A 변환이 필요한 경우 그대로 복원할 수 있는가? 이에 대한 이론 또한 주파수 영역에서 유도된다. 적절하지 못한 샘플링으로 인하여 발생하는 현상을 에일리어싱(aliasing)이라 부르는데 이것이 의미하는 바가 무엇인지를 알아보고 이를 피할 수 있는 방법에 대하여 알아본다. 다음 6.3절에서는 샘플링하여 얻은 이산시간 신호를 원하는 대로 처리한 후 이를 다시 연속시간 신호로 복원하는 방법에 대하여 알아본다. 그리고 어떤 연속시간 시스템을 이산시간 시스템으로 바꾸어 컴퓨터로 대체하고자 하는 경우 어떤 과정을 거쳐야 하는가를 6.4에서 학습한다.

2) 보통 양자화 오차(quantization error)라 한다.

3) 샘플링 간격이 일정하지 않은 매우 어려운 응용 분야도 있다.

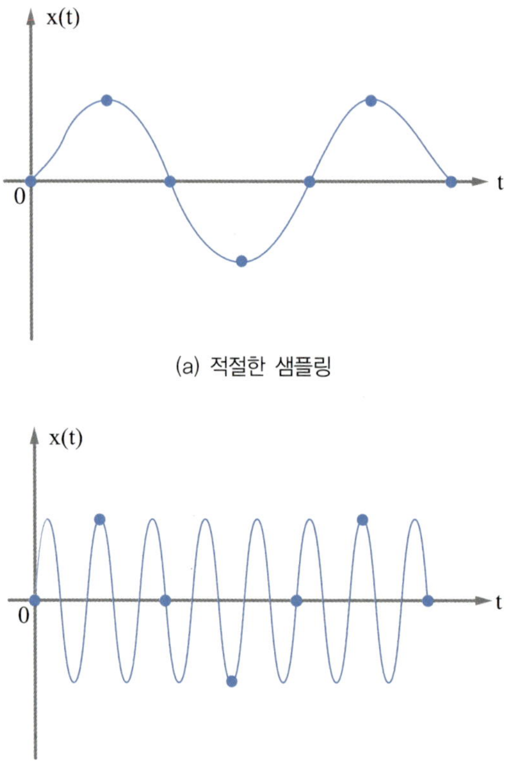

(a) 적절한 샘플링

(b) 부적절한 샘플링

| 그림 6.1 | 적절한 샘플링과 부적절한 샘플링의 예

6.2 샘플링 이론과 이산 신호

6.2.1 샘플링의 주파수 영역에서의 해석

디지털 신호처리를 하기 위해서는 〈그림 6.2〉에서와 같이 연속시간 신호 $x(t)$를 적절한 시간 간격 T마다 샘플링하여 $x(0)$, $x(T)$, ⋯, $x(nT)$, ⋯의 크기를 갖는 값들을 얻어내어 이들을 메모리에 저장하거나 컴퓨터 시스템 등에 입력시켜야 하는데 이 값을 디지털 신호, 더 엄밀히는 수열 $\hat{x}[n]$이라 표시한다. 예를 들어 수열의 네 번째 값 $x[3]$의 크기, 바꾸어 말하면 입력 메모리의 3번지수의 값은 $x(3T)$와 같다는 것이다. 그런데 A/D 변환 시에는 앞에서도 설명한 바와 같이 그 출력 비트 수에 따라 오차

가 발생하며 또한 변환 회로의 속도 및 정확도의 한계에 따른 오차도 발생한다.[4] 따라서 〈그림 6.2〉의 A/D 변환 과정은 〈그림 6.3〉과 같은 수학적인 블록 다이어그램으로 표현할 수 있다. 즉, 연속시간 신호 $x(t)$가 이상적인 샘플러를 통과하여 '이산시간 신호' $x[n]$이 얻어지고 여기에 양자화 등의 오차로 발생하는 에러 $e[n]$이 추가되어 최종으로 '디지털 신호' $\hat{x}[n]$이 얻어진다고 표현하는 것이다. 보통 디지털 신호처리는 먼저 이산시간 신호 $x[n]$을 입력으로 하는 시스템과 여러 알고리듬을 개발한 후 여기에 $e[n]$의 영향을 확률적으로 분석하거나 이의 영향은 무시한다. 따라서 본 교재에서도 $e[n]$의 영향은 무시하고 이상적인 이산시간 신호 $x[n]$을 중심으로 여러 이론과 신호처리 방법에 대한 학습을 한다.[5]

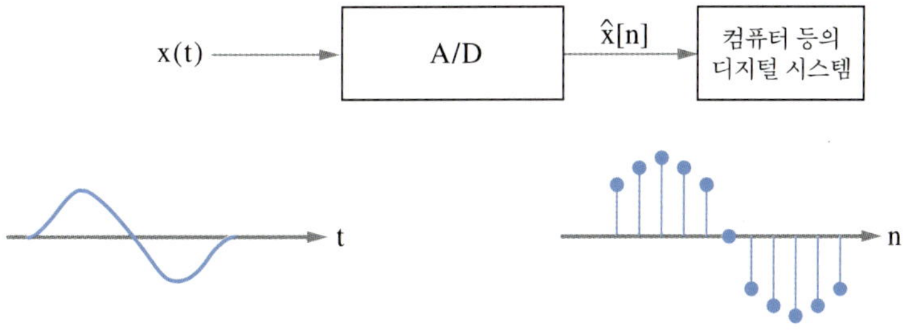

▌그림 6.2▐ A/D 변환기를 이용한 연속시간 신호의 샘플링

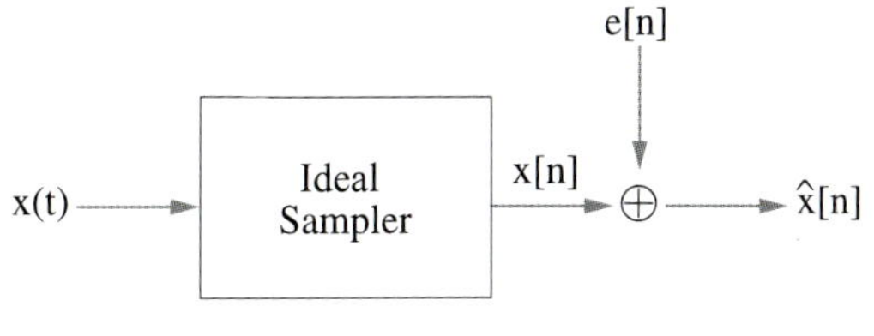

▌그림 6.3▐ A/D 변환의 모델링($x[n]$: 이산시간 신호, $\hat{x}[n]$: 디지털 신호)

4) 디지털 회로를 알고 있다면 counter 방식과 flash 변환 방식 등의 A/D 변환기의 구조와 필요한 입출력, 회로 구성 방법에 대하여 각자 알아보자(연습문제 참조).

5) A/D 변환기의 성능이 더 좋을수록, 비트 수가 더 클수록 오차의 영향은 적어지지만 대부분의 경우 '무시'할 수 있는 경우는 거의 없다. 이러한 양자화 오차의 영향은 여러 'digital signal processing'이나 'random process' 관련 서적을 참조바란다.

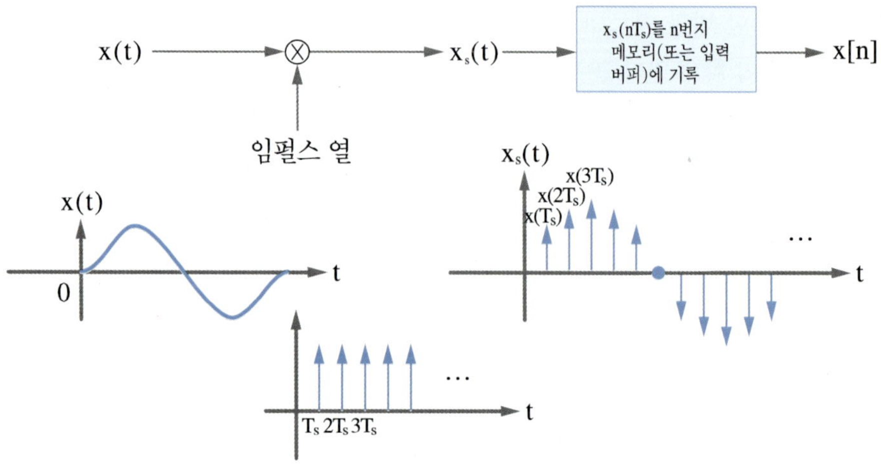

| 그림 6.4 | 이상적인 샘플링 과정의 수학적 표현

<그림 6.3>에서 연속시간 신호 $x(t)$를 이산시간 신호로 바꾸어 주는 'Ideal Sampler'를 더 자세히 알아보기 위하여 이를 <그림 6.4>와 같이 표현해보자. 물론 이는 이론적인 과정이며 중간과정의 $x_s(t)$는 $\delta(t-nT_s)$와 마찬가지로 여전히 연속시간 신호이며 이론적으로만 존재할 수 있는 신호임에 유의하자. 또한 위에서 설명한 바와 같이 $x[n]$도 이론적으로만 존재하는 값이기는 하지만 무한 비트 길이의 레지스터가 있다는 가정을 하여 이제부터는 $x[n]$은 실제로 입력 메모리의 n 번지(또는 어떤 디지털시스템의 입력 버퍼)에 들어간, 우리가 최종적으로 원하는 이산시간 신호라 하자.

그림에서 어떤 연속시간 신호 $x(t)$ 중에 시간 T_s 간격마다의 값 $x(0)$, $x(T_s)$, $x(2T_s)$, …만이 관심 있는 경우 이를 구현하는 수학적인 방법이 여기에 시간 T_s 간격의 임펄스 열(impulse train) $\sum_{n=-\infty}^{\infty}\delta(t-nT_s)$를 곱하는 것임을 알 수 있다. 앞에서 학습한 임펄스 함수의 성질에 따라 이와 $x(t)$를 곱하면 <그림 6.4>에서와 같이 샘플된 신호 $x_s(t)$가 얻어지고 이의 시간 T_s 간격에서의 샘플값을 그대로 입력 메모리 또는 디지털 시스템의 입력 버퍼에 기록하면 이산시간 신호가 얻어짐을 보여주고 있다. 여기서 다시 한번 $x_s(t)$는 이산시간 신호가 아니라 연속시간 신호임을 강조하며, 이것이 어떤 방법에 의해 메모리나 버퍼에 들어가 이진수 형태로 기록되어 컴퓨터가 다룰 수 있게 된 $x[n]$이 이산시간 신호이다.

이제 <그림 6.4>의 시스템을 주파수 영역에서 분석해 보아 원래의 신호 $x(t)$의 푸리에 변환과 이를 샘플링하여 얻은 이산신호 $x[n]$의 푸리에 표현과는 어떤 관계가 있는지 알아보자. 연속시간 신호 $x(t)$의 푸리에 변환은 보통 $X(j\omega)$로 표현하는데 이 경우 ω는 실제 주파수로서 $-\infty$에서 ∞의 값을 가질 수 있다. 반면 이산신호 $x[n]$의 푸리에 변환은 $X(e^{j\omega})$로 표현하며 식이 의미하는 바와 같이 이는 0부터 2π까지의 값이 반복되는 형태이고 최고 주파수는 앞에서 설명한 바와 같이 π이다. 즉, 이산신호에서의 주파수는 가장 변화가 빠른 것이 π의 주기를 갖는 것이고 나머지는 이를 기준으로 정해지는 상대적인 변화율을 나타낸다.

이와 같이 연속시간 신호에서의 주파수와 이산시간 신호에서의 주파수는 그 개념부터 다르기 때문에 이를 구분하기 위해서 6장부터는 연속시간 신호의 주파수는 Ω로, 이산시간 수열의 주파수는 ω로 표기하도록 한다.

〈그림 6.4〉에서 보는 바와 같이 $x(t)$는 임펄스 열과 곱해져 $x_s(t)$가 된다. 이의 주파수 표현이 어떻게 되는가를 알기 위해서는 우선 임펄스 열의 푸리에 변환을 알아야 한다. 이의 푸리에 변환은 두 가지 표현이 있다. 첫 번째로, 앞에서 푸리에 변환의 성질 중 다음과 같은 것을 배운 바 있다.

$$\delta(t) \leftrightarrow 1 \tag{6.1}$$

$$x(t-T) \leftrightarrow e^{-j\Omega T}X(j\Omega) \tag{6.2}$$

즉, 임펄스 함수는 모든 주파수 성분을 갖고 있으므로 이의 푸리에 변환은 1이고 $x(t)$의 푸리에 변환이 $X(j\Omega)$일 때 이것이 시간 T_s만큼 지연된 신호 $x(t-T_s)$의 푸리에 변환은 $X(j\Omega)$에 $e^{-j\Omega T_s}$가 곱해진 형태가 된다는 것이다. 따라서 $\delta(t-nT_s)$의 푸리에 변환은 $e^{-jn\Omega T_s}$이고 임펄스 열 $\sum_{n=-\infty}^{\infty}\delta(t-nT_s)$ 의 푸리에 변환은 다음과 같게 된다.

$$\sum_{n=-\infty}^{\infty}\delta(t-nT_s) \leftrightarrow \sum_{n=-\infty}^{\infty}e^{-jn\Omega T_s} \tag{6.3}$$

그러나 사실 이 식은 샘플링의 주파수 영역에서의 해석을 위한 의미 있는 식은 아니다. 따라서 다른 의미를 갖는 표현을 찾아보자. 〈그림 6.4〉에 임펄스 열의 그림이 나와 있는데 이를 보면 실제로 존재하지 않는 신호이긴 하지만 푸리에 변환이 가능한 신호라기보다는 푸리에 급수로 표현해야 하는 주기함수임을 알 수 있다. 따라서 이를 푸리에 급수로 나타낸 후 이를 주파수 영역에서의 임펄스 함수를 이용한 푸리에 변환으로 나타내보자. 우선 위의 임펄스 열이 주기함수라는 사실로부터 이는 다음과 같이 푸리에 급수로 나타낼 수 있다.

$$\sum_{n=-\infty}^{\infty} \delta(t-nT_s) = \sum_{k=-\infty}^{\infty} a_k e^{jk\Omega_s t} \tag{6.4}$$

앞에서 T_s가 주기인 주기함수 $x(t)$의 푸리에 계수 a_k를 구하는 식은 다음과 같음을 학습한 바 있다.

$$a_k = \frac{1}{T_s}\int_{-\frac{T_s}{2}}^{\frac{T_s}{2}} x(t)e^{-jk\Omega_s t}dt \tag{6.5}$$

여기서 Ω_s는 $2\pi/T_s$로서 이를 샘플링 주파수라 부르며 T_s는 샘플링 주기라 부른다. 위 식을 식 (6.4)의 임펄스 열의 경우에 적용시키면

$$\begin{aligned} a_k &= \frac{1}{T_s}\int_{-\frac{T_s}{2}}^{\frac{T_s}{2}} \delta(t)e^{-jk\Omega_s t}dt \\ &= \frac{1}{T_s} \end{aligned} \tag{6.6}$$

즉, 임펄스 함수의 성질에 따라 $t=0$에서의 함수 값이 바로 적분값이 되어 k에 관계없이 모든 a_k는 $1/T_s$가 된다. 따라서 식 (6.4)는 다음과 같이 쓸 수 있고

$$\sum_{n=-\infty}^{\infty} \delta(t-nT_s) = \sum_{k=-\infty}^{\infty} \frac{1}{T_s} e^{jk\Omega_s t} \tag{6.7}$$

이는 임펄스 열을 사인파들의 합으로 나타낼 수 있음을 표현하고 있다. 이의 푸리에 변환은 따라서 위 식에서 $e^{jk\Omega_s t}$를 주파수 영역에서 표현함으로써 가능해진다. $e^{jk\Omega_s t}$는 주파수 $k\Omega_s$외의 성분은 전혀 없는 복소 사인파이므로 이의 푸리에 변환은 $2\pi\delta(\Omega - k\Omega_s)$임을 앞에서 학습한 바 있다. 따라서 식 (6.7)과 같이 시간영역에서 표현되는 식은 주파수 영역에서 다음과 같은 식으로 나타난다.

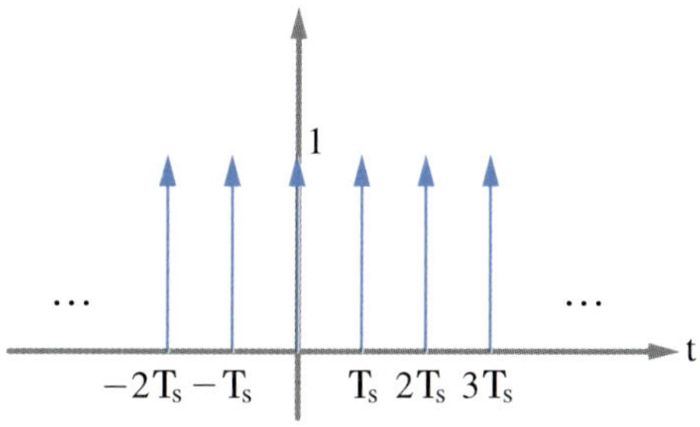

(a) 임퍼스 열 $\sum_{n=-\infty}^{\infty}\delta(t-nT_s)$

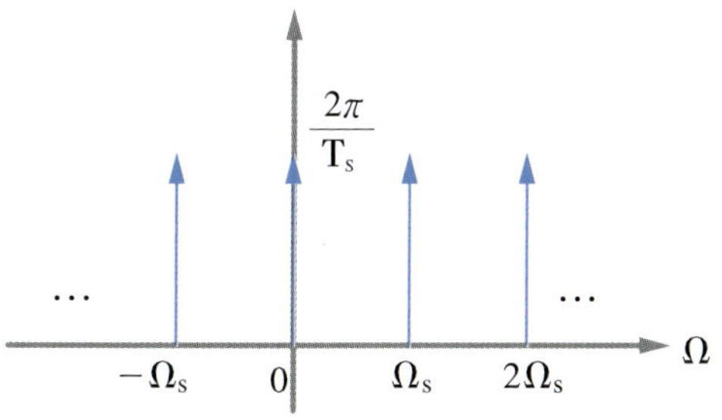

(b) 임펄스 열의 푸리에 변환 $\Omega_s=2\pi/T_s$

그림 6.5 임펄스 열과 푸리에 변환

$$\sum_{n=-\infty}^{\infty}\delta(t-nT_s)=\sum_{k=-\infty}^{\infty}\frac{1}{T_s}e^{jk\Omega_s t}\leftrightarrow\sum_{k=-\infty}^{\infty}\frac{2\pi}{T_s}\delta(\Omega-k\Omega_s) \tag{6.8}$$

이는 주파수 영역에서 간격이 Ω_s인 임펄스 열임을 알 수 있다. 이 식과 식 (6.3)이 같은 것인지는 각자 생각해 보자.

결국 임펄스 열과 이의 푸리에 변환을 그림으로 표시하면 〈그림 6.5〉와 같이 둘 다 임펄스 열이며 임펄스 사이의 간격은 서로 반비례한다. 예를 들어 0.1초 간격으로 샘플링하고자 하면 〈그림 6.4〉에서 원신호에 $T=0.1$인 임펄스 열을 곱해야 하며 이의 주파수 영역에서의 표현은 10Hz($=20\pi$) 간격의 임펄스 열이 된다. 앞에서 우리는 시간 영역에서의 중첩적분 결과는 주파수 영역에서는 각각의 푸리에 변환을 곱한 것과 같고, 반대로 시간 영역에서의 곱은 주파수 영역에서는 중첩적분으로 표현됨을 배웠다. 예를 들어 샘플링하고자 하는 연속시간 신호 $x(t)$가 〈그림 6.6(a)〉와 같은 푸리에 변환을 갖는다고 했을 때 이것이 샘플된 신호 $x_s(t)$는 〈그림 6.4〉에서 보는 바와 같이

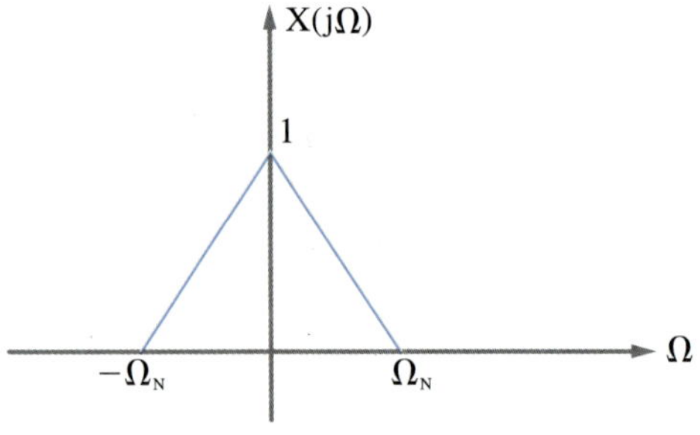

(a) $x(t)$의 푸리에 변환

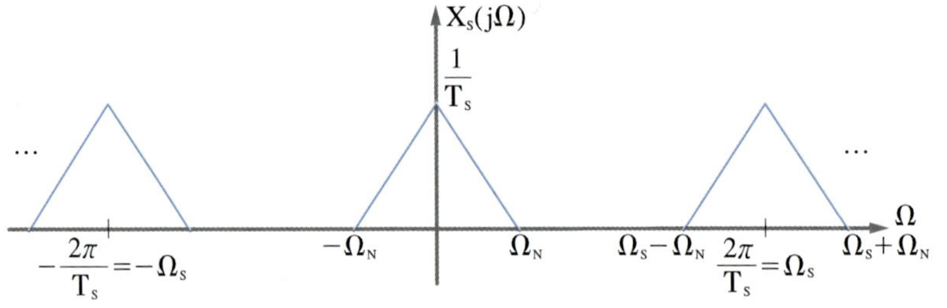

(b) $x_s(t)=x(t)\cdot\sum_{n=-\infty}^{\infty}\delta(t-nT_s)$의 푸리에 변환

| 그림 6.6 | 샘플된 신호의 푸리에 변환

$x(t)$에 임펄스 열을 곱하는 것이다. 따라서 푸리에 변환을 $X_s(\Omega)$라고 하면 이는 〈그림 6.6(a)〉의 $x(t)$의 푸리에 변환과 〈그림 6.5(b)〉의 임펄스 열의 푸리에 변환의 중첩적분 결과이므로 결국 〈그림 6.6(b)〉와 같이 된다. 두 함수의 중첩적분이란 어느 한 함수를 y축에 관하여 대칭시키고 이를 어느 값만큼 쉬프트 시킨 상태에서 두 함수가 겹친 부분만큼의 적분임을 상기하면서 〈그림 6.6(a)〉와 〈그림 6.5(b)〉의 중첩적분 결과가 〈그림 6.6(b)〉와 같은가 각자 확인해 보자.

6.2.2 에일리어싱

〈그림 6.6(b)〉와 같이 결과가 나타난 경우는 $\Omega_s-\Omega_N$이 Ω_N보다 큰 경우인데, 그렇지 않다면 어떤 결과가 일어날까? 샘플된 신호 $x_s(t)$가 주어진 경우 이로부터 다시 원 신호 $x(t)$를 만들어낼 수 있는가? $x_s(t)$의 푸리에 변환이 〈그림 6.6(b)〉와 같이 나타난 경우, 이로부터 다시 $x(t)$를 만들어 내려면 차단 주파수가 Ω_N과 $\Omega_s-\Omega_N$ 사이에

있는 저주파 필터에 $x_s(t)$를 통과시키면 된다(시간 영역 및 주파수 영역에서 이산시간 신호의 복원에 관한 자세한 내용은 다음 6.3절에서 학습한다).

그러나 원신호 $x(t)$의 최고 주파수 성분인 Ω_N에 비하여 샘플링을 충분히 빠르지 않게 하여 $\Omega_s - \Omega_N$가 Ω_N보다 작게 된 경우를 생각해보자. 이 경우 〈그림 6.6(a)〉와 〈그림 6.5(b)〉의 중첩적분 결과는 〈그림 6.7〉과 같이 된다. 점선이 임펄스 함수 위치에 원신호의 푸리에 변환이 중첩적분으로 인하여 복사되어 나타냄을 표시하고 있고 이들의 합이 최종 중첩적분 결과임을 보이고 있다. 따라서 샘플링 결과로 얻어진 $x_s(t)$로부터 다시 원신호를 완벽하게 복원하는 것은 거의 불가능하다. 즉, 고주파 성분이 원래의 신호와 달라졌으므로 저주파 성분으로부터 고주파 성분을 예측할 수 있는 경우가 아니면 원래신호를 복원하는 것은 불가능하다.

이상의 결과로부터 어떤 신호 $x(t)$가 주어졌을 때 얼마만큼의 간격으로, 즉 얼마나 빠른 샘플링 주파수로 샘플링을 하여야 하는가를 알 수 있다. 위에서 $\Omega_s - \Omega_N$이 Ω_N보다 커야 원신호의 푸리에 변환의 고주파 성분이 변하지 않으므로 다음과 같은 식이 만족되어야 한다.

$$\Omega_s \geq 2\Omega_N \tag{6.9}$$

결국 샘플링 주파수는 원신호의 최고 주파수보다 두배 이상이 되어야 한다. 그러나 보통 최고 주파수를 정확히 아는 경우는 없고 전처리에 사용되는 필터의 불완전성, 잡음 등을 고려하여 실제로는 안전을 위해서 두배보다는 약간 큰 주파수로 샘플링을 한다. 이와 같은 $2\Omega_N$ 값을 Nyquist 샘플링 주파수라 부르고 식 (6.9)가 만족되지 않아서

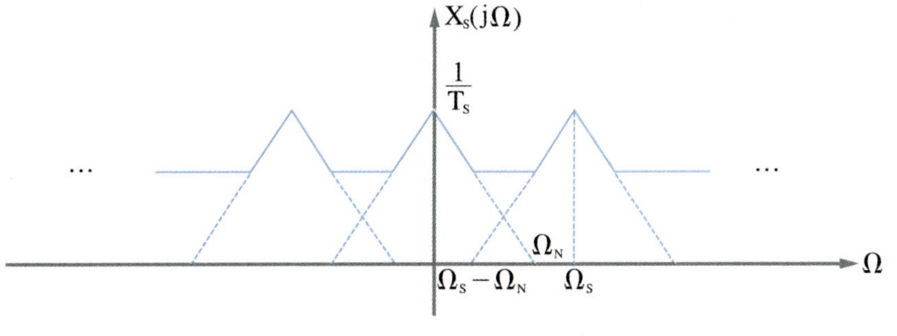

그림 6.7 에일리어싱 현상

〈그림 6.7〉과 같은 결과를 얻었을 때 에일리어싱 현상이 일어났다고 한다.

수학적으로 말하면 에일리어싱이란 왜곡된 고주파 성분을 얻었다는 것으로 해석할 수 있다. 그러면 실제로 어떤 현상이 에일리어싱인가? 이미 학습했던 〈그림 6.1(b)〉가 에일리어싱의 대표적 예이다. 매우 높은 주파수의 신호를 그 주파수 성분의 두배 이하로 샘플링함으로써 매우 낮은 주파수 신호인 것처럼 인식된 것이다. 또 하나 우리가 자주 접하는 예는, TV나 영화에서 자동차나 탱크가 앞으로 가고 있는데 바퀴나 무한궤도가 뒤로 가거나 정지해 있는 것처럼 보이는 예다. 더 구체적인 예로 30분의 1초마다 한 프레임의 화면을 찍은 경우 이 때 처음 프레임에서 〈그림 6.8(a)〉의 위치에 있던 바퀴가 그 다음 프레임에서 반바퀴 이내로 돌아 〈그림 6.8(b)〉와 같이 되었을 때에는 아무런 문제가 없다. 그러나 〈그림 6.8(c)〉와 같이 1/30초 이내에 반바퀴 이상 돌아서 〈그림 6.8(c)〉와 같이 되었을 때 저주파 필터링을 하는 사람의 눈은 바퀴가 뒤로 돌아가는 것처럼 느끼는 것이다. 1/30초 이내에 반바퀴 이상, 즉 바퀴가 15Hz 이상으로 돌고 있으면 에일리어싱 현상이 일어나는 것이다. 바꾸어 말하면 15Hz 이상으로 돌고 있는 바퀴를 30Hz의 샘플링 주파수로 화면을 얻었으므로 에일리어싱이 일어난 것이다. 정확히 30Hz로 도는 바퀴라면 정지된 것으로 보이고 그 이상이 되면 다시 제방향으로 도는 것으로 보이지만 자동차 속도에 비하여 바퀴가 느리게 도는 것처럼 보인다.

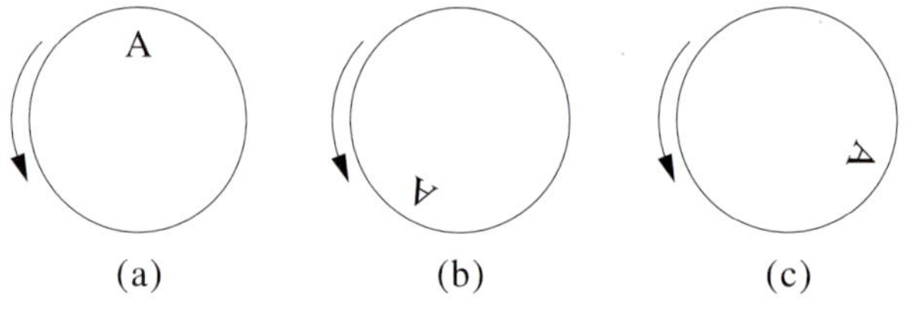

그림 6.8 에일리어싱 현상의 예

6.2.3 이산시간 신호와 연속시간 신호의 푸리에 변환의 관계

5장에서 이산시간 신호가 연속시간 신호와는 별개의 수열이라 생각하고 그 나름대로의 푸리에 변환의 의미를 알아보았다. 그 결과 이산시간 신호의 푸리에 변환은 그 수열의 변화도가 얼마나 빠른가를 최고 주파수인 π를 기준으로 나타내는 것이고 그 이상의 주파수는 의미가 없다고 하였다. 예를 들어, 이산시간 신호를 ± 1 사이로 정규화한 상태에서 가장 빨리 변하는 신호는 $-1, +1, -1, +1, \cdots$로 변하는 신호이고 이는 바로 $\cos \pi n$ 이므로 최고 주파수가 π 라는 것이고 그 이상은 0과 π 사이의 주파수와 대칭형태이거나 같게 된다. 이산시간 신호의 식 자체로부터도 이와 같은 결론을 내릴 수 있다. 그렇다면 어떤 연속시간 신호를 샘플링 하여 얻은 이산시간 신호의 경우 그 주파수 스펙트럼이 원래 신호의 푸리에 변환과 어떤 관계가 있는가? 아마도 그 모양이 비슷하다고 예측은 할 수 있을 것이며 이산시간 신호에서의 주파수 π 가 연속시간 신호의 주파수와 어떤 관계가 있는가도 대략적으로 예측할 수 있을 것이다. 여기서는 이에 대한 자세한 내용을 수학적으로 알아보기로 한다.

〈그림 6.4〉를 다시 한 번 참조해 보자. $x(t)$로부터 $x[n]$을 얻는 과정을 블록 다이어그램으로 나타낸 것이다. 여기서 $x(t)$로부터 $x_s(t)$를 얻는 과정과 이의 주파수 표현은 앞 절에서 설명하였다. 이제 $x_s(nT_s)$의 값을 n번째 메모리 또는 입력 버퍼에 저장시킨 값이 $x[n]$인데 이 과정이 연속시간 신호에서 이산시간 신호, 또는 수열로 넘어가는 과정이다. 앞에서의 표현들과 마찬가지로 $x[n]$의 푸리에 변환을 $X(e^{j\omega})$라 하고 $x(t)$의 푸리에 변환을 $X(j\Omega)$라고 표시하여 이들의 관계를 알아보도록 한다. 앞에서도 설명한 바와 같이 Ω는 연속시간 신호의 주파수를 나타내는 것이며 실제로 물리적인 주파수의 의미를 갖고 있고 ω는 이산시간 신호의 주파수를 나타내는 것으로서 π를 기준으로 한 수열의 변화도를 나타내는 상대적인 주파수이다. 다음과 같이 $x_s(t)$는 샘플링하고자 하는 신호 $x(t)$와 샘플링 주파수를 갖는 임펄스 열의 곱임을 상기하자.

$$x_s(t) = x(t) \sum_{n=-\infty}^{\infty} \delta(t - nT_s) \tag{6.10}$$

따라서 $x_s(t)$의 푸리에 변환 $X_s(j\Omega)$는 다음과 같이 $x(t)$의 푸리에 변환 $X(j\Omega)$와 임펄스 열의 푸리에 변환인 식 (6.8)의 중첩적분이 된다.

$$\begin{aligned} X_s(j\Omega) &= \frac{1}{2\pi} X(j\Omega) * \frac{2\pi}{T_s} \sum_{k=-\infty}^{\infty} \delta(\Omega - k\Omega_s) \\ &= \frac{1}{T_s} \sum_{k=-\infty}^{\infty} X(j(\Omega - k\Omega_s)) \end{aligned} \tag{6.11}$$

결국 〈그림 6.6(b)〉를 식으로 나타낸 것이 위의 식 (6.11)이다. 여기서 다음과 같은 임펄스 함수의 성질을 기억해 보자.

$$f(t)\delta(t-a) = f(a)\delta(t-a) \tag{6.12}$$

임펄스 함수 $\delta(t-a)$는 $t=a$ 외에서는 함수값이 0이고 그 자리에서만 값이 1이므로 위와 같은 결과가 나오는 것이다. 이를 이용하여 식 (6.10)을 다음과 같이 변형시킬 수 있다.

$$x_s(t) = \sum_{n=-\infty}^{\infty} x(nT_s)\delta(t-nT_s) \tag{6.13}$$

$x_s(t)$의 푸리에 변환 $X_s(j\Omega)$를 식 (6.11)과 같은 형태로 표현할 수 있지만 위의 식과 식 (6.3)에서 본 바와 같이 $\delta(t-nT_s)$의 푸리에 변환이 $e^{-jn\Omega T_s}$라는 사실을 이용하여 다음과 같이 표현할 수도 있다.

$$X_s(j\Omega) = \sum_{n=-\infty}^{\infty} x(nT_s)e^{-jnT_s\Omega} \tag{6.14}$$

여기서 $x(nT_s)$는 $x(t)$를 T_s초 간격으로 샘플링하였을 때 n번째 샘플값인 어떤 수이므로 위와 같은 결과가 나오는 것이다. 다음은 $x[n]$의 푸리에 변환을 생각해 보자. 5장에서 정의된 이산시간 신호의 푸리에 변환식을 다시 써 보면 다음과 같다.

$$X(e^{j\omega}) = \sum_{n=-\infty}^{\infty} x[n]e^{-jn\omega} \tag{6.15}$$

식 (6.14)와 (6.15)를 비교해 보자. $x[n]$은 결국 $x(t)$를 T_s초 간격으로 샘플링한 값을 나타내고 있으므로 n번째 메모리 또는 버퍼의 값인 $x[n]$는 $x_s(nT_s)$와 같다. 따라서 (6.15)의 ω 대신에 $T_s\Omega$를 대입하면 두 식은 똑같게 된다. 따라서 식 (6.14)의 그래프와 (6.15)의 그래프는 모양은 똑같으면서, 이산시간 신호의 주파수 축의 길이 비만 T_s비율로 다르다. 예를 들어 연속시간 신호의 주파수가 1000Hz이고 샘플링 주파수는 5000Hz이면 1000Hz에 해당하는 이산시간 신호의 주파수는 $1000\times(1/5000) = 1/5$이고 라디안으로는 $(2\pi)/5$가 된다. 결론은 이산시간 신호의 푸리에 변환의 모양은 연속시간 신호의 푸리에 변환 모양과 같고 다음 식으로 그 주파수 축의 관계가 주어지는 것이다.

$$\omega = \Omega T_s \tag{6.16}$$

더 구체적인 예로 $x(t)$의 푸리에 변환 $X(j\Omega)$가 〈그림 6.9〉와 같다고 할 때 여기에 200Hz, 500Hz의 임펄스 열을 곱하여 얻은 신호의 각각의 주파수 표현은 〈그림 6.10〉과 같고 이러한 주파수들로 샘플링하여 최종적으로 얻은 이산시간 신호들의 주파수 표현은 〈그림 6.11〉과 같다. 쉽게 생각하자면, 결국 $x_s(t)$의 주파수 표현은 생각할 필요 없고, $x[n]$의 푸리에 변환 $X(e^{j\omega})$는 $X(j\Omega)$가 반복되는 모양이며, 모든 경우에 샘플링 주파수를 2π로 생각하고 나머지는 이에 상대적인 값으로 나타난다고 생각하면 된다. 따라서 이산시간 신호의 주파수가 π가 최고라는 것은 위에서 배운 대로 샘플링 주파수의 반보다 큰 경우는 의미가 없기 때문이다. 또한 〈그림 6.11〉로부터 같은 신호라도 샘플링을 빨리 할수록 메모리에 들어있는 이산시간 신호의 변화는 느려지므로 상대적으로 저주파 신호가 됨을 확인할 수 있다.

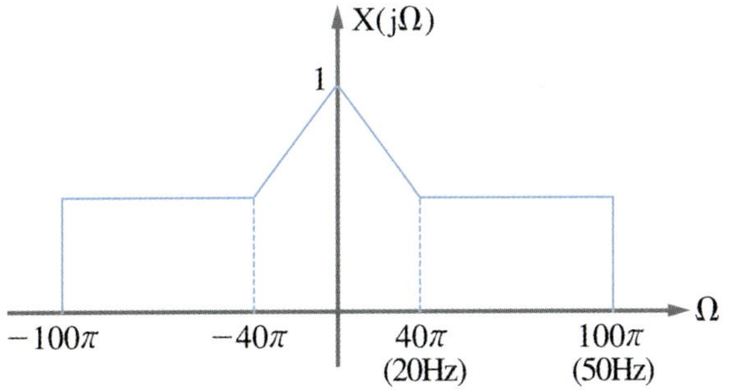

▎그림 6.9▎ 연속시간 신호 $x(t)$의 주파수 분포 $X(j\Omega)$

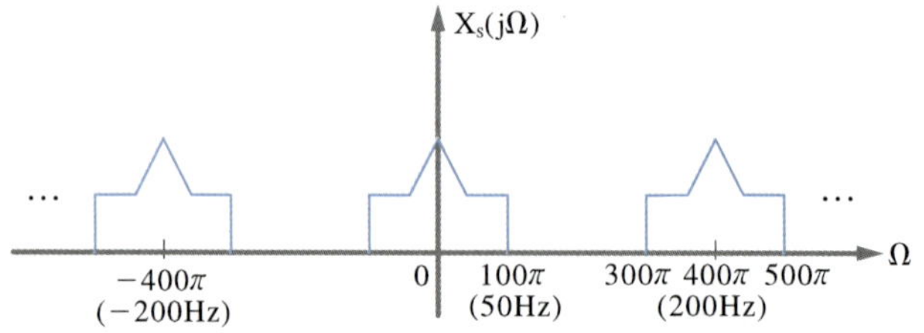

(a) 주기가 1/200인 임퍼스 열을 곱한 경우(T_s = 1/200, f_s = 200 Hz, $\Omega_s = 400\pi$)

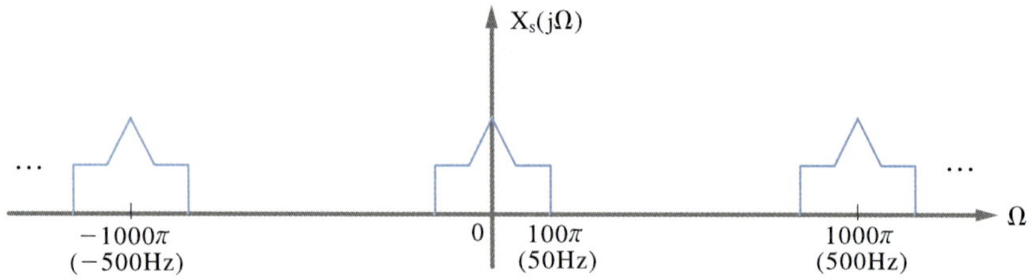

(b) 주기가 1/500인 임펄스 열을 곱한 경우(T_s = 1/500, f_s = 500 Hz, $\Omega_s = 1000\pi$)

| 그림 6.10 | 〈그림 6.9〉의 $x(t)$에 임펄스 열을 곱하여 얻어진 $x_s(t)$의 푸리에 변환

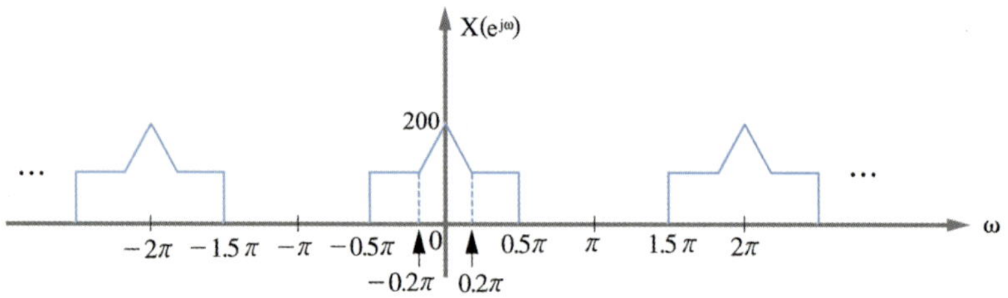

(a) T_s = 1/200초로 샘플링한 경우

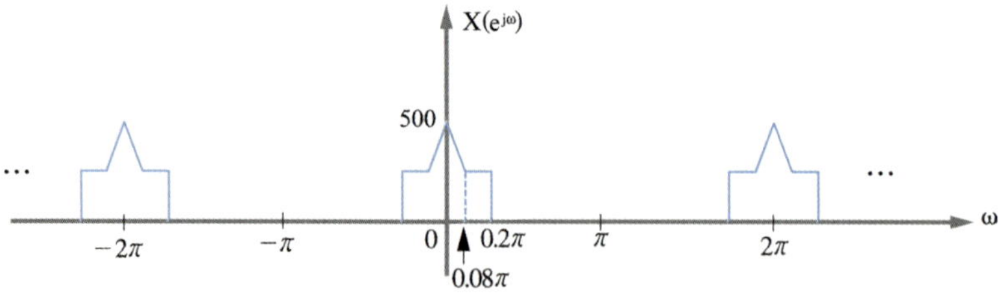

(b) T_s = 1/500초로 샘플링한 경우

| 그림 6.11 | 〈그림 6.9〉를 샘플링하여 얻은 $x[n]$ 의 푸리에 변환

마지막으로, 이산시간 신호와 연속시간 신호의 푸리에 변환의 관계에 대하여 예제를 갖고 정리해 보자.

예제 6.1 이산시간 신호와 연속시간 신호의 푸리에 변환의 관계

연속시간 신호 $x(t) = 10e^{-10|t|}$의 푸리에 변환을 구해보고 두 개의 샘플링 주파수를 사용하여 이산시간 신호의 푸리에 변환을 구하고 이들의 관계를 살펴보고자 한다. 신호 $x(t)$의 푸리에 변환은 다음 식과 같고 주파수 영역에서 크기는 〈그림 6.12〉와 같다.

$$
\begin{aligned}
X(j\Omega) &= \int_{-\infty}^{\infty} 10e^{-10|t|}e^{-j\Omega t}dt \\
&= \int_{-\infty}^{0} 10e^{(10-j\Omega)t}dt + \int_{0}^{\infty} 10e^{(-10-j\Omega)t}dt \\
&= \frac{200}{\Omega^2 + 10^2}
\end{aligned}
$$

〈그림 6.12〉에서 푸리에 변환의 크기 응답을 살펴보면 $\Omega \geq \Omega_N\ (=50\pi[rad])$ 또는 $F \geq F_N$ $(=25[Hz])$에서는 $X(j\Omega)$가 거의 0이 됨을 알 수 있다. 샘플링이 연속시간과 이산시간에서 주파수 영역에 어떤 영향을 미치는 지를 살펴보기 위해 두 가지 다른 샘플링 간격으로 원신호를 샘플링한다.

Matlab 프로그램 6.1

```
w = -200:0.05:200;
num = [200];
den = [1 0 100];

mag_H = 200./(w.^2 + 100);

plot(w,mag_H);
axis([-200,200,0,2])
xlabel('frequency, radian'); ylabel('Magnitude');
grid on
```

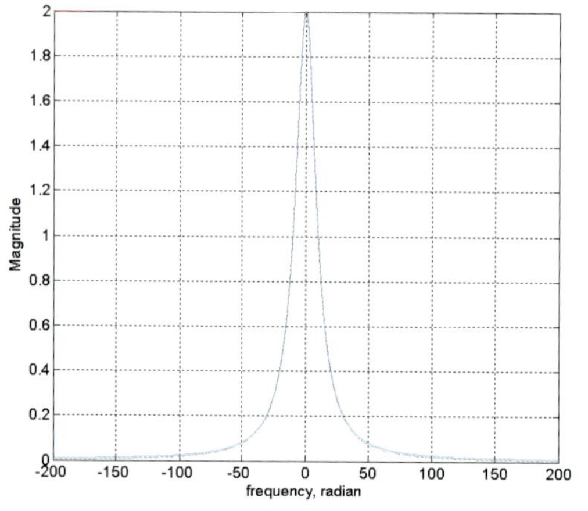

▍그림 6.12▍ $x(t)$ 의 푸리에 변환의 크기 응답

신호 $x(t)$의 주파수 대역(F_N)이 25Hz 이므로 에일리어싱 현상을 방지하기 위해서는 샘플링 주파수(F_s)를 Nyquist 샘플링 주파수인 50Hz 이상으로는 잡아야 한다. 〈그림 6.13〉은 F_s를 각각 20Hz와 50Hz를 놓고 구한 이산시간 푸리에 변환의 크기 응답을 나타내었는데, 〈그림 6.13(a)〉는 〈그림 6.12〉에서 원신호 $x(t)$의 크기 응답과 다른 형태로 나타나고 〈그림 6.13(b)〉는 거의 유사한 형태로 나타남을 알 수 있다. 〈그림 6.13(a)〉에서 사용한 샘플링 주파수 20Hz는 Nyquist 샘플링 주파수인 50Hz보다 작으므로 샘플링을 통해 상당한 양의 에일리어싱이 나타나고 있는 반면, 〈그림 6.13(b)〉에서는 에일리어싱이 거의 없음을 확인할 수 있다. ■

Matlab 프로그램 6.2

```
n=-25:1:25;

T_s = 0.02;
x_n = 10*exp(-10*abs(n*T_s));

w_k = 0:pi/500:pi;
X_k = x_n * exp(-j*n'*w_k);
X_k = real(X_k);
w_k=[-fliplr(w_k), w_k(2:501)];
X_k = [fliplr(X_k), X_k(2:501)];

T_s1 = 0.05;
x_n1 = 10*exp(-10*abs(n*T_s1));

w_k = 0:pi/500:pi;
X_k1 = x_n1 * exp(-j*n'*w_k);
```

```
X_k1 = real(X_k1);
w_k=[-fliplr(w_k), w_k(2:501)];
X_k1 = [fliplr(X_k1), X_k1(2:501)];
plot(w_k,X_k);
xlabel('frequency, radian'); ylabel('Magnitude');
axis([-pi,pi,0,100])
grid on

figure
plot(w_k,X_k1);
xlabel('frequency, radian'); ylabel('Magnitude');
axis([-pi,pi,0,50])
grid on
```

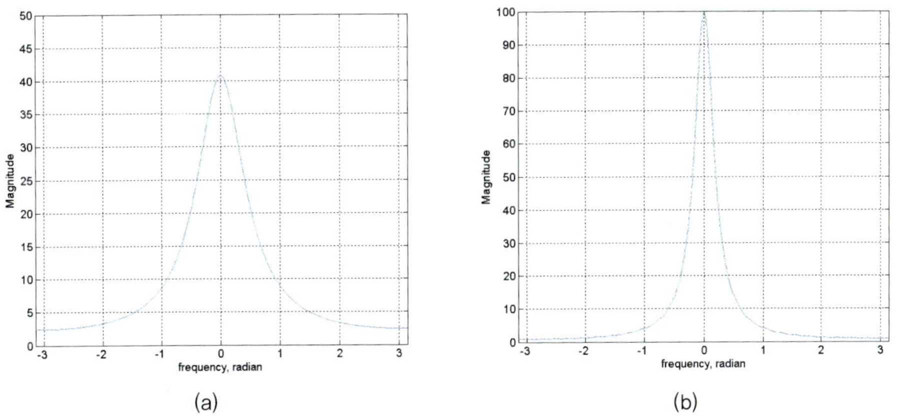

그림 6.13 〈그림 6.12〉를 샘플링하여 얻은 $x[n]$ 의 푸리에 변환의 크기 응답
(a) T_s= 1/20초로 샘플링한 경우 (f_s= 20Hz), (b) T_s= 1/50초로 샘플링한 경우 (f_s= 50Hz)

6.3 샘플링된 신호의 복원

샘플링된 신호를 복원한다는 것은 실제 응용에서는 디지털 신호를 D/A 변환기를 이용하여 아날로그 신호로 바꾸는 것이다. 앞에서와 마찬가지로 우선은 디지털 신호와 이산시간 신호의 차이는 고려하지 않도록 한다. 즉, 실제의 디지털 신호와 이상적인 이산시간 신호의 차이인 양자화 오차가 없다고 가정한다. 이와 같은 디지털 시스템에서 D/A 변환기의 역할은 이산시간 신호의 값에 해당하는 전압을 주어진 시간(보통은

입력의 샘플링 주기 T_s와 같은 경우가 대부분)동안 랫치에 저장하여 출력시키는 것이다. 따라서 D/A 변환기는 〈그림 6.14〉에서와 같은 0차유지 보간(zero-order hold interpolation)인 계단파 형태의 신호를 출력시킨다. 이를 계단형태가 없는 부드러운 원래의 신호대로 복원하려면 어떻게 해야 하는가? 결론부터 말하면 D/A 변환기 뒤에는 저대역 필터가 반드시 있어야 하는데 본 절에서는 이에 대한 전반적인 내용을 살펴보도록 한다.

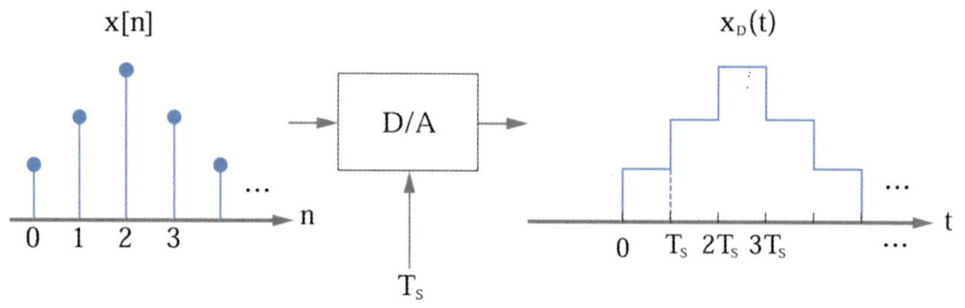

그림 6.14 D/A 변환기의 출력

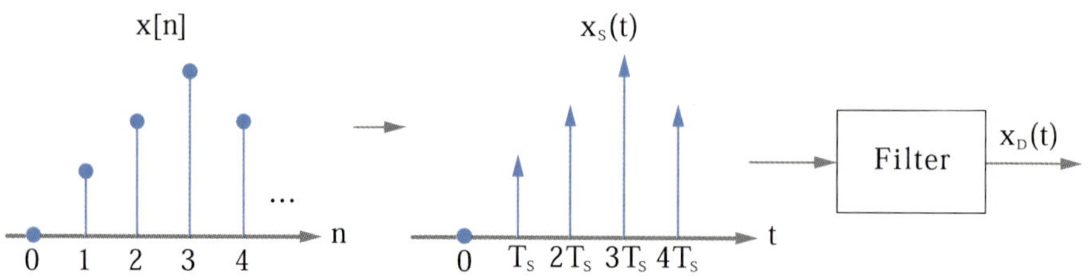

그림 6.15 D/A 변환과정의 수학적인 표현

앞에서 A/D 변환 과정을 〈그림 6.4〉와 같은 수학적인 표현으로 설명하였듯이 여기서도 D/A 변환 과정을 〈그림 6.15〉와 같이 우선 메모리 또는 출력 버퍼에 저장되는 이산시간 신호를 시간 nT_s에서 $x[n]$의 값을 갖는 임펄스 파형으로 출력시키는 시스템이 있고 이 결과를 다시 어떤 필터에 통과시켜 〈그림 6.14〉의 최종 결과인 $x_D(t)$를 얻는 것이라고 보자.

〈그림 6.15〉에서 $x[n]$의 푸리에 변환과 $x_s(t)$의 푸리에 변환과의 관계는 앞 절에서 학습한 바와 같다. 즉, 이들의 푸리에 변환의 모양은 같고 이산시간 푸리에 변환의

2π 가 샘플링 주파수 $1/T_s$ Hz와 일치하는 것이다. 따라서 $x[n]$의 푸리에 변환이 〈그림 6.16(a)〉와 같을 때 $x_s(t)$의 푸리에 변환은 〈그림 6.16(b)〉와 같게 된다.

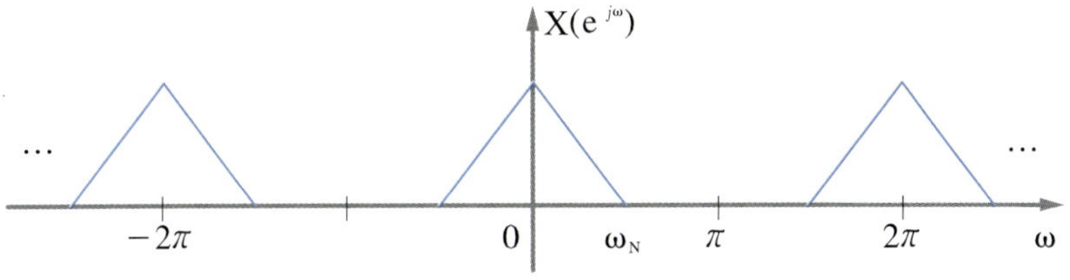

(a) $x[n]$ 의 푸리에 변환

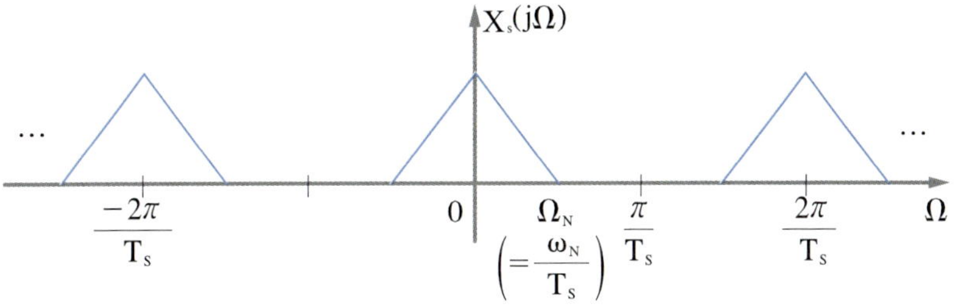

(b) $x_s(t)$의 푸리에 변환

| 그림 6.16 | $x[n]$ 과 $x_s(t)$의 푸리에 변환

$x_s(t)$를 〈그림 6.14〉와 같은 형태의 계단파 $x_D(t)$가 아닌 곧장 이상적인 $x(t)$로 출력시켜주는 시스템이 있다고 가정하자. 그러면 이는 〈그림 6.16(b)〉를 〈그림 6.17〉과 같은 이상적인 저대역 필터에 통과시키는 것과 같다. 이를 시간 영역에서 살펴보면 〈그림 6.17〉의 임펄스 응답은 싱크 함수이므로 결국 $x_s(t)$와 싱크 함수를 중첩적분하여 원신호 $x(t)$를 얻을 수 있다고 해석할 수 있다.

그러나 싱크함수를 임펄스 응답으로 갖는 이상적인 필터는 구현이 불가능하며 실제로는 $x_s(t)$라는 함수도 존재할 수 없으므로 실제 응용에서는 일반적으로 $x_D(t)$와 같은 형태의 출력을 얻게 되며 이를 필터링하여 $x(t)$를 복원하여야 한다. $x_D(t)$의 푸리에 변환을 알아보기 위하여 우선 〈그림 6.15〉에서 $x_s(t)$를 $x_D(t)$로 만들어주는 필터의 특성을 알아보자. $x_s(t)$를 입력으로 하여 〈그림 6.14〉에서 보는 바와 같은 $x_D(t)$를 출력으로 하는 이 필터는 어떤 임펄스를 받으면 그 크기의 출력을 T_s시간 동안 유

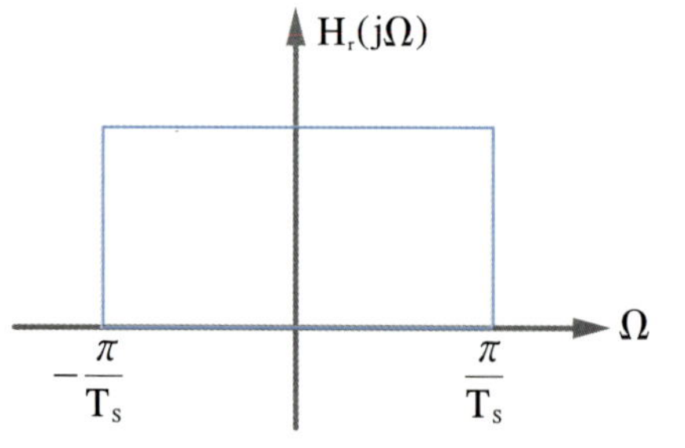

【그림 6.17】 원신호 복원을 위한 이상적 저대역 필터

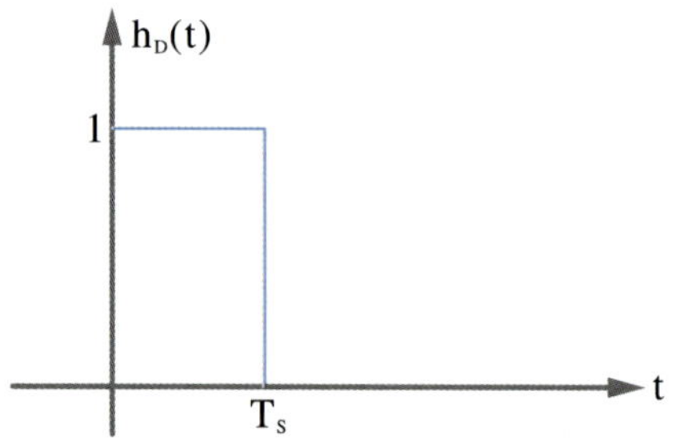

【그림 6.18】 $x_s(t)$를 $x_D(t)$로 만들어주는 임펄스 응답

지하는 시스템이다. 따라서 이의 임펄스 응답은 〈그림 6.18〉과 같다.

〈그림 6.18〉의 주파수 응답을 $H_D(j\Omega)$라 하자. 그러면 $x_D(t)$의 푸리에 변환은 결국 다음과 같이 된다.

$$X_D(j\Omega) = H_D(j\Omega)X_S(j\Omega) \tag{6.17}$$

이상적인 샘플신호 $x_s(t)$가 있을 경우 우리가 원하는 신호 $x(t)$는 다음과 같이 $X(j\Omega)$를 구함으로써 얻을 수 있다.

$$X(j\Omega) = H_r(j\Omega)X_S(j\Omega) \tag{6.18}$$

여기서 $H_r(j\Omega)$는 〈그림 6.17〉에서와 같은 이상적인 저대역 필터이다.

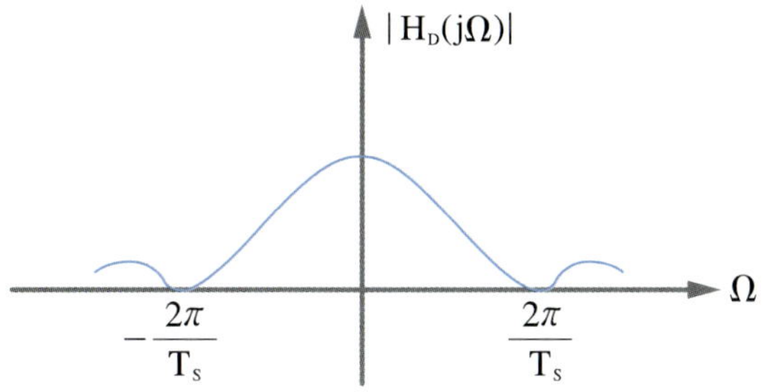

| 그림 6.19 | $h_D(t)$의 푸리에 변환 $|H_D(j\Omega)|$

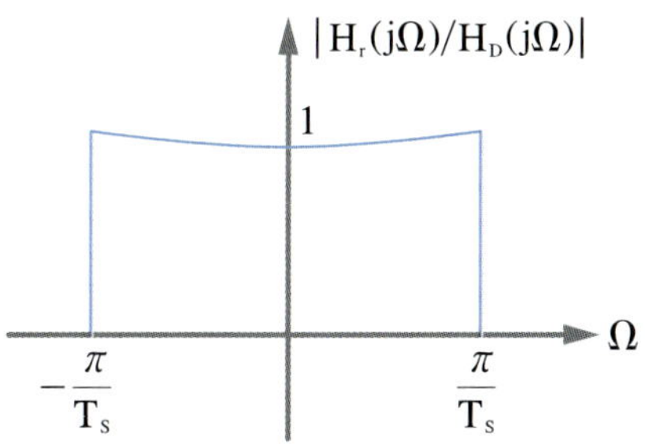

| 그림 6.20 | D/A 변환을 위한 저대역 필터의 주파수 응답

그러나 실제로는 $x_s(t)$는 존재하지 않고 우리에게 주어지는 것은 D/A 변환기의 출력 $x_D(t)$이다. 따라서 식 (6.17)과 (6.18)을 결합하여 $x_D(t)$의 푸리에 변환으로부터 다음과 같이 $X(j\Omega)$를 얻을 수 있다.

$$X(j\Omega) = \frac{H_r(j\Omega)}{H_D(j\Omega)} X_D(j\Omega) \tag{6.19}$$

여기서 $H_r(j\Omega)$는 〈그림 6.17〉에서와 같은 이상적인 저대역 필터이고 $H_D(j\Omega)$는 〈그림 6.18〉의 푸리에 변환인 싱크 함수이다. 따라서 D/A 변환기 뒤에 달아야 하는 필터는 이상적인 필터를 $H_D(j\Omega)$로 나눈 〈그림 6.20〉과 같은 주파수 응답이 되어야 한다. 그러나 대부분의 경우 샘플링 주파수가 신호의 최고 주파수보다 상당히 여유 있는 경우가 많기 때문에 싱크 함수가 0 주위에서는 거의 1에 가깝다는 사실을 이용하여 별다른 특징 없이 단순한 저대역 필터를 D/A 변환기 뒤에 사용하는 것이 보통이다. 결론은 D/A 변환기의 뒤에는 가능하다면 〈그림 6.20〉과 같은 형태의 필터를 달아야 한다.

실제 응용에서는 통과 대역에서 이득이 평탄하거나 리플이 있는 필터를 사용하는 것이 보통이다. 즉, 〈그림 6.17〉과 같은 이상적인 필터에 가장 가깝도록 차단 주파수가 π/T_s인 단순한 저대역 필터를 설치한다. 샘플링을 충분히 많이 하여 〈그림 6.16〉에서 π/T_s와 Ω_N의 차이가 크다면 저대역 필터는 완만한 변화를 갖는 필터이어도 되므로 필터 구현 비용이 적게 든다. 반면에 샘플링을 충분히 많이 하지 않아 그 차이가 작은 경우에는 차단 주파수에서 급격하게 그 주파수 응답이 작아져야 하므로 필터 구현 비용이 많이 든다. 반면에 샘플링을 많이 하면 디지털 회로가 빨리 동작해야 하고 메모리가 많이 필요하므로 이에 대한 비용이 많이 든다. 따라서 최적의 샘플링 주파수는 출력 저대역 필터 비용과 디지털 회로의 비용 등을 고려하여 선택해야 한다.

위의 과정을 시간영역에서 보간공식을 사용하여 수식으로 나타내면 다음과 같다.

$$x(t) = \sum_{n=-\infty}^{\infty} x(nT_s)\ \mathrm{sinc}\left(\frac{t-nT_s}{T_s}\right) \tag{6.20}$$

여기서 $\mathrm{sinc}(t) = \dfrac{\sin \pi t}{\pi t}$는 보간 함수인데, 원신호 $x(t)$는 샘플링신호 $x_s(nT_s)$와 $\mathrm{sinc}(\frac{t}{T})$ 함수의 중첩합으로 주어진다. 그러나 식 (6.20)으로 주어지는 시스템은 $\mathrm{sinc}(\frac{t}{T})$ 함수가 무한대 구간에서 값이 존재하므로 인과적이지 않게 되고 위의 보간 방법은 실현가능성이 없게 된다. 근사적이긴 하지만 인과적인 시스템으로 구현하기 용이한 보간법 중의 하나가 다음과 같은 선형 보간법(linear interpolation)이다.

$$x(t) = \sum_{n=-\infty}^{\infty} x(nT_s)h(t-nT_s) \tag{6.21}$$

여기서 임펄스 신호 $h(t)$는 선형이고 $2T_s$ 구간 내에서만 값을 가진다. 원신호 $x(t)$는 샘플링신호 $x_s(nT_s)$와 임펄스 신호 $h(t)$ 함수의 중첩합으로 주어지는데, 임펄스 신호가 유한구간에서만 값을 가지므로 신호를 이동시키면 인과적인 신호를 얻을 수 있다.

일반적으로 디지털 신호를 아날로그 신호로 변환시킬 때 실제로 널리 사용되는 방법은 표본유지(sample hold) 방식인데, 그 중에서도 0차유지(zero-order hold; ZOH)나 1차유지(firth-order hold; FOH)가 일반적으로 많이 사용된다.

0차유지 보간은 다음과 같이 주어진 샘플링 값을 다음 샘플링값을 얻을 때까지 T_s 간격만큼 일정하게 유지하도록 하여 신호를 복원한다.

$$x(t) = x(nT_s), \quad nT_s \leq t < (n+1)T_s \tag{6.22}$$

이때 임펄스 신호는 다음과 같은 사각 펄스이다.

$$h(t) = \begin{cases} 1, & 0 \leq t < T_s \\ 0, & otherwise \end{cases} \tag{6.23}$$

1차유지 보간은 인접한 표본을 직선으로 연결하여 복원된 신호를 얻도록 하는데, 이 경우의 임펄스 신호는 다음과 같은 삼각파이다.

$$h(t) = \begin{cases} 1 + \dfrac{t}{T_s}, & 0 \leq t < T_s \\ 1 - \dfrac{t}{T_s}, & T_s \leq t < 2T_s \\ 0, & otherwise \end{cases} \tag{6.24}$$

이 보간 방법을 높은 차수까지 확장하면 정확도는 더 좋은 신호를 복원할 수 있으나 계산량이 많아지고 복잡해지므로 거의 사용되지 않는다.

예제 6.2 샘플링된 신호의 복원

예제 6.1에서 연속시간 신호 $x(t) = 10e^{-10|t|}$의 시간 응답은 〈그림 6.21〉과 같이 나타난다. 신호가 시간이 지남에 따라 급격히 줄어들게 되므로, 수치적으로 계산하기 위해 구간 $|t| > 0.6$ 에서는 $x(t) \approx 0$ 으로 근사하였다.

Matlab 프로그램 6.3

```
t = -0.6:0.005:0.6;
x_t = 10*exp(-10*abs(t));
plot(t,x_t);
axis([-0.6,0.6,0,10])
xlabel('t'); ylabel('x(t)');
grid on
```

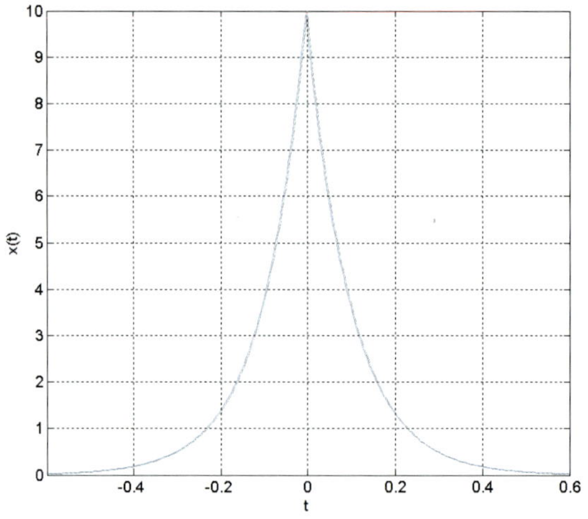

| 그림 6.21 | $x(t)$ 의 시간 응답

샘플링된 신호를 구하기 위해 신호 $x(t)$를 샘플링 간격(T_s)을 0.02초로 샘플링을 취한 후에, 식 (6.20)~(6.24)의 sinc 함수, 0차유지 그리고 1차유지를 사용하여 샘플링된 신호를 복원한 결과가 〈그림 6.22〉에 나타내었다. 〈그림 6.13〉에서 샘플링 간격 0.02초는 에일리어싱이 나타나지 않도록 적절히 선택되었기 때문에 sinc 함수, 0차유지 그리고 1차유지 방법으로 복원한 신호는 원래 신호와 거의 일치하게 나타남을 알 수 있다. ■

Matlab 프로그램 6.4

```
t = -0.6:0.005:0.6;
T_s = 0.02;
n=-30:1:30;
x_n = 10*exp(-10*abs(n*T_s));

x_sinc = x_n * sinc((1/T_s)*(ones(length(n),1)*t-(n*T_s)'
        *ones(1,length(t))));

plot(t,x_sinc);
xlabel('t'); ylabel('x(t)')
axis([-0.6,0.6,0,10])
grid on
hold on
stem(n*T_s,x_n);
hold off

figure
stairs(n*T_s,x_n);
xlabel('t'); ylabel('x(t)')
```

```
axis([-0.6,0.6,0,10])
grid on
hold on
stem(n*T_s,x_n);
hold off

figure
plot(n*T_s,x_n);
xlabel('t'); ylabel('x(t)')
axis([-0.6,0.6,0,10])
grid on
hold on
stem(n*T_s,x_n);
hold off
```

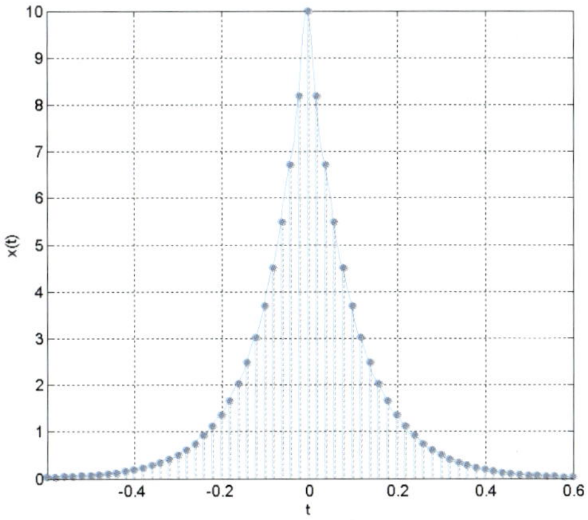

(a) sinc 함수로 복원한 경우

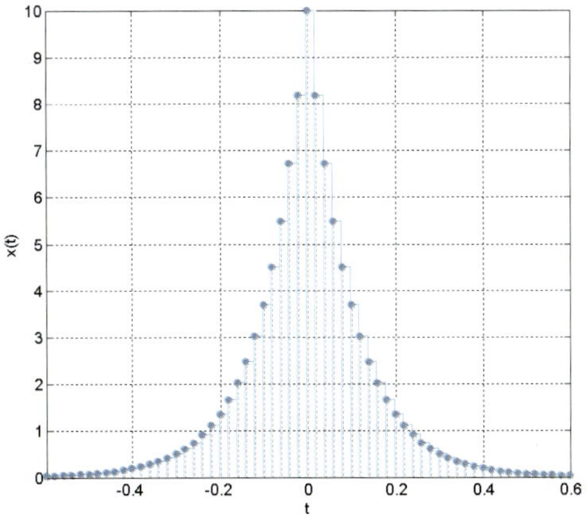

(b) 0차유지로 복원한 경우

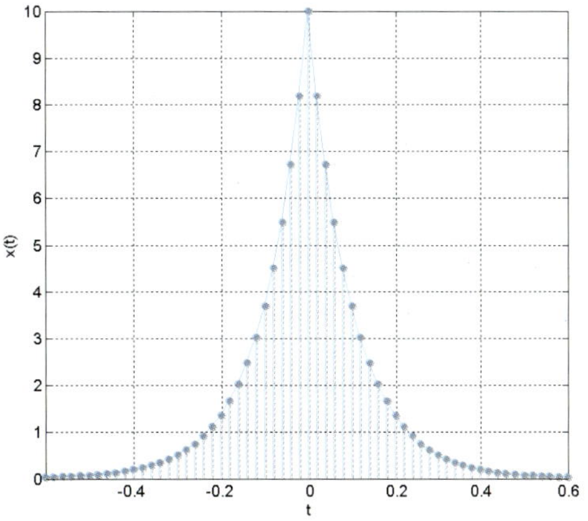

(c) 1차유지로 복원한 경우

그림 6.22 샘플링된 신호의 복원

6.4 연속시간 신호의 이산시간 영역에서의 처리

〈그림 6.23〉과 같이 입력 $x(t)$를 받아서 $h(t)$라는 임펄스 응답을 갖는 시스템에 통과시켜 $y(t)$라는 출력을 얻는 연속시간 시스템을 생각해 보자. 신호처리, 제어 외에도 거의 모든 시스템을 이와 같이 나타낼 수 있고 $h(t)$를 알고 있을 때 $y(t)$를 구하는 일, 원하는 $y(t)$가 되도록 하는 $h(t)$를 찾는 일, $x(t)$와 $y(t)$를 알고 있을 때 $h(t)$를 찾는 일 등이 신호처리, 제어 등에서 하는 일이었다. 그러면 이와 같은 일을 이산시간 영역에서 처리하려면 $x(t)$는 A/D 변환기를 이용하여 $x[n]$으로 변환하고 결과로 나온 $y[n]$은 D/A 변환기와 저대역 필터링을 이용하여 $y(t)$로 변환해야 할 것이다. 그러면 일반적인 경우에 〈그림 6.23〉의 출력과 결과가 똑같게 되는가? 앞 절에서 알아보았듯이 입력을 샘플링할 때 양자화 오차가 없더라도 D/A 변환기 뒤에 설치해야 할 이상적인 필터는 존재하지 않으므로 완벽하게 $y(t)$를 복원할 수는 없다. 또한, 만약에 이상적인 필터가 있더라도 $h(t)$와 똑같은 역할을 해 주는 $h[n]$은 일반적으로 존재하지 않으므로 $y(t)$와 똑같은 출력은 얻을 수 없다. 그럼에도 불구하고 디지털 신호처리를 하는 이유는 앞에서 언급한 바와 같이 시스템의 프로그램 가능성 등 매우 많은 장점이 있기 때문이며 어차피 연속시간 신호 및 시스템에서도 완벽하게 원하는 시스템이나 신호는 얻을 수 없기 때문이다.

하여간 주어진 상황에서 〈그림 6.23〉과 같은 역할을 하는 이산시간 시스템을 찾는다면 정답은, 그림에서의 시스템이 선형시불변 시스템인 경우, $h(t)$의 주파수 응답과 같은 모양의 응답을 갖는 $h[n]$을 찾는 것이다. 당연한 것처럼 생각되기도 하지만 선형시불변 시스템인 경우에만 해당하고 물론 에일리어싱과 양자와 오차가 없고 이상적인 D/A 변환이 가능할 때에만 해당되는 것이다. 예를 들어 〈그림 6.23〉의 시스템이 〈그림 6.24〉와 같은 필터라 하자. 이때 〈그림 6.23〉의 연속시간 신호처리를 이산시간 영역에서 수행하기 위해서는 〈그림 6.25〉와 같은 시스템을 구성해야 하는데 여기서

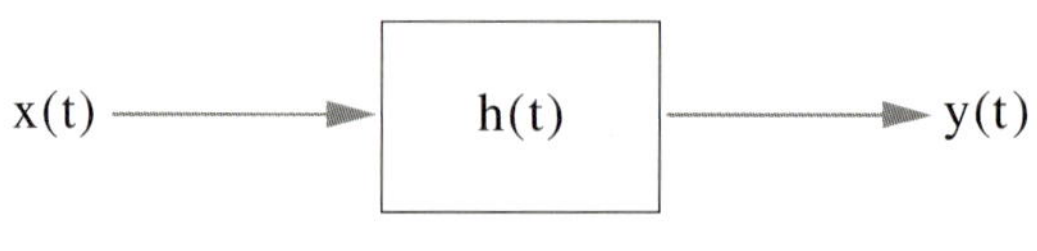

그림 6.23 임펄스 응답이 $h(t)$인 선형시불변 시스템

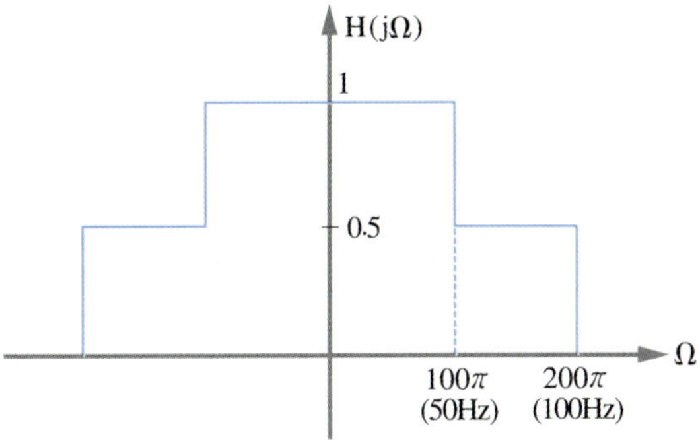

그림 6.24 필터 $h(t)$의 주파수 응답

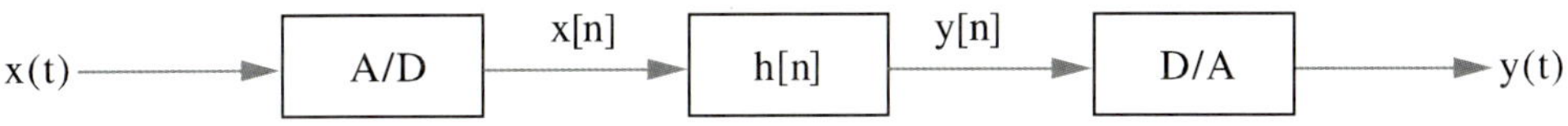

그림 6.25 〈그림 6.23〉의 디지털 처리

$h[n]$의 푸리에 변환 $H(e^{j\omega})$가 $h(t)$의 푸리에 변환 $H(j\Omega)$와 모양이 같아야 한다. 물론 $H(e^{j\omega})$는 주기가 2π인 주기함수이므로 $H(j\Omega)$의 모양이 2π를 주기로 반복된다.

결국 앞에서 어떤 신호 $x(t)$를 샘플링하여 얻은 이산시간 신호 $x[n]$이 있을 때 이들의 주파수 관계나 $h(t)$와 $h[n]$의 주파수 관계나 같다는 것이다. 그 이유를 다른 방향으로 생각해 보면 선형시불변 시스템을 결정하는 것은 바로 임펄스 응답이라는 '신호'이기 때문이다. 선형시불변 시스템의 경우 어떤 특성을 갖는 시스템이 주어지면 이러한 성질을 갖는 임펄스 신호는 유일하기 때문에 신호=시스템이 성립하는 것이다. 따라서 일반적인 신호들 간에 성립하는 관계가 시스템에도 그대로 적용된다.

더 구체적인 예로 〈그림 6.23〉~〈그림 6.25〉에서의 답을 찾아보자. 이는 〈그림 6.25〉에서 샘플링을 얼마나 빨리 하느냐에 따라 답이 다르게 나온다. 앞의 신호에서와 마찬가지로 $x(t)$를 400Hz로 샘플링한다면 이산시간 영역에서는 400Hz, 즉 800π가 2π가 되는 것이고 800Hz로 샘플링한다면 1600π가 2π가 되는 것이다.

〈그림 6.23〉에서 필터의 주파수 응답이 〈그림 6.24〉와 같을 때 〈그림 6.25〉에서처럼 $y(t)$를 이산시간 시스템을 통하여 얻고자 한다면 $h[n]$의 주파수 응답은 수행하고자 하는 샘플링 주파수에 따라 〈그림 6.26〉과 같이 된다.

정리하면, 〈그림 6.24〉의 시스템을 디지털 시스템으로 바꾸고자 할 때, A/D변환의 속도에 따라 〈그림 6.26〉의 예에서와 같이 다른 시스템을 구현해야 한다.

〈그림 6.26〉과 같은 주파수 응답을 갖는다는 것을 알면 이제 이것의 임펄스 응답을 구할 수 있고 〈그림 6.25〉의 구현이 가능해진다. 〈그림 6.26〉과 같은 주파수 응답으로부터 이산시간 시스템의 임펄스 응답 $h[n]$의 식 또는 각 샘플값(필터 계수)을 구하는 방법은 물론 주파수 응답을 역푸리에 변환하여 구할 수 있으나 이는 계산이 가능한 경우가 거의 없다. 따라서 많은 경우 $h[n]$이 $h(t)$와 밀접한 관계를 갖고 있으므로 $H(j\Omega)$를 다음 식과 같이 bilinear transform하는 등의 여러 방법으로 $H(e^{j\omega})$를 얻을 수 있다.

$$j\omega = \frac{2}{T_s}\left[\frac{e^{j\Omega/2} - e^{-j\Omega/2}}{e^{j\Omega/2} + e^{-j\Omega/2}}\right] \tag{6.25}$$

그러나 최근에는 〈그림 6.26〉과 같은 필터 조건이 주어지면 선형 프로그래밍 등의 여러 최적화 알고리듬을 통하여 $H(j\Omega)$를 이용하지 않고 직접 필터의 임펄스 응답 $h[n]$를 얻을 수 있다. 이와 같은 필터 설계 방법에 대해서는 디지털 신호처리 분야에

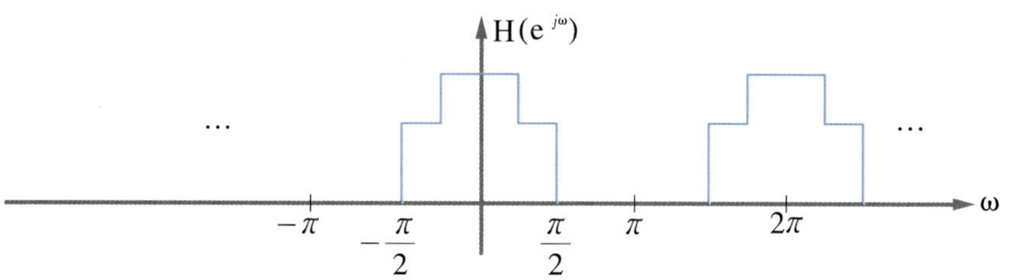

(a) 샘플링 주파수가 400Hz인 경우

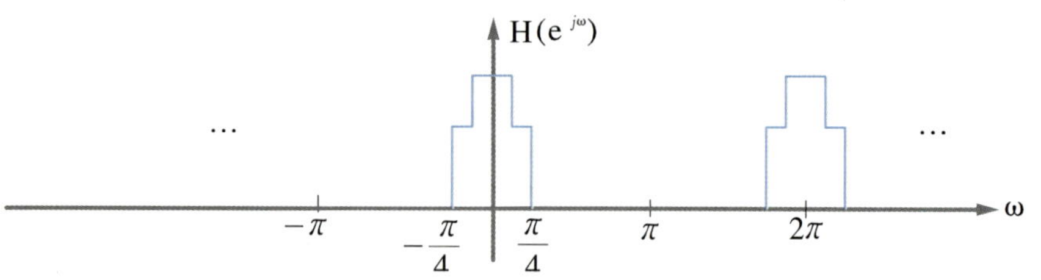

(b) 샘플링 주파수가 800Hz인 경우

그림 6.26 〈그림 6.23〉의 시스템을 디지털로 처리하기 위한 h[n]의 주파수 응답

서 다루도록 하고, 주위에서 구할 수 있는 MATLAB 등의 패키지에는 대부분 필터 설계가 제공되므로 이를 이용하여 원하는 모양의 필터를 각자 만들어 보자.

6.5 요약

이 장에서는 디지털 시스템과 신호 등을 해석하기 위해 연속시간 신호를 샘플링하여 이산시간 신호로 바꾼다는 것이 수학적으로 어떤 의미를 갖는지를 살펴보았고 이들 사이에는 어떤 관계가 있는가를 주파수 영역에서 해석하였다. 이를 위해 6.2절에서 우선 샘플링을 수학적으로 어떻게 표현할 것인가를 살펴보았고 이의 주파수 영역에서의 해석을 공부하였다. 그리고 어느 정도의 시간 간격으로 샘플링하는 것이 적절한지도 살펴보았다. 적절하지 못한 샘플링으로 인하여 발생하는 현상을 에일리어싱이라 부르는데 이것이 의미하는 바가 무엇인지를 알아보고 이를 피할 수 있는 방법에 대하여 공부하였다. 6.3절에서는 샘플링하여 얻은 이산시간 신호를 원하는 대로 처리한 후 이를 다시 연속시간 신호로 복원하는 방법에 대하여 알아보았고 6.4절에서는 어떤 연속시간 시스템을 이산시간 시스템으로 바꾸어 컴퓨터로 대체하고자 하는 경우 어떤 과정을 거쳐야 하는가를 학습하였다.

연속시간 신호의 샘플링과 복원

연속시간 푸리에 변환 : $X(j\Omega) = \int_{-\infty}^{\infty} x(t)e^{-j\Omega t}dt$

이산시간 푸리에 변환 : $X(e^{j\omega}) = \sum_{n=-\infty}^{\infty} x[n]e^{-j\omega n}$

샘플링 신호 $x_s(t)$: 이산시간 신호 $x[n]$을 구하기 위해 신호 $x(t)$를 T_s 간격으로 샘플링하여 샘플링 신호 $x_s(t) = x(nT_s)$를 구함

푸리에 변환 : $X_s(j\Omega) = \sum_{n=-\infty}^{\infty} x(nT_s)e^{-jnT_s\Omega}$

푸리에 변환 $X(j\Omega)$과의 관계 : $X_s(j\Omega) = \frac{1}{T_s}\sum_{k=-\infty}^{\infty} X(j(\Omega - k\Omega_s))$

푸리에 변환 $X(e^{j\omega})$과의 관계 : 연속시간과 이산시간 주파수는 샘플링 간격

T_s을 통해 $\omega = \Omega T_s$로 관계됨

에일리어싱 : 원신호 $x(t)$의 최고 주파수 성분(Ω_N)에 비하여 샘플링(Ω_s)을 충분히 빠르지 않게 하여 $\Omega_s - \Omega_N$가 Ω_N보다 작게된 경우에, 샘플링 신호의 푸리에 변환이 중첩적분으로 인하여 복사되어 나타날 때 서로 겹치게 되는데 이를 에일리어싱 현상이라고 함. 따라서 고주파 성분이 원래의 신호와 달라지므로 저주파 성분으로부터 원래신호를 복원하는 것은 불가능

샘플링 정리 : 최고 주파수 성분이 Ω_N인 원신호 $x(t)$는 샘플링 주파수 $\Omega_s(=2\pi/T_s)$가 최고 주파수 성분이 Ω_N보다 2배 이상 크면 ($\Omega_s > 2\Omega_N$) 샘플링 신호 $x_s(t) = x(nT_s)$로부터 복원할 수 있음

샘플링된 신호의 복원 : 샘플링 신호 $x_s(t) = x(nT_s)$를 보간을 사용하여 복원 sinc 함수를 사용한 보간 : 비인과적이고 실현가능성이 없음

$$x(t) = \sum_{n=-\infty}^{\infty} x(nT_s)\ \mathrm{sinc}\left(\frac{t-nT_s}{T_s}\right)$$

ZOH(또는 FOH) 등을 이용한 선형 보간 : 인과적이고 실용적

$$x(t) = \sum_{n=-\infty}^{\infty} x(nT_s) h(t-nT_s)$$

$$\text{ZOH}: \ h(t) = \begin{cases} 1, & 0 \le t < T_s \\ 0, & otherwise \end{cases}$$

$$\text{FOH}: \ h(t) = \begin{cases} 1 + \dfrac{t}{T_s}, & 0 \le t < T_s \\ 1 - \dfrac{t}{T_s}, & T_s \le t < 2T_s \\ 0, & otherwise \end{cases}$$

연습문제

1. 래치와 OP Amp, 저항 어레이 등을 이용한 D/A 변환기의 구조를 그리고 그 원리를 설명하시오. 또 임의의 입력을 주고 이의 출력은 어떤 형태로 나타날 것인가 그려보시오.

2. Counter, D/A 변환기, OP Amp로 구성한 전압 비교기 등을 이용한 A/D 변환기의 구조를 그리고 그 원리를 설명하시오. 임의의 입력에 대하여 어떤 출력을 내보내는지 3 bit A/D 변환기라 가정하고 A/D 변환의 결과를 적어보시오.

3. 전압비교기, Encoder로 구성되는 'Flash A/D Converter'의 구조를 그려보시오.

4. 〈그림 6.27〉과 같은 주파수 응답을 갖는 신호 $x(t)$가 있다. 이를 100Hz, 200Hz로 샘플링했을 때 각각의 이산시간 신호의 주파수 응답을 그리시오.

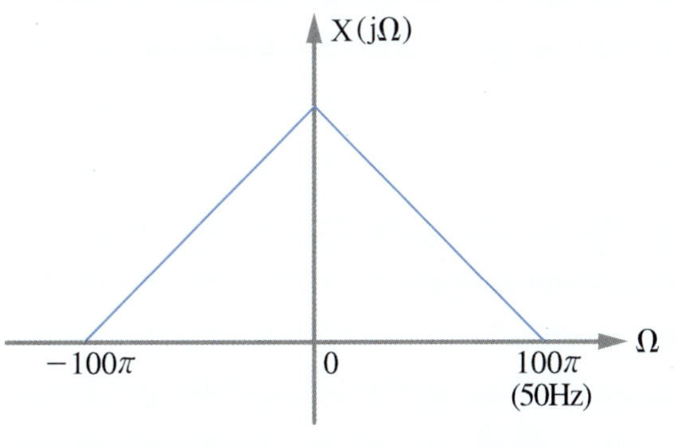

|그림 6.27| $x(t)$의 푸리에 변환

5. 위의 문제 4에서의 신호를 〈그림 6.28〉과 같은 필터를 통과시켜 $y(t)$를 얻는 연속시간 시스템을 〈그림 6.25〉와 같은 이산시간 시스템으로 구현하기 위한 필터 $h[n]$의 주파수 응답을 그려보시오. 필터링 결과인 $y[n]$의 푸리에 변환을 그려보고, D/A 변환기가 샘플을 출력시키는 시간 간격이 A/D 변환기의 샘플링 간격과 같은 경우 $y(t)$의 푸리에 변환을 그리시오. 그리고 D/A 변환기 앞에 충분한 버퍼가 있어서 D/A 변환을 A/D 변환보다 더 느리게 할 경우 나오는 출력의 푸리에 변환을 그려보시오.

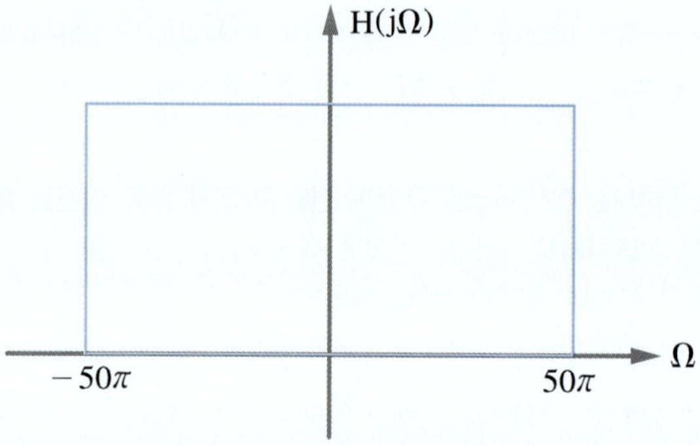

| 그림 6.28 | 저대역 필터

6. 위 문제에서 A/D 변환을 100Hz로 하는 경우, 200Hz로 하는 경우 각각에 대하여 설계해야 할 필터의 주파수 응답을 그리고 시간영역에서의 임펄스 응답 $h[n]$도 구하시오.(패키지 없이 역 푸리에 변환식으로 계산이 가능한 이상적인 경우이다.)

7. 위의 각각의 경우에 대한 필터를 설계하고자 하는데 유한한 탭을 갖는 FIR 필터로 구성하라는 조건이 주어졌다. 단 필터의 탭 수는 홀수이고 대칭이다. 예를 들어 5개의 탭을 갖는 경우 다음과 같은 식으로 필터가 주어진다.

$$H(z) = h_0 + h_1 z^{-1} + h_2 z^{-2} + h_1 z^{-3} + h_0 z^{-4} \qquad (6.26)$$

각 계수를 어떻게 정하는 것이 위 문제의 이상적인 필터를 가장 근사화 하는 것인지 생각해 보자.(Hint : 푸리에 급수를 이용하면 된다. – 잘 풀리지 않으면 MATLAB과 같은 패키지를 이용해 보자.)

8. 다음 그림과 같이 10~20Hz 사이에만 성분이 있는 “band-pass” 신호의 경우에 최고 주파수가 20Hz이므로 Nyquist 샘플링 이론에 따르면 40Hz로 샘플링하여야 한다. 그러나 이것이 “band-pass” 신호란 사실을 이용하여 이보다 낮은 주파수로 샘플링을 하여도 나중에 원 신호를 복원할 수 있다.

(a) 20Hz(밴드폭의 두 배)로 신호를 샘플링한 경우 $x_s(t)$의 푸리에 변환을 구하시오.

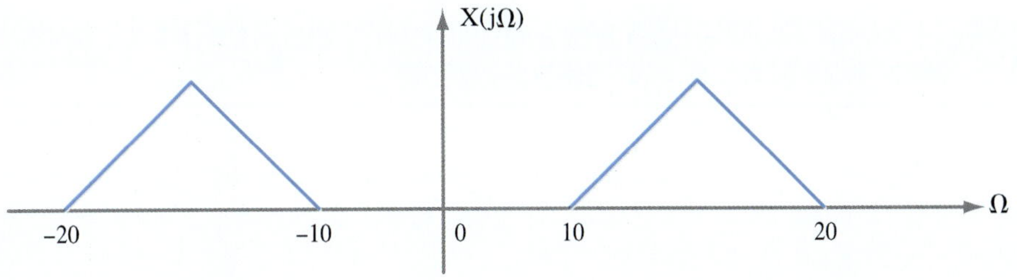

(b) $x[n]$의 푸리에 변환을 구하시오.

(c) 물론 원 신호를 복원하려면 20Hz D/A 변환을 해야 하고, 이 신호를 Band-pass 필터링하여야 한다. 이 BPF의 모양을 그리시오.

9. 어떤 analog신호 $x(t)$는 100Hz 이하의 주파수 성분만 있다. $x(t)$에서 25Hz 이상의 주파수를 차단시키는 low-pass filtering을 하고자 한다. 이 과정을 디지털 시스템으로 구현하기 위한 시스템을 그리고 필요한 디지털 필터의 스펙을 그리시오 단, 입력의 샘플링은 Nyquist sampling rate의 두 배로 한다.

10. 어떤 신호 $x(t)$의 푸리에 변환이 $X(j\Omega) = e^{-|\Omega|}$라 하자. 이 신호를 2Hz로 샘플링하면 aliasing에 의하여 DC 성분이 얼마나 왜곡되는가?

11. 다음 신호를 샘플링 할 때 aliasing이 없는 최소의 샘플링 주파수를 구하시오.

(a) $x(t) = \sum_{k=-4}^{4} a_k e^{jk\pi t}, \quad a_4 \neq 0$

(b) $x(t) = \cos^2 6\pi t$

12. CD에는 몇 Hz로 샘플링 된 신호가 담겨있는지를 조사하고, 이 때 몇 Hz까지의 아날로그 신호를 표현하는 것이 가능한가를 설명하시오.

13. 음성 신호는 보통 8kHz로 샘플링한다. 이를 위해서는 우선 음성신호를 cut-off frequency 얼마인 LPF를 통과시켜야 고주파 잡음에 의한 aliasing을 줄일 수 있는가? 참고로 실제로는 이상적인 경우보다 여유 있게 3.4kHz의 cut-off frequency를 갖는 필터링을 한 후에 샘플링한다.

14. TV 주사선은 525개이고 1초에 30장의 화면이 필요하다. 한 주사선을 720개의 디지털 샘플로 만들기 위해서는 최소 몇 Hz의 샘플링이 필요한가?

15. 컴퓨터에서 음악이나 음성을 8,000Hz와 16,000Hz, 44,100Hz 등으로 샘플링하여 저장해 보고 이를 다시 재생해보자. 샘플링 주파수가 클수록 음질이 좋아지는가? 그 이유는 무엇인가?

16. $3'' \times 5''$ ($''$: inch) 크기의 사진을 300dpi(dots per inch) 스캐너로 샘플링하면 몇 개의 화소가 되는가? True color로 표현하려면 몇 Byte의 메모리가 필요한가?

신호와 시스템
Signals & Systems

CHAPTER 07

z-변환

07 z-변환

C·H·A·P·T·E·R

7.1 서론

앞에서 연속시간 신호의 경우에 푸리에 변환 및 라플라스 변환 모두가 시간 영역에서의 계산을 다른 영역에서 해석하고 주어진 문제를 풀기 위한 도구임을 배웠다. 그리고 푸리에 변환은 라플라스 변환의 부분집합으로서 라플라스 변환을 허수 축에서만 생각한 것이 푸리에 변환임을 알았다. 두 방법 모두 시간영역에서의 중첩적분이 변환된 영역에서는 곱으로 나타나는 특징을 이용하여 입력 신호와 시스템의 임펄스 신호의 중첩적분을 계산하지 않고 각각의 변환을 곱하고 이를 다시 역변환하여 출력을 얻을 수 있었다. 둘의 차이는 푸리에 변환이 시스템과 신호가 모두 안정한 경우에만 존재하는데 비하여 라플라스 변환으로는 불안정한 신호와 시스템까지도 표현할 수 있다는 것이다. 따라서 주어진 입력에 대한 출력을 구하는 경우에는 보통 라플라스 변환을 많이 사용하고 시스템의 주파수 응답을 알아내거나 입력을 어떻게 필터링할 것인가를 알아볼 때에는 푸리에 변환을 주로 사용한다.

z-변환과 5장에서 알아본 이산시간 푸리에 변환의 관계는 바로 위의 라플라스 변환과 연속시간 푸리에 변환의 관계라고 생각할 수 있다. 즉, 이산시간 푸리에 변환은 z-변환의 일부 영역에서의 결과이고 이산시간 푸리에 변환은 안정한 신호와 시스템의 표현에만 사용될 수 있는 반면에 z-변환은 불안정한 신호와 시스템도 표현할 수 있다. 그리고 필터링, 시스템의 주파수 응답 등의 응용 시에는 푸리에 변환을 많이 사용하고 시스템의 입력에 대한 출력을 구할 때에는 z-변환을 많이 사용한다. 그러나 입력과 시스템이 안정한 대부분의 실제 응용 분야에서는 푸리에 변환과 z-변환은 변수를 달리

표현했을 뿐 똑같은 것이라 생각해도 된다.

7장에서는 우선 z-변환이 어떻게 정의된 것인가를 생각해 보고 이산시간 신호와 시스템을 z-변환으로 표현해 본다. 그리고 입력과 시스템의 임펄스 응답이 주어졌을 때 이들 각각의 z-변환을 구하고 이들을 곱한 후 그 결과를 역변환 하여 출력을 얻는 과정을 살펴본다. 유용한 몇 가지 z-변환의 특성 및 변환 결과도 마지막으로 알아보도록 한다.

7.2 z-변환

라플라스 변환의 가장 중요한 특성 중의 하나가 시간 영역에서의 중첩적분을 변환 영역에서는 곱으로 나타낼 수 있어 계산 면에서 볼 때 시간 영역에서 수행하는 것보다 유리할 뿐만 아니라 직관적으로도 주파수 분포, 시스템의 특성 등에 대한 정보를 쉽게 얻을 수 있다는 것이다. 즉, 중첩적분을 곱으로 바꾸면서도 어떤 물리적인 특성의 정보를 나타내는 것이 변환이 가져야할 기본 특성 중의 하나이다. 그럼 이산시간 영역에서 이와 같은 역할을 하는 변환은 우선 위와 같이 시간 영역에서의 중첩합을 변환영역에서는 곱으로 나타낼 수 있는 것이어야 한다. 중첩합이 변환영역에서 곱으로 표현되는 사례는 다음과 같다.

〈그림 7.1〉에서와 같이 계수가 $\{h_0, h_1, h_2\}$인 3탭 필터에 $\{x_0, x_1, x_2\}$가 입력되고 있다고 하자. 그러면 앞에서 배운 바와 같이 입출력의 관계는 다음과 같은 중첩합이 된다.[1)]

$$y[n] = \sum_{k=-\infty}^{\infty} h[k]x[n-k] \tag{7.1}$$

그림에서와 같이 탭이 3개, 입력이 3개 뿐인 시스템에서는 다음과 같은 식이 된다.

$$y[n] = \sum_{k=0}^{2} h[k]x[n-k], \quad n = 0, 1, \cdots, 4 \tag{7.2}$$

1) $x[n]$과 x_n를 편의에 따라 혼용하기로 한다. 즉, 본 교재에서 둘은 같다.

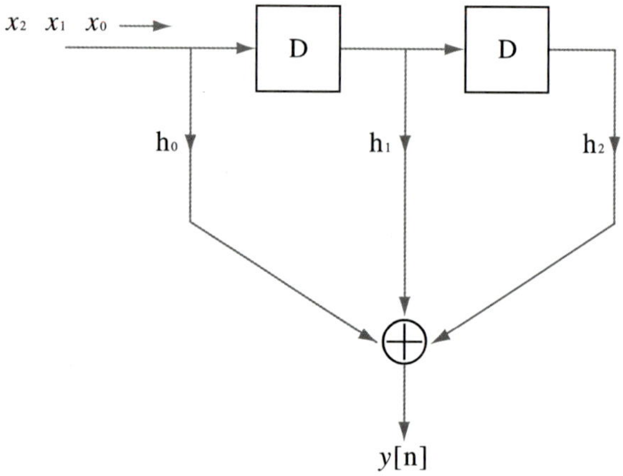

【그림 7.1】 3탭 FIR 필터

위 식으로부터 또는 〈그림 7.1〉에서와 같이 입력을 그려가면서 출력을 구할 수 있다. 즉, 첫째 입력인 x_0가 첫째 탭에 있을 때 출력은 x_0h_0, 한 스텝이 지나면 x_0가 h_1 위에 있고 x_1이 h_0에 있게 되므로 출력은 $x_1h_0+x_0h_1$이다. 이런 식으로 하여 결국 출력은 다음과 같이 된다.

$$\begin{aligned} y_0 &= x_0h_0 \\ y_1 &= x_1h_0+x_0h_1 \\ y_2 &= x_2h_0+x_1h_1+x_0h_2 \\ y_3 &= \qquad\quad x_2h_1+x_1h_2 \\ y_4 &= \qquad\qquad\quad x_2h_2 \end{aligned} \tag{7.3}$$

이와 같은 중첩합을 곱으로 나타내는 변환은 어떤 것일까? 결국 $x[n]$을 변환한 것과 $h[n]$의 변환을 곱하였을 때 그 결과의 역변환이 $y[n]$이 되도록 하는 변환을 정의하여야 한다.

정답은 여러 가지가 있겠지만 z-변환은 이들 중에 단순히 어떤 신호값을 계수로 갖는 다항식으로 변환을 정의한 것이다. $x[n]$의 z-변환은 다음과 같이 정의된다.

$$X(z) = x_0 + x_1z^{-1} + x_2z^{-2} + x_3z^{-3} + \cdots \tag{7.4}$$

위의 예에서 신호와 시스템을 각각 z-변환으로 나타내고 이것이 실제로 중첩합을 곱으로 바꾸어 주는가 확인해 보자. 위의 예에서 신호와 시스템이 각각 3개씩으로 각각의 z-변환은 다음과 같다.

$$X(z) = x_0 + x_1 z^{-1} + x_2 z^{-2} \tag{7.5}$$

$$H(z) = h_0 + h_1 z^{-1} + h_2 z^{-2} \tag{7.6}$$

이를 곱한 결과를 $Y(z)$라 하면 다음과 같다.

$$\begin{aligned} Y(z) &= x_0 h_0 + (x_1 h_0 + x_0 h_1) z^{-1} + (x_2 h_0 + x_1 h_1 + x_0 h_2) z^{-2} \\ &\quad + (x_2 h_1 + x_1 h_2) z^{-3} + x_2 h_2 z^{-4} \end{aligned} \tag{7.7}$$

z-변환이 식 (7.4)와 같이 정의되었으므로 이의 역변환은 단순히 z^{-n}의 계수가 n번째 출력이 되는 것이다. 따라서 식 (7.7)의 역변환을 통하여 출력을 구해 보면 식 (7.3)의 출력과 일치함을 알 수 있다.

식 (7.4)~(7.6)은 신호가 시간 0 이상에서만 존재하는 경우와 같은 특별한 경우에 대한 식이고, 일반적인 표현은 다음과 같이 나타낼 수 있다.

$$X(z) = Z\{x[n]\} = \sum_{n=-\infty}^{\infty} x[n] z^{-n} \tag{7.8}$$

위 식과 5장에서 이산시간 신호의 푸리에 변환식 (5.18)을 비교해 보면 z-변환의 z 대신에 $e^{j\omega}$를 대입한 것이 바로 푸리에 변환임을 알 수 있다. 연속시간 신호와 시스템에서 라플라스 변환의 s대신에 $j\omega$를 대입한 것이 푸리에 변환이었듯이 이산시간 시스템에서는 z대신에 $e^{j\omega}$를 대입한 것이 바로 푸리에 변환인 것이다. 이의 의미는 연속시간 시스템에서는 s라는 복소 평면에서 허수 축을 따라 라플라스 변환을 살펴 본 것이 푸리에 변환이라는 것이고, 이산시간 시스템에서는 z라는 복소평면에서 $z = e^{j\omega}$라는 단위원에서 z-변환을 계산한 것이 푸리에 변환이 되는 것이다.[2] 즉, 푸리에 변환은 z-변환의 일부인 단위원 상에서의 값이며 ω는 식에서 알 수 있듯이 0부터 2π까

2) $|z| = 1$은 복소 평면에서 중심이 0, 반지름이 1인 단위원을 나타낸다는 사실을 잘 알고 있을 것이다.

지 그 의미를 갖는 것이다.

Matlab에서 유한신호의 중첩합은 Matlab 함수 'conv'을 사용하여 쉽게 계산할 수 있다. 만약 신호가 무한대 영역에서 값을 갖는 경우에는 Matlab에서 중첩합을 계산하는데 바로 사용될 수는 없다.

예제 7.1 유한 신호의 중첩합

예를 들어 식 (7.5)와 식 (7.6)과 같이 신호와 시스템의 z-변환이 다음과 같이 주어지는 경우에

$$X(z) = 3 + 2z^{-1} + z^{-2}$$
$$H(z) = 2 - z^{-1} + z^{-2}$$

z-변환의 곱 $Y(z)$은 다음과 같이 주어진다.

$$Y(z) = X(z)H(z) = 6 + z^{-1} + 3z^{-2} + z^{-3} + z^{-4}$$

이를 시간 영역에서 나타내면 구간 $0 \le n \le 2$에서만 값을 갖는 입력 신호 $x[n]=[3\ 2\ 1]$와 시스템 신호 $h[n]=[2\ -1\ 1]$이 주어졌을 때 두 신호의 중첩합 $y[n] = x[n] * h[n]$은 다음과 같은 Matlab 프로그램을 사용하여 나타낼 수 있다. ■

Matlab 프로그램 7.1

```
x=[3 2 1];
h=[2 -1 1];
y=conv(x,h);
```

7.3 이산시간 신호의 z-변환

위에서는 FIR 신호와 시스템의 z-변환의 예를 보았다. 이제 일반적인 신호의 z-변환을 구해 보자. 앞에서 언급했듯이 z-변환은 푸리에 변환과는 달리 불안정한 신호와

시스템도 표현할 수 있다는 특징이 있다. 위에서 살펴본 FIR 신호나 시스템의 경우 식 (7.5)나 (7.6)과 같이 정의되고 IIR 신호와 시스템인 경우에는 식 (7.4)와 같이 정의되기는 하지만 보통은 가능한 한 간단히 표현하기 위하여 $h[n]$이 변하는 법칙(점화식 등으로 나타나는 $h[n]$의 관계) 등을 이용하여 유리식으로 나타내기도 한다. 구체적으로 몇 가지 신호의 z-변환의 예를 보도록 하자.

7.3.1 $x[n]=\left(\frac{1}{2}\right)^n u[n]$: 안정한 인과 신호(stable and causal signal)

안정한 인과 신호의 예로 $x[n]=\left(\frac{1}{2}\right)^n u[n]$을 z-변환한 결과가 다음과 같다.

$$X(z) = 1 + \frac{1}{2}z^{-1} + \left(\frac{1}{2}\right)^2 z^{-2} + \left(\frac{1}{2}\right)^3 z^{-3} + \cdots \tag{7.9}$$

위 식은 잘 아는 바와 같이 초항이 1, 공비가 $\left(\frac{1}{2}\right)z^{-1}$인 무한 등비 급수이다. 따라서 이 공비의 크기가 1보다 작다면 위의 식은 다음과 같이 간단하게 된다.

$$X(z) = \frac{1}{1-\frac{1}{2}z^{-1}} \tag{7.10}$$

식 (7.9)가 위와 같이 표현되기 위한 조건은 위에서 언급한 바와 같이 공비의 크기가 1보다 작다는 것이며 이는 다음과 같이 표현할 수 있다.

$$\left|\frac{1}{2}z^{-1}\right| < 1 \Leftrightarrow |z| > \frac{1}{2} \tag{7.11}$$

즉, 위의 영역에서 z-변환 표현이 가능하며 이를 수렴영역(region of convergence; ROC)이라 한다. 이 예에서의 수렴영역은 식 (7.11)로부터 알 수 있듯이 복소 평면에서 반지름이 1/2인 원의 바깥부분이다.

앞에서 푸리에 변환은 z-변환을 단위원 상에서 정의한 것이라고 하였다. 식 (7.11)의 수렴영역 내에 단위원이 포함되므로 이 예에서와 같이 안정한 신호는 z-변환뿐만 아니라 푸리에 변환도 존재한다.

7.3.2 $x[n]=2^n u[n]$: 불안정한 인과 신호

불안정한 인과 신호의 예로 $x[n]=2^n u[n]$을 고려해 보자. 신호의 크기가 시간이 감에 따라 계속 증가하기 때문에 불안정한 신호임을 알 수 있다. 이 신호는 다음과 같이 주어진 수렴영역에서 z-변환 표현이 가능하다.

$$\begin{aligned} X(z) &= 1 + 2z^{-1} + 2^2 z^{-2} + \cdots \\ &= \frac{1}{1-2z^{-1}}, \qquad |z| > 2 \end{aligned} \tag{7.12}$$

즉, 반지름 2인 원의 바깥에서 z-변환이 가능하다. 이 경우는 앞의 예와는 달리 수렴영역이 단위원을 포함하지 않고 있으며 따라서 푸리에 변환이 존재하지 않는다. 결국 이와 같은 불안정한 신호는 z-변환은 가능하지만 푸리에 표현은 불가능하다.

위의 두 예를 정리하면 인과 신호의 경우에 일반적으로 z-변환이 다음과 같음을 알 수 있다.

$$\begin{aligned} x[n] &= a^n u[n] \\ X(z) &= \frac{1}{1-az^{-1}}, \qquad \text{ROC} : |z| > |a| \end{aligned} \tag{7.13}$$

7.3.3 $x[n]=\left(\frac{1}{2}\right)^n u[-n-1]$: 불안정한 비인과 신호

불안정한 비인과 신호의 예로 $x[n]=\left(\frac{1}{2}\right)^n u[-n-1]$을 z-변환한 결과가 다음과 같다.

$$\begin{aligned} X(Z) &= \left(\frac{1}{2}\right)^{-1} z + \left(\frac{1}{2}\right)^{-2} z^2 + \left(\frac{1}{2}\right)^{-3} z^3 + \cdots \\ &= 2z + 2^2 z^2 + 2^3 z^3 + \cdots \\ &= \frac{2z}{1-2z}, \qquad |z| < \frac{1}{2} \end{aligned} \tag{7.14}$$

즉, 수렴영역이 반지름 1/2인 원의 내부가 된다. 따라서 푸리에 변환은 없다. 위의 식에서 분자 분모를 모두 $2z$로 나누어 다음과 같이 쓸 수도 있다.

$$X(z) = \frac{1}{\frac{1}{2}z^{-1} - 1} = \frac{-1}{1 - \frac{1}{2}z^{-1}} \tag{7.15}$$

7.3.4 $x[n] = 2^n u[-n-1]$: 안정한 비인과 신호

안정한 비인과 신호의 예로 $x[n] = 2^n u[-n-1]$을 z-변환한 결과가 다음과 같다.

$$\begin{aligned} X(z) &= 2^{-1}z + 2^{-2}z^2 + 2^{-3}z^3 + \cdots \\ &= \frac{\frac{1}{2}z}{1 - \frac{1}{2}z}, \qquad |z| < 2 \end{aligned} \tag{7.16}$$

수렴영역이 반지름 2인 원의 내부이며 따라서 푸리에 변환이 존재한다. 즉, 안정한 신호의 z-변환의 수렴영역은 단위원을 포함하는 것을 확인할 수 있다. 위에서와 마찬가지로 다음과 같이도 표현할 수 있다.

$$X(z) = \frac{1}{2z^{-1} - 1} = \frac{-1}{1 - 2z^{-1}} \tag{7.17}$$

위의 두 가지 예로부터 일반적인 비인과 신호의 z-변환은 다음과 같이 정리할 수 있다.

$$\begin{aligned} x[n] &= b^n u[-n-1] \\ X(z) &= \frac{-1}{1 - bz^{-1}}, \qquad \text{ROC : } |z| < |b| \end{aligned} \tag{7.18}$$

예제 7.2 인과 및 비인과 신호의 z-변환

다음과 같이 인과 및 비인과 지수 수열을 포함하는 신호의 z-변환을 살펴보자.

$$x[n] = a^n u[n] - b^n u[-n-1]$$

이 신호의 z-변환은 식 (7.13)과 식 (7.18)에 의해 다음과 같이 주어지는데, 이 때 수렴영역은 두 수열을 동시에 만족해야 한다.

$$X(z) = \frac{1}{1-az^{-1}} + \frac{1}{1-bz^{-1}}, \quad |a| < |z| < |b|$$

따라서 만일 $|a| > |b|$이면 〈그림 7.2(a)〉와 같이 만족하는 수렴영역이 존재하지 않으므로 z-변환 $X(z)$는 존재하지 않는다. 만일 $|a| < |b|$이면 $X(z)$는 위와 같이 주어지고 수렴영역은 $|a| < |z| < |b|$로서 〈그림 7.2(b)〉와 같이 열린 고리모양으로 주어지는데, 안정한 신호인 경우에는 단위원의 수렴영역 안에 존재하게 된다. ■

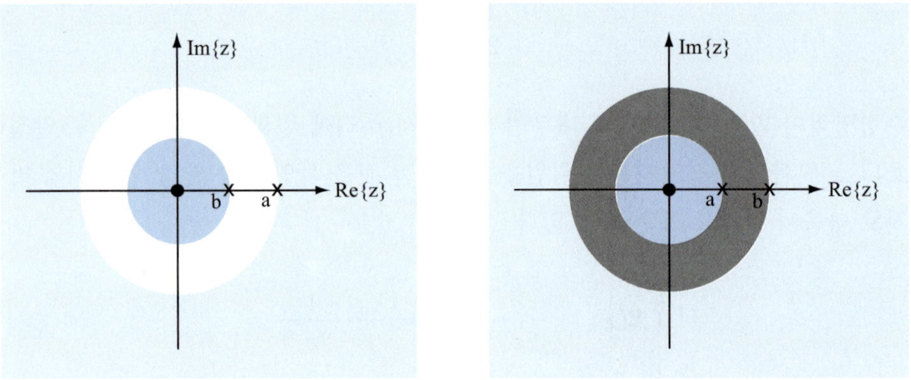

(a) $|a| > |b|$인 경우　　(b) $|a| < |b|$인 경우

그림 7.2 예제 7.2의 수렴영역

7.3.5 불안정한 양방향의 신호

다음과 같은 양방향(bilateral) 신호의 z-변환은 어떻게 되는가 알아보자.

$$x[n] = 2^n \tag{7.19}$$

이의 z-변환은

$$X(z) = \cdots + 2^{-2}z^2 + 2^{-1}z + 1 + 2z^{-1} + 2^2 z^{-2} + \cdots$$
$$= (1 + 2z^{-1} + 2^2 z^{-2} + \cdots) + (2^{-1}z + 2^{-2}z^2 + \cdots) \tag{7.20}$$

앞의 예에서 살펴보았듯이 위 식의 우변의 첫 번째 항과 두 번째 항은 각각 다음과 같이 수렴할 것이라 기대된다.

$$1 + 2z^{-1} + 2^2 z^{-2} + \cdots = \frac{1}{1-2z^{-1}} \tag{7.21}$$

$$2^{-1}z + 2^{-2}z^2 + \cdots = \frac{-1}{1-2z^{-1}} \tag{7.22}$$

그러나 식 (7.21)이 성립할 조건은 $|z|>2$이고 식 (7.22)가 성립할 조건은 $|z|<2$ 이므로 식 (7.20)의 두 항이 동시에 수렴할 수 있는 공통 조건은 없다. 따라서 이와 같은 경우에는 z-변환이 존재하지 않는다. 마찬가지로 다음과 같은 신호도 z-변환은 존재하지 않는다.

$$x[n] = \left(\frac{1}{2}\right)^n \tag{7.23}$$

안정한 양방향 신호의 z-변환은 연습문제에서 구해보도록 한다.

7.3.6 FIR 신호의 z-변환

FIR 신호의 경우 위의 예에서와 같이 굳이 유리식으로 표현하지 않고 다항식으로 그대로 두어도 된다. 그리고 인과 신호인 경우에 수렴영역을 따지자면, z-변환이 z^{-1}의 다항식이므로 $z=0$을 제외한 모든 영역이 된다. 마찬가지로 비인과 신호의 경우 $z=\infty$를 제외한 모든 영역, 양방향인 경우는 이 두 곳을 제외한 모든 영역이 된다. 그러나 FIR 신호인 경우 수렴영역이 별 의미를 주지는 않는다.

7.4 z-변환의 성질

z-변환은 그 정의에서도 알 수 있듯이 5.5절에서 공부한 이산시간 푸리에 변환과

매우 유사한 성질을 갖는다. z-변환을 사용한 시스템의 해석에 유용하게 사용되는 성질들을 〈표 7.1〉에 정리하였고 이를 이용하여 일반적인 수열의 z-변환쌍을 〈표 7.2〉에서 나타내었다.

표 7.1 z-변환의 성질

성질	신호	z-변환	수렴영역
	$x[n]$ $x_1[n]$ $x_2[n]$	$X(z)$ $X_1(z)$ $X_2(z)$	R R_1 R_2
선형성	$ax_1[n]+bx_2[n]$	$aX_1(z)+bX_2(z)$	At least $R_1\cap R_2$
시간지연	$x[n-n_0]$	$z^{-n_0}X(z)$	R
주파수 이동	$a^n x[n]$	$X\left(\frac{z}{a}\right)$	Scaled ROC ($\|a\|R$)
공액복소수	$x^*[n]$	$X^*(z^*)$	R
중첩합	$x_1[n]*x_2[n]$	$X_1(z)X_2(z)$	At least $R_1\cap R_2$
z 영역에서의 미분	$nx[n]$	$-z\frac{dX(z)}{dz}$	R

표 7.2 기본적인 신호들에 대한 z-변환

신호	z-변환	수렴영역
$\delta[n]$	1	All z
$u[n]$	$\frac{1}{1-z^{-1}}$	$\|z\|>1$
$-u[-n-1]$	$\frac{1}{1-z^{-1}}$	$\|z\|<1$
$a^n u[n]$	$\frac{1}{1-az^{-1}}$	$\|z\|>\|a\|$
$-a^n u[-n-1]$	$\frac{1}{1-az^{-1}}$	$\|z\|<\|a\|$

신호	z-변환	수렴영역
$na^n u[n]$	$\frac{az^{-1}}{(1-az^{-1})^2}$	$\lvert z\rvert > \lvert a\rvert$
$-na^n u[-n-1]$	$\frac{az^{-1}}{(1-az^{-1})^2}$	$\lvert z\rvert < \lvert a\rvert$
$[\cos w_0 n]u[n]$	$\frac{1-[\cos w_0]z^{-1}}{1-[2\cos w_0]z^{-1}+z^{-2}}$	$\lvert z\rvert > 1$
$[\sin w_0 n]u[n]$	$\frac{[\sin w_0]z^{-1}}{1-[2\cos w_0]z^{-1}+z^{-2}}$	$\lvert z\rvert > 1$
$[a^n \cos w_0 n]u[n]$	$\frac{1-[a\cos w_0]z^{-1}}{1-[2a\cos w_0]z^{-1}+a^2z^{-2}}$	$\lvert z\rvert > \lvert a\rvert$
$[a^n \sin w_0 n]u[n]$	$\frac{[a\sin w_0]z^{-1}}{1-[2a\cos w_0]z^{-1}+a^2z^{-2}}$	$\lvert z\rvert > \lvert a\rvert$

7.5 이산시간 시스템의 z-변환 표현

7.2절에서 FIR 시스템의 z-변환 표현은 이미 알아보았다. 구체적으로 〈그림 7.1〉과 같은 FIR 시스템은 식 (7.6)과 같이 표현하면 된다. 식 (7.6)과 같은 변환이 자연스럽게 전달함수가 되는 것이다. 식 (7.6)의 z에 $e^{j\omega}$를 대입하여 주파수 특성을 알 수 있고, 또한 시간 영역에서는 z^{-1}가 의미하는 것이 〈그림 7.1〉에서 D, 즉 한 샘플 지연을 뜻하는 것을 알기 때문에 $x[n]$이 식 (7.6)의 $H(z)$를 통과하여 $y[n]$이 나온다고 할 때 자연스럽게 이들 간에는 다음과 같은 관계가 있음을 쉽게 알 수 있다.

$$y[n] = h_0x[n] + h_1x[n-1] + h_2x[n-2] \tag{7.24}$$

$H(z)$로부터 시간 영역에서도 입출력 관계가 어떠한가가 명백히 보인다.

다음은 7.2절에서 다루지 않았던 IIR 시스템의 z-변환에 대하여 알아보자. 우선 어떤 연속시간 시스템을 이산시간 시스템에서 처리하는 순서가 어떠하였는지 6.4절에서 배운 내용을 상기해보자. 원래 연속시간 시스템인 대부분의 물리 현상을 컴퓨터에서 처리 또는 분석하기 위해서는 6.4절에서 설명한 바와 같이 연속시간 시스템에서 시스템의 전달함수를 주파수 영역에서 알아보고 이와 같은 모양을 갖는 이산시간 시스템을 설계한다고 하였다. 이러한 주어진 모양의 이산시간 시스템은 FIR 필터로도 만들 수 있고 IIR 필터로도 만들 수 있다. FIR 필터가 IIR 필터에 비해 안정성 등의 몇 가지 장점이 있으므로 많은 응용분야에서 원하는 모양의 주파수 응답을 갖는 FIR 필터를 설계하여 사용한다. 반면에 IIR 필터를 사용하는 경우는 기존의 연속시간 시스템을 주파수 응답의 모양에 큰 의미를 두지 않고 연속시간 영역 또는 주파수 영역의 식을 그대로 이산시간 영역으로 옮기는 경우에 나타나게 된다. 또는 주파수 영역에서 어떤 특별한 이유가 있고 FIR 필터로 구현하기 어려운 경우에 IIR 필터를 사용하게 된다.

연속시간 시스템을 이산시간에서 구현하고자 할 때 주파수 분석을 통한 FIR 시스템으로 구현하지 않고 시간 영역에서 바로 IIR 시스템으로 구현하는 가장 간단한 구체적인 예를 생각해 보자. 다음 식은 1차 미분 방정식으로서 2장에서 학습한 RC 필터 등이 이와 같이 모델링된다.

$$y'(t) + y(t) = u(t) \tag{7.25}$$

위 식으로 모델링되는 시스템을 디지털 시스템으로 교체하고자 할 때 위의 주파수 응답을 구하여 이와 같은 모양을 갖는 디지털 FIR 또는 IIR 필터를 새로이 설계하면 된다. 또 다른 방법으로는 비슷한 임펄스 응답을 갖는 시스템을 만드는 것이다. 이 방법에도 여러 가지가 있지만 가장 간단한 것은 5장에서 학습한 바와 같이 위 식을 컴퓨터 시뮬레이션 할 때의 방법을 사용하여 그대로 시스템으로 구현하는 것이다.

이를 위하여, 다음은 5.4절의 식 (5.74)를 그대로 다시 쓴 것이다.

$$y'(t) = \frac{dy(t)}{dt} \approx \frac{y(t+\Delta) - y(t)}{\Delta} \tag{7.26}$$

위의 식을 (7.25)에 대입하면 다음과 같이 정리할 수 있다.

$$\frac{y(t+\Delta) - y(t)}{\Delta} + y(t) = u(t) \tag{7.27}$$

$$y(t+\Delta) = (1-\Delta)y(t) + \Delta u(t) \tag{7.28}$$

이것이 의미하는 바는 어떤 특정한 시각 t에서의 출력을 알고 있을 때 Δ시간 후의 출력의 근사값을 위의 식을 이용하여 구할 수 있다는 것이다. 원래 미분방정식의 경우 초기치가 주어져야 특정해를 구할 수 있으므로 $y(0)$가 주어진 상태이고 입력 $u(t)$의 식을 안다면 임의의 샘플간격 Δ에서의 출력값 $y(n\Delta)$를 구할 수 있다.

위의 컴퓨터 시뮬레이션이 바로 주어진 시스템을 이산시간 시스템으로 구현하는 방법 중의 하나가 된다. 즉, 식 (7.25)와 같이 모델링이 되는 시스템에서 입력을 Δ초 간격으로 샘플링하여 이를 $u[n]$이라 하고 출력을 $y[n]$이라 하면 식 (7.25)를 가장 간단한 방법으로 근사화한 이산시간 시스템의 점화식은 다음과 같다.

$$y[n] = (1-\Delta)y[n-1] + \Delta u[n-1] \tag{7.29}$$

편의상 $\Delta u[n-1]$을 $x[n]$, $1-\Delta$를 a라 정의하면 식 (7.28)은 다음과 같고, 이를 구현하는 회로는 〈그림 7.3〉과 같은 IIR 시스템이 된다.

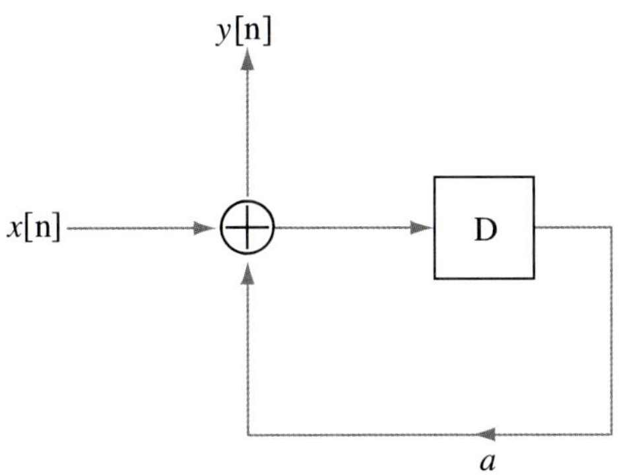

그림 7.3 IIR 시스템

$$y[n] = ay[n-1] + x[n] \tag{7.30}$$

이의 임펄스 응답은 식 (5.60)과 식 (5.61)을 통해 $h[n]=a^n u[n]$로 주어지는데, 시간이 지나도 임펄스 입력에 대한 출력응답이 0으로 되지 않기 때문에 IIR 시스템이라 부른다.

이러한 IIR 시스템의 전달함수를 z-변환 표현으로 나타내도록 하자. 첫째, 식 (7.30)과 같이 IIR 시스템을 나타내는 차분 방정식이 주어진 경우에 전달함수 $H(z)$는 주파수 응답 $H(e^{j\omega})$과 마찬가지로 다음과 같이 임펄스 함수 $h[n]=a^n u[n]$의 z-변환으로 주어진다.

$$\begin{aligned} H(z) &= \sum_{n=-\infty}^{\infty} h[n] z^{-n} \\ &= \sum_{n=-\infty}^{\infty} a^n u[n] z^{-n} \\ &= \frac{1}{1-az^{-1}} \end{aligned} \tag{7.31}$$

둘째, 시간지연된 신호의 z-변환 성질을 이용하여 전달함수를 나타내면, 어떤 신호 $x[n]$의 z-변환을 $X(z)$라 할 때 한 샘플 지연시킨 $x[n-1]$의 z-변환은 다음과 같이 주어진다.

$$Z\{x[n-1]\} = z^{-1}X(z) \tag{7.32}$$

이를 이용하여 식 (7.30)의 양 변을 z-변환해 보면

$$Y(z) = az^{-1}Y(z) + X(z) \tag{7.33}$$

따라서 〈그림 7.3〉의 IIR 시스템의 전달함수는 z-변환으로는 다음과 같다.

$$H(z) = \frac{Y(z)}{X(z)} = \frac{1}{1-az^{-1}} \tag{7.34}$$

시스템이 안정한 $|a|<1$인 경우에 시스템의 푸리에 변환은 당연히 FIR 시스템과 마찬가지로 z 대신에 $e^{j\omega}$를 대입하여 다음과 같이 된다는 것을 알 수 있다.

$$\begin{aligned} H(e^{j\omega}) &= \frac{1}{1-ae^{-j\omega}} \\ &= \frac{1}{(1-a\cos\omega) - ja\sin\omega} \end{aligned} \tag{7.35}$$

따라서 이 시스템의 주파수에 따른 크기 응답과 위상 응답은 다음 식과 같다.

$$\begin{aligned}|H(e^{j\omega})| &= \frac{1}{\sqrt{(1-a\cos\omega)^2+a^2\sin^2\omega}} \\ &= \frac{1}{\sqrt{1+a^2-2a\cos\omega}}\end{aligned} \qquad (7.36)$$

$$\angle H(e^{j\omega}) = \arctan\frac{a\sin\omega}{1-a\cos\omega} \qquad (7.37)$$

예제 7.3 IIR 시스템의 z-변환과 주파수 응답

인과 IIR 시스템이 다음과 같이 차분 방정식으로 주어진 경우에

$$y[n] = 0.5y[n-1] + x[n]$$

식 (7.34)를 통해 인과 시스템의 전달함수 $H(z)$는 다음과 같다.

$$H(z) = \frac{1}{1-0.5z^{-1}}, \quad |z|>0.5$$

이 때 주어진 시스템이 안정하므로 1차 IIR 시스템의 주파수 응답은 식 (7.36)과 식 (7.37)에서 $a=0.5$로 주어지며 크기와 위상 응답을 그리면 〈그림 7.4〉와 같다. ■

Matlab 프로그램 7.2

```
w = 0:pi/300:2*pi;
num = [1 0];
den = [1 -0.5];
[H,q] = freqz(num,den,w);
mag_H = abs(H);
phase_H = angle(H)*180/pi;
plot(w,mag_H);
axis([0,2*pi,0.6,2.1])
xlabel('frequency, radian'); ylabel('Magnitude');
grid on

figure
```

```
plot(w,phase_H);
xlabel('frequency, radian'); ylabel('Phase, degree');
axis([0,2*pi,-40,40])
grid on
```

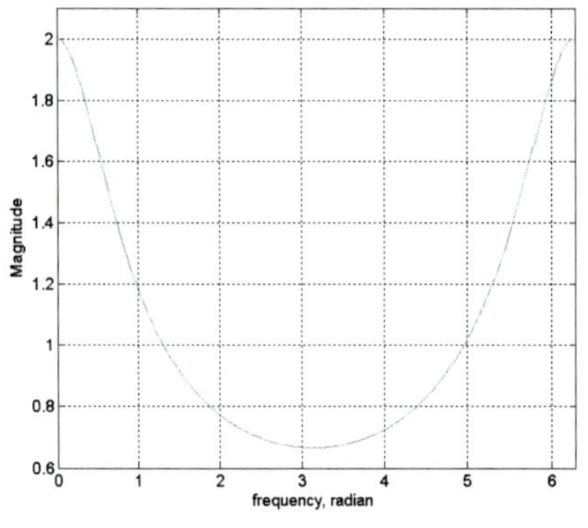

(a) 크기 응답

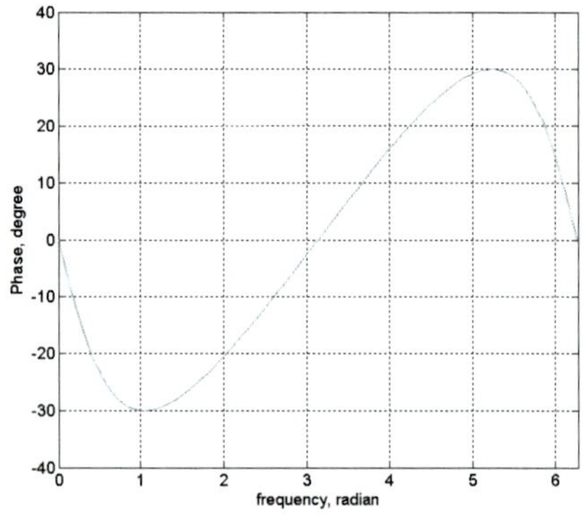

(b) 위상 응답

그림 7.4 1차 IIR 필터의 주파수 응답

IIR 시스템을 굳이 두 가지로 구분하자면 전달함수가 분모만 있는 all-pole 시스템과 분자, 분모가 모두 있는 pole-zero 시스템으로 구분할 수 있다. 위의 예에서 본 시스템은 1차 all-pole 시스템이라 할 수 있다. 2차 이상의 시스템도 위와 똑같이 회로로 구성하고 주파수 응답을 구할 수 있다. 예를 들어 3차 all-pole 시스템의 경우를 생각해 보면 이의 전달함수는 다음과 같이 주어질 것이다.

$$H(z) = \frac{b_0}{1 + a_1 z^{-1} + a_2 z^{-2} + a_3 z^{-3}} \tag{7.38}$$

위에서는 시간영역에서의 차분방정식으로부터 전달함수를 구했는데 이제 반대로 전달함수로부터 차분방정식을 구해보자. 위 시스템의 입력이 $x[n]$, 출력이 $y[n]$이라 하고 각각의 z-변환을 $X(z)$, $Y(z)$라 할 때 입출력 관계를 다음과 같이 쓸 수 있다.

$$Y(z) = \frac{b_0}{1 + a_1 z^{-1} + a_2 z^{-2} + a_3 z^{-3}} X(z) \tag{7.39}$$

정리하면 다음과 같고

$$Y(z)+a_1z^{-1}Y(z)+a_2z^{-2}Y(z)+a_3z^{-3}Y(z)=b_0X(z) \tag{7.40}$$

위에서 알아본 z-변환의 특성을 이용하여 이는 시간 영역에서 다음과 같은 차분방정식이 됨을 알 수 있다.

$$y[n]=b_0x[n]-a_1y[n-1]-a_2y[n-2]-a_3y[n-3] \tag{7.41}$$

따라서 이의 회로는 〈그림 7.5〉와 같이 구현할 수 있다. 이를 좀 더 보기 좋게 구현한 것이 〈그림 7.6〉이며 신호 흐름도는 〈그림 7.7〉과 같다.

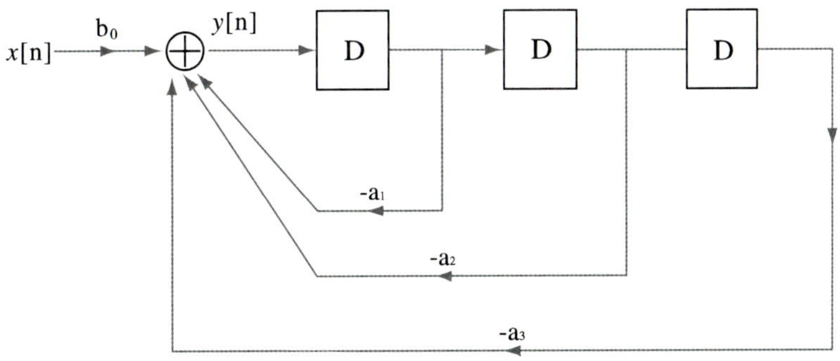

❙ 그림 7.5 ❙ 식 (7.41)의 구현

Pole-zero IIR 필터의 경우의 예를 3차 시스템으로 살펴보자. 전달함수는 다음과 같이 주어질 것이다.

$$H(z)=\frac{b_0+b_1z^{-1}+b_2z^{-2}+b_3z^{-3}}{1+a_1z^{-1}+a_2z^{-2}+a_3z^{-3}}=\frac{N(z)}{D(z)} \tag{7.42}$$

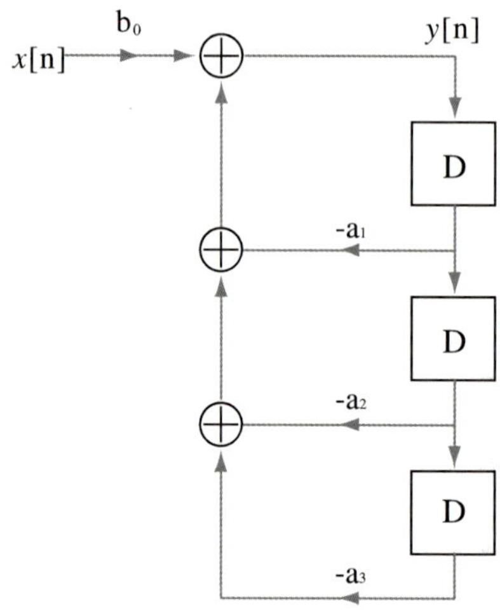

❙그림 7.6❙ 〈그림 7.5〉와 같은 회로

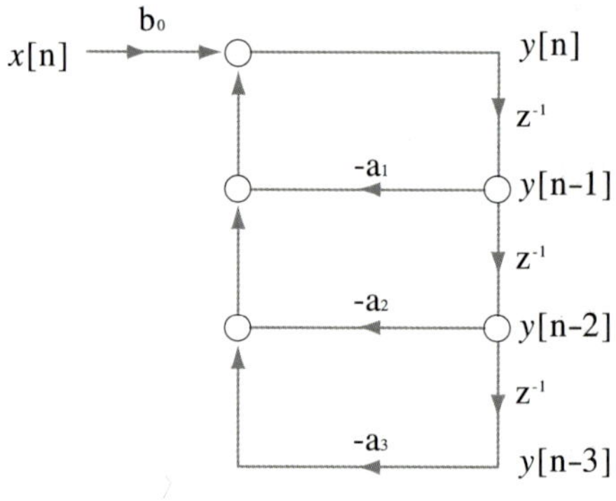

❙그림 7.7❙ 식 (7.41)의 신호 흐름도

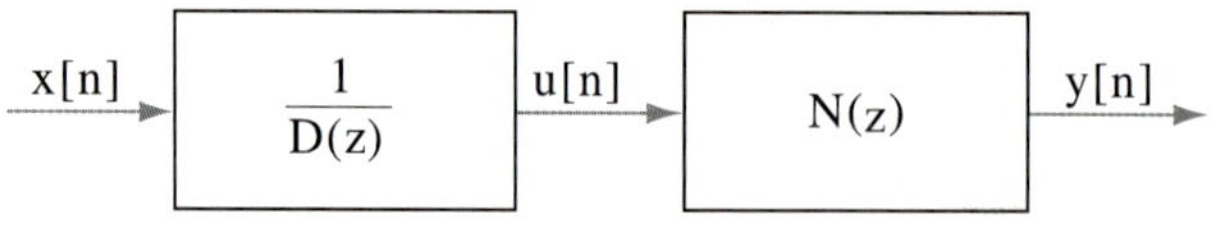

❙그림 7.8❙ Pole-zero 시스템의 분리

물론 분모, 분자가 위와 같이 같은 차수일 필요는 없다. 위와 같은 시스템의 시간영역에서의 차분 방정식은 다음과 같다.

$$y[n] = b_0x[n] + b_1x[n-1] + b_2x[n-2] + b_3x[n-3] \\ - a_1y[n-1] - a_2y[n-2] - a_3y[n-3] \quad (7.43)$$

이와 같은 pole-zero 필터를 구현하기 위해서는 위와 같이 차분 방정식을 생각하는 것보다는 〈그림 7.8〉과 같이 식 (7.42)를 all-pole 부분과 all-zero 부분의 직렬 연결로 생각하는 것이 더 편리하다. 〈그림 7.8〉에서 각 신호 사이의 관계는 다음과 같이 된다.

$$u[n] = x[n] - a_1u[n-1] - a_2u[n-2] - a_3u[n-3] \quad (7.44)$$

$$y[n] = b_0u[n] + b_1u[n-1] + b_2u[n-2] + b_3u[n-3] \quad (7.45)$$

즉, 식 (7.43)을 위의 두 식으로 나누어 쓸 수 있다는 것이다. 식 (7.44)는 입력에 b_0가 없는 것 외에는 식 (7.41)과 똑같다. 따라서 식 (7.44)를 구현하는 신호 흐름도는 기본적으로 〈그림 7.7〉과 똑같으며 b_0는 1이고 $y[n]$, $y[n-1]$, … 대신에 $u[n]$, $u[n-1]$, … 로 대체한 것이 된다. 식 (7.45)에서 보는 바와 같이 최종 출력 $y[n]$은 각 $u[n]$, $u[n-1]$, …의 합이므로 결국 식 (7.42)의 시스템을 구현하기 위한 신호 흐름도는 〈그림 7.9〉와 같다.

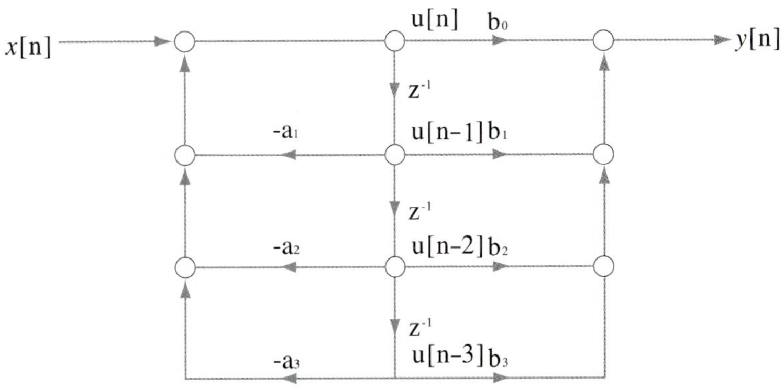

그림 7.9 Pole-zero 필터의 신호 흐름도

7.6 z 역변환

위에서 이산시간 신호와 시스템의 z-변환에 대하여 알아보았다. 여기서는 반대로 어떤 신호나 시스템의 z-변환이 있을 때 이를 시간영역에서 표현하는 z 역변환에 대해 알아본다. 구체적인 예로 어떤 입력의 z-변환 $X(z)$와 시스템의 전달함수 $H(z)$가 주어졌을 때 출력을 $Y(z)=H(z)X(z)$의 식에 의하여 중첩합을 곱셈으로 대치한다고 앞에서 학습하였는데 이 때 출력을 구하기 위해서는 $Y(z)$를 역변환해야 한다. 또한 $H(z)$가 주어졌을 때 임펄스 응답을 구하기 위해서도 z 역변환이 필요하다. z 역변환을 구하는 방법에는 여러 가지가 있지만 그 중에서 가장 직접적인 방법은 복소수 이론으로부터 다음과 같이 유도할 수 있다.

$$x[n] = Z^{-1}\{X(z)\} = \frac{1}{2\pi j}\oint_C X(z)z^{n-1}dz \tag{7.46}$$

여기서 C는 $X(z)$의 수렴영역 내에서 원점을 감싸는 반시계 방향의 폐곡선 적분경로를 나타낸다. 그러나 이와 같은 직접적인 방법은 실제로 적용하기에는 쉽지 않으므로 일반적으로 다음과 같은 부분 분수 전개 방법을 사용한다.

우선은 7.3절에서 학습한 z-변환의 관계식을 이용해 역변환을 구하는 방법을 생각해 보자. 7.3절에서 인과 및 비인과 신호의 z-변환 내용을 정리하면 다음과 같다.

$$\begin{aligned} x[n] &= a^n u[n] \ \leftrightarrow\ X(z) = \frac{1}{1-az^{-1}}, \quad |z| > a \\ x[n] &= a^n u[-n-1] \ \leftrightarrow\ X(z) = \frac{-1}{1-az^{-1}}, \quad |z| < a \end{aligned} \tag{7.47}$$

유한한 길이의 신호인 경우 z^{-n}의 계수를 그대로 n번째 신호라 하면 된다. 위의 관계를 이용하여 다음의 z 역변환을 구해보자.

$$H(z) = \frac{1}{1-\frac{5}{6}z^{-1}+\frac{1}{6}z^{-2}} = \frac{1}{\left(1-\frac{1}{3}z^{-1}\right)\left(1-\frac{1}{2}z^{-1}\right)} \tag{7.48}$$

위의 z-변환 관계를 이용하기 위해서는 우선 이를 다음과 같은 부분 분수합으로 나타내어야 한다.

$$H(z) = \frac{c_1}{1-\frac{1}{3}z^{-1}} + \frac{c_2}{1-\frac{1}{2}z^{-1}} \tag{7.49}$$

이 식에서 각 계수 c_1, c_2는 z^{-1}를 변수로 보아 앞에서 라플라스 변환에서와 똑같은 방법으로 다음과 같이 구한다.

$$c_1 = \left. \frac{1}{1-\frac{1}{2}z^{-1}} \right|_{z^{-1}=3} = -2 \tag{7.50}$$

$$c_2 = \left. \frac{1}{1-\frac{1}{3}z^{-1}} \right|_{z^{-1}=2} = 3 \tag{7.51}$$

따라서 $H(z)$는 다음과 같은 부분 분수합이 된다.

$$H(z) = \frac{3}{1-\frac{1}{2}z^{-1}} - \frac{2}{1-\frac{1}{3}z^{-1}} \tag{7.52}$$

이제 이의 역변환은 식 (7.46)이나 식 (7.47)을 이용하여 구할 수 있는 형태가 되었다. 주의해야 될 점은 식 (7.48)에서와 같이 $H(z)$를 표현했을 때 수렴영역이 주어지지 않은 경우 인과, 비인과 신호인 경우 모두를 고려해야 하는 것이다. 대부분의 응용분야에서는 모두 인과 신호를 가정하고 하지만 특별한 경우 비인과 신호도 고려해야 한다. 즉, 식 (7.52)에서 첫째 항은 수렴영역의 반지름이 1/2보다 큰가 작은가에 의하여 다른 신호가 되고 둘째 항은 1/3을 기준으로 서로 다른 신호가 된다. 따라서 식 (7.52)의 역 z-변환은 다음과 같이 세 가지 가능성을 모두 고려해야 한다.

i) $|z| > \frac{1}{2}$ 인 경우

$$h[n] = 3\left(\frac{1}{2}\right)^n u[n] - 2\left(\frac{1}{3}\right)^n u[n] \tag{7.53}$$

ii) $\frac{1}{3} < |z| < \frac{1}{2}$ 인 경우

$$h[n] = -3\left(\frac{1}{2}\right)^n u[-n-1] - 2\left(\frac{1}{3}\right)^n u[n] \tag{7.54}$$

iii) $|z| < \frac{1}{3}$ 인 경우

$$h[n] = -3\left(\frac{1}{2}\right)^n u[-n-1] + 2\left(\frac{1}{3}\right)^n u[-n-1] \tag{7.55}$$

예제 7.4 z 역변환을 통한 시스템의 출력 응답

식 (7.48)과 같은 인과 시스템이 주어진 경우에 이 시스템에 스텝 입력 $x[n] = u[n]$이 들어왔을 때 출력을 구하는 방법을 알아보자. 우선 스텝 입력 $x[n]$의 z-변환은

$$\begin{aligned} X(z) &= \sum_{n=-\infty}^{\infty} u[n] z^{-n} \\ &= \frac{1}{1-z^{-1}}, \quad |z| > 1 \end{aligned}$$

이다. 인과 시스템의 수렴영역이 $|z| > 1/2$ 이므로 출력 $y[n]$의 z-변환 $Y(z)$는 물론 $|z| > 1$에서 정의되며 다음과 같이 나타난다.

$$Y(z) = H(z)X(z) = \frac{1}{(1-z^{-1})\left(1-\frac{1}{2}z^{-1}\right)\left(1-\frac{1}{3}z^{-1}\right)}, \quad |z| > 1$$

식 (7.52)와 마찬가지로 이의 부분 분수합 표현을 나타내면 다음과 같고

$$Y(z) = \frac{3}{(1-z^{-1})} - \frac{3}{\left(1-\frac{1}{2}z^{-1}\right)} + \frac{1}{\left(1-\frac{1}{3}z^{-1}\right)}, \quad |z| > 1$$

역 z-변환을 수행하면 다음과 같은 출력을 구할 수 있다.

$$y[n] = 3u[n] - 3\left(\frac{1}{2}\right)^n u[n] + \left(\frac{1}{3}\right)^n u[n]$$ ■

Matlab 프로그램 7.3

```
n = 0:1:35;
num = [1];
den = [1 -5/6 1/6];
x=[ones(size(n))];
y=filter(num,den,x);
stem(n,y);
axis([0,length(n),0,3.2])
xlabel('n'); ylabel('y[n]');
grid on
```

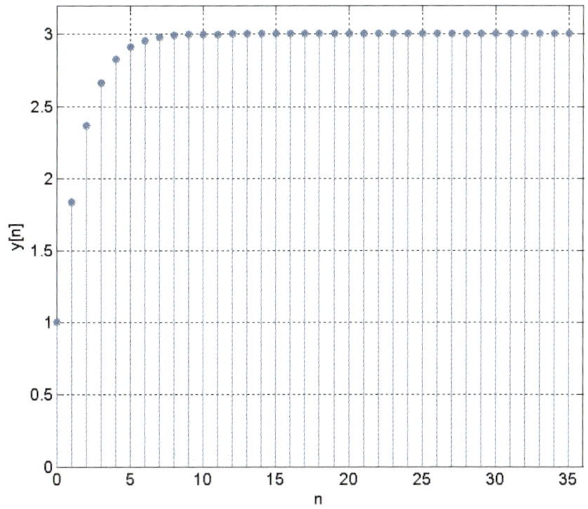

그림 7.10 시스템의 출력 응답

예제 7.5 시스템과 입력이 같은 경우의 시스템의 출력 응답

다음 예로는 이 시스템과 입력이 같이 주어지는 경우에 출력을 구하는 방법을 알아보자. 예를 들어, 입력 $x[n] = \left(\frac{1}{2}\right)^n u[n]$이고 시스템의 임펄스 응답도 $h[n] = \left(\frac{1}{2}\right)^n u[n]$이면 출력의 전달함수는,

$$Y[z] = H(z)X(z) = \frac{1}{1-\frac{1}{2}z^{-1}} \cdot \frac{1}{1-\frac{1}{2}z^{-1}}$$
$$= \frac{1}{\left(1-\frac{1}{2}z^{-1}\right)^2}$$

으로 나타나는데, 〈표 7.2〉에서 주어진 변환쌍을 이용하면

$$\frac{\frac{1}{2}z^{-1}}{\left(1-\frac{1}{2}z^{-1}\right)^2} \leftrightarrow n\left(\frac{1}{2}\right)^n u[n]$$

이다. 〈표 7.1〉에서 시간 지연의 성질을 이용하면

$$\frac{1}{\left(-\frac{1}{2}z^{-1}\right)^2} \leftrightarrow 2(n+1)\left(\frac{1}{2}\right)^{n+1} u[n+1]$$

이 성립하는데, $n=-1$에서 값이 0이 되므로, 출력 $y[n]$은 다음과 같다.

$$y[n] = (n+1)\left(\frac{1}{2}\right)^n u[n]$$ ■

부분 분수합 표현을 이용한 역 z-변환 구하기에서 주의할 점은 분자의 차수가 분모의 차수보다 크거나 같은 경우에는 다항식 나누기를 한 번 수행한 후에 부분 분수합을 구해야 한다는 것이다. 예를 들어 다음과 같은 식으로 전달함수가 주어진다면

$$H(z) = \frac{1+\frac{1}{6}z^{-1}+\frac{2}{3}z^{-2}}{1-\frac{5}{6}z^{-1}+\frac{1}{6}z^{-2}} \tag{7.56}$$

위의 식을 직접 z^{-1}에 관하여 유리식의 나눗셈을 수행하여 다음과 같이 나타낸 후 두 번째 항을 부분 분수합으로 표현하면 된다. 첫 항은 역변환을 하면 $4\delta[n]$이고 두 번째 항의 역변환은 위와 같은 방법으로 구한다.

$$H(z) = 4 + \frac{-3 + \frac{7}{2}z^{-1}}{1 - \frac{5}{6}z^{-1} + \frac{1}{6}z^{-2}} \tag{7.57}$$

또한 일반적인 경우에 위의 예에서와 같이 분모가 1차식들로 인수분해되지 않고 허수 근을 갖는 경우가 대부분이다. 그러나 대부분의 경우 우리가 다루는 시스템은 실계수를 가지며 따라서 항상 켤레 복소근을 가지므로 허수도 일반적인 근으로 생각하여 위와 같이 역변환을 해도 되고 다음 절에서 보는 z-변환 표를 보고 유추해도 된다. 여기서는 허근을 갖는 경우에 대하여 위와 같은 방법으로 역변환을 구하는 예를 살펴보자. 다음과 같이 전달함수가 주어진 경우

$$H(z) = \frac{1}{1 - \frac{1}{2}z^{-1} + \frac{1}{4}z^{-2}} \tag{7.58}$$

이의 두 근은 $z = \frac{1}{2}e^{\pm j\frac{\pi}{3}}$에 있다. 그러면 위의 식은

$$H(z) = \frac{1}{\left(1 - \frac{1}{2}e^{j\frac{\pi}{3}}z^{-1}\right)\left(1 - \frac{1}{2}e^{-j\frac{\pi}{3}}z^{-1}\right)} \tag{7.59}$$

위의 식은 다음과 같이 부분 분수합으로 나타난다.

$$H(z) = \frac{c_1}{1 - \frac{1}{2}e^{j\frac{\pi}{3}}z^{-1}} + \frac{c_2}{1 - \frac{1}{2}e^{-j\frac{\pi}{3}}z^{-1}} \tag{7.60}$$

각 계수는 실근인 경우와 똑같이 구한다.

$$c_1 = \left.\frac{1}{1-\frac{1}{2}e^{-j\frac{\pi}{3}}z^{-1}}\right|_{z^{-1}=2e^{-j\frac{\pi}{3}}} = \frac{1}{1-e^{-j\frac{2\pi}{3}}}$$
$$c_2 = \left.\frac{1}{1-\frac{1}{2}e^{j\frac{\pi}{3}}z^{-1}}\right|_{z^{-1}=2e^{j\frac{\pi}{3}}} = \frac{1}{1-e^{j\frac{2\pi}{3}}} \tag{7.61}$$

따라서 전달함수는 다음과 같은 부분 분수합으로 된다.

$$H(z) = \frac{1}{1-e^{-j\frac{2\pi}{3}}}\cdot\frac{1}{1-\frac{1}{2}e^{j\frac{\pi}{3}}z^{-1}} + \frac{1}{1-e^{j\frac{2\pi}{3}}}\cdot\frac{1}{1-\frac{1}{2}e^{-j\frac{\pi}{3}}z^{-1}} \tag{7.62}$$

이를 a가 실수인 경우의 식 (7.46)과 똑같이 생각하여 역변환을 하면 다음과 같다.[3)]

$$h[n] = \frac{1}{1-e^{-j\frac{2\pi}{3}}}\cdot\left(\frac{1}{2}e^{j\frac{\pi}{3}}\right)^n u[n] + \frac{1}{1-e^{j\frac{2\pi}{3}}}\cdot\left(\frac{1}{2}e^{-j\frac{\pi}{3}}\right)^n u[n] \tag{7.63}$$

복잡한 듯이 보이지만 계수가 실수인 경우에는 위와 같이 두 항이 서로 켤레복소수가 된다. 켤레복소수의 합은 두 배의 실수부이므로 위 식은 다음과 같다.

$$\begin{aligned} h[n] &= 2Re\left\{\frac{1}{1-e^{-j\frac{2}{3}\pi}}\left(\frac{1}{2}\right)^n e^{j\frac{\pi}{3}n}\right\}u[n] \\ &= 2\left(\frac{1}{2}\right)^n Re\left\{\left(\frac{1}{2}-\frac{\sqrt{3}}{6}j\right)\left(\cos\frac{\pi}{3}n + j\sin\frac{\pi}{3}n\right)\right\}u[n] \\ &= 2\left(\frac{1}{2}\right)^n\left\{\frac{1}{2}\cos\frac{\pi}{3}n + \frac{\sqrt{3}}{6}\sin\frac{\pi}{3}n\right\}u[n] \end{aligned} \tag{7.64}$$

3) 우선 인과 신호인 경우만 생각한다. 비인과 신호의 경우도 이 과정과 똑같다.

$$= \left(\frac{1}{2}\right)^n \left\{\cos\frac{\pi}{3}n + \frac{\sqrt{3}}{3}\sin\frac{\pi}{3}n\right\}u[n]$$

$$= \left(\frac{1}{2}\right)^n \frac{2}{\sqrt{3}}\cos\left(\frac{\pi}{3} - \theta\right)u[n], \qquad \theta = \frac{\pi}{6}$$

7.7 z-변환을 이용한 선형시불변 시스템의 해석

7.7.1 전달함수의 특성과 관련된 이산시간 선형시불변 시스템의 특성

라플라스 변환과 마찬가지로 z-변환의 중요한 응용들 중 하나는 이산시간 선형시불변 시스템의 해석에 있다. 보다 구체적으로 이것의 역할은 7.4절에서 정리한 중첩합의 정의에서 직접 유도된다. 다시 말해서 선형시불변 시스템의 출력의 z-변환은

$$Y(z) = H(z)X(z) \tag{7.65}$$

와 같이 임펄스 응답의 z-변환인 전달함수(transfer function) $H(z)$와 입력의 z-변환을 곱한 관계로 주어진다. 이 절에서는 복소평면상에서 전달함수의 특성과 관련된 선형시불변 시스템의 특성들을 정리하기로 한다.

전달함수의 특성과 관련된 이산시간 선형시불변 시스템의 특성

1) 인과성을 갖는 시스템의 전달함수의 수렴영역은 원의 외부를 포함해야 한다.
2) 선형시불변 시스템이 안정성을 갖기 위한 필요충분 조건은 전달함수의 수렴영역이 단위원을 포함하고 있는 것이다.
3) 시스템이 안정성과 인과성을 모두 갖기 위한 필요충분 조건은 전달함수의 극점들이 모두 단위원 내부에 존재하는 것이다.

첫 번째 성질은 7.4절에서 정리한 z-변환의 수렴영역에서 이미 정리한 바 있다. 이 성질을 이용하면 전달함수가 유리함수로 표현되는 시스템이 인과성을 갖기 위해서는 수렴영역이 가장 큰 극점을 포함하는 원의 밖을 포함해야 함을 알 수 있다.

두 번째 성질은 다음과 같이 설명할 수 있다. 우선 시스템이 안정하기 위해서는 1.10

절에서 정리한 바와 같이 그의 임펄스응답 $h[n]$이 절대합가능해야 한다. 이 때 임펄스응답이 절대합가능하다는 것은 5장에서 정리한 바와 같이 그의 이산시간 푸리에 변환이 존재한다는 것을 의미한다. 한편, z-변환의 입장에서 보았을 때 푸리에 변환이 존재하기 위해서는 그의 수렴영역이 단위원을 포함하고 있어야 한다. 따라서 이를 종합하면 시스템이 안정되기 위해서는 전달함수의 수렴영역이 단위원을 포함하고 있어야 함을 알 수 있다.

세 번째 성질은 첫째와 둘째 성질을 종합한 것인데, 그 이유를 정리해보면 다음과 같다. 우선 인과성을 갖기 위해서는 수렴영역이 가장 큰 극점을 포함하는 원의 밖을 포함해야 한다. 다음으로 안정성을 갖기 위해서는 수렴영역이 단위원을 포함해야 한다. 이 두 가지 성질을 종합하면, 가장 큰 극점이 단위원내에 존재해야 하고 그 극점을 기준으로 원밖의 평면이 단위원을 포함할 수 있게 된다. 따라서 모든 극점들이 단위원 내부에만 존재해야 해당 시스템이 인과성과 안정성을 동시에 가질 수 있다.

7.7.2 선형 상수계수 차분 방정식에 의해서 특성화되는 선형시불변 시스템

5.2절에서는 푸리에 변환을 사용해서, 상수계수 차분방정식으로 결정되는 선형시불변 시스템의 주파수 응답을 구하는 방법에 대해 논의했다. z-변환도 마찬가지로 선형 상수계수 차분방정식에 의해 결정되는 이산시간 선형시불변 시스템의 전달함수를 구하는데 직접 사용될 수 있다.

다음과 같은 형태의 일반적인 선형 상수계수 차분 방정식을 생각해보자.

$$\sum_{k=0}^{N} a_k y[n-k] = \sum_{k=0}^{M} b_k x[n-k] \tag{7.66}$$

이 식의 양변에 z-변환을 적용하고, 선형성과 시간지연 성질을 반복적으로 적용하면

$$\left(\sum_{k=0}^{N} a_k z^{-k}\right) Y(z) = \left(\sum_{k=0}^{M} b_k z^{-k}\right) X(z) \tag{7.67}$$

또는

$$H(z) = \frac{Y(z)}{X(z)} = \frac{\sum_{k=0}^{M} b_k z^{-k}}{\sum_{k=0}^{N} a_k z^{-k}} \tag{7.68}$$

을 얻을 수 있다. 그러므로, 차분 방정식에 의해 특성화되는 시스템의 전달함수는

$$\sum_{k=0}^{M} b_k z^{-k} = 0 \tag{7.69}$$

의 해에서 영점을 갖고,

$$\sum_{k=0}^{N} a_k z^{-k} = 0 \tag{7.70}$$

의 해에서 극점을 갖는다. 식 (7.68)은 $H(z)$의 수렴영역을 따로 나타내지 않고 있기 때문에 시스템의 안정성 또는 인과성에 대한 지식 같은 부가적인 정보를 가지고 수렴영역을 추론할 수 있다. 예를 들면, 만약 시스템에 대해서 초기조건을 가정한다면, 시스템이 인과적일 때, 수렴영역은 가장 큰 극점을 포함하는 원의 밖을 포함하게 된다.

7.8 단방향 z-변환

4장에서 살펴본 라플라스 변환과 마찬가지로 우리가 지금까지 별도의 제한 없이 사용했던 'z-변환'이라는 용어는 엄밀하게 말해서 '양방향 z-변환(bilateral z transform)'을 의미한다. 이 절에서는 초기정지조건을 만족하지 않는 인과적인 시스템을 해석할 때 유용하게 사용되는 '단방향 z-변환(unilateral z transform)'에 대해서 정리하기로 한다.

7.8.1 단방향 z-변환의 정의와 특성

이산시간 신호 $x[n]$의 단방향의 z-변환은 아래와 같이 정의된다.

$$X^{+}(z) = Z\{x[n]u[n]\} = \sum_{n=0}^{\infty} x[n]z^{-n} \tag{7.71}$$

식 (7.8)과 식 (7.71)에 차례대로 주어진 양방향과 단방향 z-변환들을 비교해 보면, 양방향의 z-변환은 $n=-\infty$에서 $n=+\infty$까지의 범위에서 모든 신호에 의존하지만 단방향 z-변환은 단지 $n=0$에서 ∞까지의 신호에만 의존하게 된다. 단방향 z-변환과 양방향 z-변환의 가장 큰 차이점은 단방향의 경우 수렴영역이 항상 원의 바깥쪽이기 때문에 따로 수렴영역이 표기되어 있지 않다는 것이다.

단방향 z-변환은 〈표 7.1〉의 양방향 z-변환의 성질을 대부분 만족하지만 시간 지연은 다음과 같이 다르게 나타난다.

$$\begin{aligned} Z\{x[n-n_0]u[n]\} &= \sum_{n=0}^{\infty} x[n-n_0]z^{-n} = \sum_{m=-n_0}^{\infty} x[m]z^{-(m+n_0)} \\ &= \sum_{m=-n_0}^{-1} x[m]z^{-(m+n_0)} + \sum_{m=0}^{\infty} x[m]z^{-(m+n_0)} \\ &= z^{-n_0}X^{+}(z) + x[-1]z^{1-n_0} + x[-2]z^{2-n_0} + \cdots + x[-n_0] \end{aligned} \tag{7.72}$$

따라서 0이 아닌 초기조건이나 변하는 입력을 가진 차분방정식의 해를 구하는데 유용하게 사용될 수 있다.

7.8.2 단방향 z-변환을 이용한 차분 방정식의 해법

단방향의 z-변환은 초기조건을 갖는 상수계수 차분방정식의 해를 구하는 데 사용할 수 있다. 예를 들어 초기조건 $y[-1]$, $y[-2]$을 갖는 차분 방정식이 다음과 같이 주어질 때

$$y[n] + a_1 y[n-1] + a_2 y[n-2] = x[n], \quad n \geq 0 \tag{7.73}$$

출력 신호를 단방향 z-변환을 사용해서 구해보기로 하자. 우선 식 (7.73)에 단방향 z-변환을 적용하기 위해서 식 (7.72)에 주어진 시간지연 신호의 단방향 z-변환인

$$y[n-1] \overset{UZ}{\leftrightarrow} z^{-1}Y^{+}(z) + y[-1] \tag{7.74}$$

와 이것을 다시 한 번 지연한 결과인

$$y[n-2] \overset{UZ}{\longleftrightarrow} z^{-2}Y^{+}(z)+z^{-1}y[-1]+y[-2] \tag{7.75}$$

을 이용하면

$$Y^{+}(z)+a_1(z^{-1}Y^{+}(z)+y[-1])+a_2(z^{-2}Y^{+(z)}+z^{-1}y[-1]+y[-2])=X^{+}(z) \tag{7.76}$$

를 얻을 수 있다. 여기에서 $Y^{+}(z)$는 $y[n]$의 단방향 z-변환을 의미한다. 식 (7.76)을 $Y^{+}(z)$에 대해서 정리하면

$$\begin{aligned} Y^{+}(z) &= \frac{X^{+}(z)}{1+a_1z^{-1}+a_2z^{-2}}+\frac{(a_1y[-1]+a_2y[-2])+a_2y[-1]z^{-1}}{1+a_1z^{-1}+a_2z^{-2}} \\ &= Y_{zs}^{+}(z)+Y_{zi}^{+}(z) \end{aligned} \tag{7.77}$$

가 된다. 식 (7.77) 우변의 첫째 항은 입력 $X^{+}(z)$에 의해서만 형성되고 둘째 항은 초기조건에 의해서 나타남을 알 수 있다. 따라서 첫째 항 $Y_{zs}^{+}(z)$와 둘째 항 $Y_{zi}^{+}(z)$는 각각 시스템의 무상태응답과 무입력응답의 변환에 해당한다. 이와 같이 z-변환은 단순한 대수방정식을 통해 차분 방정식의 무상태응답과 무입력응답을 동시에 구할 수 있는 장점을 갖고 있다.

예제 7.6 차분 방정식의 해

단방향의 z-변환을 사용하여 다음과 같은 초기조건을 갖는 상수계수 차분방정식의 해를 구하여 보자.

$$y[n]=\frac{5}{6}y[n-1]-\frac{1}{6}y[n-2]+x[n], \quad n\geq 0$$
$$y[-1]=1, \; y[-2]=-3$$

입력이 $x[n]=\frac{1}{3}u[n]$로 인가되었을 때, 차분 방정식의 해를 구하기 위해 다음과 같이 단방향

z-변환을 구한다.

$$Y^{+}(z) - \frac{5}{6}(z^{-1}Y^{+}(z) + 1) + \frac{1}{6}(z^{-2}Y^{+}(z) + z^{-1} - 3) = \frac{1}{3(1-z^{-1})}$$

위 식을 $Y^{+}(z)$에 대해서 정리하면

$$\begin{aligned} Y^{+}(z) &= \frac{1}{3(1-z^{-1})\left(1-\frac{1}{2}z^{-1}\right)\left(1-\frac{1}{3}z^{-1}\right)} + \frac{8-z^{-1}}{6\left(1-\frac{1}{2}z^{-1}\right)\left(1-\frac{1}{3}z^{-1}\right)} \\ &= Y^{+}_{zs}(z) + Y^{+}_{zi}(z) \end{aligned}$$

이고 이를 부분분수로 분해하면

$$Y^{+}_{zs}(z) = \frac{1}{(1-z^{-1})} - \frac{1}{\left(1-\frac{1}{2}z^{-1}\right)} + \frac{1}{3\left(1-\frac{1}{3}z^{-1}\right)}$$

$$Y^{+}_{zi}(z) = \frac{3}{\left(1-\frac{1}{2}z^{-1}\right)} - \frac{5}{3\left(1-\frac{1}{3}z^{-1}\right)}$$

$$Y^{+(z)} = Y^{+}_{zs}(z) + Y^{+}_{zi}(z) = \frac{1}{(1-z^{-1})} + \frac{2}{\left(1-\frac{1}{2}z^{-1}\right)} - \frac{4}{3\left(1-\frac{1}{3}z^{-1}\right)}$$

가 된다. 오른쪽 신호라는 가정으로 이것의 무상태응답, 무입력응답, 그리고 완전응답의 역변환 $y_{zs}[n]$, $y_{zi}[n]$, $y[n]$을 각각 구하면

$$\begin{aligned} y_{zs}[n] &= u[n] - \left(\frac{1}{2}\right)^{n}u[n] + \frac{1}{3}\left(\frac{1}{3}\right)^{n}u[n] \\ y_{zi}[n] &= 3\left(\frac{1}{2}\right)^{n}u[n] - \frac{5}{3}\left(\frac{1}{3}\right)^{n}u[n] \\ y[n] &= u[n] + 2\left(\frac{1}{2}\right)^{n}u[n] - \frac{4}{3}\left(\frac{1}{3}\right)^{n}u[n] \end{aligned}$$

와 같은 출력을 얻을 수 있다.

Matlab 함수 'filter'를 사용하여 차분방정식의 해를 구할 수 있는데, 'filter'함수에서 이산시간 시스템의 출력을 계산하기 위해서는 출력 신호가 아니라 입력 신호의 초기조건을 구해야 한다. 이를 위해 Matlab의 신호처리 도구상자에서는 'filtic' 함수가 제공되는데, 이 함수를 사용하여 입력 신호의 초기 상태를 구하는 것이 가능하다. ■

Matlab 프로그램 7.4

```
n = 0:1:25;
num = [1];
den = [1 -5/6 1/6];
v0=[1,-3];
x0=filtic(num,den,v0);

x= [0*ones(size(n))]';
y_1=filter(num,den,x,x0);
stem(n,y_1); xlabel('n'); ylabel('y[n]');
axis([0,25,0,1.4])
grid on

figure
x=[ones(size(n))]/3;
y_2=filter(num,den,x);
stem(n,y_2); xlabel('n'); ylabel('y[n]');
axis([0,25,0,1.8])
grid on

figure
x=[ones(size(n))]/3;
y_3=filter(num,den,x,x0);
stem(n,y_3); xlabel('n'); ylabel('y[n]');
grid on
```

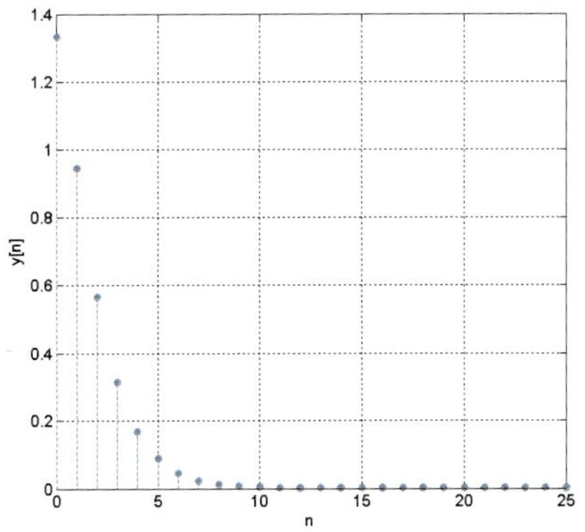

(a)

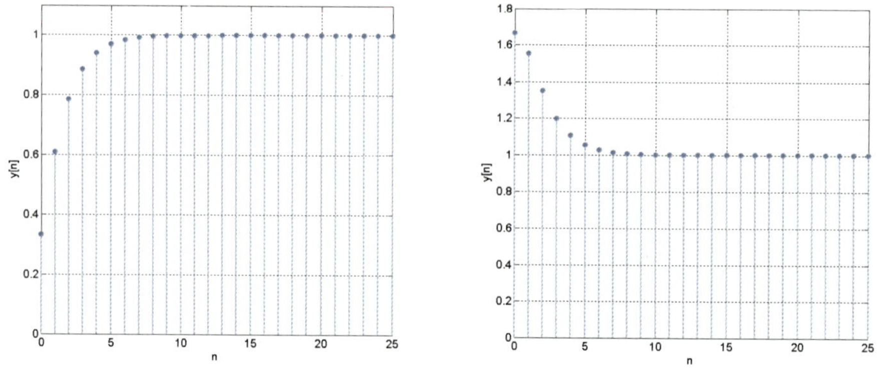

(b) (c)

그림 7.11 차분방정식의 해 (a) 무입력응답, (b) 무상태응답, (c) 완전응답

7.9 상태방정식과 z-변환

5장에서 공부했던 상태변수 이론은 어떤 이산시간 선형시불변 시스템이라도 여러 개의 1차 차분방정식들로 표현할 수 있다는 것이고, 이 차분방정식을 상태방정식이라 한다. z-변환의 시간영역 시간지연 성질을 상태방정식에 적용하면 상태방정식이 z-변환 영역에서 대수방정식으로 표현된다.

다음과 같은 상태방정식으로 표현된 이산시간 선형시불변 시스템을 생각해 보기로 하자.

$$\begin{aligned} v[n+1] &= Av[n] + bx[n] \\ y[n] &= cv[n] + dx[n] \end{aligned} \tag{7.78}$$

식 (7.78)의 양변을 단방향의 z-변환하면

$$z(V(z) - v[0]) = AV(z) + bX(z) \tag{7.79}$$

를 얻게 되고, 이것을 다시 정리하면

$$(zI-A)V(z)=zv[0]+bX(z) \tag{7.80}$$

가 된다. 이 식의 양변 좌측에 $(zI-A)^{-1}$을 곱하면

$$V(z)=z(zI-A)^{-1}v[0]+(zI-A)^{-1}bX(z) \tag{7.81}$$

를 얻을 수 있다. 또한 출력 방정식의 z-변환은 다음과 같다.

$$Y(z)=cV(z)+dX(z) \tag{7.82}$$

식 (7.81)을 식 (7.82)에 대입하면

$$Y(z)=cz(zI-A)^{-1}v[0]+(c(zI-A)^{-1}b+d)X(z) \tag{7.83}$$

를 얻는다. 여기에서 우변의 첫째 항은 입력이 없을 때의 무상태응답 성분을 나타내고, 둘째 항은 초기상태가 없을 때의 무입력응답 성분을 나타낸다.

5장의 식 (5.84)에서 상태방정식 (7.78)의 해가 다음과 같이 구해짐을 살펴본 바 있다.

$$v[n]=\Phi[n]v[0]+\sum_{k=0}^{n-1}\Phi[n-k-1]bx[k] \tag{7.84}$$

식 (7.84)에서 우변의 항은 신호 $\Phi[n]=A^n$과 $bx[n]$의 중첩합을 의미하기 때문에 이 식의 z-변환은

$$V(z)=Z\{A^n\}v[0]+z^{-1}Z\{A^n\}bX(z) \tag{7.85}$$

와 같이 구할 수 있고, 이 결과를 식 (7.81)의 결과와 비교하면

$$Z\{A^n\}=z(zI-A)^{-1}=\Phi(z) \tag{7.86}$$

가 성립함을 알 수 있고, 여기에서 $\Phi(z)$는 상태전이행렬 A^n의 z-변환을 나타낸다. 식 (7.86)을 사용하면 매우 편리하게 A^n을 결정할 수 있다. 즉 행렬 $zI-A$를 구성한 후, $z(zI-A)^{-1}$의 z-역변환을 구한 결과가 A^n이 된다.

출력방정식의 z-변환인 식 (7.83)에서 초기조건이 없다고 가정하면

$$Y(z) = (c(zI-A)^{-1}b+d)X(z) \tag{7.87}$$

가 되고, 따라서 이 시스템의 전달함수는

$$H(z) = c(zI-A)^{-1}b+d \tag{7.88}$$

가 된다.

예제 7.7 2차 이산시간 시스템의 응답특성

예제 5.5에서 살펴본 2차 차분방정식

$$y[n] = \frac{5}{6}y[n-1] - \frac{1}{6}y[n-2] + x[n]$$

로 표현되는 시스템의 상태표현은 다음과 같다.

$$\begin{bmatrix} v_1[n+1] \\ v_2[n+1] \end{bmatrix} = \begin{bmatrix} 0 & 1 \\ -\frac{1}{6} & \frac{5}{6} \end{bmatrix} \begin{bmatrix} v_1[n] \\ v_2[n] \end{bmatrix} + \begin{bmatrix} 0 \\ 1 \end{bmatrix} x[n]$$

$$y[n] = \begin{bmatrix} -\frac{1}{6} & \frac{5}{6} \end{bmatrix} \begin{bmatrix} v_1[n] \\ v_2[n] \end{bmatrix} + x[n]$$

이 때 초기 상태벡터를 $v_0 = [1\ \ 0]^T$라 가정한다. 위의 식으로부터

$$A = \begin{bmatrix} 0 & 1 \\ -\frac{1}{6} & \frac{5}{6} \end{bmatrix},\ b = \begin{bmatrix} 0 \\ 1 \end{bmatrix},\ c = \begin{bmatrix} -\frac{1}{6} & \frac{5}{6} \end{bmatrix},\ d = 1$$

임을 알 수 있다.

상태전이행렬의 z-변환은

$$\Phi(z) = z(zI - A)^{-1} = z\begin{bmatrix} z & -1 \\ \frac{1}{6} & z-\frac{5}{6} \end{bmatrix}^{-1}$$

이 되고, 기본적인 행렬이론에 의해서

$$\begin{aligned}\Phi(z) &= \frac{z\begin{bmatrix} z-\frac{5}{6} & 1 \\ -\frac{1}{6} & z \end{bmatrix}}{z\left(z-\frac{5}{6}\right)+\frac{1}{6}} \\ &= \frac{z}{\left(z-\frac{1}{2}\right)\left(z-\frac{1}{3}\right)}\begin{bmatrix} z-\frac{5}{6} & 1 \\ -\frac{1}{6} & z \end{bmatrix}\end{aligned}$$

이 결과를 사용하여 식 (7.83)에서 입력 $x[n]$이 0일 때의 무입력응답에 해당하는 z-변환은

$$\begin{aligned}Y(z) &= cz(zI - A)^{-1}v[0] \\ &= \frac{-\frac{1}{6}z^2}{\left(z-\frac{1}{2}\right)\left(z-\frac{1}{3}\right)} = \frac{-\frac{1}{2}}{1-\frac{1}{2}z^{-1}} + \frac{\frac{1}{3}}{1-\frac{1}{3}z^{-1}}\end{aligned}$$

이고, 식 (7.88)에서 전달함수는 다음과 같다.

$$\begin{aligned}H(z) &= c(zI - A)^{-1}b + d \\ &= \frac{z^2}{\left(z-\frac{1}{2}\right)\left(z-\frac{1}{3}\right)} = \frac{3}{1-\frac{1}{2}z^{-1}} + \frac{-2}{1-\frac{1}{3}z^{-1}}\end{aligned}$$

따라서 z 역변환에 의해서 무입력응답 $y[n]$과 임펄스응답 $h[n]$은 각각

$$\begin{aligned}y[n] &= -\frac{1}{2}\left(\frac{1}{2}\right)^n + \frac{1}{3}\left(\frac{1}{3}\right)^n \\ h[n] &= 3\left(\frac{1}{2}\right)^n - 2\left(\frac{1}{3}\right)^n\end{aligned}$$

로 나타나는데, 이는 예제 5.5에서 얻어진 결과와 일치함을 알 수 있다. ■

7.10 요약

이 장에서는 이산시간 푸리에 변환을 일반화시켜서 모든 종류의 신호에 적용이 가능하게 한 z-변환이 갖고 있는 기본적인 성질과 응용에 관해 살펴보았다. 이산시간 푸리에 해석은 특정한 조건, 즉 절대합가능 성질을 만족시키는 신호에만 적용이 가능하고 그 이외의 신호에 대해서는 적용이 불가능하다는 단점을 갖고 있다. 이산시간 푸리에 변환과 마찬가지로 z-변환을 이용하여 선형시불변 시스템의 해석이 가능하고 추가적으로 단방향 z-변환을 사용하면 과도상태에서 시스템의 입출력에 대한 관계도 쉽게 나타낼 수 있는 장점이 있다.

z-변환과 역변환

양방향 z-변환 : $X(z) = Z\{x[n]\} = \sum_{n=-\infty}^{\infty} x[n]z^{-n}$

양방향 z-역변환 : $x[n] = Z^{-1}\{X(z)\} = \frac{1}{2\pi j}\oint_C X(z)z^{n-1}dz$

단방향 z-변환 : $X^{+}(z) = Z\{x[n]u[n]\} = \sum_{n=0}^{\infty} x[n]z^{-n}$

z-변환의 성질 : 주어진 이산시간 신호와 z-변환이 $x[n] \overset{Z}{\leftrightarrow} X(z)$와 $y[n] \overset{Z}{\leftrightarrow} Y(z)$를 만족하면 다음과 같은 관계가 성립

선형성 : $ax[n]+by[n] \overset{Z}{\leftrightarrow} aX(z)+bY(z)$

시간지연 : $x[n-n_0] \overset{Z}{\leftrightarrow} z^{-n_0}X(z)$

주파수이동 : $a^n x[n] \overset{Z}{\leftrightarrow} X\left(\frac{z}{a}\right)$

z 영역에서의 미분 : $nx[n] \overset{Z}{\leftrightarrow} -z\frac{dX(z)}{dz}$

중첩합 : $x[n] * y[n] = \sum_{k=-\infty}^{\infty} x[k]y[n-k] \overset{Z}{\leftrightarrow} X(z)Y(z)$

z-변환을 통한 선형시불변 시스템의 전달함수 :

N차 차분방정식 : $\sum_{k=0}^{N} a_k y[n-k] = \sum_{k=0}^{M} b_k x[n-k]$

$$\text{전달함수}: \; H(z) = \frac{Y(z)}{X(z)} = \frac{\sum_{k=0}^{M} b_k z^{-k}}{\sum_{k=0}^{N} a_k z^{-k}}$$

$$H(z) = \sum_{n=-\infty}^{\infty} h[n] z^{-n}$$

안정성 : i) 안정성과 인과성을 모두 갖는 시스템에서는 모든 극점이 단위원 안에 위치

ii) 일반적인 시스템에서는 수렴영역이 단위원을 포함

z-변환을 통한 시스템 표현사이의 관계 :

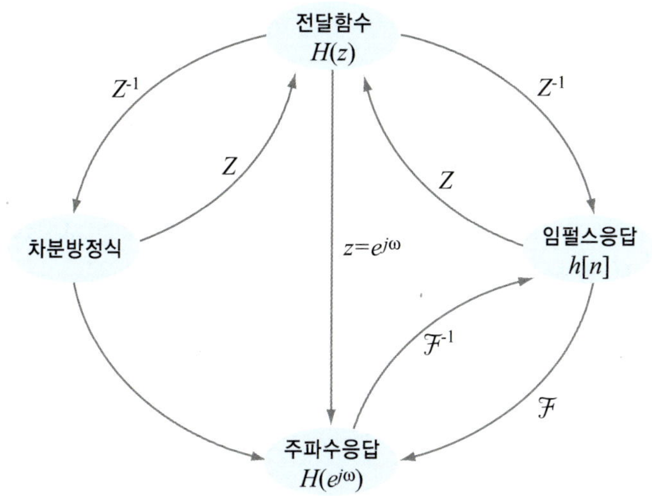

연습문제

1. 식 (7.48)과 같은 전달함수를 갖는 시스템의 시간영역에서의 전달함수를 쓰고 입력이 스텝 함수일 때의 출력을 컴퓨터 시뮬레이션으로 구한 후 위의 결과와 일치하는가 확인하시오.

2. (a) 다음과 같은 연속시간 시스템을 적분기를 이용하여 구현하고 라플라스 변환이나 다른 방법을 이용하여 이의 임펄스 응답을 구하시오.

$$y'(t) + ay(t) = u(t) \tag{7.89}$$

(b) 위의 시스템을 시뮬레이션하기 위하여 또는 이산시간 시스템으로 만들기 위하여 오일러 방법 $\left(y'(t) \approx \dfrac{y(t) - y(t-T)}{T}\right)$을 사용하는 경우, $T=0.1$초일 때에 해당하는 이산시간 시스템을 식으로 표현하고 그 임펄스 응답을 구하시오.

(c) $T=0.01$ 초인 경우에 대하여 위를 반복하시오.

(d) 위의 연속시간 시스템의 임펄스 응답을 $h_c(t)$라 하고 이산시간 시스템의 임펄스 응답을 $h[n]$이라 할 때 $T \to 0$일 때 $h[n] = h_c(nT)$임을 증명하시오.

3. 일반적인 N탭을 갖는 FIR 필터링을 수행하는 프로그램을 짜고 손으로 계산한 결과와 같은지 몇 가지 예를 들어 비교해 보자. 마찬가지로 일반적인 pole-zero IIR 필터의 프로그램도 만들어 보자.

4. 〈표 7.2〉를 이용하여 식 (7.58)의 역 z-변환이 식 (7.64)과 같은지 확인해 보자.

5. z변환 식으로부터 바로 주파수 전달함수 모양을 예측할 수 있는가? 물론 z변환이 주어졌을 때 $z=e^{j\omega}$를 대입하여 ω를 0부터 π까지 일정 간격으로 변화시키며 $H(z)$의 크기를 구하여 주파수 응답을 구할 수 있다. 그러나 영점과 극점이 어디에 분포하는가를 보아서 저대역 필터인지, 고대역 필터인지 등을 구분할 수 있다. 즉 전달함수가 다음과 같다면

$$H(z) = \frac{(z-z_1)(z-z_2)}{(z-p_1)(z-p_2)} \tag{7.90}$$

주파수 응답은 다음과 같이 구할 수 있다.

$$|H(e^{j\omega})| = \left. \frac{|z - z_1||z - z_2|}{|z - p_1||z - p_2|} \right|_{z = e^{j\omega}} \qquad (7.91)$$

여기서 $|z - z_i|$는 복소 평면에서 z라는 점과 z_i라는 점 사이의 거리에 해당한다. 따라서 $\frac{\pi}{4}$라는 주파수에서 크기 응답이 얼마인가를 보기 위해서는 $\omega = \frac{\pi}{4}$에 해당하는 단위원 상에서의 점으로부터 모든 영점까지의 거리의 곱을 모든 극점까지 거리의 곱으로 나누어주면 된다.

(a) 이러한 사실을 이용하여 〈그림 7.11〉과 같은 위치에 극점을 갖는 것은 저대역 필터라는 것을 설명해 보시오.

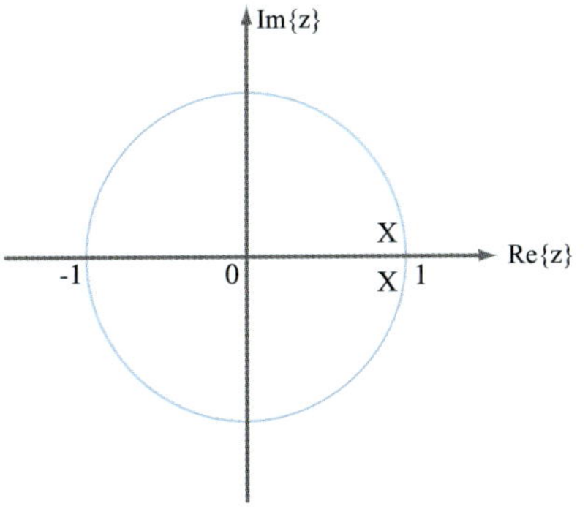

그림 7.11 저대역 all-pole system

(b) 반대로 $z = -1$ 부근에 극점이 있으면 고대역 필터임을 확인하시오.

(c) 〈그림 7.12〉와 같은 극점과 영점을 갖는 필터는 어떤 필터인가 설명하고, 컴퓨터 프로그램을 통하여 그 주파수 응답을 그려 확인하시오.

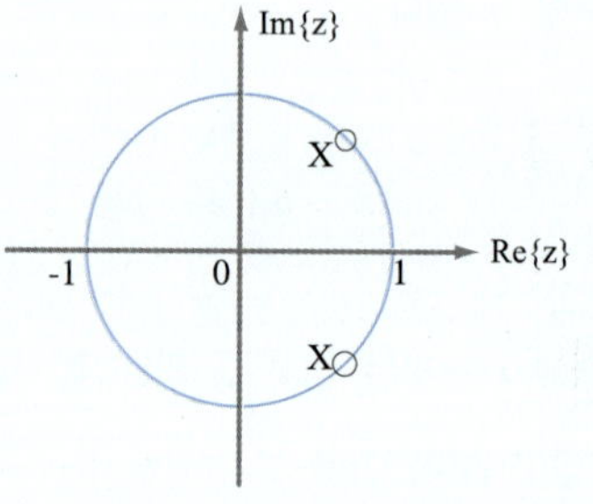

❙그림 7.12❙ Bond Stop Filter, 혹은 Notch Filter

6. 다음과 같은 시스템은 극점의 위치가 $\frac{1}{2}e^{\pm i\frac{\pi}{4}}$ 임을 확인하시오.

$$H(z) = \frac{1}{1 - \frac{1}{\sqrt{2}}z^{-1} + \frac{1}{4}z^{-2}} \tag{7.92}$$

이를 실제 디지털 회로로 구현하고자 하는데 $\frac{1}{\sqrt{2}}$의 값은 무한소수이므로 실제 회로에서는 0.70으로 표현되었다고 하자. 이 때 극점의 반지름과 각도가 원래 의도했던 것과 얼마나 달라지겠는가를 계산해 보시오. 이와 같이 비트 수가 유한하여 원래 의도했던 이산시간 시스템과의 차이로 생기는 현상을 FWL(finite word length) 효과라 한다. 6차 IIR 필터를 구현하고자 하는 경우 실제로는 6차를 그대로 구현하는 경우보다는 6차를 세 개의 2차 필터의 직렬로 구현하는 경우 FWL 효과가 작아진다. 그 이유를 설명해 보시오.

7. 다음과 같은 안정한 양방향 신호에 대한 z-변환과 그 수렴영역을 구하시오.

$$x[n] = \begin{cases} 2^n, & n < 0 \\ \left(\frac{1}{2}\right)^n, & n \geq 0 \end{cases}$$

8. 다음 시스템의 임펄스 응답을 구하시오. 단, 모두 인과 시스템이다.

(a) $y[n] = \frac{1}{3} y[n-1] + x[n]$

(b) $y[n] = \frac{5}{6} y[n-1] - y[n-2] + x[n]$

(c) $y[n] + y[n-1] + \frac{1}{6} y[n-2] = x[n]$

(d) $y[n] - \sqrt{2}\, y[n-1] + \frac{1}{4} y[n-2] = x[n]$

9. 위 시스템에 다음과 같은 입력이 들어갔을 때 출력을 구하시오.

$$x[n] = \left(\frac{1}{2}\right)^n u[n]$$

10. 다음 시스템의 블록도를 그리고 전달함수를 z-변환으로 나타내시오. 그리고 임펄스 응답을 구하시오. 인과 시스템인 경우만 고려한다.

$$y[n] + \frac{5}{6} y[n-1] + y[n-2] = x[n] + x[n-1] + \frac{1}{4} x[n-2]$$

11. 다음의 역변환을 구하시오.

$$H(z) = \frac{1}{\left(1 - \frac{1}{4} z^{-1}\right)\left(1 - \frac{1}{3} z^{-1}\right)}$$

CHAPTER 08

이산 푸리에 변환

08 이산 푸리에 변환

C·H·A·P·T·E·R

8.1 서론

앞에서 여러 가지 사례를 통해 푸리에 변환의 의미와 응용에 대해서 살펴 보았다. 또한 푸리에 변환의 가장 중요한 용도 중의 하나가 주어진 신호의 주파수 분석이라는 것도 알게 되었다. 이 성질을 이용하면 주어진 신호의 주파수 분석을 통하여 원하지 않는 부분을 제거한다든가 특정 주파수 부분을 강조하는 등에 사용할 수 있었다. 그런데 앞에서 배운 푸리에 변환들로 원하는 바를 모두 수행할 수 있는가? 다음의 예를 보자. 어떤 사람의 음성이 어떤 주파수 분포를 갖는가 조사하라는 숙제가 주어졌다. 그럼 우선 다음의 푸리에 변환식을 생각할 것이다.

$$X(j\Omega) = \int_{-\infty}^{\infty} x(t)e^{-j\Omega t}dt \qquad (8.1)$$

그러나 위의 식으로는 주어진 숙제를 할 수가 없다. 그 이유는 첫째로 $x(t)$가 식으로 정의된 특수신호가 아니기 때문이다. 일반적인 음성신호를 미리 정의된 식으로 나타낸다는 것은 불가능하기 때문이다. 실제 응용분야의 대부분이 이와 같은 경우이기 때문에 사인, 코사인, 지수 함수 등과 같은 특수함수들의 푸리에 변환을 그대로 사용할 수 없다. $x(t)$가 식으로 표현이 가능한 경우에도 위의 적분을 쉽게 하거나 적분이 존재하는 경우는 드물다.

그러면, 다음으로는 위의 신호를 샘플링 하여 다음과 같은 이산시간 푸리에 변환을 생각해 볼 수 있다.

$$X(e^{j\omega}) = \sum_{n=-\infty}^{\infty} x[n]\, e^{-j\omega n} \qquad (8.2)$$

그러나 위의 이산시간 푸리에 변환 역시 $x[n]$이 일반적으로 식으로 나타나지 않기 때문에 $X(e^{j\omega})$가 식으로 나오는 경우는 거의 없으며 어차피 컴퓨터를 통하여 계산을 하고 주파수를 적절한 간격으로 샘플링하여 플로팅 해보는 것이다. 컴퓨터를 통한 계산 역시 $-\infty$부터 ∞까지의 합을 계산할 수 있는 것은 아니며 그 의미도 별로 없다. 즉, 위의 음성신호 같은 경우 유성음인가 무성음인가에 따라 주파수 성분이 매우 심하게 변하는데, 5초간 말한 것을 위의 이산시간 푸리에 변환하면 5초 동안의 평균적인 주파수 성분과 순간순간 변하는 주파수 성분을 구별할 수 없다. 이와 같이 대부분의 응용에서는 시간에 따라 주파수 변화를 알아보는 것이 중요한 경우도 있기 때문에 위의 합산 구간을 응용 분야에 따라 적절한 값으로 제한할 필요도 있다.

이와 같이 앞에서 학습한 연속시간 및 이산시간 푸리에 변환은 기본적인 신호와 시스템의 개념을 세우는 데 매우 중요하지만 실제 응용에서 이를 직접 사용하는 경우는 매우 국한되어 있다. 위에서 나열한 이유 외에도 다음과 같은 컨벌루션을 생각해 보자. 어떤 신호와 이를 입력으로 하는 시스템의 이산시간 푸리에 변환이 각각 $X(e^{j\omega})$, $H(e^{j\omega})$라 할 때 이의 출력은 각 신호의 시간 영역에서의 컨벌루션 대신에 다음과 같이 각 푸리에 변환의 곱 $Y(e^{j\omega})$을 얻어서 이의 역변환을 통하여 얻을 수 있음을 학습하였다.

$$Y(e^{j\omega}) = H(e^{j\omega})X(e^{j\omega}) \qquad (8.3)$$

그러나 위에서와 같은 이유로 일반적인 입력에 대하여 $X(e^{j\omega})$의 식을 얻는 것은 불가능하며 긴 시간동안 주파수 성분의 평균인 값은 별 의미가 없을 수도 있다. 만약 그 의미가 있는 경우에도 $X(e^{j\omega})$를 식으로 구할 수 없는 경우에는 이것과 $H(e^{j\omega})$를 곱하기 위해서는 각각을 일정 간격으로 샘플링하여 각 샘플의 서로를 곱한 다음에 이 결과로 $Y(e^{j\omega})$를 추정하여 이의 역변환을 구하는 방법으로 출력을 구할 수도 있다.

정리하면 지금까지 학습한 연속시간 푸리에 변환, 이산시간 푸리에 변환만으로는 실제 응용 분야에 적용하기가 충분하지 않고 일정 간격으로 주파수 성분을 샘플링한 어떤 새로운 변환이 필요하다. 이와 같이 이산시간 푸리에 변환을 샘플링한 것이 이 장에서 학습할 이산 푸리에 변환이라 할 수 있다. 여기서는 컴퓨터를 이용하여 주파수 분석과 필터링을 하는데 필요한 이산 푸리에 변환(discrete Fourier transform; DFT)에 대하여 학습한다. 이는 5장에서 공부한, 이산시간 푸리에 변환(discrete-time Fourier transform)과는 구분되어야 한다. 뒤에서 자세히 설명되겠지만 이산 푸리에 변환은 사실 주기 이산신호의 푸리에 급수와 같다.

8.2 주기 신호의 이산 푸리에 급수

2장에서는 연속시간 주기 신호를 푸리에 급수로 전개하는 법을 공부하였으며, 여기서는 이산시간 주기 신호를 푸리에 급수로 나타내는 법에 대해 간단히 살펴본다.

이산시간 비주기 신호 $x[n]$은 구간 $0 \le n \le N-1$에서만 값을 갖는 경우에 다음과 같은 주기 N인 이산시간 신호 $\tilde{x}[n]$의 표현을 생각해 보자.

$$\tilde{x}[n] = \sum_{r=-\infty}^{\infty} x[n+rN] \tag{8.4}$$

또는

$$x[n] = \begin{cases} \tilde{x}[n], & 0 \le n \le N-1 \\ 0, & \text{otherwise} \end{cases} \tag{8.5}$$

식 (8.6)에서 주기 T인 연속시간 신호는 다음과 같이 사인파들의 합으로 표현됨을 확인하였다.

$$x(t) = \sum_{k=-\infty}^{\infty} a_k e^{j\frac{2\pi}{T}kt} \tag{8.6}$$

여기서 a_k가 푸리에 급수로서 각 주파수 성분의 크기와 위상을 나타내며 다음과 같이 a_k를 구할 수 있었다.

$$a_k = \frac{1}{T}\int_{-\frac{T}{2}}^{\frac{T}{2}} x(t)e^{-j\frac{2\pi}{T}kt}dt \tag{8.7}$$

마찬가지로 주기 N인 이산시간 신호도 주기가 N이고 서로 직교적인 사인파들의 선형합으로 나타낼 수 있다. 그러나 이산 신호가 식 (8.6)과 같은 연속시간 신호의 경우와 다른 점은 이산 신호인 사인파는 모두 주기 신호가 된다. 즉, $e^{j\frac{2\pi}{N}kn}$는 $e^{j\frac{2\pi}{N}k(n+rN)}$와 같으므로 식 (8.6)에서 합산 구간 $[-\infty, \infty]$는 의미가 없고 $[0, N-1]$까지만이 의미가 있다. 주기 N인 이산시간 신호는 다음과 같이 나타낼 수 있다.

$$\tilde{x}[n] = \sum_{k=0}^{N-1}\widetilde{X}[k]e^{j\frac{2\pi}{N}kn} \tag{8.8}$$

여기서 $\widetilde{X}[k]$는 이산 푸리에 계수이다. 따라서 주기 N인 이산시간 신호는 1, $e^{j\frac{2\pi}{N}}$, …, $e^{j\frac{2\pi}{N}\cdot(N-1)}$의 N개 사인파들로 합성이 가능하다. 따라서 $\tilde{x}[n]$은 N개의 원소를 갖는 $N\times1$ 벡터로 볼 수 있고 따라서 N개의 직교 벡터인 $e^{j\frac{2\pi}{N}kn}$ $(k=0, \cdots, N-1)$로 $\tilde{x}[n]$을 분해, 합성할 수 있는 것이다.

$\tilde{x}[n]$으로부터 이산 푸리에 계수를 구해 보자. 방법은 연속시간 신호의 경우와 비슷하다. 위 식 (8.8)의 양변에 우선 $e^{-j\frac{2\pi}{N}rn}$을 곱한다.

$$\tilde{x}[n]e^{-j\frac{2\pi}{N}rn} = \sum_{k=0}^{N-1}\widetilde{X}[k]e^{j\frac{2\pi}{N}kn}e^{-j\frac{2\pi}{N}rn} \tag{8.9}$$

연속시간 주기함수의 경우에 이 식을 한 주기에서 적분하였지만 여기서는 이산시간 함수이므로 한 주기에서 다음과 같이 합산을 한다.

$$\begin{aligned}\sum_{n=0}^{N-1}\tilde{x}[n]e^{-j\frac{2\pi}{N}rn} &= \sum_{n=0}^{N-1}\sum_{k=0}^{N-1}\widetilde{X}[k]e^{j\frac{2\pi}{N}(k-r)n} \\ &= \sum_{k=0}^{N-1}\widetilde{X}[k]\left\{\sum_{n=0}^{N-1}e^{j\frac{2\pi}{N}(k-r)n}\right\}\end{aligned} \tag{8.10}$$

위 식에서 우변의 n에 관한 합은 $k-r$이 0인가 아닌가에 따라 달라진다. 우선 이

값이 0인 경우, 즉, $r=k$ 인 경우 안의 합은 1을 N번 더하는 것이므로 합은 N이 된다. $k-r$ 이 0이 아닌 어떤 정수 m 인 경우에는 안의 합이 다음과 같이 0이 된다.

$$\sum_{n=0}^{N-1} e^{j\frac{2\pi}{N}mn} = \frac{1-e^{j\frac{2\pi}{N}m\cdot N}}{1-e^{j\frac{2\pi}{N}m}} = 0 \tag{8.11}$$

따라서 식 (8.10)에서 우변은 $k=r$인 경우 외에는 모두 0이므로 이 식은 다음과 같이 된다.

$$\sum_{n=0}^{N-1} \tilde{x}[n]\, e^{-j\frac{2\pi}{N}rn} = N\widetilde{X}[r] \tag{8.12}$$

또는 인덱스 r을 k로 바꾸어 다시 쓰면 다음과 같다.

$$\widetilde{X}[k] = \frac{1}{N}\sum_{n=0}^{N-1} \tilde{x}[n]\, e^{-j\frac{2\pi}{N}kn} \tag{8.13}$$

결국 이 식과 식 (8.8)이 이산시간 신호의 푸리에 급수 짝을 이룬다. 즉, 식 (8.8)이 이산시간 주기신호의 합성식이고 식 (8.13)이 분석식이 된다. 연속시간 신호의 경우와 또 다른 점은 식 (8.13)의 푸리에 급수도 결국 $e^{-j\frac{2\pi}{N}n}$들의 합이므로 주기가 N인 신호가 된다는 것이다. 이산 푸리에 급수의 특징은 모두 다 유한한 수열의 합으로 주어진다는 것이며 이 점은 디지털 시스템에 가장 적합한 형태가 된다.

이를 설명하기 위해 지금까지 살펴본 연속시간 비주기 신호의 푸리에 변환, 연속시간 주기 신호의 푸리에 급수, 이산시간 비주기 신호의 푸리에 변환 및 이산시간 주기 신호의 푸리에 급수의 특징을 살펴보자. 일반적으로 시간영역에서 비주기와 주기 신호의 경우를 생각해 보면 주파수 영역에서 각각 연속 신호와 이산 신호의 형태로 나타났다. 그리고 시간영역에서 연속과 이산 신호의 경우에는 주파수 영역에서 각각 비주기와 주기 신호의 형태로 나타났다.

이와 같이 시간영역과 주파수 영역 사이에는 듀얼 관계가 성립한다. 위 결과를 이에 비추어 보면 이산시간 주기함수는 당연히 주파수 영역에서도 이산신호이면서 동시에 주기신호임을 확인할 수 있다.

예제 8.1 주기적 구형파의 이산 푸리에 급수

다음과 같이 주어진 이산시간 주기 신호 $\tilde{x}[n]$의 이산 푸리에 급수를 구하여 보자.

$$\tilde{x}[n] = \{\cdots, 1, 2, 3, 4, 1, 2, 3, 4, \cdots\}$$

위의 주기 신호의 기본 주기 N은 4가 됨을 알 수 있고, 식 (8.13)에 대입하면 이산 푸리에 급수 식은 다음과 같고

$$\widetilde{X}[k] = \sum_{n=0}^{3} \tilde{x}[n]\, e^{-j\frac{2\pi}{4}kn}$$

$e^{-j\frac{2\pi}{4}} = -j$이므로 이산 푸리에 급수는 다음과 같이 나타낼 수 있다.

$$\widetilde{X}[0] = \sum_{n=0}^{3} \tilde{x}[n](-j)^{0n} = \tilde{x}[0] + \tilde{x}[1] + \tilde{x}[2] + \tilde{x}[3] = 10$$
$$\widetilde{X}[1] = \sum_{n=0}^{3} \tilde{x}[n](-j)^{n} = \tilde{x}[0] + \tilde{x}[1](-j) + \tilde{x}[2](-j)^2 + \tilde{x}[3](-j)^3 = -2 + 2j$$
$$\widetilde{X}[2] = \sum_{n=0}^{3} \tilde{x}[n](-j)^{2n} = \tilde{x}[0] + \tilde{x}[1](-j)^2 + \tilde{x}[2](-j)^4 + \tilde{x}[3](-j)^6 = -2$$
$$\widetilde{X}[3] = \sum_{n=0}^{3} \tilde{x}[n](-j)^{3n} = \tilde{x}[0] + \tilde{x}[1](-j)^3 + \tilde{x}[2](-j)^6 + \tilde{x}[3](-j)^9 = -2 - 2j$$

나머지 구간에서의 값은 $\widetilde{X}[k+3] = \widetilde{X}[k]$의 관계식에서 얻을 수 있고 Matlab을 활용하면 다음과 같이 쉽게 얻을 수 있다. ■

Matlab 프로그램 8.1

```
N = 4;
n = 0:1:(N-1);
k = 0:1:(N-1);
W = exp(-j*2*pi/N);

xn = [1 2 3 4];
nk = n'*k;
Wnk = W .^nk;
Xk = xn * Wnk;
```

8.3 이산 푸리에 변환

앞서 설명한 바와 같이 주어진 신호 $x[n]$의 이산시간 푸리에 변환 $X(e^{jw})$는 $x[n]$ 전체의 주파수 스펙트럼을 나타낸다. $x[n]$의 일부분의 스펙트럼이 필요한 경우 물론 다음과 같은 식으로 스펙트럼을 구할 수 있을 것이다.

$$X_N(e^{jw}) = \sum_{n=0}^{N-1} x[n]e^{-j\omega n} \tag{8.14}$$

즉, 음성신호처럼 주파수 성분이 시간에 따라 심하게 변하는 경우 신호를 블록별로 나누어 위와 같이 스펙트럼을 구할 수 있다. 그러나 컴퓨터에서 이러한 계산을 처리할 수는 없고 결국 주파수 영역에서도 어떤 샘플값을 취하여 이를 플로팅하는 데에도 쓰고 주파수 영역에서 필터링하는 데에도 쓰게 된다. 따라서 이산 푸리에 변환과 이산시간 푸리에 변환의 차이는, 이산 푸리에 변환이 이산시간 변환 $X(e^{jw})$를 샘플링하여 주파수 영역에서 이산 함수가 되도록 한 것이라 설명할 수 있다.

이산 푸리에 변환은 이와 같이 주파수 영역에서 샘플링 결과라고 해석할 수도 있고, 2장에서 학습한 바와 같이 주어진 N개의 데이터를 여러 주파수 성분을 갖는 기본 벡터에 내적시켜 그 성분을 얻은 것이라고도 해석할 수 있다. $X(e^{jw})$의 주파수를 샘플링한 것이라 해석하는 방법은 다음 절에서 더 자세히 알아보도록 하고 여기서는 우선 N개의 이산시간 신호를 $N\times1$ 벡터로 보고 이를 기본 단위벡터로 분해, 합성하는 방법으로 이산 푸리에 변환을 설명하고자 한다.

2장의 푸리에 급수에서 $N\times1$크기의 어떤 벡터 $\vec{x}$는 다음과 같이 기본 단위벡터로 분해하고 합성할 수 있음을 알았다.

$$\vec{x} = \sum_{k=0}^{N-1} \langle \vec{x}, \vec{e_k} \rangle \vec{e_k} \tag{8.15}$$

예를 들어 2차원 평면의 모든 점은(임의의 신호의 두 개의 데이터) $\vec{e_1} = (1,0)^T$, $\vec{e_2} = (0,1)^T$로 했을 때 $\langle \vec{x}, \vec{e_1} \rangle$은 x 성분 $\langle \vec{x}, \vec{e_2} \rangle$는 y 성분을 나타낸다. 더 구체적으로 $\vec{x} = (3,5)^T$이면 $\langle \vec{x}, \vec{e_1} \rangle = 3$, $\langle \vec{x}, \vec{e_2} \rangle = 5$이고, $\vec{x} = 3\vec{e_1} + 5\vec{e_2}$로 나타난다.

$\overrightarrow{e_1}$과 $\overrightarrow{e_2}$는 서로 직교하는 크기 1의 벡터이면 되는데 위의 예는 직교좌표계에서 x성분 y성분을 나타내기 위한 벡터이고 주파수 성분을 나타내기 위해서는 두 개의 데이터에 대해서는 서로 다른 성분 두 개만을 표현하는 것이 가능하므로(2차원 평면에서 서로 독립인 벡터는 두 개) DC성분과 AC 성분을 나타내는 $\overrightarrow{e_1} = \frac{1}{\sqrt{2}}(1, 1)^T$, $\overrightarrow{e_2} = \frac{1}{\sqrt{2}}(1, -1)^T$로 하였다.

즉, 입력 데이터를 두 개씩 끊어서 각각의 주파수 성분을 알아볼 때 우리가 알 수 있는 성분은 두 가지, $w_0 = 0$과 $w_1 = \pi$에서의 성분만 알 수 있다는 것이다. 예를 들어 $x_n = 1, 3, 1, 1, -1, 1, 2, 4, \cdots$과 같은 데이터에 대하여 두 개씩 주파수 성분을 구한다면 첫째 블록 $(1, 3)$의 DC($w_0 = 0$)성분은 $2\sqrt{2}$, AC($w_1 = \pi$) 성분은 $-\sqrt{2}$, 둘째 블록 $(1, 1)$의 DC 성분 $\sqrt{2}$, AC 성분 0, 마찬가지로 $(-1, 1)$은 $0, -2, \cdots$ 등과 같이 된다.

데이터를 네 개씩 잡아서 주파수 성분을 알아본다면 0부터 2π 사이에 네 곳의 주파수 성분을 알 수 있다(네 개 이내의 벡터만이 독립이므로). 물론 직교하는 임의의 네 곳을 골라도 되지만 보통은 단위원을 고르게 나누어 $w_k = \frac{2\pi}{4}k$, $(k = 0, 1, \cdots, 3)$ 네 곳의 주파수 성분을 구한다. 각각의 주파수 성분을 갖는 단위 벡터는 다음과 같이 구할 수 있다.

$$\overrightarrow{e_k} = \frac{1}{2}\left[e^{j\frac{2\pi}{4}k\cdot 0}, e^{j\frac{2\pi}{4}k\cdot 1}, e^{j\frac{2\pi}{4}k\cdot 2}, e^{j\frac{2\pi}{4}k\cdot 3} \right]^T \tag{8.16}$$

즉, DC 성분은 $w_0 = 0$이므로 $e^{j\frac{2\pi}{4}0} = 1$을 0, 1, 2, 3승하여 벡터의 각 원소로 하므로

$$\overrightarrow{e_0} = \frac{1}{2}[1, 1, 1, 1]^T \tag{8.17}$$

이고, $w_1 = \frac{\pi}{2}$에서의 성분은 식 (8.16)에서 $k = 1$인 경우로서

$$\overrightarrow{e_1} = \frac{1}{2}[1, +j, -1, -j]^T \tag{8.18}$$

마찬가지로 $w_2 = \pi$와 $w_3 = \dfrac{3\pi}{2}$ 성분의 단위벡터는 각각

$$\vec{e_2} = \frac{1}{2}[1, -1, 1, -1]^T \tag{8.19}$$

$$\vec{e_3} = \frac{1}{2}[1, -j, -1, j]^T \tag{8.20}$$

가 된다. 즉, 위에서 알 수 있듯이 주파수 w 성분을 나타내는 기본 벡터는 복소평면의 단위원에서 그 각도만큼 돌아가는 원소들을 나열하여 얻어진다. 이를 일반화하면 $N\times1$ 벡터를 0부터 2π 사이의 $\dfrac{2\pi}{N}$ 간격의 주파수 성분들로 분해하기 위한 단위 벡터를 $\vec{e_k}$라고 하면 이는 $w_k=\dfrac{2\pi}{N}k$성분을 나타내며 이의 n 번째 원소의 값은 $\dfrac{1}{\sqrt{N}}e^{j\frac{2\pi}{N}kn}$이 된다. 결국 식 (8.15)에서 주어진 시간 영역에서의 N개의 데이터를 $N\times1$벡터로 보았을 때 이는 다음과 같이 분해, 합성될 수 있다.

$$\begin{aligned}\vec{x} &= \sum_{k=0}^{N-1} \langle \vec{x}, \vec{e_k} \rangle \vec{e_k} \\ &= \sum_{k=0}^{N-1} \frac{1}{\sqrt{N}} X[k] \vec{e_k}\end{aligned} \tag{8.21}$$

여기서 $X[k] = \sqrt{N}\langle \vec{x}, \vec{e_k} \rangle$로서 k 번째 주파수$\left(w_k = \dfrac{2\pi}{N}k\right)$성분을 나타낸다. 이러한 $X[k]$를 이산 푸리에 변환 계수라 하며 내적의 계산은 각 원소들을 곱하여 모두 더하되, 복소수인 경우 하나의 벡터는 켤레 값으로 바꾸어야 한다.

즉, $\vec{x} = [x[0], x[1], \cdots\cdots, x[N-1]]^T$라 표시할 때 $X[k]$는 다음과 같다.

$$X[k] = \sum_{n=0}^{N-1} x[n] e^{-j\frac{2\pi}{N}kn} \tag{8.22}$$

다시 말하면 위의 식 (8.22)가 이산 푸리에 변환식이다. $X[k]$가 푸리에 계수이고, 이를 이용하여 다시 시간 영역의 벡터를 합성하는 것이 식 (8.21)인데, 이를 벡터 $\vec{x}$의 n번째 원소를 구하는 식으로 써보면

$$x[n] = \frac{1}{N}\sum_{k=0}^{N-1} X[k]e^{j\frac{2\pi}{N}nk} \tag{8.23}$$

이 된다. 따라서 식 (8.22)와 식 (8.23)은 길이 N의 데이터에 대한 이산 푸리에 변환과 그 역변환으로 정의할 수 있다. 그리고 식 (8.13)과 식 (8.22)에서 이산 푸리에 급수 $\widetilde{X}[k]$와 이산 푸리에 변환 $X[k]$의 관계는 다음과 같다.

$$X[k] = \begin{cases} \widetilde{X}[k], & 0 \le k \le N-1 \\ 0, & \text{otherwise} \end{cases} \tag{8.24}$$

즉, 연속되어 들어오는 이산시간 신호에서 N개의 데이터를 떼어내어 이의 이산 푸리에 변환을 한 결과는 결국 이 N개의 데이터가 반복되고 있는 주기신호의 푸리에 급수와 같은 값을 갖는다는 것이다. 이에 대한 더 자세한 내용은 다음 절에서 설명한다.

8.4 이산 푸리에 변환의 해석

앞에서 이산 푸리에 변환은 주어진 N개의 데이터를 주파수 성분을 나타내는 N개의 벡터에 내적시켜 얻어낸 것이라는 해석을 하였다. 여기서는 이러한 이산 푸리에 변환과 이산시간 푸리에 변환, 그리고 이산 푸리에 급수의 관계를 알아본다. 우선 이를 위하여 〈그림 8.1〉과 같이 주어진 비주기 신호의 이산시간 푸리에 변환을 구해보면 다음과 같다.

$$\begin{aligned} X(e^{j\omega}) &= \sum_{n=-\infty}^{\infty} x[n]e^{-j\omega n} = \sum_{n=0}^{3} e^{-j\omega n} \\ &= \frac{1-e^{-j4\omega}}{1-e^{-j\omega}} = \frac{e^{-j2\omega}\left(e^{j2\omega}-e^{-j2\omega}\right)}{e^{-j\frac{\omega}{2}}\left(e^{j\frac{\omega}{2}}-e^{-j\frac{\omega}{2}}\right)} \\ &= e^{-j\frac{3}{2}\omega} \cdot \frac{\sin 2\omega}{\sin\frac{\omega}{2}} \end{aligned} \tag{8.25}$$

그리고 이의 크기를 주파수에 따라 그린 것이 〈그림 8.2〉이다. 〈그림 8.2〉를 컴퓨터와 같은 디지털 시스템을 이용하기 위해서는 일반적으로 식 (8.25)와 같은 이산시간 푸리에 변환을 샘플링 하는 과정이 필요하다. 식 (8.25)와 같이 간단한 형태로 푸리에 변환식이 나타나지 않는 경우에는 이와 같은 과정이 더욱 필요하며 식 (8.3)과 같이 두 푸리에 변환 식을 곱할 때에도 어느 한 식이 일반적인 유리함수로 나타나지 않거나 컴퓨터를 이용하여 두 함수를 곱할 필요가 있으면 항상 어떤 간격으로 푸리에 변환을 샘플링 하여 결과의 샘플 값을 얻어야 한다. 즉, 컴퓨터나 디지털 회로를 이용한 디지털 신호처리에서는 주파수 영역에서의 연속함수인 $X(e^{j\omega})$나 $H(e^{j\omega})$를 주파수 영역에서 일정 간격으로 샘플링 할 필요가 있다. 예를 들어 위의 식 (8.25)의 $[0, 2\pi]$ 구간을 N개의 구간으로 나눈다고 하면 k 번째 샘플값은 다음과 같다.

$$X(e^{j\omega})\Big|_{\omega=\frac{2\pi}{N}k} = \sum_{n=-\infty}^{\infty} x[n]e^{-j\frac{2\pi}{N}nk} \tag{8.26}$$

Matlab 프로그램 8.2

```
n=0:1:20;
x=zeros(1,length(n));
x(1:4)=ones(1,4);
stem(n,x); xlabel ('n'); ylabel('x(n)');
axis([0,20,-0.5,1.5]);
grid on;
```

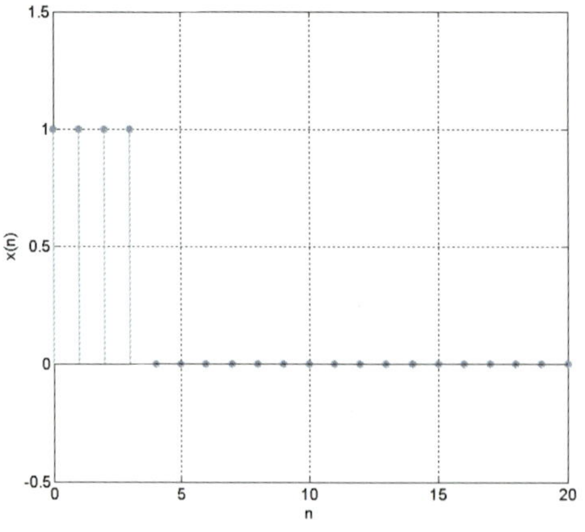

그림 8.1 이산시간 신호(비주기 신호)

<그림 8.1>과 같이 신호의 길이가 N개 이내로 유한한 경우 위 식은 결국 식 (8.22)과 똑같다. 구체적인 예를 들어 <그림 8.1>의 비주기함수를 푸리에 변환한 <그림 8.2>의 $X(e^{j\omega})$를 $[0, 2\pi]$ 구간에서 8개로 샘플링을 한다면 그 결과는 <그림 8.3>과 같고 따라서 이는 <그림 8.4>와 같은 주기함수의 푸리에 급수와 똑같다.

Matlab 프로그램 8.3

```
n = 0:1:20;
w = [0:1:500]*4*pi/500;
Mag_X = abs(1+exp(-j*w)+exp(-j*2*w)+exp(-j*3*w));
plot(w*20/(4*pi),Mag_X); xlabel ('n'); ylabel('magnitude');
axis([0,20,-1,5]);
grid on;
```

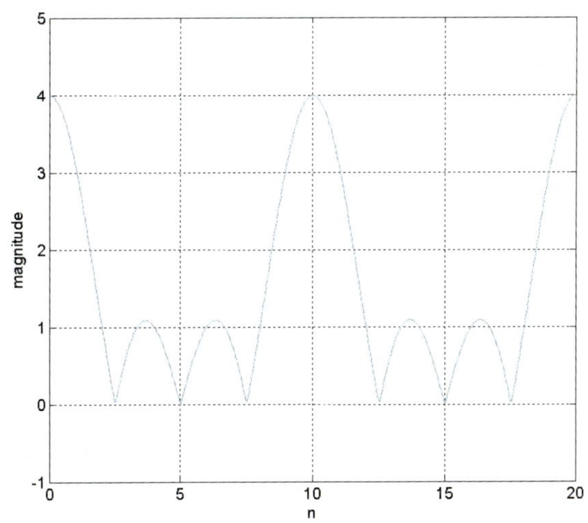

그림 8.2 이산시간 푸리에 변환의 크기 $|X(e^{j\omega})|$

Matlab 프로그램 8.4

```
n=0:1:16;
w = [0:1:500]*4*pi/500;
Mag_X=abs(1+exp(-j*w)+exp(-j*2*w)+exp(-j*3*w));
x=zeros(1,length(n));
x=abs(1+exp(-j*2*pi*n/8)+exp(-j*2*2*pi*n/8)+exp(-j*3*2*pi*n/8));
stem(n,x);
hold on
plot(w*16/(4*pi),Mag_X,'--'); xlabel ('n'); ylabel('magnitude');
axis([0,16,-1,5]);
grid on;
```

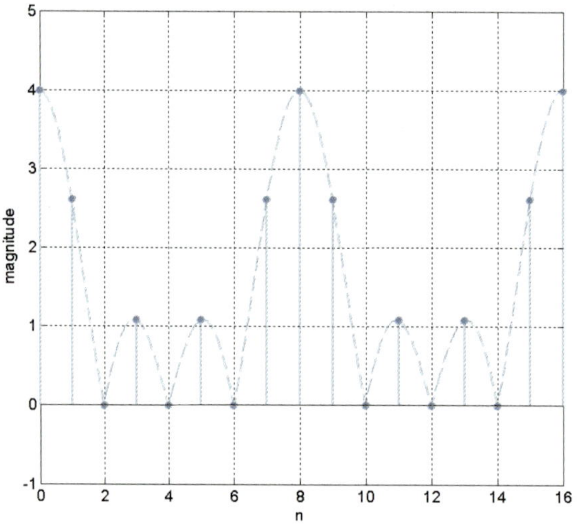

그림 8.3 〈그림 8.2〉의 샘플링

Matlab 프로그램 8.5

```
n=0:1:20;
x=zeros(1,length(n));
x(1:4)=ones(1,4);
x(9:12)=ones(1,4);
x(17:20)=ones(1,4);
stem(n,x); xlabel ('n'); ylabel('x(n)');
axis([0,20,-0.5,1.5]);
grid on;
```

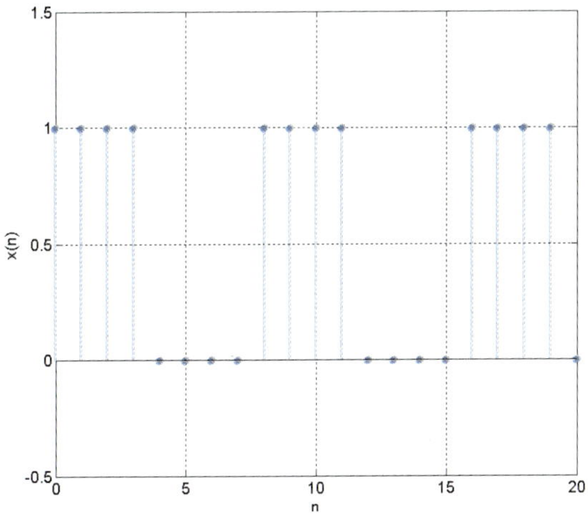

그림 8.4 주기 8인 이산시간 신호

다른 예로 〈그림 8.1〉의 비주기 신호의 푸리에 변환인 $X(e^{j\omega})$를 16개로 샘플링 한 결과는 〈그림 8.5〉와 같으며 이의 역변환은 〈그림 8.6〉과 같은 주기함수가 된다. 즉, 주파수 영역에서 샘플링을 하니 시간 영역에서 비주기 함수가 주기함수로 되는 것이다. 이는 6장에서 학습한 바와 같이 연속시간 신호를 샘플링하면 그 주파수 성분이 샘플링 주파수를 주기로 반복되는 주기함수가 되는 것과 같은 이치이다.

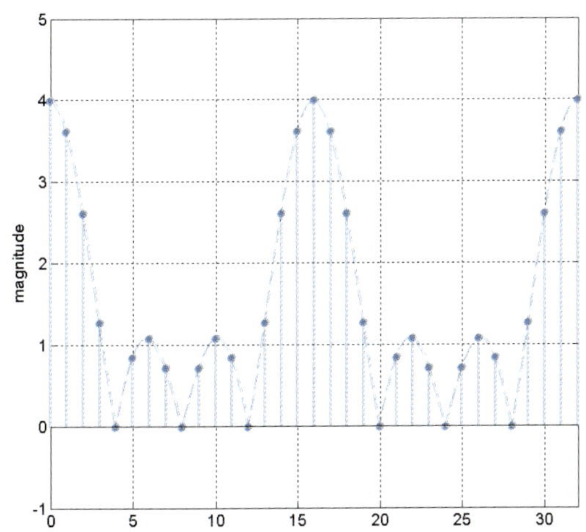

그림 8.5 $X(e^{j\omega})$를 16개로 샘플링한 결과

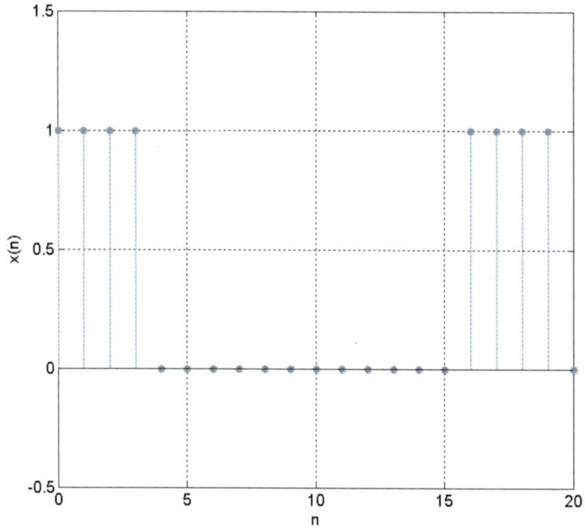

그림 8.6 〈그림 8.5〉와 같은 푸리에 계수를 갖는 신호

위의 결과를 정리하면 다음과 같은 결론을 내릴 수 있다. 어떤 유한 길이의 신호 $x[n]$의 주파수 성분을 구하고자 한다면 식 (8.2)를 통하여 $X(e^{j\omega})$를 구하는 것이 가장 합당하다. 그러나 대부분의 응용에서 이를 구하는 것은 불가능하며 컴퓨터를 이용하여 어떤 처리를 하고자 한다면 어차피 이를 어떤 일정 간격으로 샘플링 해야 한다.

예제 8.2 주기적 구형파의 이산 푸리에 급수

〈그림 8.6〉에서 주어진 주기 신호에서 값을 갖는 구간의 2배로 확장된 경우에 주파수 영역에서 특성들을 살펴보기 위해 다음과 같은 비주기 신호 $x[n]$를 고려하자.

$$x[n] = \begin{cases} 1, & 0 \le k \le 7 \\ 0, & \text{otherwise} \end{cases}$$

이 때 주어진 비주기 신호의 이산시간 푸리에 변환을 구하면 다음과 같고

$$X(e^{j\omega}) = \sum_{n=-\infty}^{\infty} x[n]\, e^{-j\omega n} = \sum_{n=0}^{7} e^{-j\omega n}$$
$$= e^{-j\frac{7}{2}\omega} \cdot \frac{\sin 4\omega}{\sin \frac{\omega}{2}}$$

〈그림 8.6〉과 같이 주기 16인 주기 신호 $\tilde{x}[n]$을 구하고 이에 대한 이산 푸리에 급수를 구해 이를 나타낸 것이 〈그림 8.7〉이다. 〈그림 8.5〉와 〈그림 8.7〉을 비교하면 시간 영역에서 값을 갖는 구간이 확대되면 주파수 영역에서는 값을 갖는 폭이 축소되는 것을 확인할 수 있는데, 그 이유는 시간 영역과 주파수 영역은 쌍대성 관계가 성립하기 때문이다. ■

Matlab 프로그램 8.6

```
n=0:1:32;
w = [0:1:500]*4*pi/500;
K1 = 1+exp(-j*w)+exp(-j*2*w)+exp(-j*3*w);
Mag_X=abs( K1 .* (1 + exp(-j*4*w)) );
x=zeros(1,length(n));
K2 = 1+exp(-j*2*pi*n/16)+exp(-j*2*2*pi*n/16)+exp(-j*3*2*pi*n/16);
x=abs( K2 .* (1 + exp(-j*4*2*pi*n/16)) );
stem(n,x);
hold on
plot(w*32/(4*pi),Mag_X,'--'); xlabel ('n'); ylabel('magnitude');
axis([0,32,-1,9]);
grid on;
```

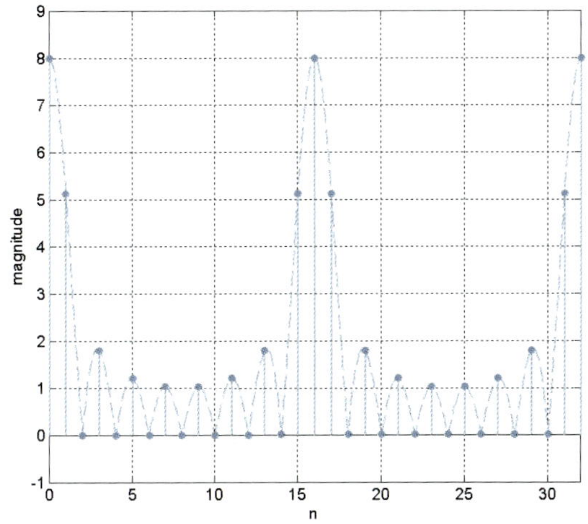

| 그림 8.7 | $X(e^{j\omega})$를 16개로 샘플링한 결과

$X(e^{j\omega})$의 0부터 2π 사이를 N간격으로 샘플링 한 결과를 $X[k]$라 하면 이는 결국 주어진 $x[n]$을 N을 주기로 반복시킨 주기함수의 푸리에 급수와 같다. 주파수 영역에서 샘플링을 더 잘게 한다면 이는 주파수의 더 자세한 변화를 보는 것이며 주파수 영역에서 해상도가 높아지는 것이다. 이에 대한 대가는 시간영역에서 변환해야 할 신호의 길이가 늘어나는 것이다. 위의 예에서와 같이 일정 간격에서만 신호가 있고 나머지는 모두 0인 신호의 경우에는 주파수의 해상도를 무한히 높여 더 자세한 주파수 변화를 관찰하는 것이 의미가 있지만 그렇지 않고 음성신호와 같이 계속 이어지는 신호를 푸리에 변환하고자 하는 경우에 주파수 해상도를 높이기 위해서는 더 많은 입력 샘플이 필요하고, 그러면 관찰하고자 하는 시간 범위를 넘어서 다른 부분과의 평균적인 주파수 성분이 될 수 있으므로 적절한 양의 샘플링이 필요하다.

위와 반대의 개념으로 생각해 보면 시간영역에서 계속되는 신호의 어떤 구간에서의 주파수 분포를 알고자 할 때 이 구간의 신호 N개를 떼어내어 이의 $X(e^{j\omega})$를 직접 구하지 않고 $X(e^{j\omega})$의 샘플링 값에 해당하는 값을 구할 수 있으므로 이를 이용하여 $X(e^{j\omega})$를 추정할 수 있다. 즉, 떼어 낸 블록의 신호가 계속 이어지는 주기 N인 신호의 푸리에 급수를 계산하면 이 결과는 역시 N을 주기로 하는 함수인데 이의 0부터 $N-1$까지의 값이 $X(e^{j\omega})$를 0부터 2π 사이에서 N개로 샘플링 한 결과이다. 그림으로 설명하면 〈그림 8.8〉이 연속되어 들어오는 입력이라 하고 이의 점선 부분의 블록에 대한 주파수 성분을 알고자할 때 이 부분이 주기신호로 반복되는 〈그림 8.9〉와 같은 신호의 푸리에 급수를 구하는 것이다. 그 결과가 〈그림 8.10〉이라 할 때 역시 점선 부분이 원하는 $X(e^{j\omega})$를 N개로 샘플링한 결과이다.

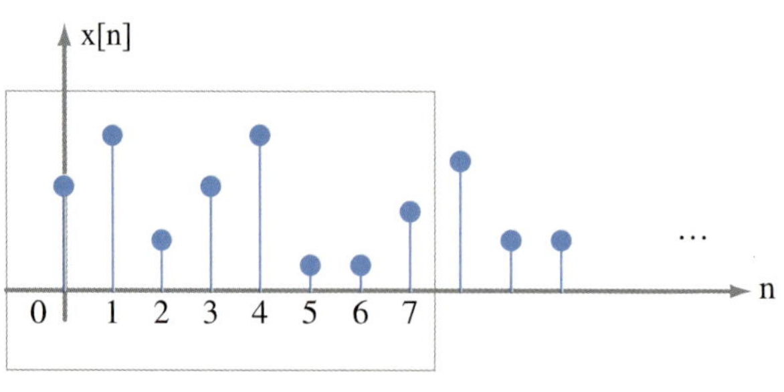

그림 8.8 연속되어 입력되고 있는 신호

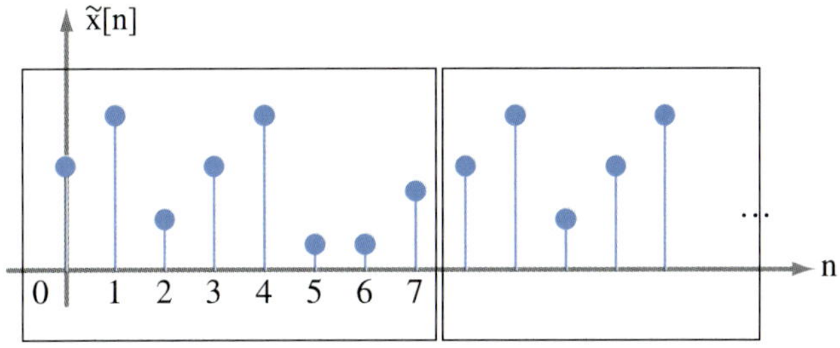

| 그림 8.9 | 〈그림 8.8〉의 블록 안의 신호를 반복시킨 주기신호

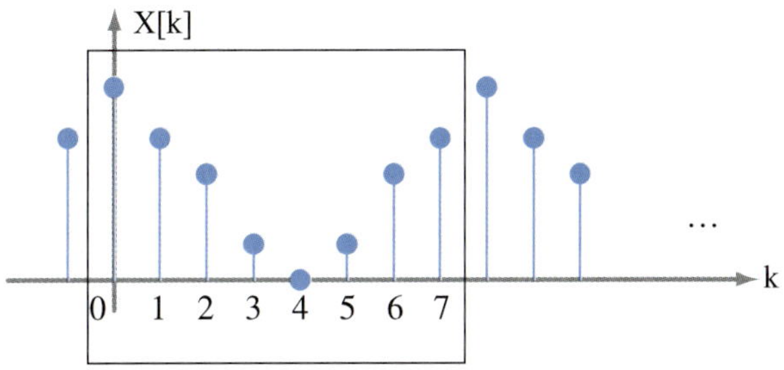

| 그림 8.10 | 〈그림 8.9〉의 푸리에 급수

따라서 이산시간 신호에서 이산 푸리에 변환과 푸리에 급수의 차이는 없다고도 할 수 있다. 신호가 주어지면 관심 있는 N개의 부분을 추출하여 식 (8.24)에 따라 변환한 결과가 이산 푸리에 변환이며 그 의미는 이산시간 푸리에 변환 $X(e^{j\omega})$를 N개로 샘플링 한 결과이다.

8.5 이산 푸리에 변환의 고속 계산(fast Fourier transform)

앞 절의 결론에 따르면 이산 푸리에 변환과 이산 푸리에 역변환은 각각 다음과 같이 정의된다.

$$X[k] = \sum_{n=0}^{N-1} x[n] W_N^{nk} \tag{8.27}$$

$$x[n] = \frac{1}{N} \sum_{k=0}^{N-1} X[k] W_N^{-nk} \tag{8.28}$$

여기서 $W_N = e^{-j\frac{2\pi}{N}}$ 이다. 즉 N개의 입력 데이터로 이루어진 벡터를 $\omega = \frac{2\pi k}{N}$ 에 해당하는 주파수의 의미를 갖는 단위벡터 $\{e^{-j\frac{2\pi k}{N}n}: n = 0, 1, 2, \cdots N-1\}$와 내적을 함으로써 이 주파수 성분을 얻을 수 있다는 것이 이산 푸리에 변환이고, 이 성분들을 다시 합하여 원 신호를 얻는 과정이 역변환이라 할 수 있다. 여기서는 이러한 DFT의 계산 예와 이의 고속 계산 방법인 FFT(fast Fourier transform)에 대하여 알아보도록 한다.

우선 가장 간단한 예로 입력이 2 샘플인 경우의 DFT 계산을 생각해 보자. 앞에서도 설명한 바와 같이 이 경우 알아낼 수 있는 주파수 영역에서의 샘플은 물론 2개이며, 일반적으로 DC성분과 $\omega = \pi$에서의 성분을 구한다. 즉 위 식에서 $W_2 = e^{-j\frac{2\pi}{2}} = -1$ 인 경우이므로 DC성분 $X[0]$와 $\omega = \pi$ 에서의 성분 $X[1]$은 각각 다음 식과 같이 얻어진다.

$$\begin{aligned} X[0] &= x[0] + x[1] \\ X[1] &= x[0] - x[1] \end{aligned} \tag{8.29}$$

그리고 이 식을 계산하는 과정을 그림으로 나타낸 "신호흐름도"(signal flow graph)는 〈그림 8.11〉과 같다. 그림에서 작은 원은 덧셈기를 나타내며 화살표와 그 위의 숫자는 이 숫자만큼 곱셈이 수행됨을 뜻한다. 또한 위의 식은 다음과 같은 행렬-벡터 연산으로도 표현할 수 있다.

$$\begin{bmatrix} X[0] \\ X[1] \end{bmatrix} = \begin{bmatrix} 1 & 1 \\ 1 & -1 \end{bmatrix} \begin{bmatrix} x[0] \\ x[1] \end{bmatrix} \tag{8.30}$$

다음은 $N = 4$인 경우, 즉 입력 데이터가 4 개인 경우의 주파수 분석에 대하여 알아보자. 네 개의 입력 데이터로부터 계산하는 주파수 샘플은 역시 4 개이며 위 식에 따르면 $W_4 = e^{-j2\pi/4} = e^{-j\pi/2}$이므로 $\omega = 0, \frac{\pi}{2}, \pi, \frac{3\pi}{2}$ 에 해당하는 주파수 성분들을 계산한다. 우선 식 (8.27)을 $N = 4$인 경우에 대하여 행렬-벡터 연산 형태로 쓰면 다음과 같다.

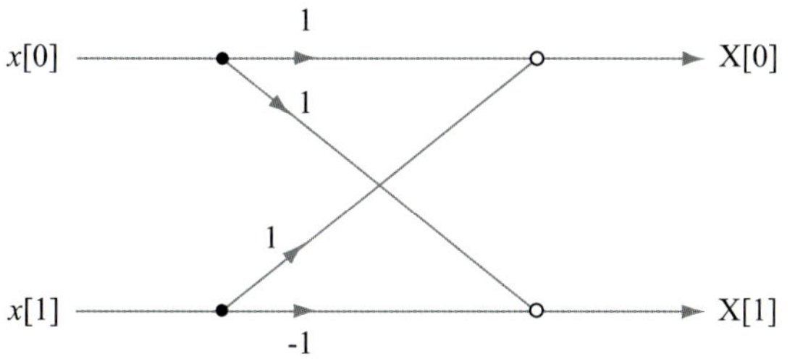

▎그림 8.11▎ 2-point DFT의 신호흐름도

$$\begin{bmatrix} X[0] \\ X[1] \\ X[2] \\ X[3] \end{bmatrix} = \begin{bmatrix} W_4^0 & W_4^0 & W_4^0 & W_4^0 \\ W_4^0 & W_4^1 & W_4^2 & W_4^3 \\ W_4^0 & W_4^2 & W_4^4 & W_4^6 \\ W_4^0 & W_4^3 & W_4^6 & W_4^9 \end{bmatrix} \begin{bmatrix} x[0] \\ x[1] \\ x[2] \\ x[3] \end{bmatrix} \tag{8.31}$$

여기서 $W_4 = e^{-j\frac{2\pi}{4}} = -j$ 이므로 위의 식은 다음과 같다.

$$\begin{bmatrix} X[0] \\ X[1] \\ X[2] \\ X[3] \end{bmatrix} = \begin{bmatrix} 1 & 1 & 1 & 1 \\ 1 & -j & -1 & j \\ 1 & -1 & 1 & -1 \\ 1 & j & -1 & -j \end{bmatrix} \begin{bmatrix} x[0] \\ x[1] \\ x[2] \\ x[3] \end{bmatrix} \tag{8.32}$$

구체적인 예로 입력이 $[1, 2, 0, -1]^T$ 인 경우를 생각해 보자. 위 식에 입력으로 이 값을 대입하면 출력이 $[2, 1-3j, 0, 1+3j]^T$ 임을 확인할 수 있다. 즉, ω가 0, $\frac{\pi}{2}$, π, $\frac{3\pi}{2}$ 인 곳에서 주파수 성분이 각각 2, $1-3j$, 0, $1+3j$ 라는 것이다. 물론 $\omega = 2\pi$ 에서의 값은 다시 2이다.

입력이 8개인 8포인트 이산 푸리에 변환의 식은 다음과 같은 행렬로 나타남을 각자 확인해 보자.

$$\begin{bmatrix} X[0] \\ X[1] \\ X[2] \\ X[3] \\ X[4] \\ X[5] \\ X[6] \\ X[7] \end{bmatrix} = \begin{bmatrix} 1 & 1 & 1 & 1 & 1 & 1 & 1 & 1 \\ 1 & W_8^{\ 1} & W_8^{\ 2} & W_8^{\ 3} & -1 & -W_8^{\ 1} & -W_8^{\ 2} & -W_8^{\ 3} \\ 1 & W_8^{\ 2} & -1 & -W_8^{\ 2} & 1 & W_8^{\ 2} & -1 & -W_8^{\ 2} \\ 1 & W_8^{\ 3} & -W_8^{\ 2} & W_8^{\ 1} & -1 & -W_8^{\ 3} & W_8^{\ 2} & -W_8^{\ 1} \\ 1 & -1 & 1 & -1 & 1 & -1 & 1 & -1 \\ 1 & -W_8^{\ 1} & W_8^{\ 2} & -W_8^{\ 3} & -1 & W_8^{\ 1} & -W_8^{\ 2} & W_8^{\ 3} \\ 1 & -W_8^{\ 2} & -1 & W_8^{\ 2} & 1 & -W_8^{\ 2} & -1 & W_8^{\ 2} \\ 1 & -W_8^{\ 3} & -W_8^{\ 2} & -W_8^{\ 1} & -1 & W_8^{\ 3} & W_8^{\ 2} & W_8^{\ 1} \end{bmatrix} \begin{bmatrix} x[0] \\ x[1] \\ x[2] \\ x[3] \\ x[4] \\ x[5] \\ x[6] \\ x[7] \end{bmatrix} \qquad (8.33)$$

여기서 $W_8^1 = e^{-j\frac{\pi}{4}} = \frac{1}{\sqrt{2}} - j\frac{1}{\sqrt{2}}$, $W_8^2 = e^{-j\frac{\pi}{2}} = -j$, $W_8^3 = e^{-j\frac{3\pi}{4}} = -\frac{1}{\sqrt{2}} - j\frac{1}{\sqrt{2}}$ 이다.

이상에서 본 바와 같이 식 (8.27)과 식 (8.28)의 이산 푸리에 변환 또는 역변환의 계산은 $N \times N$행렬과 $N \times 1$ 벡터의 곱을 계산하는 것이므로 계산량은 N^2에 비례한다. 일반적인 응용에서는 N의 길이가 1024 이상이 되는 경우도 많으므로 이 계산량은 매우 많다. 따라서 디지털 신호처리 분야에서 이와 같은 이산 푸리에 변환의 실시간 구현을 위한 연구가 매우 중요하게 생각되었으며 이에 관한 여러 고속 계산 알고리듬이 발표되었다. 이러한 알고리듬을 FFT라고 하며 해석 방법이나 유도 방법에 따라 매우 다양한 변형이 있다. 해석 방법으로는 위와 같은 행렬 계산에서 곱셈을 줄일 수 있는 알고리듬이라 생각할 수도 있고 또는 식 (8.27)을 조작하여 이를 여러 단계의 작은 알고리듬들로 나눈 것이라 생각할 수도 있다. 예를 들어 어떤 값이 $ax_1 + ax_2$라면 곱셈 두 개, 덧셈 한 개의 계산이 필요한데 이를 $a(x_1 + x_2)$로 나타내면 곱셈을 하나 줄일 수 있다.

구체적인 예로 식 (8.32)의 4-point DFT를 생각해보자(주석 : 입력이 N개인 DFT를 보통 N-point DFT라 부른다). 여기서 입력의 순서를 $\{x[0]\, x[1]\, x[2]\, x[3]\}$에서 $\{x[0]\, x[2]\, x[1]\, x[3]\}$으로 바꾸면서 연산의 결과는 변하지 않게 하려면 다음과 같이 DFT 행렬의 두 번째 열과 세 번째 열의 순서를 바꾸면 된다.

$$\begin{bmatrix} X[0] \\ X[1] \\ X[2] \\ X[3] \end{bmatrix} = \begin{bmatrix} 1 & 1 & 1 & 1 \\ 1 & -1 & -j & j \\ 1 & 1 & -1 & -1 \\ 1 & -1 & j & -j \end{bmatrix} \begin{bmatrix} x[0] \\ x[2] \\ x[1] \\ x[3] \end{bmatrix} \tag{8.34}$$

여기서의 4×4 행렬을 다음과 같이 4개의 2×2 행렬로 나누어 보면 다음과 같이 나타낼 수 있다.

$$\left[\begin{array}{cc:cc} 1 & 1 & 1 & 1 \\ 1 & -1 & -j & j \\ \hdashline 1 & 1 & -1 & -1 \\ 1 & -1 & j & -j \end{array}\right] = \begin{bmatrix} A & B \\ A & -B \end{bmatrix} \tag{8.35}$$

물론, 이 식에서 $A=\begin{bmatrix} 1 & 1 \\ 1 & -1 \end{bmatrix}$, $B=\begin{bmatrix} 1 & 1 \\ -j & j \end{bmatrix}$를 나타낸다. 여기서 A는 식 (8.30)의 2-point DFT임을 알 수 있고, B는 다음과 같이 A와 밀접한 관계가 있는 행렬이다.

$$B=\begin{bmatrix} 1 & 1 \\ -j & j \end{bmatrix}=\begin{bmatrix} 1 & 0 \\ 0 & -j \end{bmatrix}\begin{bmatrix} 1 & 1 \\ 1 & -1 \end{bmatrix}=\Theta A \tag{8.36}$$

여기서 $\Theta=\begin{bmatrix} 1 & 0 \\ 0 & -j \end{bmatrix}$이다. 따라서 식 (8.34)의 4-point DFT는 다음과 같은 식으로 나타낼 수 있다.

$$\begin{bmatrix} X[0] \\ X[1] \\ X[2] \\ X[3] \end{bmatrix} = \begin{bmatrix} A & \Theta A \\ A & -\Theta A \end{bmatrix} \begin{bmatrix} x[0] \\ x[2] \\ x[1] \\ x[3] \end{bmatrix} = \begin{bmatrix} I_2 & \Theta \\ I_2 & -\Theta \end{bmatrix} \begin{bmatrix} A & 0_2 \\ 0_2 & A \end{bmatrix} \begin{bmatrix} x[0] \\ x[2] \\ x[1] \\ x[3] \end{bmatrix} \tag{8.37}$$

여기서 $I_2=\begin{bmatrix} 1 & 0 \\ 0 & 1 \end{bmatrix}$, $0_2=\begin{bmatrix} 0 & 0 \\ 0 & 0 \end{bmatrix}$을 나타내며 따라서 이를 다시 숫자로 표현하면 4-point DFT는 결국 다음 식을 수행하는 것과 같다.

$$\begin{bmatrix} X[0] \\ X[1] \\ X[2] \\ X[3] \end{bmatrix} = \begin{bmatrix} 1 & 0 & 1 & 0 \\ 0 & 1 & 0 & -j \\ 1 & 0 & -1 & 0 \\ 0 & 1 & 0 & j \end{bmatrix} \begin{bmatrix} 1 & 1 & 0 & 0 \\ 1 & -1 & 0 & 0 \\ 0 & 0 & 1 & 1 \\ 0 & 0 & 1 & -1 \end{bmatrix} \begin{bmatrix} x[0] \\ x[2] \\ x[1] \\ x[3] \end{bmatrix} \tag{8.38}$$

따라서 이를 신호흐름도로 그려보면 〈그림 8.12〉와 같다. 여기서 2-point DFT는 〈그림 8.11〉의 신호흐름도를 나타낸다.

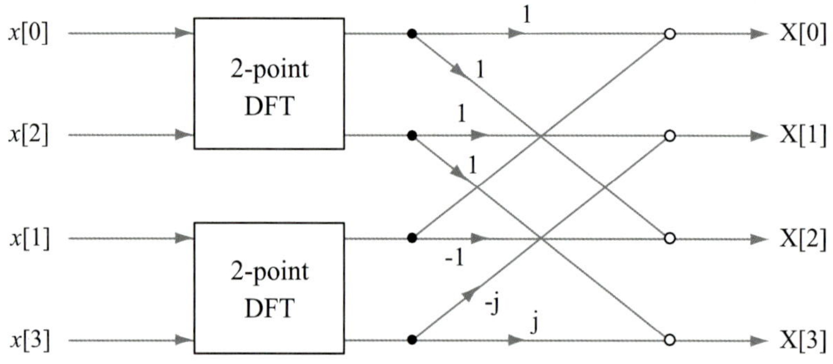

그림 8.12 4-point DFT의 신호흐름도

이 방법은 N-point ($n=2^m$) DFT의 경우에도 적용되어 〈그림 8.13〉에서와 같이 N-point DFT는 두 개의 N/2-point DFT와 뒤의 덧셈 연산으로 이루어진다. 예를 들어 N이 8인 경우 이는 두 개의 4-point DFT와 뒤의 덧셈 단계로 이루어진다. 여기서 4-point DFT는 다시 〈그림 8.12〉와 같이 두 단계의 계산으로 이루어진다. 따라서 8-point DFT 연산을 위해서 3단계의 연산을 거쳐야 하며, 각 단계에서는 8에 비례한 연산 수가 필요하다. 따라서 N-point DFT의 연산을 위해서는 총 $\log_2 N$ 단계의 연산이 필요함을 쉽게 유추할 수 있을 것이며, 각 단계에서는 벡터의 크기 N에 비례한 연산이 필요하다. 그러므로 이와 같은 방법으로 DFT를 수행하는 경우 계산의 복잡도는 $O(N\log_2 N)$으로서 일반적인 행렬-벡터 연산에 필요한 $O(N^2)$에 비하여 N이 커지면 커질수록 유리해지는 것을 알 수 있다. 이 방법 외에도 여러 가지로 고속연산 알고리듬을 유도할 수 있으며, N이 2의 지수가 아닌 경우에도 고속으로 FFT계산을 수행할 수 있는 방법들이 많이 개발되었으나 자세한 방법들에 대해서는 더 이상 깊이 학습하지 않고, FFT의 활용방법

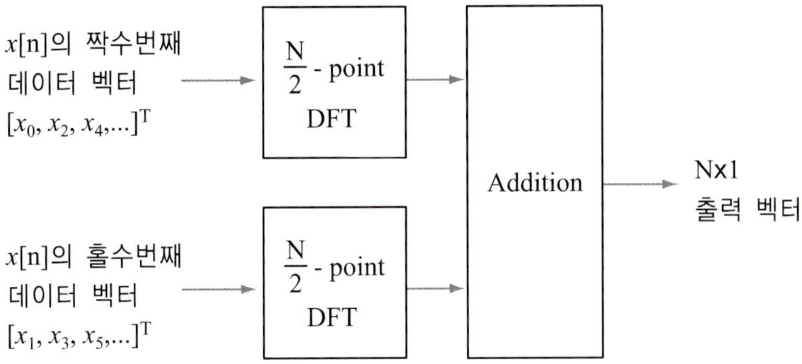

그림 8.13 N-point DFT의 신호흐름도

에 대해서 더 알아보도록 하자.

FFT를 이용하여 DFT의 계산을 고속으로 할 수 있으므로, 긴 데이터의 주파수 분석을 위해서는 당연히 FFT가 사용되며 특히 컨벌루션(필터링)의 고속 연산을 위해서도 FFT가 사용된다. 이와 같이 푸리에 변환의 사용도는 매우 넓으므로 거의 모든 프로그래밍 언어에 대하여, 그리고 경우에 따라서는 프로세서의 특성까지 고려하여 FFT 프로그램과 라이브러리가 개발되어 왔으며 Matlab에도 당연히 1차원, 2차원 데이터에 대한 FFT가 있다. Matlab의 fft는 입력벡터를 넣으면 출력벡터에 푸리에 변환 결과를 돌려주는 형태이다. 구체적으로 위의 예에서 직접 행렬-벡터로 계산해 본, 입력 벡터 $a = [1, 2, 0, -1]$ 에 대한 FFT 결과를 얻기 위해서는 단순히 b = fft(a)라는 명령을 수행하면 되고, 물론 이의 역변환은 c = ifft(b)와 같이 수행하면 된다.

8.6 이산 푸리에 변환의 성질

여기서는 DFT의 몇 가지 중요한 성질을 알아보도록 하며, 필요한 경우 Matlab 프로그램을 통하여 확인해 보기로 한다. 구체적으로 서로 다른 두 신호 $x[n]$, $y[n]$의 이산 푸리에 변환의 계수를 각각 $X[k]$, $Y[k]$ 라고 하고 이산 푸리에 변환의 몇 가지 주요 성질을 알아보자.

8.6.1 선형성

이산 푸리에 변환은 결국 어떤 데이터 샘플들의 선형 합이므로 당연히 다음과 같은 선형성이 성립한다.

$$ax[n] + by[n] \leftrightarrow aX[k] + bY[k] \tag{8.39}$$

8.6.2 순환 이동

이산시간 신호에서 $x[n]$의 푸리에 변환을 $X(e^{j\omega})$라고 하면 시간지연 신호 $x[n-n_0]$의 푸리에 변환은 $e^{-j\omega n_0}X(e^{j\omega})$이 된다. 그러나 DFT의 경우는 앞에서 설명한 바와 같이 주어진 입력신호 벡터가 주기적으로 반복되고 있는 주기신호의 푸리에급수와 같다. 따라서 〈그림 8.14〉에서 보는 바와 같이 입력 벡터 $\{x[n]\}$이 주기적으로 반복되고 있는 신호 $\tilde{x}[n]$을 생각하는 것이 옳다. 구체적인 예로 〈그림 8.14〉에서와 같이 입력벡터를 [1 2 3 4 5 6 7 8]이라 할 때 이를 2만큼 우로 쉬프트시킨 결과 벡터는 [7 8 1 2 3 4 5 6]이 된다. 수학적으로 표현하면, 입력벡터 $\{x[n]\}$를 우로 n_0만큼 이동시킨 출력벡터를 $\{y[n]\}$이라 하면 $y[n]=x[(n-n_0)_{\text{mod } N}]$으로 나타난다. 예를 들어 $n_0=2$일 때, $y[0]=x[(0-2)_{\text{mod } 8}]=x[6]=7$임을 확인할 수 있다. 따라서 위에서 언급한 바와 같이 비주기 신호의 경우에는 $x[n-n_0]$의 푸리에 변환이 $e^{-j\omega n_0}X(e^{j\omega})$이지만, DFT-IDFT의 경우 원래 주기신호를 다루는 것이나 마찬가지이므로 $e^{-j\omega n_0}X(e^{j\omega})$에서 ω를 $\frac{2\pi}{N}$ 간격으로 샘플링 한 결과에 해당하는 $e^{-j\frac{2\pi k}{N}n_0}X[k]$의 역변환은 단순히 $x[n-n_0]$가 아닌 $x[(n-n_0)_{\text{mod } N}]$ 로 나타난다. 지금까지의 내용을 정리하면, 다음 식에서와 같이 어떤 신호의 DFT 결과에 위상항 $e^{-j\frac{2\pi k}{N}n_0}$을 곱하면 이는 원래의 신호를 순환이동시킨 결과와 같다.

$$e^{-j\frac{2\pi k}{N}n_0}X[k] \leftrightarrow x[n-n_0]_{\text{mod } N} = \begin{cases} \tilde{x}[n-n_0], & 0 \le n \le N-1 \\ 0, & \text{otherwise} \end{cases} \tag{8.40}$$

이를 확인해 보기 위한 프로그램을 Matlab 프로그램 8.7에 정리하였다. 위에서 언급한 예에서와 같이 입력의 길이는 8이고, 이의 푸리에 변환 $X[k]$에 $e^{-j\frac{2\pi k}{8}2}$을 곱하고 이를 다시 IDFT를 수행하면 우로 2만큼 순환이동한 결과를 얻는지를 확인하는 것이다.

Matlab 프로그램 8.7

```
a=[1 2 3 4 5 6 7 8];
b=fft(a);
c=zeros(1,8);
for k=1:8
    c(k)=exp(-j*2*pi*(k-1)/8*2)*b(k);
end
d=ifft(c)
```

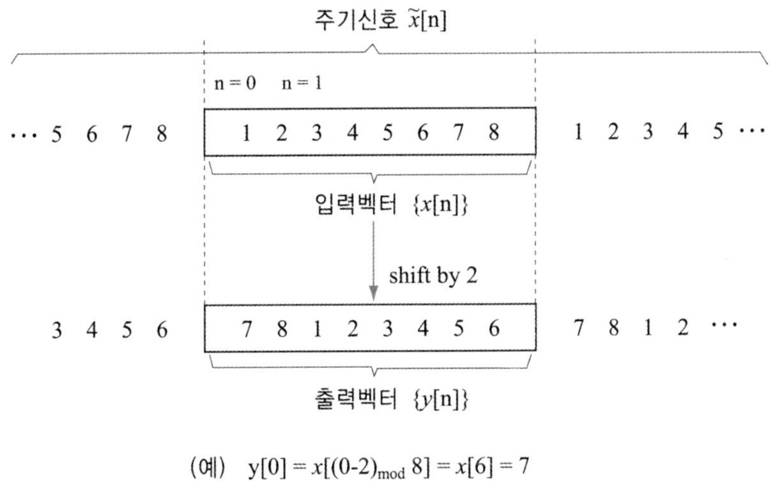

그림 8.14 순환이동의 예

8.6.3 순환 반전

만약 구간 $0 \leq n \leq N-1$에서만 값을 갖는 신호 $x[n]$이 반전되면 $x[-n]$의 이산 푸리에 변환을 계산하는 것이 가능하지 않다. 따라서 다음과 같은 순환 반전된 신호의 이산 푸리에 변환은 다음 식과 같이 표현된다. 이 결과도 위의 순환이동과 마찬가지로 신호를 주어진 입력벡터가 반복되고 있는 주기신호로 보고 생각하면 쉽게 이해될 수 있다.

$$x[-n]_{\text{mod } N} = \begin{cases} x[0], & n=0 \\ x[N-k], & 1 \leq n \leq N-1 \end{cases} \leftrightarrow X[-k]_{\text{mod } N} = \begin{cases} X[0], & n=0 \\ X[N-k], & 1 \leq n \leq N-1 \end{cases} \quad (8.41)$$

8.6.4 변조 성질

신호에 다음과 같이 복소 사인파를 곱한 경우 원래 신호의 주파수가 사인파의 주파수만큼 순환 이동한다. 즉, 다음과 같은 관계가 성립한다.

$$e^{j\frac{2\pi}{N}k_0 n}x[n] \leftrightarrow X[k-k_0]_{\mathrm{mod}\,N} \tag{8.42}$$

8.6.5 순환 중첩합 성질

시간 영역에서의 중첩합이 주파수 영역에서는 곱셈이 된다. 그러나 DFT의 경우 앞서 계속 언급한 바와 같이 일반적인 신호의 푸리에 변환이 아니라 주기신호의 푸리에 변환, 즉 푸리에 급수이므로 "순환"중첩합이 된다. 이는 앞에서와 마찬가지로 〈그림 8.15〉를 보면 쉽게 이해할 수 있다. 즉 두 벡터 $\{x[n]\}$과 $\{h[n]\}$을 컨벌루션하는 경우 실제로는 그림에서와 같이 주기신호 둘을 컨벌루션 하는 것이므로 다음 식에서와 같이 어느 하나를 modulo를 이용해서 나타내어야 한다.

$$x[n]\otimes h[n] = \sum_{k=0}^{N-1} x[k]h[n-k]_{\mathrm{mod}\,N} \leftrightarrow X[k]H[k] \tag{8.43}$$

〈그림 8.15〉의 구체적인 예를 갖고 설명하면, [1 2 3 4]의 푸리에 변환 X[k]와 [1 2 1 0]의 푸리에 변환 H[k]를 곱하고 그 결과를 다시 IDFT하면 그 결과의 첫 번째 값은 1*1+2*4+1*3+0*2=12, 두 번째 값은 1*2+2*1+1*4+0*3=8과 같이 순환 중첩합의 결과를 얻는 것이다. 이를 확인하는 프로그램을 Matlab 프로그램 8.8에 나타내었다.

Matlab 프로그램 8.8

```
x=[1 2 3 4];
h=[1 2 1 0];
X=fft(x);
H=fft(h);

Y=X.*H;
y=ifft(Y)
```

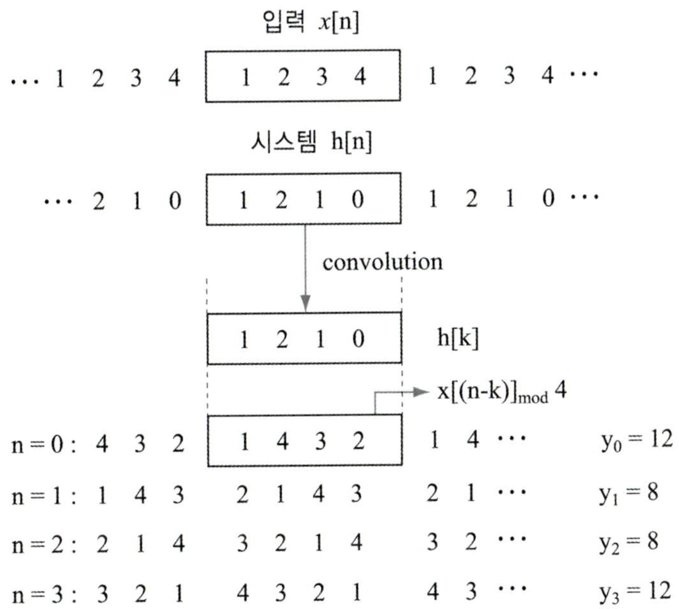

그림 8.15 순환 중첩합의 예

8.6.6 Parseval 관계

다음과 같이 시간 영역에서의 신호의 에너지 스펙트럼과 주파수 영역에서의 에너지 스펙트럼은 다음 관계가 성립한다.

$$\sum_{n=0}^{N-1} |x[n]|^2 = \frac{1}{N} \sum_{n=0}^{N-1} |X[k]|^2 \tag{8.44}$$

8.6.7 대칭 특성

$x[n]$이 N개의 실수 값을 갖는 신호라고 하면 $x[n] = x^*[n]$이 성립한다. 이 때 이산 푸리에 변환에서는 다음과 같은 관계가 성립한다.

$$X[k] \;=\; X^*[-k]_{\text{mod } N} \tag{8.45}$$

이를 구체적으로 실수부와 복소수부의 관계를 살펴보면 다음과 같고,

$$
\begin{aligned}
Re(X[k]) &= Re(X^*[-k]_{\bmod N}) \\
Im(X[k]) &= -Im(X^*[-k]_{\bmod N})
\end{aligned}
\tag{8.46}
$$

$X[k]$ 의 크기와 위상의 관계는 다음과 같이 나타낼 수 있다.

$$
\begin{aligned}
|X[k]| &= |X^*[-k]_{\bmod N}| \\
\angle X[k] &= -\angle X^*[-k]_{\bmod N}
\end{aligned}
\tag{8.47}
$$

결국 $X[k]$ 의 실수부는 우함수, 허수부는 기함수임을 알 수 있고 마찬가지로 크기는 우함수, 위상은 기함수임을 확인할 수 있다. 이 관계는 어떤 실함수의 푸리에 변환을 구했을 때 그 절반만으로도 모든 정보를 표현할 수 있음을 의미한다.

정리하면, 앞 장들에서 언급했던 모든 종류의 푸리에 변환(연속비주기함수, 연속주기함수, 이산비주기함수)에서와 마찬가지로 실수함수의(실수벡터의) DFT의 크기는 우함수이고 위상은 기함수이다. N개의 데이터에 대한 DFT를 수행했을 때 $X[0]$ 부터 $X[N-1]$ 을 얻게 되는데 인덱스 0은 주파수 0을 나타내는 것이고 인덱스 N이 2π를 나타내는 것이며, 따라서 정 가운데의 인덱스 $N/2$는 π를 나타낸다. 따라서 실수 입력에 대한 의미 있는 결과는 0부터 $N/2$까지이고 $N/2$를 중심으로 크기와 위상은 모두 대칭적인 모양을 나타낸다. 이를 확인하는 프로그램을 Matlab 프로그램 8.9에 보였다. 64-point FFT를 수행했으므로 인덱스 32가 π에 해당하고, 이를 중심으로 각각의 결과가 대칭임을 확인할 수 있다.

Matlab 프로그램 8.9

```
h=zeros(1,64);

for m=1:5
    h(m)=1/5;
end

H=fft(h);

k=1:64;

subplot(2,1,1)
plot(k,abs(H));
subplot(2,1,2)
plot(k,angle(H));
```

8.7 FFT를 이용한 스펙트럼 분석과 고속 필터링

푸리에 변환을 하는 목적 중에 가장 기본이 어떤 신호의 주파수 성분을 알아보기 위한 것이라고 앞에서 언급했다. 그리고 푸리에 변환을 FFT를 이용하여 계산함으로써 필터링을 시간영역에서 계산하는 것보다 고속으로 수행할 수 있다.

우선 신호의 주파수 분석에 대하여 알아보자. 어떤 신호의 스펙트럼을 컴퓨터를 이용하여 알아보기 위하여 우선 주어진 신호 $x(t)$를 16,000Hz로 샘플링 했다고 하자. 이렇게 얻어진 디지털 신호 $x[n]$을 1024개씩을 한 블록으로 하여 푸리에 변환을 함으로써 이 블록의 주파수 성분을 알아보고자 한다. 입력 1024개가 위의 FFT 프로그램에 들어가면 1024개의 복소수 출력을 내보낸다. 이들을 각각 $X[0]$부터 $X[1023]$까지라 했을 때 일반적인 $X[k]$는 어느 주파수에 해당하는가? 물론 $X[0]$는 DC성분을 나타낸다. 그리고 앞에서 설명했듯이 이산 푸리에 변환의 결과는 푸리에 변환의 0부터 2π를 1024개로 나눈 것이므로 한 샘플 간격은 $2\pi/1024$이다. 따라서 $X[k]$는 $2k\pi/1024$의 주파수 성분이다. 샘플링하기 전의 연속신호의 주파수와의 관계는 6장에서 살펴보았듯이 이산시간 신호에서의 주파수 2π는 샘플링 주파수에 해당하므로 2π는 샘플링 주파수가 16,000Hz인 경우에 $\frac{16000k}{1024}$ Hz의 주파수 성분을 나타낸다. 즉, 위와 같은 샘플링 주파수로 얻은 이산시간 신호를 1024개씩 FFT를 수행하고 출력 1024개를 플로팅하였을 때 중심이 8,000Hz이고 각 샘플 간격은 16000/1024Hz가 된다. 다른 예로, 8,000Hz 샘플링, 1024-point FFT를 구행한 경우 한 간격은 8000/1024Hz, 8000Hz 샘플링, 512-point FFT인 경우는 한 간격이 8000/512Hz 이다.

예를 들어 Matlab 프로그램 8.10은 wave 파일을 읽어서 그 중 모음에 해당하는 한 블록(크기 1024샘플)을 추출하여 이의 시간영역에서의 파형과 푸리에변환 결과의 크기를 플로팅 하는 프로그램이다. "waveread"라는 함수는 오디오 신호의 표준 중에 하나인 *.wav 파일을 읽어들이는 함수로서 사용법은

[x,fs,nbits]=wavread('filename.wav');

와 같다. Wave 파일의 헤더에는 오디오 신호의 샘플링 주파수와 한 샘플이 몇 비트로 되어 있는지 등이 있는데 이를 각각 fs, nbits에 기록한다. 오디오가 모노인 경우에는 읽어 들인 값들이 $N\times 1$ 크기의 벡터로 x에 기록되고, 스테레오 신호인 경우에는 $N\times 2$ 행렬이 된다. 프로그램 8.10에서 사용된 harry_8k.wav 파일은 8,000Hz로 샘플링되고 ($fs=8000$), 한 샘플이 16비트로 기록된 (nbits = 16) 파일이다. Matlab 프로그램 8.10의 결과를 〈그림 8.15〉에 나타내었는데, 이 그림은 입력 벡터 중에서 $x[7001]$부터 $x[8024]$까지의 1024개의 데이터를 플로팅하고, 이 블록을 fft하여 수행한 결과를 $X[k]$에 넣고 주파수 인덱스 0부터 1023(Matlab에서는 1부터 1024)까지의 $X[k]$의 절대값을 플로팅한 것이다. FFT의 결과를 살펴보면 주파수 인덱스 k를 0부터 1023으로 하였을 때 $k=58$일 때 $|X[k]|$가 최대값을 갖는다는 것을 확인할 수 있다. 따라서 위의 이론으로부터 입력 신호의 주파수 성분들 중 최대값은 $f=8000/1024*8 = 453$Hz에서 갖는다는 것을 알 수 있다. wave 파일을 들어보면 굵은 소리의 남자 목소리이고 이 음성의 주요 주파수는 500 Hz를 넘지 않는다.

Matlab 프로그램 8.10

```
[x,fs,nbits]=wavread('harry_8k.wav');

xblock=x(7001:8024);
X=fft(xblock);

k=0:1023;
n=7001:8024;
```

```
subplot(2,1,1);
plot(n,xblock);
grid on
xlabel('sample');
ylabel('x[n]');
subplot(2,1,2);
plot(k,abs(X));
grid on
xlabel('frequency index k');
ylabel('|X(k)|');
```

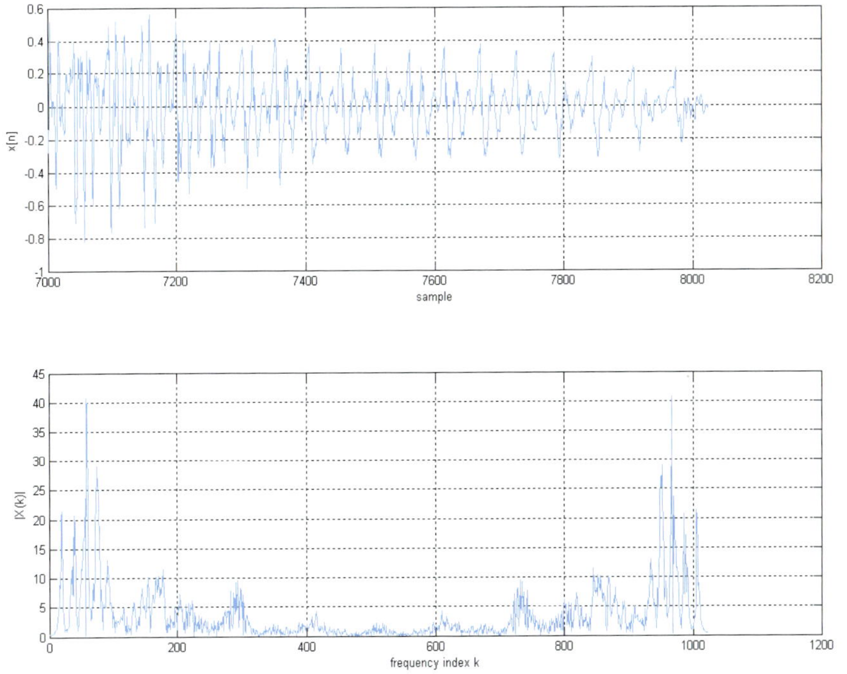

그림 8.16 남자 음성(harry_8k.wav) 일부의 파형과 그 부분의 FFT 결과

〈그림 8.16〉은 여성 음성 파일(s0.wav)을 읽어서 일부를 플로팅 해보고, 그 부분에 대한 FFT를 수행한 결과이다. 이 파일을 읽고, fs를 확인해 보면, $fs = 16000$으로서 앞의 남자음성과는 달리 16000Hz로 샘플링된 파일임을 알 수 있다. 그리고 FFT 결과의 크기를 보면 주파수 인덱스 $k = 94$에서 최대값을 가지므로 이에 해당하는 주파수는 $16000/1024*94 = 1468$Hz으로서 앞의 목소리의 2 배 이상임을 알 수 있다.

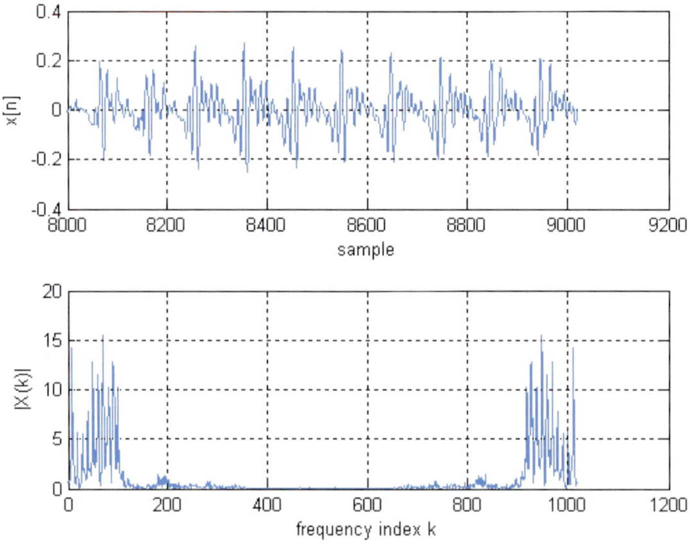

그림 8.17 여자 음성 (s0.wav)의 일부분과 이의 FFT 결과

이상에서는 FFT를 이용한 주파수 분석에 대하여 알아보았다. 다음은 앞에서 언급한 바와 같이 FFT의 두 번째 주요 용도인 고속 필터링에 대하여 알아보기로 한다. 앞 장에서 지금까지 학습한 바에 따르면, 시간 영역의 신호를 주파수 영역으로 옮겼을 때 이 결과들의 곱이 시간 영역에서의 중첩합에 해당한다. 즉, $x(t)$의 푸리에변환을 $X(j\omega)$, $y(t)$의 푸리에 변환을 $Y(j\omega)$라고 하면, $X(j\omega)Y(j\omega)$의 역푸리에 변환은 $x(t)*y(t)=\int_{-\infty}^{\infty}x(\tau)y(t-\tau)d\tau$가 된다. 마찬가지로 디지털 신호의 경우 $x[n]$의 푸리에 변환을 $X(e^{j\omega})$, $y[n]$의 푸리에 변환을 $Y(e^{j\omega})$라고 하면, $X(e^{j\omega})Y(e^{j\omega})$의 역푸리에 변환은 $x[n]*y[n]=\sum_{k=-\infty}^{\infty}y[k]x[n-k]$가 된다. 즉 주파수 영역에서 디지털 필터링을 수행하기 위해서는 $h[n]$의 푸리에 변환 $H(e^{j\omega})$를 구해서 준비해 두고, 입력이 $x[n]$이 들어오면 $X(e^{j\omega})$를 구해서 이 둘을 곱하고 이의 역푸리에 변환을 하면 시간영역에서의 필터링 결과와 같게 된다. 그러나 이의 실제 구현에는 두 가지 문제점이 있다. 첫째는, 입력이 모두 들어오기까지 기다려야 한다. 즉 $x[n]$을 모두 받고서야 푸리에 변환을 할 수 있으므로, 실제 구현에서 실시간 수행을 할 수가 없고 그 길이가 매우 길기 때문에 계산도 어렵다. 두 번째로는 $X(e^{j\omega})$와 $H(e^{j\omega})$는 ω에 관한 연속함수이고 코사인 함수나 사인함수, 지수함수 등의 경우와는 달리 어떤 특정한 함수로 표현

이 되지 않으므로 두 곱의 식을 어떤 함수로 나타내기 어려우며 따라서 컴퓨터로 이 둘의 곱에 관한 식을 찾기가 어렵다. 즉, 두 곱을 어떤 식으로 나타내어야 이의 역변환 ($\frac{1}{2\pi}\int_{-\pi}^{\pi} X(e^{j\omega})H(e^{j\omega})d\omega$)를 수행할 수 있는데 일반적인 신호와 시스템에 대하여 이를 계산할 수 있는 경우는 거의 없다. 따라서 결국은 DFT를 이용하여야 하며(이는 주파수 영역에서 $X(e^{j\omega})$, $H(e^{j\omega})$를 샘플링 한 것과 마찬가지이며, 시간영역에서는 원 신호를 계속 반복시키는 주기함수의 푸리에변환과 같다.) 이 경우 우리가 원하는 일반적인 중첩합이 나오는게 아니라 순환중첩합이 나온다는 문제점이 있다.

구체적인 예로, 필터의 계수가 {1, 2, 1}이고 이 필터로 입력이 {1, 2, 3, 4}가 들어간다고 하자. 우리가 원하는 정상적인 필터링 결과는 {1, 2, 1}과 {1, 2, 3, 4}의 선형 중첩합이며, 그 계산 방법 (필터링 회로의 흐름)은 〈그림 8.17〉에서 보는 바와 같고 0이 아닌 출력의 개수는 3+4－1 = 6개, 그 결과는 {1, 4, 8, 12, 11, 4}가 된다. 그러나 이를 FFT를 이용하여 수행하기 위하여 (우선 두 신호의 개수는 맞추어야 하므로) [1 2 1 0]의 FFT와 [1 2 3 4]의 FFT를 구하고 이를 곱한 후 IFFT를 수행한다고 하자. 이는 앞의 Matlab 프로그램 8.8과 〈그림 8.15〉에서 확인한 바와 같이 중첩합의 결과인 {12, 8, 8, 12}를 주므로 우리가 원하는 필터링 결과인 {1, 4, 8, 12, 11, 4}와는 아무런 관계가 없는 듯이 보이는 출력을 내보낸다. 즉 필터에 {1, 2, 3, 4}만 들어가지 않고 이것이 다시 반복된 신호가 들어가는 것과 마찬가지이므로 우리가 원하는 필터링의 결과를 얻을 수 없는 것이다.

필터계수	1 2 1 0 …	
입력		
… 0 0 4 3 2	1 0 0 0 …	: $y_0 = 1$
0 4 3	2 1 0 0	: $y_1 = 4$
0 0 4	3 2 1	: $y_2 = 8$
0 0	4 3 2 1	: $y_3 = 12$
0	0 4 3 2 1	: $y_4 = 11$
	0 0 4 3 2	: $y_5 = 4$
	0 0 0 4 3	: $y_6 = 0$

┃그림 8.18┃ 필터(계수 : 1 2 1)와 신호 {1 2 3 4}의 중첩합(필터링) 계산 과정

이 문제를 해결하기 위한 한 가지 방법으로서 신호의 뒤에 0을 충분히 채워서 FFT를 수행하는 방법이 있다. 즉 필터의 DFT는 [1 2 1 0]의 푸리에 변환 대신에 [1 2 1 0 0 0 0

이 (FFT를 수행하기 위하여 총 길이가 8이 되도록 뒤에 0을 채운 것)으로 하고, 신호의 FFT는 [1 2 3 4] 대신에 [1 2 3 4 0 0 0 0]으로 하고 Mablab 프로그램 8.8을 수행하면 그 결과는 [1 4 8 12 11 4 0 0]이 나오는 것을 확인할 수 있을 것이고 이의 앞의 6 샘플은 우리가 원하는 선형 중첩합임을 알 수 있다. 그 이유는 〈그림 8.18〉에서 보는 바와 같이 FFT 영역에서의 곱이 비록 순환중첩합이지만 앞뒤로 있는 0들 덕에 〈그림 8.17〉과 같은 선형 중첩합의 결과를 주기 때문이다.

				1	2	1	0	0	0	0	0	
0	4	3	2	1	0	0	0	0	4	3	2	1
	0	4	3	2	1	0	0	0	0	4	3	2
	0	0	4	3	2	1	0	0	0	0	4	3
		0	0	4	3	2	1	0	0	0	0	4
		0	0	0	4	3	2	1	0	0	0	0
		0	0	0	0	4	3	2	1	0	0	0
		1	0	0	0	0	4	3	2	1	0	0
		2	1	0	0	0	0	4	3	2	1	0

그림 8.19 FFT를 이용한 선형 중첩합(FFT를 이용하면 순환 중첩합이 되지만 뒤에 0을 채움으로써 선형 중첩합의 결과와 같아짐을 볼 수 있다.)

이러한 방법은 필터의 탭 수가 별로 길지 않고 신호의 길이 또한 길어야 수백 내지 수천 개 밖에 되지 않는 영상처리의 필터링에 간혹 사용된다. 그러나 음성이나 오디오처럼 수만 개 이상 연속되어 들어오는 신호의 경우 중간 중간 끊어서 이러한 처리를 하는 데에는 다른 문제점이 또 있다. 구체적인 예로 필터는 [1 2 1 0]이고 연속되어 들어온 신호가 [2 4 5 3 2 0 5 1]이라 하자. 우리가 얻고자 하는 이 둘의 선형 중첩합 (필터링)의 결과는 3+8−1개이고 [2 8 15 17 13 7 7 11 7 1]임을 각자 확인해 보자. 이를 FFT를 이용하여 계산하되, 시간지연을 막고 지나치게 큰 블록계산을 하지 않기 위하여 입력을 4 개씩 끊어서 계산한다고 하면, 위의 방법대로 필터는 $h=[1\ 2\ 1\ 0\ 0\ 0\ 0\ 0]$으로, 첫 블록은 [2 4 5 3 0 0 0 0]으로, 두 번째 블록은 [2 0 5 1 0 0 0 0]으로 하는 것을 생각해 볼 수 있다. 그러나 이 방법으로는, 예를 들어 시간 $n=4$에 해당하는 값을 얻을 수 없다. 즉 〈그림 8.19(a)〉에서 보는 바와 같이 $n=4$에서 선형 필터링의 결과는 [1 2 1 0]과

[2 3 5 4]의 내적인데, 위와 같은 방법으로는 중간이 끊어지고 0이 들어간 것과 마찬가지이므로 이 앞 뒤의 결과는 맞아도 중간의 올바른 결과를 얻을 수 없다. 즉 〈그림 8.19(b)〉는 앞의 블록만으로 FFT를 이용해서 필터링을 수행하는 경우 시간 4에서의 상황이고, 〈그림 8.19(c)〉는 그에 연이은 블록에 대한 첫 번째 시간에서의 상황인데 이어느 것으로부터도 원하는 선형필터링의 시간 4에서의 값을 얻을 수는 없다.

		1	2	1	0	0	0	0	0	
5	0	2	3	5	4	2	0	0	0	

(a)

	1	2	1	0	0	0	0	0	
	0	3	5	4	2	0	0	0	

(b)

		1	2	1	0	0	0	0	0	
5	0	2	0	0	0	0	1	5	0	2

(c)

그림 8.20 선형 중첩합과 블록별 순환 중첩합의 비교

따라서 FFT를 이용하여 입력을 블록별로 나누어 필터링을 수행하기 위해서는 중간중간 겹치는 부분을 놓고 부분결과를 저장해 두어 다음 결과와 더하는 Overlap Add 방법을 사용하거나 잘못된 부분을 버리고 계속 중첩하는 Overlap Save 방법을 사용한다. 이들 중 더 간단한 Overlap Save 방법에 대하여 알아보자. 위의 예에서의 선형 필터링 결과와 동일한 결과를 얻는 것이 목적이고, 4개씩 블록을 끊어서 수행한다고 하면, 필터는 $h=[1\ 2\ 1\ 0]$으로 놓고, 첫 번째 블록은 $x=[0\ 0\ 2\ 4]$로 놓는다. 그리고 프로그램 8.8을 수행하면 그 결과는 〈그림 8.15〉와 같은 순환 중첩합의 예로도 확인할 수 있는 것처럼 [10 4 2 8]로서 앞의 두 개는 원치 않는 결과이고 뒤의 두 개 2와 8이 〈그림 8.17〉에서의 선형중첩합 결과 중 각각 y_0, y_1에 해당한다. 다음 블록은 앞의 블록과 조금 겹치게 넣어야 중간 과정의 중첩합이 얻어진다. 즉, $x=[2\ 4\ 5\ 3]$을 넣어 두 개씩 겹쳐가면서 입력을 시킨다. 그리고 다시 프로그램 8.8을 수행하면 그 결과는 이 둘의 순환 중첩합인 [13 15 11 17]이고 역시 앞의 두 개는 원치 않는 결과이며 뒤의 두 결과가 y_3과 y_4에 해당함을 확인할 수 있다. 마찬가지로 다음 블록은 두 개의 데이터가 겹치도록 $x=[5\ 3\ 2\ 0]$을 넣고 그 결과의 뒤에 두 개만 취하고, 그 다음 블록은 $x=[2\ 0\ 5\ 1]$로, 그 다음 블록은 $x=[5\ 1\ 0\ 0]$으로 하여 계산을 마친다. 이렇게 함

으로써 블록의 길이에 비례한 시간지연이 있다는 것 외에는, 위의 〈그림 8.17〉에서와 같은 일반적인 필터링과 똑같은 결과를 얻을 수 있다. 일반적인 경우에 대하여 이 알고리듬을 정리하면, 필터의 길이가 L이라고 할 때 다음의 "Overlap Save Algorithm"으로 주파수 영역에서의 필터링을 수행한다.

■ **Overlap Save Algorithm**

처리하고자 하는 입력 블록의 크기는 N, 필터의 길이는 L인 경우(N은 우리가 정할 수 있는 길이로서, 필터의 길이인 L보다는 크게 하고 보통 2^m 길이로 한다.)

1. $h=[h_0 h_1 h_2 \cdots h_{L-1} 0\,0 \cdots 0]$

   뒤에 넣을 0의 개수는 $N+L-1$보다 커야 하며 전체 개수가 2^{m+1}이 되도록 한다 (보통 $L<N$이 되도록 입력 블록의 크기를 잡으므로 $N+N-L$ 개의 0을 채운다).
2. $H=fft(h)$
3. 첫째 블록 $x=[0\,0 \cdots 0\, x_0 x_1 \cdots x_{N-1}]$ (앞에 N개의 0, 총 길이는 $2N$)
4. $X=fft(h)$
5. $Y=X*H$
6. $y=ifft(Y)$
7. y에서 앞의 N개는 버리고 뒤의 N개가 올바른 출력

두 번째 블록은 $x=[x_0 x_1 \cdots x_{N-1} x_N \cdots x_{2N-1}]$,

세 번째 블록은 $x=[x_N \cdots x_{2N-1} x_{2N} \cdots x_{3N-1}] \cdots$ 으로 하여 각 블록에 대하여 위의 3-7 과정을 반복한다.

앞서도 설명한 바 있지만, 다시 한 번 FFT를 이용한 필터링의 장점을 복습하면, 위의 예에서 보는 바와 같이 시간영역에서의 필터링의 경우에는 한 샘플의 출력을 얻기 위하여 필터의 길이 L에 비례한 계산이 필요한 반면에, 주파수 영역에서의 필터링은 N개의 (N은 L과 비슷한 길이) 출력을 얻기 위하여 $N\log_2 N$에 비례한 계산이 필요하므로 한 샘플에는 $\log_2 N$에 비례한 계산이 필요하고, 따라서 복소수 곱셈이나 기타 전후 작업을 고려하더라도 필터의 길이가 길수록 FFT를 이용하는 것이 시간영역에서 일반

적인 중첩합 계산을 하는 것보다 더 유리함을 알 수 있다.

8.8 요약

연속시간 푸리에 변환, 이산시간 푸리에 변환만으로는 실제 응용 분야에 적용하기가 충분하지 않고 일정 간격으로 주파수 성분을 샘플링한 어떤 새로운 변환이 필요하다. 이와 같이 이산시간 푸리에 변환을 샘플링한 것이 이 장에서 학습할 이산 푸리에 변환이라 할 수 있다. 이 장에서는 이산시간 신호가 주어져 있을 때 이들의 주파수 표현, 푸리에 변환, 주파수 영역에서의 여러 계산 등에 대하여 비교해 보도록 한다. 이산 푸리에 변환은 주기 신호에 대한 이산 푸리에 급수에 기초를 두고 유도할 수 있으며 한 주기와 같은 값을 갖는다. 이 장에서는 이산시간 비주기함수가 주어질 때 이를 어떻게 이산 푸리에 변환으로 표현하는지의 이론적인 부분과 푸리에 변환이 갖고 있는 기본적인 성질에 관해 살펴보았다.

이산 푸리에 변환과 역변환

푸리에 급수(연속, 주기) : $x(t) = \sum_{k=-\infty}^{\infty} c_k e^{jk\omega_0 t}$

계수(주기, 이산) : $c_n = \frac{1}{T_0} \int_{-\frac{T_0}{2}}^{\frac{T_0}{2}} x(t)\, e^{-jn\omega_0 t} dt$

푸리에 변환(연속, 비주기) : $X(jw) = \int_{-\infty}^{\infty} x(t)\, e^{-jwt} dt$

역변환(비주기, 연속) : $x(t) = \frac{1}{2\pi} \int_{-\infty}^{\infty} X(jw)\, e^{jwt} dw$

푸리에 변환(연속, 주기) : $X(e^{j\omega}) = \sum_{n=-\infty}^{\infty} x[n]\, e^{-j\omega n}$

역변환(비주기, 이산) : $x[n] = \frac{1}{2\pi} \int_0^{2\pi} X(e^{jw})\, e^{jwn} dw$

이산 푸리에 급수(주기) : $\widetilde{X}[k] = \frac{1}{N} \sum_{n=0}^{N-1} \tilde{x}[n]\, e^{-j\frac{2\pi}{N}kn}$

$$계수(주기):\ \tilde{x}[n] = \sum_{k=0}^{N-1} \widetilde{X}[k]\, e^{j\frac{2\pi}{N}kn}$$

$$이산\ 푸리에\ 변환(주기):\ X[k] = \sum_{n=0}^{N-1} x[n]\, e^{-j\frac{2\pi}{N}kn}$$

$$역변환(주기):\ x[n] = \frac{1}{N} \sum_{k=0}^{N-1} X[k]\, e^{j\frac{2\pi}{N}nk}$$

이산 푸리에 변환의 성질 : 주어진 이산시간 신호와 이산 푸리에 변환이

$x[n] \leftrightarrow X[k]$와 $y[n] \leftrightarrow Y[k]$를 만족하면 다음과 같은 관계가 성립

선형성 : $ax[n] + by[n] \leftrightarrow aX[k] + bY[k]$

순환 이동 : $x[n - n_0]_{\mathrm{mod}\,N} \leftrightarrow e^{-j\frac{2\pi k}{N}n_0} X[k]$

순환 반전 : $x[-n]_{\mathrm{mod}\,N} \leftrightarrow X[-k]_{\mathrm{mod}\,N}$

변조 성질 : $e^{j\frac{2\pi}{N}k_0 n} x[n] \leftrightarrow X[k - k_0]_{\mathrm{mod}\,N}$

순환 중첩합 : $x[n] \otimes y[n] = \sum_{k=0}^{N-1} x[k] y[n-k]_{\mathrm{mod}\,N} \leftrightarrow X[k]\,Y[k]$

대칭 성질 : $X[k] = X^*[-k]_{\mathrm{mod}\,N}$

Parseval 정리 : $\sum_{n=0}^{N-1} |x[n]|^2 = \frac{1}{N} \sum_{n=0}^{N-1} |X[k]|^2$

연습문제

1. 임의의 2^n 길이의 입력을 만들어 FFT 프로그램을 수행하여 보자. 그 결과를 플로팅하여 결과가 π에 관하여 대칭인가도 확인해 보자.

2. 8.5절에서 주파수 영역에서의 필터링 알고리듬을 각자 적절한 예를 만들어 확인해보자. 예를 하나 제시하면 입력 필터 탭은 {3, 2, 1}이고 입력은 {1, 0, −1, 2, 1}인 경우를 생각해 보자. 수행해야 할 FFT는 이 경우 {3, 2, 1, 0, 0, 0, 0, 0}과 {1, 0, −1, 2, 1, 0, 0, 0}을 입력으로 하는 것이고 이들의 결과를 각각 곱하고 다시 IFFT를 수행하여 그 결과가 선형 컨벌루션을 결과와 같은가를 확인하는 것이다. 이 과정에서 식 (8.31)을 이용하여 이산 푸리에 변환을 직접 손으로 계산해 보고 그 결과와 FFT의 결과가 일치하는가도 한번 확인해 보도록 한다.

3. 음성신호나 기타 신호를 샘플링하거나 임의의 신호를 만들어 FFT를 수행하여 그 크기를 플로팅해 보자. 그 결과가 정말로 주파수 분포를 나타내는가에 대하여 논의해 보자. 그리고, 입력 샘플링 주파수가 8,000Hz일 때 FFT의 결과가 각각 연속시간에서 몇 Hz에 해당하는 주파수 성분인가 설명하시오.

4. $\sin\frac{\pi}{32}n$이라는 신호를 256개 발생시켜 이를 FFT해 보자. 미리 그 푸리에 변환의 결과를 예측해 보고 그 결과를 확인해 보자. 다음은 $\sin\frac{\pi}{40}n$을 256개 발생시켜 이를 FFT해 보자. FFT의 결과만을 보고 입력 주파수가 얼마인가를 알 수 있는가? 정확히 알 수 없는 결과가 나왔다면 그 이유가 무엇인지 생각해 보자.

5. 다음과 같은 신호에 대하여

$$x[n] = \begin{cases} 1, & 0 \le n \le 1 \\ 0, & \text{otherwise} \end{cases}$$

(a) 이 신호의 이산시간 푸리에 변환 $X(e^{jw})$를 구하시오.

(b) $X(e^{j\omega})$를 0부터 2π 사이에서 $\frac{2\pi}{4}$ 간격으로 샘플링하여 그 값을 구하시오.

즉, $X(e^{j\omega})$, $w=\frac{2\pi}{4}\cdot 0$, $w=\frac{2\pi}{4}\cdot 1$, $w=\frac{2\pi}{4}\cdot 2$, $w=\frac{2\pi}{4}\cdot 3$를 구하시오.

(c) $x[n]$을 0에서 4까지 잡아서 4-point 이산 푸리에 변환을 하시오. $X[k]$가 문제 (b)의 $X(e^{j\omega}) \mid w=\frac{2\pi}{4}k$와 일치하는가?

(d) 위의 결과가 뜻하는 것은 $X(e^{j\omega})$를 일정 간격으로 샘플링 한 것이 이산 푸리에 변환이고 이는 $x[0] \sim x[3]$이 계속 반복되고 있는 주기 4의 신호의 푸리에 급수와 같다는 것이다. 다음으로는 $x[0] \sim x[7]$의 데이터를 잡아서 이산 푸리에 변환 $X[0] \sim X[7]$를 구하시오. 이는 $X(e^{j\omega})$와 어떤 관계가 있는가? 이는 어떤 신호의 이산 푸리에 급수인가?

6. $h_0=0.5, h_1=0.5$인 시스템에 $x[n]=\left(\frac{1}{2}\right)^n u[n]$이 입력되었다. ($n=0$, 1을 제외한 모든 $h_n=0$)

(a) 출력을 $n=0\sim 9$까지 구하시오.

(b) $H(e^{jw})$와 $X(e^{jw})$를 구하고 $Y(e^{jw})=X(e^{jw})H(e^{jw})$를 구하시오.

(c) $Y(e^{jw})$의 역변환 $y[n]$을 구하시오.

(d) 문제 (a)의 결과와 일치하는가?

(e) $h_0, h_1, 0, 0$의 4-point 이산 푸리에 변환 $H[0]$, $H[1]$, $H[2]$, $H[3]$를 구하시오.

(f) $x[0], x[1], x[2], x[3]$의 4-point 이산 푸리에 변환 $X[0], X[1], X[2], X[3]$을 구하시오.

(g) $Y(k)=X(k)H(k)$를 하여 그 역변환 $y[0], y[1], y[2], y[3]$을 구해보자. (a)의 결과와 일치하는가?

7. 위 문제에서 결과가 일치하지 않는 이유는 이산시간 푸리에 변환에서는 $Y(e^{jw})=X(e^{jw})H(e^{jw})$의 역변환이 우리가 알고 있는 위 문제 (a)의 결과와 일치하지만 이산 푸리에 변환의 경우 8.5에서 본 바와 같이 $Y(k)=X(k)H(k)$의 역변환은 $h[n]$과 $x[n]$이 주기 신호가 된 것들의 컨벌루션이 되기 때문이다. 이를 해결하기 위해 0을 앞에 채우거나 과거의 데이터를 채우는 등의 방법으로 주파수 영역에서의 필터링을 수행하는 방법들이 있고 이를 "overlap save" 방법 또는 "overlap add" 방법이라 한다. 이들 알고리듬을 조사하고 정리해보자.

8. (a) $x[n]$이 실수 수열일 때 이의 이산 푸리에 변환 $X[k]$의 크기는 우함수, 위상은 기함수임을 보이시오.

(b) 음성신호를 녹음하여 FFT를 실제로 수행해 보자(어떤 패키지는 0부터 2π 사이에서 보여주는 프로그램도 있고 경우에 따라 $-\pi$부터 π 사이의 결과를 보여주는 경우도 있다. 어느 경우나 중심점을 대칭으로 결과의 크기값이 대칭으로 나오는데, 음성신호를 FFT한 경우 저주파 성분이 고주파 성분보다 절대적으로 많으므로 $[0, 2\pi)$사이에서 결과를 보여준다면, 양 끝의 값이 클 것이고, $[\pi, \pi)$사이의 결과를 보여준다면 가운데가 크게 나올 것이다).

9. 2차원 영상에 대하여 FFT를 수행하여 보시오. 그리고 그 결과(푸리에 계수)의 크기를 0~255 사이로 정규화하여 그림으로 보이시오(1차원 FFT를 가로방향의 모든 스캔 라인에 대하여 수행한 후 그 결과를 다시 세로 방향으로 1차원 FFT를 수행하면 된다).

참고문헌

[1] Robert A, Gabel and Richard A. Roberts, Singnals and Linear Systems, 2nd ed., John Wiley and Sons, 1973.

[2] Alvan V. Oppenheim and Ronald W. Schafer, Digital Signal Processing, Prentice-Hall, 1975.

[3] Alvan V. Oppenheim and Allan S. Willsky, Signals and Systems, Prentice-Hall, 1983.

[4] Bernard Widrow and Samuel D. Stearns, Adaptive Signal Processing, Prentice-Hall, 1985.

[5] Charles S. Williams, Designing Digital Filters, Prentice-Hall, 1986.

[6] Robert D. Strum and Donald E. Kirk, First Principles of Discrete Systems and Digital Signal Processing, Addison Wesley, 1988.

[7] Samuel D. Stearns and Ruth A. David. Signal Processing Algorithms, Prentice-Hall, 1988.

[8] R. W. Hamming, Digital Filters, 3rd ed., Prentice-Hall, 1989.

[9] Johnny R. Johnson, Introduction to Digital Signal Processing, Prentice-Hall, 1989.

[10] Paul A. Lynn and Wolfgang Fuerst, Introductory Digital Signal Processing with Computer Applications, John Wiley and Sons, 1989.

[11] Alvan V. Oppenheim and Ronald W. Schafer, Discrete-Time Signal Processing, Prentice-Hall, 1989

[12] Samir S. Soliman and Madyam D. Srinath, Continuous and Discrete Signals and Systems, Prentice-Hall, 1990.

[13] Huibert Kwakernaak and Raphael Sivan, Modern Signals and Systems, Prentice-Hall, 1991.

[14] 양원영, 장태규, 신호 및 시스템, 희중당, 1992.

[15] Kishan Shenoi, Digital Signal Processing in Telecommunications, Prentice-Hall, 1995.

[16] Virginia Stonick and Kevin Bradley, Labs for Signals and Systems Using MATLAB, International Thomson Publishing, 1996.

[17] 최태영, 나상신, 신호와 시스템, 대영사, 1996.

[18] Alvan V. Oppenheim and Allan S. Willsky, Signals and Systems, 2nd ed., Prentice-Hall, 1997.

[19] Edward W. Kamen and Bonnie S. Heck, Fundamentals of Signals and Systems Using MATLAB, Prentice-Hall, 1997.

부록

Matlab 사용법

부록 Matlab 사용법

A·P·P·E·N·D·I·X

A·P·P·E·N·D·I·X

1. Matlab 개요

이 부록은 신호 처리 문제를 해결하는데 사용되는 Matlab에 대해 기본적인 사용방법 및 함수에 대해 소개하도록 한다. Matlab은 "Matrix Laboratory"의 합성어로 수치 해석, 행렬 연산 또는 신호 처리와 같은 공학적인 수치계산들을 행렬의 형식으로 처리하고 결과를 그래픽으로 쉽게 나타내줄 수 있는 고성능 컴퓨터 소프트웨어 패키지이다. Matlab은 행렬 연산을 위해 전용으로 만들어진 컴퓨터 언어의 일종으로 생각하면 되는데, Matlab에서 사용되는 모든 변수는 행렬이다. 즉, Matlab은 오직 한 가지의 데이터 형식(행렬이나 벡터)을 가진다. Matlab은 또한 M-파일을 사용함으로써 필요한 공학관련 응용프로그램들을 쉽게 작성할 수 있다.

▪ Matlab 실행과 종료

Matlab의 실행은 Matlab이 설치된 컴퓨터에서 Matlab을 나타내는 아이콘을 더블클릭하면 된다. 이때 윈도우 창에 프롬프트 '〉〉'가 나타나고 Matlab 프로그램을 시작할 수 있다. 그리고 Matlab 프로그램을 종료하려면 프롬프트 '〉〉'상에서 'quit'나 'exit'를 입력한다.

▪ Matlab 경로(path)

다른 프로그램과 같이 Matlab 프로그램에서도 정확한 경로를 설정하여야 하는데, 프롬프트 '〉〉'상에서 'path'를 입력하면 Matlab에 설정된 모든 경로를 확인할 수 있으며 명령어창의 'file → set path' 메뉴에서 원하는 디렉토리를 경로로 새롭게 지정할 수 있으며 기존의 경로를 제거할 수 있다.

■ Matlab 도움(help)

Matlab 함수에 관한 정보를 제공받고 싶으면 프롬프트 '〉〉'상에서 'help' 함수를 사용하면 된다. 'help'를 입력하면 모든 도움 주제에 대한 목록이 나타나고, 'help 함수'를 입력시키면 알고 싶은 함수에 관한 정보를 얻을 수 있다. 예를 들어 'filter' 함수를 알고 싶다면, 'help filter'라고 입력하면 된다.

■ Matlab 작업

Matlab은 프롬프트 '〉〉'상에서 명령을 입력하는 즉시 수행한다. 한 라인의 함수를 입력하면 Matlab은 명령을 수행하고 그 결과를 화면에 나타낸다. Matlab은 명령 실행 순서를 기억하고 있으므로 위쪽 화살표를 사용하여 가장 최근에 사용한 함수부터 호출할 수 있다. Matlab 명령의 일반적인 형태는 다음과 같다.

〉〉 [출력변수1, 출력변수2, …] = 명령어(입력변수1, 입력변수2, …)

■ Matlab 변수와 저장

Matlab에서는 변수가 한 번 사용되면 그 변수는 자동적으로 처리된다. 그러한 변수들은 'quit'나 'exit'가 입력될 때까지 메모리에 저장되어 있고 'exit'나 'quit'가 입력되면 Matlab에 있던 모든 변수들은 소멸된다. 프롬프트 '〉〉'상에서 'who'라고 입력하면 작업공간에 있는 모든 변수들의 목록이 화면에 나타난다. 그리고 'clear' 명령을 사용하면 작업공간상에 있는 일시적인 모든 변수들을 삭제할 수 있다. 만일 'x'와 같은 어떤 특정한 변수를 삭제하고자 한다면 'clear x'라고 입력하면 된다. 'exit'나 'quit' 명령을 입력하기 전에 'save file_name' 명령을 입력하면 모든 변수들은 file_name.mat라는 파일 이름으로 저장공간에 저장된다. var_name과 같은 특정 변수만을 저장하기 위해서는 'save file_name var_name' 명령을 입력하면 된다. 프롬프트 '〉〉'상에서 'load file_name' 명령은 file_name.mat에 저장된 변수들을 다시 사용할 수 있다.

■ Matlab M-파일 작성

Matlab 프로그램의 크기가 커질 경우에 Matlab 프롬프트상에서 작성하기 어려우므로 편집 프로그램을 이용하여 M-파일을 작성하는 것이 바람직하다. 윈도우 버전에서는 명령어창의 'file' 메뉴 중에 새파일 열기에서 M-파일을 선택하면 M-파일을 편집할 수 있는 메모장 화면이 자동적으로 나타난다. 이 화면에 함수들을 나열하여 M-파일을 작성한다. 이를 프롬프트 '〉〉'상에서 실행시키면 많은 양의 함수들을 순차적으로 실행시킬 수 있다. M-파일의 파일이름은 확장자를 '.m'으로 한 'file_name.m'으로 한다. 이를 실행하기 위해서는 실행하고자 하는 파일의 경로를 지정하고 프롬프트 '〉〉' 상에서 'file_name'을 입력하면 된다.

■ '%'로 시작되는 프로그램 라인

Matlab 프로그램에는 프로그램상에 필요에 따라 설명을 덧붙여 해설을 첨가할 수 있다. Matlab 프로그램에서 '%'로 시작되는 라인은 실행되지 않는다. 다시 말해서 Matlab 프로그램상의 '%'뒤에 있는 모든 내용은 무시된다. 만일 해설이나 참조의 내용이 길어 한 개 이상의 라인이 요구된다면 각 라인을 '%'로 시작해야 한다.

■ ';'의 사용

';'은 결과가 화면에 나타나지 않도록 하는데 사용된다. 만약 명령 문자의 마지막 글자가 ';'으로 끝난다면, 그 결과가 화면에 나타나지 않는다. 즉, 명령은 실행되지만 결과는 보이지 않는다. 중간 계산 결과를 출력할 필요가 없을 때 이 기능은 유용하게 사용된다. 또한, 행렬을 입력할 때, 행의 마지막을 나타내는 데에도 사용한다. 단 마지막 열, 마지막 행에서는 필요 없다.

■ ':'의 사용

':'은 벡터를 생성하는데, 그리고 특정 부분을 반복하는데 사용된다. 예를 들어, $k:n$은 $[k\ k+1\ \cdots n]$와 같다. $A(:,j)$는 행렬 A의 j번째 행을 나타낸다.

■ 한 라인에 표시할 수 없는 긴 문장의 경우

일반적인 문장은 'Enter'로 끝낸다. 그러나 문장이 길어서 한 라인에 들어갈 수 없다면, 다음 예와 같이 3개 이상의 마침표(.)를 입력하고 엔터를 치면 그 다음 라인에 있는 문장이 계속된다는 것을 의미한다.

```
>> x = 1.5 + 3.2 + 4.5 + 0.686 + 3354...
      + 65.45 + 27.25 - 54.67 + 273;
```

위의 식에서 '+', '-', '=' 표시 전후의 띄어쓰기는 선택사항이지만, 이러한 공간은 우리가 문자를 읽는데 편하게 해준다.

■ **한 라인에 여러 문장을 입력할 때**

여러 문장을 ','나 ';'으로 구분함으로써 짧은 여러 문장들을 한 라인에 쓸 수 있다.

```
>> plot(x, y, 'o'), text(1, 20, 'method 1'), text(2, 30, 'method 2')
```

■ **출력의 형태를 정하는 방법**

만약 행렬의 요소 중 적어도 한 개가 정수가 아니라면, 가능한 출력의 형태는 다음과 같이 4가지가 있다.

```
>> format short
>> format long
>> format short e
>> format long e
```

'format long' 출력의 경우 위의 예에서도 보인 바와 같이 마지막 끝자리의 값은 정확하지 않다. 그리고 출력 형태가 한 번 설정되면 출력 형태가 변경될 때까지 그 형태는 계속 지속되며, Matlab이 실행된 후 어떠한 출력 형태의 명령이 주어지지 않는다면 Matlab은 'format short' 형태로 수치를 표시한다. 그러나 Matlab에서의 모든 계산은 배정밀도로 실행한다.

■ **Matlab 도구상자(toolbox)**

Matlab 도구상자들은 여러 학문분야의 개념을 함수화하여 분야별로 모아 놓은 Matlab 함수들로 다양한 도구상자가 제공되고 있다. Matlab과 함께 제공되는 도구상자를 몇 가지 소개하면 제어시스템의 설계 및 해석을 위한 Control System Toolbox, 신호처리를 위한 Signal Processing Toolbox, 영상처리를 위한 Image Processing Toolbox, 통신 시스템의 해석과 시뮬레이션을 위한 Communication Toolbox, 퍼지 및 신경망회로를 활용한 시스템 해석과 설계를 위한 Fuzzy Logic Toolbox와 Neural Network Toolbox 등이 있다.

■ **Matlab 함수**

Matlab은 미리 정의된 함수들을 많이 가지고 있는데, 일반적으로 많이 사용되는 Matlab 함수들을 요약하면 다음과 같다.

함수	기 능
abs	절대값 출력
acos	역 cosine 함수
acosh	역 쌍곡선 cosine 함수
acot	역 cotangent 함수
acoth	역 쌍곡선 cotangent 함수
acsc	역 cosecant 함수
acsch	역 쌍곡선 cosecant 함수
all	배열의 논리상태 검사
angle	위상각
any	배열의 논리상태 검사
asec	역 secant 함수
asech	역 secant 함수
asin	역 sine 함수
asinh	역 쌍곡선 sine 함수
atan	역 tangent 함수
atan2	좌표의 역 tangent 함수
atanh	역 쌍곡선 tangent 함수

함수	기 능
axis	그래프 축의 스케일 조정
balance	고유치의 정확도 향상을 위한 대각 스케일링
bode	Bode 선도 작도
break	루프의 맨 끝으로 수행흐름 전환
case	SWITCH 문의 일부
cat	배열 연결
ceil	(+) 무한대 쪽으로 round
char	문자열 생성
chol	Cholesky 분해
clc	명령어창 화면 지우기
clear	메모리의 모든 변수와 함수 삭제
clf	가장최근에 그려진 그래프 창의 내부 초기화
clg	그래프 창 초기화
clock	현재 날짜와 시간의 벡터 출력
computer	컴퓨터 종류 출력
conj	공액복소수 출력
conv	중첩적분(convolution)
cos	cosine 함수
cosh	기하 쌍곡선 cosine 함수
cot	cotangent 함수
coth	기하 쌍곡선 cotangent 함수
csc	cosecant 함수
csch	기하 쌍곡선 cosecant 함수
cumprod	원소의 누적곱 출력
cumsum	원소의 누적합 출력
date	현재 날짜를 문자열로 출력

함수	기 능
dec2hex	10진수를 16진수로 변환
deconv	나누기 중첩적분
del	필요없는 변수 삭제
delete	파일 삭제
det	행렬식(determinant) 출력
diag	대각행렬(diagonal matrix) 출력
dimpulse	이산시간 임펄스응답 계산
dir	디렉토리의 파일리스트 출력
disp	문자 및 변수내용 출력
dist	디렉토리의 파일리스트 출력
dlsim	이산시간 선형시스템 출력 계산
echo	매크로 파일의 명령문 내용 출력 설정
edit	M 파일 편집
eig	고유값(eigenvalue)과 고유벡터(eigenvector) 출력
else	IF 구문의 조건판단에 사용
elseif	IF 구문의 조건판단에 사용
end	IF, FOR, WHILE, SWITCH 구문의 마지막에 사용
epsilon	EPSILON 값 설정
error	메시지 출력후 실행 중지
eval	Matlab 형식으로 된 문자열 실행
exist	변수 혹은 파일이 정의되어 있는지 확인
exit	Matlab 실행종료
exp	주어진 벡터 또는 행렬의 원소에 대한 지수 함수
expm	행렬 지수 함수
eye	항등(identity) 행렬 생성
fclose	파일 닫기 함수

함수	기 능
feval	문자열로 명시된 함수를 실행
fft	1-D fast Fourier 변환
figure	새로운 Plot 윈도우 생성 및 Plot 윈도우 지정
filter	데이터의 여과(filter)
filtic	필터함수의 초기조건 계산
find	벡터 또는 행렬내에서 0이 아닌 원소의 지표 출력
fix	0 쪽으로 round
fliplr	행렬의 좌우행 순서 변경
floor	(-)쪽으로 round
fopen	파일 열기 함수
for	반복수행문
format	출력 데이터의 형식(숫자의 경우에 한하여) 지정
fprintf	정해진 형식의 데이터를 파일로 저장
freqs	Laplace 변환 주파수 응답
freqz	z 변환 주파수 응답
function	새로운 사용자정의함수 선언
global	전역변수의 선언
grid	그래프창에 grid 도시
hess	hessenberg form 출력
hold	현재의 그래프에 겹쳐 그리기 설정
i, j	허수($\sqrt{-1}$)
if	조건문
ifft	역 1-D fast Fourier 변환
imag	복소수의 허수부 출력
impulse	연속시간 임펄스응답 계산
input	명령어창에서 입력을 받기 위한 함수

함수	기 능
int2str	정수를 문자열로 변환
inv	역행렬의 출력
isempty	입력으로 주어진 행렬이 empty 인지 검사
isequal	두 입력변수의 일치 확인
isfinite	유한한 값을 갖는 원소의 판정
ishold	HOLD 상태의 확인
isinf	무한대 원소의 검사
isletter	알파벳 글자 검사
islogical	논리 배열의 검사
isnan	NAN인지 검사
isnumeric	숫자열의 검사
isreal	실수 배열의 구분
isspace	공백문자의 검사
isstr	문자열 여부를 확인
kill	현재의 plot 윈도우 닫기
legend	그래프 범례 표시
length	벡터의 크기 출력
linspace	선형적으로 분포하는 벡터
list	현재 저장된 변수 목록 출력
lists	현재 저장된 변수 내용 출력
load	저장된 데이터 파일 읽기
log	자연로그 값 출력
log10	상용로그(base 10)값 출력
logm	행렬 로그 값 출력
logical	수치값을 논리값으로 변환
loglog	그래프의 양쪽 축을 모두 로그 스케일로 표시

함수	기 능
logspace	지수적으로 분포하는 벡터
lower	문자열을 소문자로 변환
lsim	연속시간 선형시스템 출력 계산
lu	LU 분해
margin	게인여유, 위상여유, 게인교차주파수
max	벡터 또는 행렬의 최대 원소(및 지표) 출력
mean	벡터 또는 행렬의 평균값 출력
median	벡터 또는 행렬의 중간값(대표값) 출력
mesh	mesh형태의 plot을 3차원 공간에 도시
min	벡터 또는 행렬의 최소 원소(및 지표) 출력
nan	0/0 이나 Inf/Inf 등의 처리
nonzeros	0이 아닌 행렬원소 출력
norm	벡터와 행렬의 norm 계산
num2str	숫자를 문자열로 치환
ones	모든 원소가 1로 이루어진 행렬 생성
otherwise	SWITCH 구문에 사용
path	path에 설정된 경로 표시
pause	사용자 입력 대기
pi	π(3.1415926535897…)
plot	연속시간 선형 2-D 그래프 그리기
plot3	선과 점으로 3-D 그래프 그리기
polar	극좌표 선도 그래프
poly	특성다항식
polyfit	다항식 곡선맞춤(curve fitting)
polyval	다항식 평가 값 출력
polyvalm	행렬다항식 평가 값 출력

함수	기 능
prod	행렬 열의 원소간 내적
pwd	현재 작업중인 디렉토리 경로 출력
qr	QR 분해
quit	Matlab 실행 종료
rand	0과 1 사이의 임의의 숫자 또는 행렬 생성
randn	정규분포 랜덤수 출력
range	최대값과 최소값의 차 출력
rank	행렬의 rank 출력
real	복소수의 실수부 출력
rem	나눗셈의 나머지 계산
reshape	행렬의 재구성
residue	부분분수 전개
return	키보드 입력가능 상태로 되돌림
roots	다항식의 근
round	가장 가까운 정수로 출력(반올림)
save	변수를 파일 데이터 파일로 저장
schur	Schur 분해
sec	secant 함수
sech	쌍곡선 secant 함수
semilogx	X축을 로그 스케일로 설정
semilogy	Y축을 로그 스케일로 설정
set	환경 변수 출력 및 설정 변경
sign	Signum 함수
sin	sine 함수
sinc	sinc 함수
sinh	기하 쌍곡선 sine 함수

함수	기 능
size	행렬의 차원 또는 벡터의 길이 출력
sort	행렬 또는 벡터의 원소 정렬
sprintf	데이터를 정하는 형식의 문자열로 표시
sqrt	제곱근 출력
sqrtm	행렬 제곱근 출력
ss	상태공간 모델 생성
ss2tf	상태공간 모델을 전달함수로 변환
ss2zp	상태공간 모델로부터 영점 및 극점 구하기
std	표준편차
stem	이산시간 선형 2-D 그래프 그리기
step	스텝 응답곡선 작도
str2mat	공란이 포함된 문자열 행렬 생성
str2num	문자열을 숫자로 변환
strvcat	문자열들의 세로 잇기
subplot	그래프창 분할 및 분할영역 지정
sum	배열의 합 출력
surf	색깔있는 표면의 3-D 그래프
svd	특이값 분해(singular value decomposition)
switch	조건에 따른 실행문 선택
tan	tangent 함수
tanh	기하 쌍곡선 tangent 함수
text	텍스트 조석
tf2ss	전달함수를 상태공간 모델로 변환
title	그래프의 표제
trace	행렬의 주대각선 요소의 합
tril	행렬의 하삼각 부분 출력

함수	기　능
triu	행렬의 상삼각 부분 출력
type	M 파일 내용 출력
upper	문자열을 대문자로 변환
ver	Matlab, Simulink, Toolbox 버전 출력
version	Matlab 버전 출력
view	3D Plot의 viewpoint 설정
which	함수와 파일의 위치 출력
while	반복수행문
who	현재 저장된 변수 목록 출력
whos	현재 저장된 변수 목록 출력
xlabel	그래프의 X축 이름표시
ylabel	그래프의 Y축 이름표시
zeros	모든 원소가 0으로 구성된 행렬 출력
zp2tf	영점 및 극점으로부터 전달함수로 변환

행렬함수	기　능
A′	행렬 A의 전치행렬
A(:,j)	행렬 A의 j 번째 열
A(i,:)	행렬 A의 j 번째 행
eye(n)	n x n 단위행렬
zeros(m,n)	m x n 영행렬
ones(m,n)	m x n 일행렬
det(A)	행렬 A의 행렬식
inv(A)	행렬 A의 역행렬
eig(A)	행렬 A의 고유값

2. Matlab의 기본적인 행렬 함수 계산

Matlab을 사용하는데 필요한 기본적인 행렬 함수 계산에 관한 사항들에 대해 간단히 살펴보기로 한다.

■ 데이터의 입력

Matlab에서 행렬 또는 벡터의 입력방식에는 ① 명령어창에서 행렬의 원소들을 직접 입력하거나, ② M-파일 내에서 행렬을 작성하거나, ③ 외부의 파일에서 읽어오는 방법 등이 있다.

■ 수식 연산자

Matlab에서 사용되는 사칙연산 기호는 다음과 같다.

+	덧셈	.+	원소끼리 덧셈
-	뺄셈	.-	원소끼리 뺄셈
*	곱셈	.*	원소끼리 곱셈
/	오른 나누기(right division)	./	원소끼리 오른 나누기
\	왼 나누기(left division)	.\	원소끼리 왼 나누기
^	거듭제곱	.^	원소끼리 거듭제곱

■ 관계 연산자

Matlab에서 사용되는 관계 연산자 기호는 다음과 같다.

<	보다 작은	>=	보다 크거나 같은
>	보다 큰	==	같은
<=	보다 작거나 같은	~=	같지 않다

■ **논리 연산자**

Matlab에서 사용되는 논리 연산자 기호는 다음과 같다.

&	논리곱(and)	|	논리합(or)
~	부정(not)		

■ **수식 연산자**

Matlab에서 열 단위로 적용되는 함수들은 다음과 같다.

cumsum	원소의 누적합 출력	max	최대값
min	최소값	mean	평균값
median	중간값(대표값)	sort	정렬
std	표준편차	sum	합

■ **고유값(eigenvalue)과 고유벡터(eigenvector)**

정방행렬(square matrix) A의 고유값과 고유벡터는 다음과 같은 함수를 사용하여 구할 수 있다.

$$\gg [V, D] = \mathrm{eig}(A)$$

이때, D는 대각 요소가 행렬 A의 고유값으로 이루어진 대각행렬이고, V는 대각행렬 D의 대각 요소에 대응하는 고유벡터로 이루어진 고유벡터 행렬을 나타낸다. 행렬 D는 행렬 A의 유사변환(similarity transformation)으로 $AV = VD$의 관계를 만족한다.

$$\gg A = [1\ \ 2\ ;3\ \ 4]$$

$$\gg [V, D] = \mathrm{eig}(A)$$

$$V = \begin{bmatrix} -0.8246 & -0.4160 \\ 0.5658 & -0.9094 \end{bmatrix}$$

$$D = \begin{bmatrix} -0.3723 & 0 \\ 0 & 5.3723 \end{bmatrix}$$

■ 특성다항식(characteristic polynomial)

'poly(A)' 함수는 행렬 A 의 특성을 나타내는 특성다항식의 계수를 나타내는 벡터를 생성한다. 특성다항식의 근은 행렬 A 의 고유값을 나타내는데, 'roots(p)' 함수를 이용하여 구할 수 있다. 또한, 'poly(p)' 함수는 특성방정식의 근으로 이루어진 벡터로부터 특성다항식을 구할 수 있다.

```
≫A = [1 2;34];
≫p = poly (A)
 p = 1.0000  -5.0000  -2.0000
≫q = roots (p)
 q = 5.3723
     -0.3723
≫r = poly (q)
 r = 1.0000  -5.0000  -2.0000
```

■ 다항식의 곱과 나누기

'conv' 함수는 다항식의 곱셈을 수행할 때 사용되며, 'deconv' 함수는 다항식의 나눗셈에 사용된다. 예를 들어 'conv' 함수를 이용하여 $(s^2+3s+2)\times(s+1)$ 과 'deconv' 함수를 이용하여 $(s^2+3s+2)/(s+1)$ 의 수행한 결과는 다음과 같다.

```
≫p1 = [1  3  2]
≫p2 = [1  1]
≫p = conv (p1, p2)
 p = 1  4  5  2
≫[q, r] = deconv (p1, p2)
 q = 1  2
 r = 0  0  0
```

■ **복소변수의 크기와 위상**

'abs'와 'angle' 함수를 사용하여 복소변수 ($z = x + iy = re^{i\theta}$)의 크기와 위상을 구할 수 있으며, 역으로 복소변수의 크기와 위상을 이용하여 복소변수를 다음과 같이 구할 수 있다.

```
≫r = abs(z)
≫theta = angle(z)
≫z = r*exp(i*theta)
```

■ **부분 분수 전개 및 통합**

'residue' 함수를 사용하여 부분 분수 전개 및 전개된 부분 분수를 통합할 수 있는데, 'residue' 함수의 사용법은 다음과 같다.

```
≫ [r, p, k] = residue(num, den);
```

여기서 입력 num, den은 각각 분자, 분모의 계수들이고, 출력 r, p, k는 각각 부분 분수의 분자 계수들, 분모 계수들 및 상수항을 각각 나타낸다. 부분 분수를 다시 원래의 다항 부분 분수식으로 되돌릴 때도 'residue' 함수를 사용한다. 이때 사용법은 부분 분수를 전개할 때의 입력과 출력 계수를 반대로 설정하여 수행한다.

```
≫ [num, den] = residue(r, p, k);
≫num = [3 4];,   den = [1 3 2];
≫[r, p, k] = residue( num, den)
  r = 2
      1
  p = -2
      -1
  k = [ ]
≫[ num, den] = residue(r, p, k)
  num = [3 4]
  den = [1 3 2]
```

■ 특수 행렬 표현

'ones(n)' 함수는 1로 구성된 n x n 행렬을 만들고 'ones(m,n)'은 1로 구성된 m×n 행렬을 만든다. 유사하게 'zeros(n)' 함수는 0으로 구성된 n×n 행렬을 만들고 'zeros(m,n)'은 0으로 구성된 m×n 행렬을 표현할 수 있으며, 항등행렬을 입력할 경우에, 'eye(n)' 함수를 사용하면 n×n 항등행렬을 나타낼 수 있다. x가 벡터이면 'diag(x)'는 대각선상에 x를 갖는 대각행렬을 나타내며, A가 정방행렬이면 'diag(A)'는 A의 대각선 원소들로 이루어진 벡터를 나타내게 된다.

3. 그래프 그리기 개요

Matlab은 그래픽화된 출력을 얻을 수 있는 확장도구가 있다. 함수 'plot'을 이용하여 선형 x-y 선도를 그린다. 그리고 'loglog', 'semilogx', 'semilogy', 'polar' 함수를 이용하면 로그좌표나 극좌표 선도를 그릴 수 있다. 'loglog' 명령은 x축 및 y축 모두 로그 스케일, 'semilogx'는 x축만 로그 스케일, 'semilogy'는 y축만 로그 스케일로 표시한다. 그리고 'polar'는 데이터를 극좌표로 표시한다.

■ x-y 선도

데이터를 2차원 그래프로 그리는 기본함수로 'plot' 함수가 있는데, 사용방법은 다음과 같다.

```
≫ plot(x, y)
```

이때, 첫 번째 변수는 x축의 값을 나타내고 두 번째 변수는 y축의 값을 나타내는데, x축과 y축의 데이터는 항상 같은 크기를 가져야 한다. 동일한 그래프상에 여러 개의 선도들을 나타내기 위해서는 아래와 같이 다수의 항으로 'plot' 명령을 해야 한다.

```
≫ plot(x1, y1, x2, y2, …, xn, yn)
```

여기서, 변수 x1, y1, x2, y2등은 벡터들의 쌍이다. x-y쌍(x1-y1, x2-y2, …)의 각각의

선도가 같은 그래프상에 각 쌍들이 서로 다른 종류의 선으로 구분되어 그려진다. 또한 'hold' 함수를 사용하여 같은 그래프상에 두 개 이상의 선도들을 그릴 수 있다. 'hold' 함수는 현 상태의 선도를 고정시키고, 추가되는 선도를 기존의 선도 위에 겹쳐 그리게 한다. 'hold'를 다시 한번 입력시키면 현재의 상태가 해제된다. 이를 분명히 하기 위하여 추가하고자 할 때는 'hold on', 그리고 해제하고자 할 때는 'hold off' 함수를 사용할 수도 있다.

■ 그래프 이름 및 그리드 선 표시

그래프의 이해를 돕기 위하여 그래프의 제목, x축 및 y축의 이름, 그리고 데이터를 보다 정확하게 읽기 위하여 그래프 안에 그리드 선을 표시할 수 있다. 각각의 명령은 다음과 같다.

그래프 제목 : title('그래프의 이름')

x-축 이름 : xlabel('x축 이름')

y-축 이름 : ylabel('y축 이름')

그리드 선 : grid on/off

■ 그래픽 화면에 텍스트 삽입

그래픽 화면에 텍스트를 삽입하기 위해서는, 텍스트를 삽입하는 위치와 텍스트 내용을 포함하는 'text' 명령을 사용한다.

```
≫ text(x, y, 'text_content')
```

여기서, x, y는 화면상의 위치, 그리고 ''text_content'는 텍스트의 내용을 의미한다.

■ 선도의 구분

그래프상의 선도들을 좀 더 명확하게 구분하기 위하여 다음과 같이 선, 기호 또는 색상들을 표시할 수 있다.

그래프의 선과 기호표시		그래프의 생상 표시	
–	실선	b	파랑
:	점선	g	초록
.	점	k	검정
o	동그라미	r	빨강
x	가위표	m	진홍색
*	별표	y	노랑
+	플러스	c	청록색

■ 자동 작동 알고리즘

Matlab에서 선도의 축적은 자동으로 조절된다. 조절된 선도는 다른 선도가 작동되지 않는 한 그 상태를 계속 유지한다. 다른 선도가 작도될 때는 이전의 선도는 지워지고 새로 자동적으로 축적이 조절된다. 시간응답 선도, 근궤적 선도, Bode 선도, Nyquist 선도 등과 같은 각종 선도는 자동 작동 알고리즘에 의해 축적이 자동적으로 작동되도록 설계되어 있지만 항상 완벽한 것은 아니다.

■ 수동 축적 조절

특정한 영역에서 선도를 그리기 원한다면 다음과 같은 'axis' 명령을 사용한다.

```
≫ V=[Xmin Xmax Ymin Ymax]; axis(V)
```

'axis(V)'는 4개의 요소로 구성된 벡터 V의 범위에 따라 축의 한계를 지정한다. 로그 좌표계를 사용하는 경우에는 벡터 V의 요소에 최대 및 최소값에 상용대수(log10) 값을 표시한다. 'axis(V)'를 실행시키면 그 후에 작도되는 모든 선도에 대하여 현재 상태의 축 범위가 그대로 유지된다. 자동축 범위 지정으로 다시 돌아가기 위해서는 'axis'라고 다시 입력해야 한다. 그리고 'axis(square)'라고 입력하면 선도를 실제 크기의 정사각형 축에 그린다. 이 때 가로 1, 세로 1의 크기를 가진 평면의 대각선은 수평축에 대해 45°를 이룬다. 다시 일반적인 상태로 돌아가려면 'axis('norma')'이라고 입력하면 된다.

찾아보기

신호와 시스템 3판

저　자 : 백준기 · 조남익 · 김호찬

인　쇄 : 2008년　1월　7일
발　행 : 2008년　1월　14일

발행인 : 채 희 만
기　획 : 안 성 일
발행처 : INFINITYBOOKS
주　소 : 서울시 은평구 증산동 248번지 중앙하이츠APT상가 B101호

전　화 : (02) 302-8441
팩　스 : (02) 6085-0777
E-mail : infinitybook@naver.com

I S B N : 978-89-92649-05-6
등록번호 : 제311-2006-26호

판매정가 : 23,000원